# HISTOIRE DES SCIENCES

# LA CHIMIE AU MOYEN ÂGE

OUVRAGE PUBLIÉ

SOUS LES AUSPICES DU MINISTÈRE DE L'INSTRUCTION PUBLIQUE

## PAR M. BERTHELOT

SÉNATEUR, SECRÉTAIRE PERPÉTUEL DE L'ACADÉMIE DES SCIENCES

## TOME III

### L'ALCHIMIE ARABE

COMPRENANT

UNE INTRODUCTION HISTORIQUE ET LES TRAITÉS DE CRATÈS, D'EL-HABIB,
D'OSTANÈS ET DE DJÀBER

TIRÉS DES MANUSCRITS DE PARIS ET DE LEYDE

### TEXTE ET TRADUCTION

NOTES, FIGURES, TABLE ANALYTIQUE ET INDEX

AVEC LA COLLABORATION

## DE M. O. HOUDAS

PROFESSEUR À L'ÉCOLE DES LANGUES ORIENTALES VIVANTES

# PARIS

## IMPRIMERIE NATIONALE

M DCCC XCIII

# HISTOIRE DES SCIENCES

# LA CHIMIE AU MOYEN ÂGE

## III

# OEUVRES DE M. BERTHELOT.

## OUVRAGES GÉNÉRAUX.

**La Synthèse chimique**, 6° édition, 1887, in-8°. Chez Félix Alcan.

**Essai de Mécanique chimique**, 1879, 2 forts volumes in-8°. Chez Dunod.

**Sur la force des matières explosives d'après la thermochimie**, 3° édition, 1883, 2 volumes in-8°. Chez Gauthier-Villars.

**Traité élémentaire de Chimie organique**, en commun avec M. Jungfleisch, 3° édition, 1886, 2 volumes in-8°. Chez Dunod.

**Science et Philosophie**, 1886, in-8°. Chez Calmann-Lévy.

**Les Origines de l'Alchimie**, 1885, in-8°. Chez Steinheil.

**Collection des anciens Alchimistes grecs**, texte et traduction, avec la collaboration de M. Ch.-Ém. Ruelle, 1887-1888, 3 volumes in-4°. Chez Steinheil.

**Introduction à l'étude de la Chimie des anciens et du moyen âge**, 1889, in-4°. Chez Steinheil.

**La Révolution chimique, Lavoisier**, 1890, in-8°. Chez Félix Alcan.

**Traité pratique de Calorimétrie chimique**, 1893, in-18. Chez Gauthier-Villars et G. Masson.

## LEÇONS PROFESSÉES AU COLLÈGE DE FRANCE.

**Leçons sur les méthodes générales de Synthèse en Chimie organique**, professées en 1864, in-8°. Chez Gauthier-Villars.

**Leçons sur la thermochimie**, professées en 1865. Publiées dans la *Revue des Cours scientifiques*. Chez Germer-Baillière.

**Même sujet**, en 1880. *Revue scientifique*. Chez Germer-Baillière.

**Leçons sur la Synthèse organique et la thermochimie**, professées en 1881-1882. *Revue scientifique*. Chez Germer-Baillière.

## OUVRAGES ÉPUISÉS.

**Chimie organique fondée sur la synthèse**, 1860, 2 forts volumes in-8°. Chez Mallet-Bachelier.

**Leçons sur les principes sucrés**, professées devant la Société chimique de Paris en 1862, in-8°. Chez Hachette.

**Leçons sur l'isomérie**, professées devant la Société chimique de Paris en 1863, in-8°. Chez Hachette.

# HISTOIRE DES SCIENCES

---

# LA CHIMIE AU MOYEN ÂGE

OUVRAGE PUBLIÉ

SOUS LES AUSPICES DU MINISTÈRE DE L'INSTRUCTION PUBLIQUE

## PAR M. BERTHELOT

SÉNATEUR, SECRÉTAIRE PERPÉTUEL DE L'ACADÉMIE DES SCIENCES

---

## TOME III

### L'ALCHIMIE ARABE

COMPRENANT

UNE INTRODUCTION HISTORIQUE ET LES TRAITÉS DE CRATÈS, D'EL-HABIB,
D'OSTANÈS ET DE DJÂBER

TIRÉS DES MANUSCRITS DE PARIS ET DE LEYDE

### TEXTE ET TRADUCTION

NOTES, FIGURES, TABLE ANALYTIQUE ET INDEX

AVEC LA COLLABORATION

## DE M. O. HOUDAS

PROFESSEUR À L'ÉCOLE DES LANGUES ORIENTALES VIVANTES

DÉPÔT LÉGAL
Seine
N° 1803

# PARIS

## IMPRIMERIE NATIONALE

---

M DCCC XCIII

# TABLE DES DIVISIONS.

| | Pages. |
|---|---|
| Notice. | 1 |
| Extrait du *Kitâb-al-Fihrist* | 26 |
| Le Livre de Cratès | 44 |
| Le Livre d'El-Habib. | 76 |
| Le Livre d'Ostanès | 116 |
| Extrait du manuscrit 1074 | 124 |
| Œuvres de Djâber | 126 |
| Additions et corrections | 225 |
| Table analytique | 227 |
| Index alphabétique | 243 |

# TRAITÉS D'ALCHIMIE ARABE.

## NOTICE.

L'alchimie a joué autrefois et joue encore aujourd'hui un rôle très important en Orient. Ses origines remontent aux Chaldéens et aux Babyloniens[1]; elle a été cultivée avec ardeur par les Persans, au temps des Sassanides, ainsi qu'en témoignent de nombreuses indications, fournies par les textes alchimiques grecs[2]. Quoique toute cette branche orientale de la vieille littérature scientifique soit aujourd'hui perdue, il semble qu'elle ait laissé quelques souvenirs chez les premiers alchimistes arabes. Mais ceux-ci se rattachent surtout à la culture grecque, qui leur avait été transmise d'abord par les Syriens. Sans revenir sur ces derniers, dont j'ai parlé longuement dans un autre volume, je vais m'attacher à l'histoire de l'alchimie arabe.

Les auteurs alchimiques arabes, nommés par les historiens et par les collections encyclopédiques écrites en langue arabe, sont nombreux. A la rigueur, on pourrait y comprendre les médecins, qui s'occupaient pour la plupart d'alchimie et d'études congénères, en vue de la composition des médicaments; sinon même de l'élixir de longue vie. Les traités de matière médicale, tels que celui d'Ibn Baïthar, emprunté en grande partie à Dioscoride[3], touchent par bien des points à l'histoire de la chimie; mais il convient de me borner aux alchimistes proprement dits et à leurs ouvrages. A cet égard, je citerai notamment

[1] *Origines de l'Alchimie*, p. 45-52.
[2] *Collection des Alchimistes grecs*, liste planétaire des métaux, p. 25, 26; méthodes des Persans, p. 61 et 254; Sophar de Perse et les traditions d'Ostanès, p. 129.
[3] *Notices et extraits des mss de la Bibl. nationale*, t. XXIII, 1877; t. XXV, 1881; t. XXVI, 1883. Traduction par Leclerc.

les indications fournies par le *Kitâb-al-Fihrist* [1], par Ibn Khaldoun [2]; enfin par Ibn Khallikan et par le *Lexicon* du bibliographe Hadji Khalfa [3], polygraphes plus modernes.

Je ne pousserai pas mon examen postérieurement à la date des croisades, époque à laquelle les Latins ont eu connaissance de l'alchimie arabe, par l'Espagne principalement. Cependant les Arabes ont continué depuis à écrire sur ce sujet, jusqu'à notre temps. De nos jours même, beaucoup de personnes, au Maroc et ailleurs, possèdent des ouvrages d'alchimie; mais elles les tiennent secrets, et refusent d'ordinaire d'en donner communication et surtout d'en laisser prendre copie, parce qu'elles s'imaginent posséder le merveilleux secret de la transmutation : les rêves du moyen âge durent encore dans les pays musulmans.

D'après les auteurs cités plus haut, le premier musulman qui ait écrit sur l'art alchimique fut Khâled ben Yezid ibn Moaouïa, prince Omeyyade, mort en 708. Il aurait été élève du moine syrien Marianos. C'est un personnage historique, qui paraît avoir été l'un des promoteurs de la culture scientifique grecque chez les Arabes. On lui a attribué divers ouvrages alchimiques, comme on l'a fait chez les Grecs pour les empereurs Héraclius et Justinien (second). Nous possédons seulement les titres de ses ouvrages en arabe : plusieurs sont les mêmes que les titres de certaines traductions latines, publiées dans le *Theatrum chemicum* et dans la *Bibliotheca chemica*. Mais il n'y a pas lieu d'en parler autrement ici, l'existence de textes arabes correspondants m'étant inconnue. On lui donne pour disciple Djâber ben Hayyân Eç-Çoufy, le Géber des Latins [4], qui aurait eu pour maître véritable l'imam Djafer Eç-Çâdeq [5]. Il a vécu vers le milieu du VIIIe siècle;

---

[1] Ed. de Flügel, p. 351 et suiv.

[2] *Notices et extraits des manuscrits de la Bibliothèque nationale*, t. XXI, p. 207-227 et 247-264.

[3] Ed. de Flügel, t. V, p. 270.

[4] Pour plus de clarté, j'écrirai Djâber, toutes les fois qu'il s'agira de l'écrivain arabe véritable, et Géber, lorsqu'il sera question des textes latins mis sous ce nom.

[5] Le même, sans doute, que Adfar d'Alexandrie, cité dans les vieilles traductions latines.

d'autres disent au ix<sup>e</sup>. Il était natif de Tousa, établi à Koufa. Léon l'Africain prétend que c'était un chrétien grec, converti à l'islamisme : opinion qui pourrait être un reflet altéré de la tradition qui rattache Djâber aux Sabéens. En effet, d'après d'autres chroniqueurs, il serait né à Harrân, et aurait été Sabéen, c'est-à-dire qu'il était, d'après ceux-ci, au nombre des derniers partisans du culte des astres et des religions babyloniennes ; il y a, en effet, quelques indices de ce genre dans les Traités que nous allons traduire. Quoi qu'il en soit, Djâber y proteste sans cesse de son zèle musulman, comme le font les nouveaux convertis et les gens dont la foi est suspecte.

Divers titres de ses ouvrages ont été signalés, la plupart étant désignés par des dénominations numériques, qui exprimaient le nombre des opuscules compilés en un certain ensemble : par exemple, le *Livre des Soixante-dix*, ou les soixante-dix épitres, qui ressemblent, d'après Ibn Khaldoun, à un recueil d'énigmes. Sous le même titre, il existe dans le ms. latin 7156 de Paris, un ouvrage considérable, qui parait être en grande partie traduit de celui de Djâber, d'après la comparaison que j'ai faite des titres de ses chapitres, avec ceux donnés dans le *Kitâb-al-Fihrist*. Citons encore le *Livre des Cent douze* (d'après d'autres, CXIV ou CXX); le *Livre des Cinq cents*, ou les cinq cents opuscules, etc. — On trouvera plus loin l'indication de titres plus spéciaux pour un certain nombre de ces opuscules, titres donnés par Djâber lui-même, ainsi que la liste complète du *Kitâb-al-Fihrist*. Mais les historiens ne nous ont indiqué d'une manière précise ni les théories nouvelles, ni les faits découverts par Djâber, et lui-même, dans les ouvrages que nous allons reproduire, nous laisse également dans le vague à cet égard.

Quoi qu'il en soit, la réputation de Djâber domine celle des autres alchimistes arabes. C'est de leur avis commun « le Grand Maître de l'Art ». Après Djâber, on cite Dzou'n Noun El-Misri, qui était soufite; puis, sans autre détail, Maslema ben Ahmed El-Madjriti (de Madrid), astronome espagnol, mort en 1007 : « Il a écrit sur la magie et l'alchimie. » Il eut pour élève Abou Bekr ibn Bechroun, qui vivait au commencement du xi<sup>e</sup> siècle, lequel a composé un petit traité, inséré par Ibn Khaldoun dans son ouvrage et dont je donnerai plus loin l'analyse : c'est à peu près la même doctrine que celle d'une alchimie latine, réputée traduite d'Avicenne.

Vient alors le célèbre médecin Abou Bekr Mohammed ben Zakariya Er-Râzi, dit Rasès, sous le nom duquel nous possédons divers ouvrages alchimiques traduits en latin. La liste de ses traités arabes sera donnée plus loin.

Le *Kitâb-al-Fihrist* nomme ensuite Ibn Ouahchiya, magicien nabatéen, El-Ikmimi l'Égyptien, Abou Qirân de Nisibe; — c'est toujours la région du sabéisme, c'est-à-dire de la vieille tradition babylonienne. Puis on cite Stéphanus, moine de Mossoul, Es-Sâih El-Aloui, Dobeis, élève d'El-Kindi, Ibn Soleiman, Ishaq ben Noçaïr, habile dans la fabrication des verres et émaux, Ibn Abi El-Azâqir, El-Khenchelil.

Plus tard vécurent d'autres alchimistes nommés par Ibn Khaldoun, tels que Toghrayi, mort en 1123; Abou Abdallah Mohammed, Ibn Amyal Et-Temimi (xiiᵉ siècle), Abou Casba ben Temmam El-Irâqi, Çadiq Mohammed, savants dont les noms seuls sont cités; l'imam Ibn Hasan Ali, auteur du livre Chodzour; puis Djeldeik, les poètes alchimiques El-Ghazzâli (ou un pseudonyme), mort en 1111, et Ibn El-Moghreïrebi, Abou Nasr El-Farabi, enfin Ibn Sina, notre Avicenne, au xiiᵉ siècle.

Vers cette époque s'engage une première polémique sur la réalité de l'alchimie. Ibn Teimiya et Ya'qoub El-Kindi ont écrit pour la contester; tandis que Er-Râzi et Toghrayi le Baghdadi en maintiennent l'existence, par des raisonnements plus ou moins subtils. Ibn Sina la niait également. Sur quoi Ibn Khaldoun observe que Ibn Sina était grand vizir et possédait des richesses considérables; tandis qu'El-Farabi, qui y croyait, était misérable et n'avait pas toujours de quoi manger. Dans l'alchimie traduite en latin qui porte le nom d'Avicenne, le pour et le contre sont présentés avec impartialité.

Telle est l'histoire de l'alchimie, ou plutôt des alchimistes arabes, jusqu'au temps des croisades. Je la compléterai, en donnant en appendice la traduction des passages qui les concernent dans le *Kitâb-al-*

*Fihrist*. Un certain nombre de leurs œuvres ont été traduites en latin au moyen âge, et ces traductions portent même les titres d'ouvrages et les noms d'auteurs plus nombreux, et dont les chroniqueurs et polygraphes arabes n'ont pas parlé.

Ainsi, je le répète, plusieurs des auteurs alchimiques arabes ont été traduits en latin, aux xiie et xiiie siècles, et ces traductions existent en manuscrit dans les grandes bibliothèques d'Europe. Un certain nombre d'entre elles ont même été imprimées, du xvie au xviiie siècle, dans les collections intitulées : *Theatrum chemicum; Bibliotheca chemica; Artis auriferæ quam chemiam vocant* (Bâle); *Artis chemicæ principes* (Bâle). A côté d'œuvres authentiques, je veux dire réellement traduites ou imitées de l'arabe, telles que la *Turba*, les écrits attribués à *Rosinus*, *Morienus* (le Marianos cité plus haut), *Avicenne*, etc., il en existe d'autres, fabriquées de toutes pièces en Occident, comme les prétendues œuvres des faussaires latins qui ont pris le nom de Géber.

Pour démêler les problèmes difficiles que soulève cette période scientifique, l'étude directe des œuvres ou traductions latines, tant manuscrites qu'imprimées, fournit des documents extrêmement utiles, et j'ai pris soin de l'exposer en détail dans l'un des volumes du présent ouvrage. Mais cette étude critique ne suffit pas, et il m'a paru indispensable de recourir aux ouvrages arabes eux-mêmes et de les comparer avec les textes latins, réputés traduits d'après des œuvres congénères. Or jusqu'ici aucun traité alchimique en langue arabe n'avait été imprimé ou traduit dans une langue moderne, du moins à ma connaissance[1]. La plupart de ces traités ont disparu d'ailleurs, ou ont été détruits, dans le cours des temps. Cependant il en existe encore un certain nombre dans les bibliothèques d'État en Europe, particulièrement à Leyde et à Paris. Dès lors, la publication des plus importants de ces ouvrages m'a semblé nécessaire, je le répète, pour obtenir des termes de comparaison plus précis dans l'histoire de la science chimique. C'est dans

---

[1] Sauf un petit traité de quelques pages, transcrit dans Ibn Khaldoun.

cette intention que j'ai cru devoir acquérir une connaissance plus approfondie du contenu de ces manuscrits et faire traduire de l'arabe, d'une part, certains traités ou compilations, où il est particulièrement question des alchimistes grecs, et, d'autre part, les ouvrages qui portent le nom de Djâber. Sans doute ce serait un grand travail que d'entreprendre la publication intégrale des écrits de tous les alchimistes arabes, et il n'est pas prouvé qu'on en retirerait des fruits proportionnés à la peine et à la dépense : aussi avais-je pensé d'abord pouvoir me borner à donner des extraits de quelques-uns de ces traités et ouvrages. Mais, en raison de l'importance historique des questions soulevées, lesquelles ne vont pas à moins qu'à changer profondément les idées courantes sur les connaissances chimiques des Arabes, et sur l'influence exercée par ces connaissances à l'égard de la civilisation et des sciences de l'Occident, j'ai cru préférable de reproduire *in extenso* les plus intéressants de ces ouvrages arabes, texte et traduction : ceux de Djâber spécialement, à cause de la réputation de leur auteur et de la dissemblance profonde qui existe entre ces ouvrages arabes et les œuvres fabriquées en Occident et mises sous le même nom. Le lecteur pourra ainsi juger par lui-même la question, s'il veut bien parcourir ces traductions, souvent longues et fastidieuses. J'ai pris soin d'ailleurs d'y joindre quelques notes, pour montrer la signification historique de certains mots et de certaines doctrines.

Tout le travail de ces traductions a été exécuté par M. Houdas, professeur à l'École des langues orientales vivantes, à Paris : il a bien voulu consentir à copier et à traduire littéralement à mon intention, ou plutôt à celle des études scientifiques, plusieurs centaines de pages de manuscrits de Paris et de Leyde et à en publier le texte. J'ai revisé avec soin cette traduction littérale, de façon à tâcher de lui donner un sens intelligible, autant que le comporte ce genre de littérature. Nous réclamons à cet égard toute l'indulgence du lecteur.

Ainsi les ouvrages arabes dont je vais publier les traductions sont tirés de deux bibliothèques : la Bibliothèque nationale de Paris et la Bibliothèque de l'Université de Leyde.

M. L. Delisle, directeur de la Bibliothèque nationale de Paris, a eu l'obligeance de mettre à ma disposition notamment le ms. arabe 972 de l'ancien fonds et le ms. 1074 du supplément. Le premier manuscrit m'avait déjà fourni, il y a quelques années, dans mon *Introduction à la Chimie des anciens et du moyen âge*, certaines indications, que je crois utile de reproduire plus loin et d'une façon plus étendue.

Voici les ouvrages tirés des manuscrits de Paris :

1° Le *Livre de la Royauté*, qui porte le nom de Djâber;

2° Le *Petit livre de la Miséricorde*, qui porte le même nom;

3° Un *Livre* attribué à *Ostanès*;

4° Un extrait du *Kitâb el-Foçoul*, tiré du livre intitulé : *El-Djami*;

5° Un extrait du ms. 1074, renfermant une série de citations des alchimistes grecs.

La Bibliothèque de Leyde m'a fourni des documents plus étendus et plus importants encore. Ces documents sont contenus dans le ms. arabe n° 440, manuscrit fort ancien, mis à ma disposition par MM. du Rieu, directeur de la Bibliothèque de l'Université, et de Goeje, le savant orientaliste bien connu.

Voici la liste des ouvrages que j'en ai tirés :

6° Le *Livre des Balances*, qui porte le nom de Djâber;

7° Le *Livre de la Miséricorde*, qui porte le même nom;

8° Le *Livre de la Concentration*, qui porte le même nom;

9° Le *Livre du Mercure oriental*, qui porte le même nom;

10° Le *Livre de Cratès*, rempli de traductions grecques;

11° Le *Livre de El-Habib*, qui dérive également des alchimistes grecs.

Donnons quelques indications plus précises sur le contenu de ces divers ouvrages. Ils forment deux groupes : les uns sont des compilations, renfermant des extraits et des citations des alchimistes grecs; les autres constituent des œuvres originales, d'un caractère dogmatique, qui portent le nom de Djâber : ce sont là les principaux ouvrages arabes, aujourd'hui subsistants et attribués à ce célèbre auteur.

Aucun de ces derniers ouvrages, pas plus que de ceux du premier groupe, ni des autres traités arabes dont j'ai pu avoir connaissance, ne se retrouve parmi les traductions latines que nous possédons : je n'ai relevé de coïncidence que pour quelques phrases d'Avicenne, relatives à un aérolithe, et pour des articles de minéralogie et de matière médicale, tirés en grande partie de Dioscoride. Ces rapprochements seront signalés ailleurs.

Je dois rappeler cependant qu'il existe dans le ms. latin 7156 de la Bibliothèque nationale de Paris (fol. 66-83) un grand ouvrage, qui porte le titre même d'un des livres arabes dont Djâber se déclare l'auteur, le *Livre des Soixante-dix*, attribué à Jean dans le manuscrit. Le style de cet ouvrage et son mode de composition, les mots arabes qui s'y trouvent, la citation même de plusieurs titres d'ouvrages, que le Djâber arabe s'attribue en effet, et spécialement les titres des trente premiers chapitres, qui coïncident pour la plupart avec les titres donnés pour le même ouvrage dans le *Kitâb-al-Fihrist;* toutes ces circonstances, dis-je, ne permettent pas de douter que cet ouvrage latin ne dérive d'un original arabe, fortement interpolé à la vérité. Malheureusement nous ne possédons plus le traité arabe de Djâber, du même titre. Dans un chapitre d'un autre volume du présent ouvrage, consacré aux traductions arabico-latines, je donnerai le résumé et l'analyse du *Livre* latin *des Soixante-dix*. Disons seulement ici que s'il présente beaucoup d'analogies avec les œuvres arabes de Djâber que je vais reproduire, il est au contraire très dissemblable de ses prétendues œuvres latines.

Il est utile de présenter d'abord un examen sommaire des traités arabes, dont nous donnerons ensuite la traduction. Ces traités se partagent, nous l'avons dit, en deux groupes : les uns se réfèrent à la tradition des alchimistes grecs et la continuent; les autres sont désignés comme les ouvrages de Djâber.

Le premier groupe comprend les *Livres de Cratès, d'El-Habib, d'Ostanès*, etc.

### I. LE *LIVRE DE CRATÉS*.

Ce livre est mis sous un nom grec, dérivé peut-être celui de Démocrite, altéré par les copistes; il débute par les formules musulmanes ordinaires : « Au nom du Dieu clément et miséricordieux..... Qu'il répande ses bénédictions sur notre seigneur Mohammed, son prophète, » etc.; formules attribuables à l'auteur, ou bien au traducteur arabe, si l'on suppose qu'il ait existé un original grec. L'auteur est indiqué sous le nom de Fosathar (ou Nosathar) de Misr : c'est peut-être Ostanès l'Égyptien, car les transcriptions orientales des noms grecs offrent de grandes incertitudes. Après la recommandation ordinaire du secret, l'écrivain fait mention du christianisme, des anciens rois d'Égypte, des livres gardés dans les sanctuaires, des bibliothèques Ptolémaïques, de Toth, du temple de Sérapis, de Constantin et de l'Empire romain. Le tout est joint au récit de la communication des Livres sacrés par une femme séduite : ce qui rappelle, sous une forme anthropomorphique, le récit de la révélation de la science, faite dans la lettre d'Isis à Horus, chez les alchimistes grecs[1]. Tout ce début est imprégné de souvenirs gréco-égyptiens. Le livre, ou plutôt sa glose, parle ensuite des dynasties arabes de la Syrie et de l'Égypte, souvenir qui nous reporterait vers le IXe siècle de notre ère. L'auteur annonce qu'il possède la science des astres, de la géométrie, de la logique, etc., et il expose une vision, suivant un artifice fréquent de la littérature mystique. Hermès Trismégiste lui apparaît avec son livre : on y voit la figure de sept cercles, répondant aux sept firmaments. Plusieurs de ces cercles, dessinés dans le manuscrit et que je reproduis plus loin, contiennent des signes alchimiques, les mêmes que ceux des Grecs, tels que les signes de l'or, de l'argent, de l'arsenic (ou du *chryselectrum*) et trois autres, non identifiés avec certitude : (cuivre, étain, mercure?).

[1] *Collection des Alchimistes grecs*, trad., p. 31.

Ceci mérite attention, d'autant plus qu'aucun signe alchimique ne se retrouve ailleurs dans les manuscrits arabes que j'ai vus.

Il semble que l'horreur des musulmans pour les représentations figurées et leur crainte des symboles magiques ait fait bannir les signes alchimiques de leurs ouvrages. Ces signes avaient cependant passé sans difficulté des Grecs aux Syriens. Les premières lignes du traité arabe d'Ostanès en font mention, mais sans les reproduire. On ne les voit pas davantage dans les plus anciennes œuvres latines, traduites de l'arabe, et ils ne se lisent pas dans les manuscrits latins avant le xve siècle, moment où ils ont reparu, sans doute avec la connaissance des œuvres alchimiques grecques. Leur existence dans notre manuscrit arabe fournit une nouvelle preuve de l'étroite parenté du *Livre de Cratès* avec les œuvres grecques.

Viennent ensuite dans ce livre les phrases symboliques ordinaires des Grecs[1] sur la pierre qui n'est pas pierre, sur son âme, son corps et son esprit, etc.

Puis nous rencontrons quatre figures d'appareils, représentant un alambic, un fourneau à digestion, une marmite et une fiole dans son bain-marie : ces figures sont également remarquables, non seulement par leur similitude avec celles des alchimistes grecs, mais parce que les figures d'appareils sont rares dans les manuscrits arabes. Elles seront reproduites tout à l'heure.

L'auteur explique alors que chaque philosophe alchimique a sa nomenclature, ce qui produit une grande confusion.

Sans essayer d'analyser ce long verbiage, on doit y noter les axiomes grecs que voici : rendez les corps incorporels; — le cuivre a une âme, un corps et un esprit. De même les mots suivants : le soufre incombustible; l'eau de soufre; le ferment d'or; le corail d'or; le mo-lybdochalque; le mot *poison,* traduction du grec *iós,* appliqué à la pierre philosophale; l'existence d'une teinture commune à l'or et à

---

[1] On donnera dans les notes de la traduction les références, d'après la *Collection des Alchimistes grecs.*

l'argent; l'or et l'argent naturels distingués de ceux des philosophes; l'ombre du corps et l'épuration de celui-ci, etc. — Le cuivre doit être blanchi à l'intérieur et à l'extérieur : il ne teint qu'après avoir été teint. — Tout cela est tiré des alchimistes grecs, sauf certaines additions théoriques et pratiques, relatives au mercure et au plomb. Le nom même de Démocrite apparaît plus loin.

Vient alors une nouvelle vision, le sanctuaire de Phta (?), l'idole de Vénus (Isis-Hathor) et ses révélations. Puis reparaissent une série de dissertations alchimiques, avec citation de Démocrite, indication des diverses sortes de feux, de l'or blanc (*asem*), et la reproduction des axiomes connus : « La nature se réjouit de la nature »; « tout est devenu cendre »; la tétrasomie, le symbolisme du Dragon.

Vers les dernières lignes apparaît le nom de Khâled ben Yezid, désigné comme l'auteur (et abréviateur) du *Livre de Cratès*. Peut-être est-ce lui qui a fait traduire cet ouvrage du grec (voir p. 2). C'est en effet l'un des premiers alchimistes arabes, donné par la tradition comme élève de Marianos, c'est-à-dire des Syriens : la mention de son nom doit être rapprochée de celle des dynasties arabes de Syrie et d'Égypte.

Si j'insiste sur ces détails, c'est que le *Livre de Cratès* représente l'anneau le plus ancien qui soit connu jusqu'ici, comme rattachant l'alchimie arabe à l'alchimie grecque. Certes, on ne saurait admettre que ce livre ait été traduit directement du grec, au même titre que les Alchimies syriaques; mais il est tout imprégné de la vieille tradition et il en forme un commentaire très prochain. Sous ce rapport, il doit être mis en regard de certains textes latins traduits de l'arabe, tels que la *Turba philosophorum* et les écrits de *Rosinus* (nom altéré de Zosime), textes remplis également de citations des alchimistes grecs, les mêmes pour la plupart que celles du *Livre de Cratès* : j'ai exposé dans un autre volume du présent ouvrage ce côté de la question. Les commentaires latino-arabes, dus à des auteurs des xiie et xiiie siècles, et mis sous le nom de certains alchimistes grecs, semblent résulter de la même tradition, quoique avec un caractère plus moderne : je citerai

2.

notamment les écrits attribués à Marie dans le *Theatrum chemicum*[1], et le petit traité de Synésius, « abbé grec, » publié en français à Paris, en 1612, traité dont l'origine ne m'est pas connue, mais qui porte le cachet d'une œuvre traduite de l'arabe.

## II. LE LIVRE D'EL-HABÍB.

Le *Livre d'El-Habib* est précédé, comme celui de Cratès, d'un préambule musulman. Il n'offre guère de renseignements nets, ou d'allusions historiques, qui permettent de lui assigner une date; mais son contenu montre qu'il dérive aussi directement des alchimistes grecs. J'y noterai les noms d'Hermès, d'Horus (Aros), de Marie, de Zosime, d'Agathodémon, de Démocrite, d'Archélaüs, de Platon, de Pythagore, d'Aristote envisagé comme alchimiste, de Chymès, de Théosébie, de Justinien.

Observons ici que le nom d'Horus se retrouve fréquemment chez les Arabes, comme celui d'un écrivain alchimique : peut-être pourrait-on l'identifier avec celui de l'alchimiste égyptien Pébéchius, dont le nom signifie l'Épervier et est synonyme de celui d'Horus.

Quoi qu'il en soit, sans me livrer à une analyse en forme de l'ouvrage d'El-Habib, je dirai seulement qu'il est rempli, comme toute cette littérature, de développements fastidieux et obscurs, fort analogues d'ailleurs à ceux des alchimistes byzantins (Comarius, Stéphanus, etc.). J'y relève toute une série d'indications identiques à celles des Grecs; telles sont celle des quatre éléments de la teinture philosophique, rapprochés des éléments des êtres, et celle de leur transmutation réciproque; la tétrasomie; l'œuf et ses quatre parties; les comparaisons médicales avec la bile, le sang, etc., si fréquentes dans Stéphanus; l'opposition symbolique du mâle et de la femelle, et es symboles tirés de la génération; la mention du corps de la magnésie, de l'eau de soufre, du soufre incombustible, de la chaux, des

---

cendres, du crible d'Hermès; l'emploi des feuilles métalliques et leur
teinture par digestion; la coloration à l'aide des enduits extérieurs
par Marie; l'eau aérienne. De même ces axiomes : « on doit extraire
la nature cachée; — les humides sont maitrisés par les humides, les
sulfureux par les sulfureux; — la nature se réjouit de la nature; —
les corps doivent être rendus incorporels; — un peu de soufre détruit
beaucoup de corps; — le cuivre une fois teint, teint à son tour. » —
Citons encore l'ombre du cuivre, son corps et son âme; le mercure
tiré de l'arsenic; les jeux de mots sur le mâle et sur l'arsenic, qui
n'ont de sens qu'en grec; le serpent Ouroboros; le glaive du feu, qui
rappelle les allégories de Zosime; les démons jaloux; les prophètes et
les devins; les trésors des anciens Égyptiens attribués à la pratique de
l'alchimie, etc.

Toutes ces indications sont tirées textuellement des vieux alchimistes grecs et similaires à celles de la *Turba*. Il n'est pas jusqu'à la
forme dialoguée, par demandes de Marie et réponses du Philosophe,
et jusqu'aux énoncés axiomatiques des divers auteurs, qui ne rappellent à la fois certains écrits latins attribués aux Arabes, et ces ré-
unions de dires et extraits, intitulés : *La pierre philosophale,* dans la
*Collection des Alchimistes grecs.*

### III. LE LIVRE D'OSTANÈS.

Cet ouvrage est tiré du nº 972 de la Bibliothèque de Paris et il
existe aussi dans les manuscrits de Leyde (*Codex* 440; MCCLIX). Il a
pour titre : *Livre des douze chapitres d'Ostanès le Sage sur la science de
la Pierre illustre* : « Au nom de Dieu, etc., le sage Ostanès dit : ceci
est l'interprétation du *Livre du Contenant,* dans lequel on trouve la
science de l'œuvre, etc. » J'ai reproduit ce titre et ce résumé initial,
dans mon *Introduction à la Chimie des anciens,* p. 216.

Au début, il est dit que Abou Cheddâd Khâled ibn El-Yezid Aros,
frappé d'admiration par la lecture du livre d'Ostanès, le traduisit
de sa langue originale en grec; puis Abdallah ibn Ahmed ibn Hindi le

retraduisit en persan (pehlvi?); plus tard, Djafar ibn Mohammed ibn Amr El-Faresi, dans l'idiome du Khorâsân, enfin Abou Bekr ibn Yahia ibn Khâled El-Ghassâni El-Khorâsâni en arabe, en y ajoutant deux sections, etc.

Si ces indications sont exactes, l'ouvrage aurait eu une première origine persane, vers le temps des Sassanides, c'est-à-dire à une époque contemporaine de Zosime et des vieux alchimistes grecs. Mais il est plus que douteux que le livre soit aussi ancien; le titre même, *Livre du Contenant*, est d'une époque plus moderne, car il appartient aussi à un ouvrage de Rasès, médecin célèbre du xii⁰ siècle. Cependant, il me parait utile de reproduire l'analyse qui suit, donnée en arabe :

« La première partie renferme un chapitre sur la pierre philosophique et un chapitre sur la description de l'eau, sur les préparations, sur les animaux; la seconde partie renferme un chapitre sur les plantes, sur les tempéraments, sur les esprits, sur les sels; un chapitre sur les pierres, sur les poids, sur les préparations, sur les signes secrets.

« J'ai donné ce livre, dit-il, d'après les paroles d'Ostanès le Sage, et j'ai ajouté à la fin deux chapitres, d'après les paroles d'Héraclius le Romain, les paroles d'Abou Ali l'Indien, les paroles d'Aristote l'Égyptien, les paroles d'Hermès, les paroles d'Hippocrate, les paroles de Djâber et les paroles de l'auteur d'Émèse. » Ailleurs il cite Aristote, Platon, Galien, Romanus, les livres des anciens en langue grecque, Abou Bekr, c'est-à-dire Rasès, Djamhour, autre alchimiste arabe; ce qui répond aux additions du dernier traducteur.

Tout ceci montre que le nom d'Ostanès a été mis en tête de l'ouvrage, à titre d'enseigne et pour lui donner de l'autorité. On voit en même temps que le dernier compilateur est postérieur à Djâber et à Rasès. Cependant le traité ne renferme aucun indice positif d'islamisme, et les nombreux noms grecs qui y sont cités le rattachent à la tradition antique. A ce point de vue, il eût été fort intéressant de posséder les chapitres énumérés plus haut, spécialement celui relatif

aux signes secrets, lesquels ne figurent plus dans les manuscrits
arabes. Mais aucun de ces chapitres techniques d'Ostanès ne se
trouve aujourd'hui dans nos manuscrits de Paris ou de Leyde : soit
qu'ils n'aient jamais existé dans l'ouvrage même, le compilateur ayant
copié le préambule d'un autre livre; soit que le copiste n'ait pas jugé
opportun de les reproduire. Quoi qu'il en soit, nous donnerons deux
des petits traités qui existent dans le manuscrit de Paris.

Le premier est extrait du *Kitâb el-Foçoul*. Il expose les noms et les
qualités de la pierre philosophale. L'auteur parle à la fois de l'Égypte
et de l'Andalousie, ce qui montre son caractère moderne. Il cite Aristote et lui attribue un récit symbolique sur le Lion, qui rappelle
le symbolisme de la chasse au lion par le roi Marcos, exposé dans le
Senior (*Theatrum chemicum*, t. V, p. 240).

Un second extrait du livre du sage Ostanès est présenté plus loin.
C'est un songe emblématique, où il est question d'un palais à sept
portes, avec des inscriptions en langue égyptienne, persane, indienne,
et un débat sur la supériorité relative de la Perse et de l'Égypte. Les
sept portes du palais rappellent les sept portes de l'escalier symbolique des mystères mithriaques chez les Perses, d'après Celse, portes
qui figuraient à la fois les astres et les métaux.

Il y a peu de chose sans doute à tirer de ces allégories pour la
science chimique positive : mais elles sont significatives pour l'histoire
de la transmission des idées.

### IV. EXTRAIT DU MS. N° 1074 DU SUPPLÉMENT ARABE DE PARIS.

M. Houdas a traduit un extrait de ce manuscrit, renfermant une
série de citations d'auteurs anciens sur la pierre philosophale et sur
son caractère précieux, sous des apparences viles. On y rencontre les
noms de Hermès, Démocrite, Marie, dite *fille du roi de Saba*, Atsou-
sabia, c'est-à-dire Théosébie, Galien, Marianos, Marqouch, c'est-à-
dire Marcus, ainsi que celui de Djâber. Cet extrait sera donné plus
loin.

J'ai également fait examiner le ms. n° 1074 *bis*.

D'après une note que M. Zotenberg a bien voulu me remettre, ce manuscrit renferme un commentaire d'Abou Abdallah Mohammed ibn Amyal Et-Temimi sur un traité d'alchimie intitulé : *Formes et figures*, dont l'auteur est désigné par le titre de El-Hakim (le Sage). Dans ce commentaire, on cite les noms et les écrits d'Agathodémon, de Marqounès (Marcus), d'Hermès, de Khâled, de Dzou'n-Noûn, de Marie, d'Archelaüs, de Socrate, d'Asfidous (Asclepias?), d'Aros (Horus), de Rousem (Rosimus, c'est-à-dire Zosime?) ou Roustem. Ce commentaire est une pure compilation, sans doute de seconde main. Il est suivi de deux appendices et d'un poème de Dzoù'n-Noûn El-Misri. Je n'ai pas cru utile de reproduire tout ou partie de ce manuscrit.

Arrivons maintenant aux ouvrages arabes qui portent le nom de Djâber ou Géber. Ils offrent une importance toute particulière pour l'histoire de la science au moyen âge. En effet, c'est au nom de Géber que les auteurs qui ont traité de l'histoire de la chimie ont rattaché la plupart des découvertes qu'ils attribuent aux Arabes. Mais cette attribution ne repose point sur l'étude des écrits arabes de Djâber, aucun de ces écrits n'ayant été porté jusqu'ici à la connaissance du public. On s'est fondé seulement sur les œuvres latines, dites de Géber, imprimées au XVI° siècle, œuvres qui ont joui de la plus grande réputation depuis le XIV° siècle et qui ont été continuellement citées dans le monde occidental. Or l'examen approfondi de ces ouvrages et leur comparaison avec les écrits latins authentiques du XIII° siècle m'a conduit à cette conviction que tous ces prétendus ouvrages latins de Géber sont apocryphes: je veux dire qu'ils ont été composés par des auteurs latins du XIV° siècle et de la fin du XIII°, qui ont jugé à propos de les mettre sous le patronage d'un nom légendaire, faisant autorité de leur temps, celui de Géber.

Dans les livres arabes qui portent le nom de Djâber, il n'est fait aucune mention des découvertes qui figurent dans ces œuvres latines, telles que l'acide nitrique, l'eau régale, l'huile de vitriol, le nitrate d'argent, et la plupart de ces découvertes paraissent même étrangères et postérieures aux Arabes. J'ai développé cette démonstration dans un autre volume du présent ouvrage. Mais, pour donner une base solide à la discussion, il m'a paru nécessaire de faire traduire et de publier tous les ouvrages arabes portant le nom de Djâber, qui sont parvenus à ma connaissance. Que ces ouvrages même aient été réellement écrits par le personnage un peu légendaire appelé Djâber, c'est ce que met déjà en doute l'auteur du *Kitâb-al-Fihrist* (voir plus loin). Si quelques-uns paraissent remonter en effet jusqu'à Djâber, d'autres ont été assurément remaniés, sinon composés, par ses disciples, et plus tard par les alchimistes qui se sont rattachés à son école. Il est arrivé pour les œuvres de Djâber la même chose que pour les œuvres d'Aristote et de tous les grands savants et compilateurs de l'antiquité. La liste des ouvrages de Djâber, donnée dans le *Kitâb-al-Fihrist,* sera traduite plus loin : elle renferme plusieurs doubles emplois et des livres qui appartiennent évidemment à des époques postérieures, parfois même de plusieurs siècles et contemporains des croisades. D'autres, au contraire, parmi ceux qui vont être reproduits, portent un caractère plus ancien et fort voisin de celui des Byzantins du VII<sup>e</sup> siècle, tels que Stéphanus et le Pseudo-Comarius. Faire la distinction certaine, ou probable, entre les ouvrages arabes authentiques de Djâber et ceux de son école serait un travail que je ne voudrais nullement tenter, faute des données convenables. Mais ce qui est indubitable, c'est que ce sont là des ouvrages écrits en langue arabe, entre le IX<sup>e</sup> et le XII<sup>e</sup> siècle, à une époque antérieure aux rapports des Latins et des Arabes, et que les derniers s'accordaient à les mettre sous le nom de Djâber : c'est là tout ce qu'il nous importe de savoir, pour procéder à leur comparaison avec les ouvrages alchimiques latins.

Les traités que M. Houdas a traduits et que je vais donner sont au nombre de six.

### I. LE LIVRE DE LA ROYAUTÉ,
#### COMPOSÉ PAR LE CHEIKH ABOU MOÏSA DJÂBER BEN HAYYÂN EÇ-ÇOUFY.

L'auteur débute par les formules musulmanes : « Au nom du Dieu clément et miséricordieux. » Les opérations qu'il indique sont d'une exécution prompte et facile, les princes n'aimant pas les opérations compliquées, et ce sont celles que les sages exécutent facilement pour les princes. Il recommande le secret. Les anciens ont dit : « Si nous divulguions cette œuvre, le monde serait corrompu; car on fabriquerait l'or, comme on fabrique le verre. » Il décrit en termes obscurs la pierre philosophale ou *imam* et parle de la durée de l'opération, en citant son *Livre des Soixant.-dix* (chapitres) et son *Livre de l'opération des sages anciens*. Puis il insiste encore sur le secret, sur la rapidité de l'opération, sur les propriétés de l'élixir; il cite son *Livre des Balances*, parle de ceux qui n'atteignent pas le but et de ceux qui y sont parvenus. On opère avec la balance du feu (voie ignée), avec la balance de l'eau (voie sèche), ou par la combinaison des deux. Il conclut sans sortir de ces déclarations vagues et déclamatoires. Aucun auteur ancien n'est cité.

### II. LE PETIT LIVRE DE LA MISÉRICORDE, PAR DJÂBER.

Il énumère ses traités et leur caractère; les uns ont la forme allégorique, et leur sens apparent n'offre aucune réalité. D'autres ont la forme de traités pour la guérison des maladies, de traités astronomiques, de traités de littérature, avec sens littéral ou figuré. D'autres traitent des minéraux et drogues, qui ont troublé l'esprit des chercheurs, les ont ruinés et les ont poussés à faire de la fausse monnaie et à tromper les gens riches. Il faut maintenant écrire un ouvrage clair. Il rappelle encore son *Livre des Soixante-dix*, celui de *Nadhm*, de *La Royauté*, de *La Nature de l'être*, des *Vingt propositions*, de *La Balance unique*.

Puis vient la description d'un songe. L'auteur déclare qu'il va dé-

crire une voie claire et recommande le secret. Il faut prendre des
produits purs, recourir à des opérations parfaites, préparer le feu pur
et l'huile pure et en former l'*imam*, préparer l'élixir d'or et l'élixir
d'argent et le conserver dans un vase d'or, d'argent ou de cristal de
roche. Il termine cet exposé vague et obscur, en disant qu'il n'a rien
caché.

### III. LE LIVRE DES BALANCES.

L'auteur débute par l'éloge de Dieu; puis vient un petit apologue
sur Adam, destiné à faire l'éloge de l'intelligence. « Socrate, dit-il, la
fait résider dans le cœur. » Il cite Platon, Aristote, Pythagore. Suit
l'éloge de la tête et l'exposé des compartiments du cerveau, où se
trouvent localisées l'imagination, la mémoire et la pensée : c'est une
première tentative de phrénologie. On lit à la suite un résumé de
la *Logique* d'Aristote, etc. L'auteur renouvelle encore une fois sa profession de foi de bon musulman, comme s'il appréhendait que ses
connaissances scientifiques ne parussent suspectes. Il dit qu'il va révéler la science et il parle de ses livres : *Les Indices, Le Monde supérieur et le Monde inférieur*, le *Livre du Soleil et de la Lune*, le *Livre
de la Synthèse*. Chemin faisant, il cite des auteurs grecs dont le nom
est défiguré, à l'exception de Démocrite, de Sergius (?) et d'Aristote,
et il arrive, par ce long détour, aux propriétés de la pierre philosophale. Après diverses déclamations, il expose la doctrine des quatre
éléments et des quatre qualités : tout consiste dans l'équilibre des
qualités et des natures. Djâber déclare, à l'appui de ces idées, qu'il
a commenté le Pentateuque et étudié l'Évangile, les Psaumes et les
Cantiques; puis il cite le Coran.

Cette composition incohérente se poursuit par une série de *pourquoi*, analogues aux *Problèmes* d'Aristote, mélange de crédulité
puérile et de charlatanisme et se rattachant, pour la plupart, à des
choses médicales. Le même genre de questions se retrouve dans un
traité alchimique latin, attribué à Al-Farabi (ms. 7156, fol. 131 v° et
suiv.), mais avec un caractère plus général. Djâber cite en passant le

3.

tableau magique d'Apollonius[1], et il classe ses *pourquoi* d'après les propriétés des matières animales, végétales, minérales, en invoquant Socrate et Pythagore.

Il revient alors aux vertus que doit posséder l'adepte et déclare qu'il a exposé tout ce qui est nécessaire à l'œuvre. Puis il cite un prétendu dire astrologique de Ptolémée, sur les noms des nouveau-nés, et un calcul mystique de Stéphanus. Le secret ne doit être dévoilé qu'aux gens purs.

Nous rencontrons ici un tableau cabalistique, fondé sur la composition numérique des noms d'une chose et qui prétend en déduire les propriétés. L'auteur termine en exposant, d'après les mêmes idées, la composition de la pierre (philosophale) animale, et celle de la pierre minérale : nous nous rapprochons ici des théories prêtées à Djâber par la traduction latine qui porte le nom d'*Alchimie d'Avicenne*.

Tel est ce livre bizarre, mélange d'idées cabalistiques et philosophiques, à la fois beaucoup plus précises et moins sensées que celles des autres livres attribués à Djâber. Il ne serait pas surprenant qu'il fût le plus ancien et le plus authentique ; car c'est le seul qui renferme des noms de chimistes et de philosophes grecs; et peut-être est-ce celui qui répondrait le mieux aux biographies de Djâber, envisagé comme un Sabéen, ayant vécu à Harrân, et rattaché à la culture syro-grecque.

### IV. LE *LIVRE DE LA MISÉRICORDE*.

Le début est toujours le même. Djâber veut écrire un livre clair, pour le bien des chercheurs. Après divers raisonnements médicaux et philosophiques, il invoque la nécessité des connaissances astrologiques, en raison des influences sidérales sur les phénomènes; puis il expose le symbolisme alchimique de l'âme et du corps, et celui des diverses parties de l'œuf philosophique. Il ajoute : «L'homme engendre l'homme et l'or engendre l'or; » vieil axiome grec.

---

[1] De Tyane.

L'œuvre, dit-il, est produite par une seule chose et par quatre : elle
l'est par les quatre éléments, leur qualité, les sept métaux : ce sont les
douze facteurs de l'œuvre. Tout ceci rappelle Stéphanus [1]. Il doit y
avoir convenance entre l'âme et le corps, en alchimie comme dans le
règne animal, où le corps d'un homme ne peut recevoir l'âme d'un
oiseau. De même l'âme, qui est le mercure, ne peut entrer dans des
corps tels que le verre, la tutie, ou le sel; mais seulement dans les
métaux, etc.

L'auteur parle ensuite de l'élixir et il assimile les propriétés des
métaux à celles de la bile et du sang : ce sont encore là des idées
présentées dans des termes analogues par Stéphanus [2].

Chemin faisant, on rencontre une glose d'un disciple de Djâber,
relative à l'affaiblissement spontané de la force de l'aimant; ce qui
répond en effet à certains faits connus des physiciens.

Notons aussi la théorie du microcosme et du macrocosme, déjà
relatée dans Olympiodore [3], d'après Hermès. Mais le seul auteur cité
nominativement ici est Platon.

Tout ce traité est consacré à exposer une foule de subtilités, mélange de chimie et de métaphysique, qui rappelle les alchimistes
byzantins. Mais le mode de composition en est différent de celui des
autres ouvrages de Djâber et beaucoup plus diffus; il est mêlé de
gloses, dues aux disciples du maître, que les copistes ont fait entrer
dans le texte primitif.

### V. LE *LIVRE DE LA CONCENTRATION*.

C'est un extrait formé de divers articles, sans rapport immédiat les
uns avec les autres. L'auteur expose d'abord qu'une chose ne peut posséder plus de dix-sept forces. Les qualités extérieures d'un corps sont
opposées à ses qualités internes.

On trouve ici la théorie des qualités occultes, et l'écrivain explique

[1] *Intr. à la Chimie des anciens*, p. 293.
[2] *Ibid.*, p. 292.
[3] *Collection des Alchim. grecs*, trad.,
p. 109, n° 51.

comment on peut compléter les qualités extérieures du plomb et en éliminer les qualités intérieures insuffisantes, de façon à en faire de l'or. C'est là une théorie qui existait déjà chez les Grecs, mais qui a été surtout développée par le Pseudo-Aristote alchimiste, dans les textes latins donnés comme traduits de l'arabe.

« Les éléments, ajoute encore Djâber, sont les mêmes dans les divers corps, mais la proportion en est différente »; théorie qui fait comprendre en effet la possibilité de la transmutation et indique la marche à suivre pour y parvenir.

Après ce premier chapitre vient un discours sur le corps, l'âme et l'accident, rempli de subtilités purement logiques; puis un nouveau discours sur les éléments de l'existence, où reparaissent les dix-sept forces; un autre discours sur les transformations, relatif à la nutrition et à la digestion des aliments; un autre discours sur l'utérus, et le traité se termine par un article expérimental sur la préparation de la rouille de cuivre. Cet article est une interpolation faite par un copiste beaucoup plus moderne.

### VI. LE LIVRE DU MERCURE ORIENTAL.

Djâber cite d'abord son livre *Sur les pierres et les opérations*. Il annonce qu'il va révéler le secret du mercure oriental [1]. Il parle d'abord du mercure de la pierre (philosophale) et du mercure minéral. On doit donner aux corps des esprits, tirés de ces corps mêmes. Il expose la distinction du mercure oriental et occidental : l'un est l'esprit, l'autre l'âme. Suit une dissertation scolastique sur les qualités froide et sèche, chaude et humide du premier : il est destiné à fournir le complément des qualités des métaux, et il semble que, dans la pensée de l'auteur, ce mercure ne puisse être isolé comme être distinct et indépendant.

[1] Le mercure oriental et le mercure occidental sont cités dans un article des *Alchimistes grecs*. (*Collection*, etc., trad., p. 373.) Mais cet article, ajouté après coup dans le manuscrit grec, semble de date plus moderne que les autres.

Suivent un second traité sur le mercure occidental, qui est l'eau divine et le myrte mystique, et un troisième traité ou livre sur le feu de la pierre, substance de la teinture des métaux.

---

Tels sont les ouvrages arabes de Djâber contenus dans les manuscrits de Paris et de Leyde dont j'ai eu connaissance. Leur analyse permet de se faire une idée générale du caractère de son œuvre, et montre comment celle-ci est en rapport immédiat avec un certain nombre des théories et des idées exposées dans les traductions latines des alchimistes arabes, par exemple dans les livres attribués à Platon, à Aristote, à Rasès, à Avicenne, théories et idées qui ont passé de là aux alchimistes latins du xive siècle. On voit ici quelle en est l'origine probable et pourquoi Djâber a pu être regardé comme le père et le maître des alchimistes arabes. On peut rattacher certaines de ces théories à celles des Grecs byzantins, rendues de plus en plus subtiles et quintessenciées. Mais elles présentent un caractère plus récent que les écrits rattachés directement à la tradition grecque, tels que ceux de Cratès, d'El-Habib, en arabe, ou la *Turba*, en latin. Au contraire, les œuvres arabes de Djâber et les idées qui s'y trouvent sont extrêmement éloignées, soit comme précision des faits, soit comme clarté des doctrines, soit comme méthode de composition; elles sont, je le répète, extrêmement éloignées des écrits latins du Pseudo-Géber [1]. Non seulement les faits nouveaux et originaux que renferment ces écrits latins sont ignorés de l'auteur arabe, mais il n'est même pas possible de rencontrer dans les ouvrages latins mis sous le nom de Géber une page, ou un simple paragraphe, qui puisse en être regardé comme traduit des traités arabes que je viens de résumer.

Donnons au contraire comme terme de comparaison l'analyse d'un

[1] Sur ce nom, voir la note 4 de la page 2.

ouvrage beaucoup plus moderne, dû à Abou Bekr ibn Bechroun, élève de Maslema, et écrit en Espagne au commencement du xv⁰ siècle. Cet ouvrage a été inséré par Ibn Khaldoun dans sa compilation. En voici le sommaire :

Trois choses sont à envisager pour l'élixir ou pierre philosophale : s'il est possible de la fabriquer; avec quelle matière on la fait, et comment.

Quant au premier point, il n'y a pas lieu de le discuter, car je vous ai envoyé un échantillon d'élixir.

L'œuvre réside en toutes choses, car elles consistent en des combinaisons des quatre natures (éléments) et s'y résolvent.

Les manipulations sont les suivantes : la résolution (décomposition), le mélange (ou combinaison), la purification, la calcination, la macération et la transmutation. Il y a des choses décomposables qui sont susceptibles de passer de la puissance à l'acte et des choses indécomposables.

Vous aurez à connaître le mode de son action (la pierre), le poids, les heures, la manière dont l'esprit est combiné avec elle et comment l'âme s'y laisse introduire; si le feu a le pouvoir d'en détacher l'esprit déjà combiné, etc.

Suivent des raisonnements assimilant le corps et l'âme de l'homme à ceux de la pierre. . . . . .

L'or, le fer, le cuivre résistent mieux au feu que le soufre, le mercure et les autres esprits (corps volatils). . . . . . . Les corps ont commencé par être des esprits. . . . . ; quand le feu est très intense, il les reconvertit en esprits. — Puis viennent des théories sur la volatilité et l'inflammabilité des esprits; tandis que les corps ne s'enflamment pas, parce qu'ils sont composés de terre et d'eau. — Suivent des raisonnements subtils et vagues sur le chaud, le sec et l'humide, raisonnements qui ont eu autorité jusqu'au temps de la physique et de la chimie modernes.

Les philosophes redoutent les feux ardents. Ils ordonnent de purifier les natures et les esprits, d'en expulser les impuretés et l'humidité, qui sont les causes du dépérissement.

Avis divers sur la pierre : les uns prétendent qu'elle existe dans le règne, animal; d'autres dans les plantes et dans le règne minéral; d'autres dans les trois règnes.

Les teintures sont de deux espèces : l'une est semblable à celle qui parcourt

en tous sens un vêtement blanc, elle est fugace; l'autre produit la conversion
d'une substance en une autre, dont elle prend la couleur. Ainsi l'arbre
convertit la terre en sa propre substance; l'animal s'assimile la plante. De
cette manière, la terre devient plante et la plante devient animal, etc. L'auteur poursuit ses raisonnements sur la vie comparée de la plante et de l'animal. On doit tirer la pierre du règne animal, qui est de l'ordre le plus élevé.

Après ces raisonnements vagues, il continue en ces termes : « Je vous ai
exposé en quoi cette pierre consiste, je vous en ai indiqué le **caractère** spé-
cifique et je vais vous expliquer les diverses manières de la traiter.

« Prends la noble pierre, mets-la dans l'alambic, sépares-en les quatre
natures, qui sont l'eau, l'air, la terre et le feu, c'est-à-dire le corps, l'âme,
l'esprit et la teinture. Retire chacun de ces éléments du vase qui le renferme
et prends le précipité qui reste au fond. Traite-le par un feu ardent, jusqu'à
ce qu'il perde sa noirceur, etc. » Il décrit la suite des opérations, en termes
toujours vagues et obscurs, et déclare qu'on aboutit à une chose unique,
homogène, incorruptible, qu'il décrit en termes amphigouriques. « Tel est le
corps dans son état parfait et voilà l'œuvre. »

Quant à la chose appelée *œuf* par les philosophes, ce mot ne désigne pas
l'œuf de la poule. Il définit ensuite l'œuf d'une façon peu intelligible, ainsi
que les principaux termes alchimiques. Le *cuivre* est la substance dont on a
expulsé la noirceur et qui a été réduite en cendre. La *magnésie* est la pierre
des adeptes dans laquelle les âmes se fixent. La *pourpre* est une couleur rouge
foncée, produite par la nature plastique. Le *plomb* est une pierre douée de
trois puissances, etc. Quant au reste des noms, on les a imaginés pour dérouter les ignorants.

Ce petit traité renferme les mêmes théories que ceux de Djâber,
sous une forme plus méthodique, plus moderne et plus voisine de la
scolastique aristotélique : son langage peut servir jusqu'à un certain
point à fixer des points de repère.

En tout cas, l'ensemble des ouvrages arabes que nous allons publier,
joints aux traités syriaques contenus dans un autre volume, présente
un grand intérêt pour l'histoire de la science, attendu qu'il fournit
une connaissance solide de la véritable alchimie arabe, ignorée jusqu'à
ce jour. Ils permettent d'établir la suite et la filiation des faits et des

doctrines alchimiques, depuis le temps des Grecs d'Égypte d'abord, puis de Byzance, jusqu'aux savants Syriens, à leur suite jusqu'aux Arabes; et enfin il montre comment on est passé de ceux-ci à l'alchimie latine proprement dite. Leur étude constitue un long et difficile travail, qui n'avait jamais été entrepris jusqu'ici dans des conditions vraiment critiques et qui complète mes recherches et publications antérieures sur les alchimistes grecs.

Nous allons maintenant reproduire la traduction de la partie du *Kitâb-al-Fihrist*, relative aux alchimistes et quelques indications analogues.

---

### EXTRAIT DU *KITÂB-AL-FIHRIST*.

Dixième section du *Kitâb-al Fihirst*. Cette section renferme des renseignements sur les alchimistes et sur ceux des philosophes anciens ou modernes qui ont pratiqué le grand œuvre.

Voici en quels termes s'exprime Mohammed ben Ishaq En-Nedîm, connu sous le nom de Ibn Abou Ya'qoub El-Ouarrâq :

Les gens qui pratiquent l'alchimie, c'est-à-dire ceux qui fabriquent l'or et l'argent avec des métaux étrangers, assurent que le premier qui a parlé de la science de l'œuvre est Hermès le Sage, originaire de la Babylonie et qui alla s'établir à Misr (Égypte), après la dispersion des peuples loin de Babel. Il régna sur Misr et fut un sage et un philosophe. Il réussit à pratiquer l'œuvre et composa sur ce sujet un certain nombre d'ouvrages. Il étudia les propriétés des corps et leurs vertus spirituelles, et, grâce à ses recherches et à ses travaux, il réussit à constituer la science de l'alchimie. Il s'occupa de composer des talismans et rédigea sur ce sujet de nombreux traités. Toutefois, ceux qui sont partisans de la doctrine qui admet une haute antiquité pour l'alchimie, assurent que cette science existait plusieurs milliers d'années avant Hermès.

Abou Bekr Er-Râzi, c'est-à-dire Mohammed ben Zakariya, prétend qu'il n'est pas permis de donner le nom de science philosophique à celle qui ne comprend pas l'alchimie, et qu'un savant ne saurait mériter la qualification de philosophe, s'il n'est expert dans le grand œuvre; car celui-là seul peut se passer de tout le monde, tandis que tous les autres hommes ont besoin de lui, à cause de sa science et de sa situation. Certains adeptes de la science de l'alchimie assurent que l'œuvre a été révélé par Dieu (que son nom soit glorifié!) à un certain nombre de gens qui se sont adonnés à cet art; d'autres disent que la révélation en a été faite par Dieu le Très Haut à Moïse, fils d'Amran et à son frère Aaron (que sur eux deux soit le salut!), et que celui qui opérait en leur nom était Qaroun. Celui-ci ayant accumulé beaucoup d'or et d'argent et en ayant formé des trésors, fut, sur la prière de Moïse, enlevé par Dieu, qui s'était aperçu de l'arrogance, de l'orgueil et de la méchanceté que lui avaient inspirés les richesses qu'il détenait.

Dans un autre endroit de ses livres, Er-Râzi prétend que bon nombre de philosophes, tels que Pythagore, Démocrite, Platon, Aristote et Galien, en dernier lieu, pratiquaient l'alchimie. Mohammed ben Ishaq ajoute que ces derniers, aussi bien que les autres, ont écrit des livres sur l'alchimie et ont pratiqué cette science. Ce sont là des choses qui appartiennent à Dieu et que lui seul connaît; quant à nous, nous nous abstiendrons dans notre récit de tout blâme et de toute exagération.

#### HERMÈS LE BABYLONIEN.

On est en désaccord à son sujet. Selon les uns, c'était un des sept gardiens chargés de veiller sur les sept temples; il avait la garde du temple de Mercure dont il aurait pris le nom, car Mercure, en langue chaldéenne, se dit Hermès. Selon d'autres, il se serait, pour divers motifs, transporté sur le territoire de l'Égypte et aurait régné sur ce pays. Il aurait eu un certain nombre d'enfants : Toth, Ça, Ochmoun, Atsrib et Qifth, et il aurait été le principal sage de son temps. Après sa mort, il aurait été enterré dans l'édifice connu dans la ville de Misr (Memphis) sous le nom de Abou Hermès et que le peuple appelle les deux pyramides : l'une d'elles serait son tombeau, l'autre celui de sa femme. Certains auteurs prétendent que cette seconde pyramide serait le tombeau du fils d'Hermès, qui lui succéda après sa mort.

. . . . . . . . . . . . . . .(*Description des pyramides.*). . . . . . . . . . . . . . .

### LIVRES D'HERMÈS SUR L'ALCHIMIE.

1° Le livre d'Hermès à son fils sur l'œuvre; 2° le livre de l'or liquide; 3° le livre à Toth sur l'œuvre; 4° traité de la vendange; 5° le livre des Secrets; 6° le livre d'El-Harithous; 7° le livre d'El-Melathis; 8° le livre d'El-Esthemakhis; 9° le livre de Es-Selmathis; 10° le livre d'Arminès, disciple d'Hermès; 11° le livre de Niladès, disciple d'Hermès, sur l'opinion d'Hermès; 12° le livre d'El-Adkhiqi; 13° le livre de Demanos par Hermès.

### OSTANÈS.

Ce fut l'un des philosophes qui pratiquèrent l'œuvre et se rendirent célèbres par leurs travaux et leurs ouvrages relatifs à cette science. Ostanès le Roumi (Grec) était un des habitants d'Alexandrie; il composa, à ce qu'il rapporte dans une de ses épîtres, mille ouvrages ou opuscules, ayant chacun un nom particulier. Les livres de tous ces auteurs sont écrits dans un style énigmatique et obscur. Parmi les livres d'Ostanès, on cite le livre de la conversation d'Ostanès avec Thouir, roi de l'Inde.

### ZOSIME [1].

Parmi eux figure Zosime, qui suivit la même voie qu'Ostanès; il a composé le recueil intitulé : *Les Clefs de l'œuvre*. Ce traité renferme un certain nombre d'ouvrages et d'épîtres, disposés suivant un ordre auquel ils empruntent leur désignation : première, deuxième, troisième, etc. On donne à ce recueil le nom de : *Les Soixante-dix épîtres*.

### NOMS DES PHILOSOPHES QUI ONT PARLÉ DE L'ŒUVRE.

1° Hermès; 2° Agathodémon; 3° Anthos; 4° Melinos; 5° Platon; 6° Zosime; 7° Asthos; 8° Démocrite; 9° Ostanès; 10° Heraclius; 11° Bouros; 12° Marie; 13° Desaourès; 14° Africanus (écrit Afraghsous); 15° Stéphanus; 16° Alexandre; 17° Kimas (Chymès); 18° Djamâseb; 19° Drasthos;

---

[1] Dzismos; Rismos du ms. de Leyde.

20° Archélaüs; 21° Marqounès; 22° Synésius?(Senqcha); 23° Simâs (doublet de Chymès); 24° Rousem (doublet de Zosime); 25° Fourès; 26° Sa'ourès; 27° Dilaos; 28° Mouyanès; 29° Sefidès; 30° Mehdarès; 31° Fernâouânès; 32° Mesothios; 33° Kahin Artha; 34° Arès Elqiss; 35° Khâled ben Yezid; 36° Estaphen (doublet de Stéphanus); 37° Harabi; 38° Djâber ben Hayyân; 39° Yahya ben Khâled ben Barmek; 40° Khathif l'Indien, le Franc; 41° Dzou'n-Noûn l'Égyptien; 42° Salem ben Forouh; 43° Abou 'Isa le Borgne; 44° El-Hasen ben Qodama; 45° Abou Qirân; 46° Al-Bouni; 47° Sedjada; 48° Er-Râzi; 49° Es-Sâih El-'Alouï; 50° Ibn Ouahchiya; 51° El-'Azâqiri.

Tels sont ceux qui sont indiqués comme ayant fait l'opération principale, celle de l'élixir complet. Tous ceux qui sont venus après eux et qui se sont adonnés à cette science ont vu leurs efforts impuissants et ont dû se borner aux opérations extérieures; ils sont d'ailleurs nombreux et j'en parlerai, quand l'occasion s'en présentera, s'il plaît à Dieu.

### KHÂLED BEN YEZID BEN MOAOUÏA,

#### FILS D'ABOU SOFYÂN, LE NOUVEAU CONVERTI À L'ISLAMISME.

Celui, dit Mohammed ben Ishaq, qui s'occupa le premier de mettre au jour les livres des anciens sur l'alchimie fut Khâled ben Yezid ben Moaouïa. C'était un prédicateur, un poète, un homme éloquent, plein d'ardeur et de jugement. Il fut le premier qui se fit traduire les livres de médecine, d'astrologie et d'alchimie. D'une nature généreuse, on assure que, répondant à quelqu'un qui lui disait : « Vous avez donné la plus grande partie de vos soins à la recherche de l'œuvre, » Khâled s'écria : « Toutes mes recherches n'ont d'autre but que d'enrichir mes compagnons et mes frères; j'avais ambitionné le califat, mais il m'a été enlevé et je n'ai trouvé d'autre compensation que de chercher à atteindre les dernières limites de l'œuvre. Je veux éviter à quiconque m'a connu un seul jour, ou bien que j'ai connu moi-même, la nécessité d'aller stationner à la porte du palais du prince, à la façon d'un solliciteur, ou d'un homme envahi par la crainte. » On assure, et Dieu sait mieux que personne si cela est vrai, que Khâled réussit dans ses entreprises alchimiques. Il a écrit sur cette matière un certain nombre de traités et opuscules et composé beaucoup de vers sur ce sujet. J'ai vu environ 500 feuillets remplis de ces vers, et j'ai vu aussi parmi ses ouvrages son livre des Chaleurs, le grand traité de la Çahifa, le petit traité de la Çahifa et le livre de ses recommandations à son fils au sujet de l'œuvre.

TITRES DES OUVRAGES COMPOSÉS PAR LES SAGES.

Les ouvrages que nous avons vus, qui ont été vus par de nos amis dignes de foi, ou qui sont cités dans les livres des savants en alchimie, sont :

1° Le livre de Dioscorus sur l'œuvre; 2° le livre de Marie la Copte avec les sages, quand ceux-ci se réunirent auprès d'elle; 3° le livre d'Alexandre sur la pierre; 4° le livre du Soufre rouge; 5° le livre de Dioscorus, lorsqu'il fut interrogé sur diverses questions par Desios (Synésius); 6° le livre de Stéphanus; 7° le livre de Feranis Es-Semaï; 8° le livre de Semos; 9° le grand livre de Marie; 10° le livre de Bothour (?) ben Nouh; 11° le livre des Anecdotes relatives aux philosophes de l'œuvre; 12° le livre d'Eugénius; 13° le livre de Tsemoud; 14° le livre de la reine Cléopâtre; 15° le livre de Maghis; 16° le livre de Saqras (?); 17° le livre de Balqis, reine d'Égypte. Ce livre commence ainsi : « Elle gravit la montagne »; 18° le livre des éléments de Zosime (Rimès); 19° le livre de Sergius, originaire de Ras El-Aïn, à l'évêque Qouïri d'Edesse; 20° le livre de Seqnas sur sa philosophie, à l'empereur Adrien; 21° le grand livre d'Arès; 22° le petit livre d'Arès; 23° le livre d'Andréa; 24° le livre de [1] . . . . . . . . à Mariba; 25° le livre de Nadirès le Sage; 26° le livre du Nazaréen, livre dans lequel il est dit que la philosophie est une philosophie conforme à son nom (?); 27° le livre du Compagnon du Mihrâb; 28° le livre d'Andréa. . . . . . ., un des habitants d'Éphèse, à Nicéphore; 29° le livre des Sept frères sages sur l'œuvre; 30° le livre de Démocrite sur les épîtres; 31° le livre de Dousimos (Zosime) à tous les sages sur l'œuvre; 32° le livre de Kermanos, le patrice de Rome, sur l'œuvre; 33° le livre du moine Sergius sur l'œuvre; 34° le livre du sage Maghis sur l'œuvre; 35° le livre de l'épître de Bilâkhès (?) sur l'œuvre; 36° le livre de Théophile sur l'œuvre; 37° le premier livre des Deux mots; 38° le deuxième livre des Deux mots; 39° le livre de l'épître d'Alexandre; 40° le livre de Bethrânos; 41° le livre de Qeban (?); 42° le grand livre de Heraclius (Hercule), divisé en quatorze livres; 43° le grand livre de Sergius (Segrès), au sujet des songes

---

[1] Les points diacritiques font défaut.

relatifs à l'œuvre; 44° le livre de Sergius (Serkhès) sur l'œuvre; 45° le livre de Djâmâseb sur l'œuvre.

## HISTOIRE DE DJÂBER BEN HAYYÂN ET LISTE DE SES OUVRAGES.

Son nom était : Abou Abdallah Djâber ben Hayyân ben Abdallah El-Koufi; il était connu sous le nom d'Eç-Çoufi. Les auteurs ne sont point d'accord à son sujet. Les Chiites prétendent qu'il fut un de leurs notables et un de leurs chefs[1] de doctrine; ils disent qu'il fut un des compagnons de Dja'far Eç-Çâdeq (que Dieu soit satisfait de lui!) et qu'il était un des habitants de Koufa. Un groupe de philosophes assure, au contraire, qu'il fut un des leurs et qu'il composa des ouvrages sur la rhétorique et la philosophie. De leur côté, les adeptes de l'art de fabriquer l'or et l'argent revendiquent pour lui la suprématie dans cet art, à l'époque où il vivait; mais ils disent qu'il avait dû toujours se cacher. Ils ajoutent qu'il allait sans cesse de ville en ville, ne séjournant jamais longtemps dans un même lieu, dans la crainte que le souverain n'attentât à ses jours.

Selon certains auteurs, Djâber faisait partie du groupe des Barmécides, auxquels il était entièrement dévoué, et en particulier, à Dja'far ben Yahya. Ceux qui sont de cet avis ajoutent que par son maître Dja'far, Djâber entendait parler du Barmécide de ce nom, tandis que les Chiites estiment qu'il voulait indiquer Dja'far Eç-Çâdeq.

Une personne digne de foi et qui s'occupait d'alchimie m'a raconté que Djâber habitait la rue Bâb Eç-Cham, dans le quartier dit Quartier de l'or. Elle ajouta que Djâber résidait le plus souvent à Koufa à cause des excellentes conditions atmosphériques de cette ville, et qu'il y préparait son élixir. Lorsqu'on démolit à Koufa le portique dans lequel on trouva un mortier d'or du poids d'environ deux cents rotls, ce même homme me dit que l'endroit où on l'avait trouvé était l'emplacement même de la maison de Djâber ben Hayyân, et que l'on ne trouva dans ce portique que ce mortier et un laboratoire pour la dissolution et la combinaison. Ceci se passait sous le règne de 'Izz-Eddaula, fils de Mo'izz-Eddaula. Abou Sebekteguin, le chambellan, m'a dit que c'était lui-même qui avait retiré le mortier pour en prendre possession.

---

[1] Le texte donne le mot qui signifie « porte », c'est-à-dire guide.

Un certain nombre de savants et de grands libraires m'ont assuré que cet homme, c'est-à-dire Djâber, n'avait jamais existé en réalité. D'autres disent que s'il a existé il n'a jamais composé d'autre livre que celui de la Miséricorde; quant aux autres ouvrages qui portent son nom, ils seraient l'œuvre de gens qui les lui ont attribués. Pour mon compte, je dis qu'un homme de mérite qui se mettrait au travail et se donnerait de la peine pour composer un volume de deux mille pages, en faisant appel à toutes les ressources de son esprit et de son intelligence, sans compter la fatigue matérielle que lui imposerait le travail de la copie, et qui mettrait ensuite son livre sous le nom d'un autre personnage ayant ou non existé, serait un imbécile. C'est là une chose que nul homme ayant quelque teinture de la science n'entreprendra jamais et ne voudra accepter; car quel profit et quel avantage en retirerait-il? Djâber a donc existé en réalité; sa personnalité est certaine et célèbre, et il est l'auteur d'ouvrages très importants et très nombreux. Il a écrit sur les doctrines des Chiites des livres que je citerai en leur lieu et place et des ouvrages sur diverses sciences, ouvrages que j'ai indiqués dans ce volume à l'endroit qui leur convenait.

On prétend qu'il était originaire du Khorâsân, et, dans les livres qu'il a composés sur l'alchimie, Er-Râzi dit en parlant de lui : notre maître Abou Mousa Djâber ben Hayyàn.

### NOMS DES DISCIPLES DE DJÂBER.

El-Kharaqi, qui a donné son nom à la rue d'El-Kharaqi à Médine; Ibn 'Iyâdh et El-Ikhmimi.

### LISTE DES OUVRAGES DE DJÂBER SUR L'ŒUVRE.

On a de lui une longue liste des ouvrages qu'il a composés sur l'œuvre et sur d'autres sujets, et il a également donné une liste plus courte, ne renfermant que les ouvrages relatifs à l'œuvre. Nous allons donner une liste générale de ceux de ces ouvrages que nous avons vus, ou qui nous ont été cités par des personnes dignes de foi :

1° Le livre d'Estaqès, le premier myrte, aux Barmécides; 2° le livre d'Estaqès, le deuxième myrte, aux Barmécides; 3° le livre de la Perfection, troisième livre aux Barmécides; 4° le grand livre de l'Unique; 5° le petit livre de l'Unique; 6° le livre de la Base; 7° le livre de l'Explication; 8° le livre de l'Arrangement; 9° le livre de la Clarté; 10° le livre de la Teinture rouge; 11° le grand livre des Ferments; 12° le petit livre des Ferments; 13° le livre des Opérations par fusion; 14° le livre connu sous le nom de Troisième; 15° le livre de l'Esprit; 16° le livre de Mercure; 17° le livre des Combinaisons intérieures; 18° le livre des Combinaisons extérieures; 19° le grand livre des Amalécites; 20° le petit livre des Amalécites; 21° le livre de la Mer qui déborde; 22° le livre de l'Œuf; 23° le livre du Sang; 24° le livre des Cheveux; 25° le livre des Plantes; 26° le livre de l'Accomplissement; 27° le livre de la Sagesse gardée; 28° le livre de la Subdivision en chapitres; 29° le livre des Sels; 30° le livre des Pierres; 31° un livre à Qalamoc[1]; 32° le livre de la Circulation; 33° le livre du Resplendissant; 34° le livre de la Répétition; 35° le livre de la Perle gardée; 36° le livre du Badouh, 37° le livre du Pur; 38° le livre du Contenant; 39° le livre de la Lune; 40° le livre du Soleil; 41° le livre de la Combinaison; 42° le livre de la Jurisprudence; 43° le livre d'Estaqès; 44° le livre des Animaux; 45° le livre de l'Urine; 46° un autre livre sur les Opérations; 47° le livre des Secrets; 48° le livre des Monceaux de métaux; 49° le livre de la Quiddité; 50° le livre du Ciel : premier livre, deuxième, troisième, quatrième, cinquième, sixième et septième; 51° le livre de la Terre : premier livre, deuxième, troisième, quatrième, cinquième, sixième et septième; 52° le livre des Abstractions; 53° le second livre de l'Œuf; 54° le second livre des Animaux; 55° le second livre des Sels; 56° le deuxième livre de la Porte; 57° le second livre des Pierres; 58° le livre du Complet; 59° le livre de la Soustraction; 60° le livre des Mérites des Ferments; 61° le livre de l'Élément; 62° le second livre de la Combinaison; 63° le livre des Propriétés; 64° le livre du Souvenir; 65° le livre du Jardin; 66° le livre des Torrents; 67° le livre de la Spiritualité du Mercure; 68° le livre de l'Achèvement; 69° le livre des Espèces; 70° le livre de l'Argument; 71° le grand livre des Essences; 72° le livre des Teintures; 73° le grand livre du Parfum; 74° le petit livre du Parfum; 75° le livre de la Semence; 76° le livre de l'Argile; 77° le livre du Sel; 78° le livre de la Pierre, la vérité suprême; 79° le livre des Laits; 80° le livre de la Nature; 81° le livre de Ce qui suit la Nature; 82° le livre de la Bigarrure; 83° le livre du Superbe; 84° le livre du Renversant; 85° le livre des

---

[1] Peut-être faut-il lire : «Le livre du Caméléon».

Aromates (?); 86° le livre du Sincère; 87° le livre du Parterre; 88° le livre du Brillant; 89° le livre de la Couronne; 90° le livre des Fantômes; 91° le livre du Cadeau de la Connaissance; 92° le livre des Arsenics; 93° le Livre divin (?); 94° le livre à Khâthif; 95° le livre adressé à Djemhour le Franc; 96° le livre adressé à Ali ben Yaqthin; 97° le livre des Champs de l'œuvre; 98° le livre adressé à Ali ben Ishaq le Barmécide; 99° le livre de la Désinence (?); 100° le livre de l'Orthodoxie; 101° le livre de l'Amollissement des pierres, adressé à Mançour ben Ahmed, le Barmécide; 102° le livre des Desiderata de l'œuvre, adressé à Dja'far ben Yahya, le Barmécide; 103° le livre de l'Étonné; 104° le livre de l'Exposition des accidents.

Tous ces livres forment un total de 112 ouvrages[1].

Djâber a, en outre, composé soixante-dix livres, parmi lesquels se trouvent : 1° le livre de la Divinité; 2° le livre de la Porte; 3° le livre des Trente mots; 4° le livre de la Semence; 5° le livre de la Voie droite; 6° le livre des Qualités; 7° le livre des Dix; 8° le livre des Épithètes; 9° le livre de l'Alliance; 10° le livre des Sept; 11° le livre du Vivant; 12° le livre de la Décision; 13° le livre de l'Éloquence; 14° le livre de la Similitude; 15° le livre des Quinze; 16° le livre de l'Égalité; 17° le livre de la Compréhension; 18° le livre du Filtre; 19° le livre de la Coupole; 20° le livre de la Fixation; 21° le livre des Arbres; 22° le livre des Faveurs; 23° le livre du Collier; 24° le livre du Diadème; 25° le livre de l'Épuration (?); 26° le livre du Considéré; 27° le livre du Désir; 28° le livre de la Structure; 29° le livre de l'Astronomie (?); 30° le livre du Parterre; 31° le livre du Pur; 32° le livre de la Monnaie (?); 33° le livre du Purifié; 34° le livre d'Une nuit; 35° le livre des Profits; 36° le livre du Jeu; 37° le livre des Émanations; 38° le livre de la Réunion..... Ceci fait quarante livres qui font partie des Soixante-dix. Viennent ensuite des épîtres sur la pierre : première épître, deuxième, troisième, quatrième, cinquième, sixième, septième, huitième, neuvième et dixième, aucune d'elles n'ayant un titre particulier. Il a aussi composé des épîtres sur les plantes qui ne portent qu'un numéro d'ordre. Enfin, il a donné dix épîtres sur les plantes avec la même disposition. Cela fait donc en tout soixante-dix épîtres, en y comprenant les dix livres suivants : 1° le livre de la Vérification; 2° le livre de l'Idée; 3° le livre de l'Éclaircissement; 4° le livre de la Préoccupation; 5° le livre de la Balance; 6° le

---

[1] Ces énumérations sont incomplètes.

livre de la Concordance; 7° le livre de la Condition; 8° le livre de l'Excédent; 9° le livre de la Plénitude; 10° le livre des Accidents.

Djâber est encore l'auteur de dix discours qui font suite à ces livres, ce sont : 1° le livre des Apophtegmes (?) de Pythagore; 2° celui de Socrate; 3° celui de Platon; 4° celui d'Aristote; 5° celui d'Arsendjanès (?); 6° celui d'Arkaghanis (Africanus?); 7° celui d'Amourès; 8° celui de Démocrite; 9° celui de Harabi (Marie?); 10° les Apophtegmes.

Viennent ensuite vingt ouvrages, dont voici les noms : 1° le livre de l'Émeraude; 2° le livre du Modèle; 3° le livre du Cœur; 4° le livre du Volume des secrets; 5° le livre de l'Éloigné; 6° le livre de l'Excellent; 7° le livre de la Cornaline; 8° le livre du Cristal; 9° le livre de Celui qui s'élève; 10° le livre du Lever; 11° le livre des Imaginations; 12° le livre des Questions; 13° le livre de l'Émulation; 14° le livre de la Confusion; 15° le livre de l'Explication; 16° le livre de la Spécification; 17° le livre de la Perfection et de la Plénitude. Il faut ajouter à cette série trois ouvrages qui s'y rapportent et qui sont : 1° le livre du Pronom; 2° le livre de la Pureté; 3° le livre des Accidents.

Après cela, il y a dix-sept ouvrages, qui sont : 1° le livre des Éléments des sciences exactes; 2° le livre de l'Introduction à l'œuvre; 3° le livre de la Station; 4° le livre de la Foi dans la vérité de la science; 5° le livre de la Médiation dans l'œuvre; 6° le livre de l'Épreuve; 7° le livre de la Certitude; 8° le livre de la Concordance et de la Divergence; 9° le livre de la Règle et de l'Égarement; 10° le livre des Balances; 11° le livre du Secret profond; 12° le livre du But le plus éloigné; 13° le livre de la Divergence; 14° le livre du Commentaire; 15° le livre de l'Excitation au but extrême; 16° le livre de la Recherche approfondie. Ensuite viennent trois autres ouvrages qui sont : 1° un autre livre de la Pureté; 2° le livre de l'Explication; 3° le livre des Accidents.

D'après Mohammed ben Ishaq, Djâber dit dans la nomenclature de ses ouvrages : « Après cela, j'ai composé trente épîtres sans titres particuliers, puis quatre discours qui sont : 1° le livre de la Première nature active et mobile, c'est-à-dire du feu; 2° le livre de la Deuxième nature active et immobile, c'est-à-dire de l'eau; 3° le livre de la Troisième nature passive et sèche, c'est-à-dire de la terre; 4° le livre de la Quatrième nature passive et humide, c'est-à-dire de l'air.

« A ces ouvrages, ajoute Djâber, se rattachent deux livres contenant le commentaire de ceux qui viennent d'être nommés, ce sont : 1° le livre de la Pureté ; 2° le livre des Accidents.

« J'ai encore composé les quatre ouvrages suivants : 1° le livre de Vénus ; 2° le livre de la Consolation ; 3° le livre du Parfait ; 4° le livre de la Vie.

« Puis dix autres livres selon les idées de Bélinas (Apollonius de Tyane), l'auteur des Talismans : 1° le livre de Saturne ; 2° le livre de Mars ; 3° le grand livre du Soleil ; 4° le petit livre du Soleil ; 5° le livre de Vénus ; 6° le livre de Mercure ; 7° le grand livre de la Lune ; 8° le livre des Accidents ; 9° un livre intitulé : La Propriété de son âme ; 10° le livre de la Dualité. »

Djâber a écrit sur les questions, les quatre livres suivants : 1° le livre du Résultat ; 2° le livre du Champ de l'intelligence, 3° le livre de l'Œil ; 4° le livre de Nadhm (Poésie). « J'ai, dit-il encore, composé trois cents livres sur la philosophie, trois cents livres sur la mécanique (?), dans le genre du livre de Teqâther (?), treize cents épîtres sur des arts divers et sur les engins de guerre, un grand ouvrage sur la médecine et environ cinq cents traités petits ou grands, tels que le livre du Diagnostic et de l'Anatomie. J'ai écrit sur la Logique un traité selon les idées d'Aristote, une table astrologique d'environ 300 pages, un commentaire d'Euclide, un commentaire de l'Almageste, un traité des Miroirs, un livre sur le Gourmand (?), [détruit par les Scolastiques et qui a été attribué à Abou Sa'id El-Misri]. Enfin j'ai composé des livres de piété et de morale, un grand nombre d'ouvrages excellents sur les formules de conjuration ; des livres sur les Nirendjat ; sur les choses qui agissent en vertu de leurs propriétés ; cinq cents livres pour combattre les philosophes ; un livre sur l'œuvre ayant pour titre : les livres de la Royauté, et un autre ouvrage connu sous le nom de : les Parterres. »

### DZOU'N-NOUN EL-MISRÎ.

Son nom est Abou'l-Faîdh Dzou'n-Noun ben Ibrahim. Il faisait profession de soufisme et s'est fait un nom en alchimie, science sur laquelle il a écrit plusieurs ouvrages, entre autres : 1° le livre de la Grande base ; 2° le livre de la Certitude sur l'œuvre.

### ER-RÂZI MOHAMMED BEN ZAKARIYA (RASÈS).

La place tenue par ce personnage dans les sciences de la philosophie et de la médecine est célèbre et bien connue; j'en ai parlé d'une manière complète en traitant de la médecine. Il croyait à la réalité de l'œuvre, et il a composé sur ce sujet de nombreux ouvrages, parmi lesquels il y a un traité comprenant les douze livres suivants : 1° le livre de l'Introduction à l'enseignement; 2° le livre de l'Introduction au sujet des preuves; 3° le livre des Vers; 4° le livre de l'Opération; 5° le livre de la Pierre; 6° le livre de l'Élixir; 7° le livre de la Noblesse de l'œuvre; 8° le livre de la Disposition; 9° le livre des Opérations; 10° le livre du Renversement des énigmes; 11° le livre de l'Amitié; 12° le livre de la Mécanique. Ses autres ouvrages sur l'alchimie sont : 1° le livre des Secrets; 2° le livre du Secret des secrets; 3° le livre de la Division en chapitres; 4° le livre de l'Épître particulière; 5° le livre de la Pierre jaune; 6° le livre des Épîtres des rois; 7° le livre de la Réfutation des objections faites par El-Kindi au sujet de l'œuvre.

## IBN OUAHCHIYA.

Abou Bekr Ahmed ben Ali ben Qais ben El-Mokhtar ben Abdelkerim ben Hartsiya ben Badaniya ben Bourathiya El-Kezdâni, l'un des habitants de Djonbola et de Qissin; c'était l'un des Nabatéens les plus versés dans la langue des Kasdanéens. J'ai longuement parlé des faits concernant ce personnage dans le Huitième discours relatif à la science de la magie, de l'escamotage et de l'art de conjurer le sort, toutes choses dans lesquelles il a brillé. Ici nous ne donnerons que ceux de ses ouvrages se rapportant à l'œuvre de l'alchimie; ce sont : 1° le grand livre des Principes de l'œuvre; 2° le petit livre des Principes de l'œuvre; 3° le livre de la Graduation; 4° le livre des Entretiens sur l'œuvre; 5° un traité comprenant vingt livres, désignés sous les rubriques de premier, deuxième, troisième, etc. C'est une série des fac-similés des caractères employés par les alchimistes et les magiciens que donne Ibn Ouahchiya. J'ai lu moi-même la copie de ces fac-similés, reproduits par Abou'l-Hasan ibn El-Koufi; on y trouve quelques notes sur le lexique et la grammaire, des poésies, des histoires, des traces conservées de l'écriture de Beni El-Forat, par Abou'l-Hasan ben Et-Tench. C'est ce que j'ai vu de plus élégant de l'écriture d'Ibn El-Koufi, en dehors du livre de l'Égalité (?) des peuples d'Abou'l-'Anbas Es-Symeri; 6° les lettres de El-Faqithous (suivent les lettres de l'alphabet arabe); 7° les lettres du Mosnad (ici encore les lettres de l'alphabet arabe). Ces lettres sont celles qui servaient dans les monuments anciens de l'Égypte

pour les sciences antiques; 8° les lettres d'El-'Anbats. Il se peut que tous ces
caractères se trouvent dans les ouvrages scientifiques que j'ai mentionnés sur
la magie, l'alchimie et la conjuration des sorts, et qui sont employés dans la
langue que parlaient les créateurs de ces sciences, langue que peuvent seuls
comprendre ceux qui la connaissent, et ils sont rares. Peut-être ces inscriptions sont-elles traduites en langue arabe, et il conviendrait de les examiner
pour les établir en caractères ordinaires, chose qui pourrait se faire, s'il plaît
à Dieu le Très-Haut.

### EL-IKHMÎMÎ.

Son nom était 'Otsmân ben Soueïd Abou Hara El-Ikhmîmî, originaire
d'Ikhmîm, un des villages de l'Égypte. Il était fort habile dans l'art de l'alchimie et l'un des maîtres dans cette matière. Il eut des discussions de vive
voix et par écrit sur ce point avec Ibn Ouahchiya. Ses ouvrages sont : 1° le
livre du Soufre rouge; 2° le livre de la Séparation; 3° le livre des Vérifications; 4° le livre de la Réfutation des soupçons dont Dzou'n-Noun El-Misrî
a été l'objet; 5° le livre des Annotations; 6° le livre des Instruments des
anciens; 7° le livre de la Dissolution et de la combinaison; 8° le livre de
l'Opération; 9° le livre de la Sublimation et de la distillation; 10° le livre
du Feu le plus intense; 11° le livre des Controverses et des discussions des
savants.

### ABOU QIRÂN.

Ce fut un habitant de Nisibe; il prétendit avoir réussi dans l'œuvre de
l'alchimie. Il est souvent cité par les alchimistes, qui l'ont en très haute
estime et lui donnent un des premiers rangs. Il est cité par Ibn Ouahchiya.
Ses ouvrages sont : 1° Le commentaire du livre de la Miséricorde de Djâber;
2° le livre des Ferments; 3° le livre de la Puberté; 4° le commentaire d'El-
Atsir; 5° le livre des Vérifications; 6° le livre de l'Œuf; 7° le livre hâtif[1] des
Deux séparations; 8° le livre de l'Indication; 9° le livre de l'Enjolivement.

### STÉPHANOS LE MOINE.

Cet homme était à Mossoul, dans une église dédiée à saint Michel. On

---

[1] Le mot arabe signifie aussi « né avant terme, bâtard ».

rapporte qu'il s'occupa d'alchimie et que ce n'est qu'après sa mort que ses livres parurent à Mossoul. J'ai vu une partie de ses ouvrages, entre autres : 1° le livre de l'Orthodoxie; 2° le livre de Ce que nous avons inventé; 3° le livre de la Porte la plus considérable; 4° le livre des Oraisons et des sacrifices que l'on doit faire avant de pratiquer l'alchimie; 5° le livre du Choix astrologique au sujet de l'œuvre; 6° le livre des Annotations; 7° le livre des Moments et des temps.

## ES-SAÏH EL-'ALOUI.

Son nom était Abou Bekr Ali ben Mohammed El-Khorâsânî El-'Aloui Eç-Çoufî; il descendait de El-Hasan ben Ali (que Dieu les ait pour agréables?). Selon les adeptes de l'alchimie il fut l'un de ceux qui réussirent dans cette œuvre. Il allait sans cesse de ville en ville, redoutant pour sa vie la colère du sultan. Je n'ai vu personne qui l'ait connu, et ses livres, qui nous sont arrivés des contrées du Djebâl, sont : 1° le livre de l'Épître de l'orphelin; 2° le livre de la Pierre pure; 3° le livre du Méprisable utile; 4° le livre du Pur caché; 5° le livre des Principes; 6° le livre des Cheveux, du Sang, de l'Œuf et de l'emploi de leurs eaux.

## DOBEÏS, ÉLÈVE D'EL-KINDI.

Il s'appelait Mohammed ben Yezîd et était connu sous le nom de Dobeïs; il fut un de ceux qui s'adonnèrent à l'alchimie et aux pratiques extérieures. Ses ouvrages sont : 1° le livre du Recueil; 2° le livre de la Préparation des teintures, de l'encre et des couleurs.

## IBN SOLEÏMÂN.

Il s'appelait Abou'l-Abbâs Ahmed ben Mohammed ben Soleïmân. On assure qu'il habitait l'Égypte; mais il ne nous est pas prouvé qu'il ait réussi à pratiquer l'œuvre, ni qu'il ait vécu dans ce pays (?). 1° Le livre de l'Éloquence et de l'éclaircissement sur les opérations extérieures; 2° le livre du Recueil des (opérations) extérieures; 3° le livre des Amalgames; 4° le livre des Pâtes; 5° le livre de la Fermentation. On prétend que le premier de ces ouvrages aurait pour auteur Ibn 'Iyâdh El-Misrî, disciple de Djâber.

### ISHAQ BEN NOÇAÏR.

Abou Ibrahim Ishaq ben Noçaïr fut l'un de ceux qui s'occupèrent d'alchimie, et qui surent fabriquer les émaux et le verre. Il a composé : 1° le livre des Reflets (?) et de la fusion du verre; 2° le livre de la Fabrication de la perle de prix.

### IBN ABI EL-'AZÂQIR.

Abou Dja'far Mohammed ben Ali Ec-Chelemghânî; j'en ai parlé longuement à l'occasion des histoires des Chiites; il fut célèbre comme alchimiste. Ses ouvrages sont : 1° le livre des Ferments; 2° le livre de la Pierre; 3° le commentaire du livre de la Miséricorde de Djâber; 4° le livre des Opérations extérieures.

### EL-KHENCHELÎL.

Abou'l-Hasan Ahmed était son nom, El-Khenchelil son surnom. Ce fut l'un de mes amis, et il m'a assuré à maintes reprises qu'il avait réussi à pratiquer l'œuvre; mais je n'en ai pas vu la moindre trace sur lui, car je ne l'ai jamais connu que pauvre, vieillard, misérable, et il était hideux. Ses ouvrages sont : 1° le commentaire du Renversement des énigmes; 2° le livre du Soleil; 3° le livre de la Lune; 4° le livre de l'Assistant des pauvres; 5° le livre des Opérations sur la tête des fourneaux.

Mohammed ben Ishaq ajoute ceci : Les livres composés sur ce sujet sont trop nombreux et trop considérables pour qu'on puisse les énumérer tous; d'ailleurs bien des auteurs n'ont fait que répéter les doctrines de leurs prédécesseurs. Les Égyptiens surtout possèdent un grand nombre de savants et d'auteurs sur l'alchimie, et c'est dans ce pays que cette science est née. Les monuments dits *berâbi* (pyramides) n'étaient autre chose que des laboratoires d'alchimie, et Marie était égyptienne. Selon d'autres, c'est dans l'ancienne Perse que l'alchimie serait née. Enfin, il en est qui attribuent son invention aux Grecs, aux Indous, ou encore aux Chinois.

## PREFACE D'UN TRAITÉ ARABE DU XV᷄ SIÈCLE.

Dans la préface de son livre intitulé : « El-ouâfî fi' t-tedbîr el-kâfî » (Livre complet sur l'opération suffisante), Abou Abdallah Mohammed ben Abou'l-Abbâs Ahmed ben Abd-Elmalek ben Mohammed El-Hasani El-Maçmoudi, qui a achevé la composition de son traité le 6 janvier 1490, indique, pour les avoir lus et étudiés, les ouvrages suivants :

1° Moçhaf el-kheber et Moçhaf el-moul, de Zosime (Zousem);

2° Le livre de la Miséricorde et quelques autres traités de Djâber ben Hayyân;

3° El-istinama, Eç-çahifa el-mokhfiya, les livres de la Magnésie, d'Ibn Amyal;

4° Sirâdj Ed-dholma (Le flambeau des ténèbres), d'El-Mokhtafi;

5° Deux épîtres de Zosime, sur l'enseignement;

6° Les trente épîtres d'El-Mokhtafi;

7° Le poème de Dzou'n-Noun El-Misri;

8° El-miftâh (La clef), d'Ibn Amyal;

9° Risâlat ech-chems ila'l-hilâl (L'épître du soleil au croissant de la lune), d'Ibn Amyal;

10° Firdous el-hikma (Le paradis de la sagesse), d'Ibn El-Mondziri;

11° Kotoub el-arkân (Les livres des bases), d'Ibn 'Atba El-Yemâni;

12° Kotoub el-fosoul (Les livres des chapitres), d'Ibn Amyal;

13° Le poème d'Ibn Abou' Arfa Ras;

14° Les trois épîtres de Mousa le Sage;

15° Tohfat et-tedbîr liahl et-tebçir (Cadeau de l'opération offert aux gens clairvoyants) et deux épîtres, d'El-'Irâqi;

16° Commentaire du Chodzour ed-dzeheb (Les paillettes d'or), d'El-'Irâqi;

17° Ec-chaouâhid 'ala' el-hadjera el-ouahda (Les citations sur la pierre unique), les épîtres de Djeldeki et son commentaire sur les Paillettes d'or;

18° Le livre d'Ibn Ouahchiya;

19° Le livre de Mohammed ben Ibrahim;

20° Le poème de Temmâm El-ʻIrâqi;

21° Le commentaire de ce poème, par El-Qaïrouâni;

22° Quelques poèmes de Khâled ben Yezîd ben Moaouïa ben Sofyân et entre autres celui intitulé El-firdous (Le paradis).

---

## NOTE

SUR LE MANUSCRIT ARABE N° 440 DE LA BIBLIOTHÈQUE DE LEYDE,

PAR M. HOUDAS.

Les divers traités relatifs à l'alchimie, qui sont contenus dans ce volume, occupent actuellement 103 feuillets, les derniers feuillets ayant disparu. A part la page 1, qui a été refaite après coup et dont le nombre de lignes est de 20, toutes les autres pages entières ont 21 lignes. Si l'on en excepte le folio 49 v° et le folio 50 r°, occupés par une notice sur le moyen de guérir les hémorroïdes, notice assez mal écrite par l'un des possesseurs du volume, toute l'écriture du texte est nette et régulière et provient, à n'en pas douter, d'un copiste de profession. Certaines erreurs grossières et quelques omissions de membres de phrases ne permettent pas de croire que la copie a été faite par une personne bien au courant des sujets traités dans ce recueil.

Pour le traité d'El-Habîb, le scribe a pris soin d'avertir que le manuscrit qui lui a servi à établir sa copie était rempli de fautes et en fort mauvais état; mais il est vraisemblable que cet inconvénient a dû se représenter pour d'autres opuscules; car il est difficile d'admettre que le livre de Cratès, par exemple, ait primitivement débuté en termes aussi peu conformes au protocole habituel. Une grande partie des incorrections de style pourraient s'expliquer de la même façon, tout en admettant que la majeure partie des obscurités qui résultent de la rédaction ont été produites intentionnellement par les auteurs, dans le but de dérouter les lecteurs profanes.

Malgré l'absence assez fréquente des points diacritiques et certaines ligatures, entre autres celle des deux lettres de l'article, la lecture des mots est presque toujours certaine dans les parties bien conservées du manuscrit.

Malheureusement le volume a été mouillé dans sa partie inférieure ; les trois ou quatre dernières lignes sont souvent à moitié effacées et parfois certains mots ont été complètement rongés par l'humidité. A partir du folio 97, les lacunes deviennent de plus en plus fréquentes, par suite de l'usure des marges, et c'est à peine si le dernier feuillet contient encore la moitié du texte primitif.

Aucune indication en marge ne permet de fixer la date de la copie et, comme le premier feuillet a été refait et que le dernier manque, on se trouve réduit à de simples conjectures sur l'époque à laquelle la copie a été exécutée, l'écriture arabe n'ayant éprouvé, durant le cours des âges, aucune modification essentielle et caractéristique. Si cependant on compare le manuscrit de Leyde avec des manuscrits datés et qu'on tienne compte de la pâleur de l'encre, qui est telle qu'on a dû repasser à nouveau presque tous les mots des premiers feuillets, on arrive à l'hypothèse très probable que le manuscrit n'a pu être écrit postérieurement au VII siècle de l'hégire et qu'il date même plutôt du VI siècle.

## I. LE LIVRE DE CRATÈS.

Au nom du Dieu clément et miséricordieux!

Seigneur, faites-nous la grâce de nous conduire dans la bonne voie!

Louange à Dieu qui nous comble de ses bienfaits! Qu'il répande ses bénédictions sur notre seigneur Mohammed, son prophète, et qu'il lui accorde le salut, ainsi qu'à sa famille!

Fosathar [1] de Misr est le premier qui s'attribua le titre d'émir.

(L'auteur dit ensuite :) on m'avait informé que l'émir répétait que, d'après ce qui lui avait été raconté, je n'avais jamais cessé de m'occuper de l'œuvre; sur cette matière, j'avais rassemblé bien des choses qu'aucune autre personne de notre époque n'avait pu recueillir. Je dois ajouter que l'émir était adepte de la philosophie, et qu'il pratiquait les doctrines retracées dans les ouvrages des philosophes, conformément aux livres où il les avait trouvées réunies.

La demande que l'émir me fit, de lui donner des extraits d'ouvrages dont il serait apte à tirer profit, ne pouvait m'être adressée impérativement par un autre que par lui. C'était en réalité un ordre, et, étant donné le rang qu'il occupait, je devais mettre tous mes soins à lui rendre ce service. Peu de philosophes ont accueilli favorablement de telles demandes : ils ont, en effet, recommandé bien souvent de ne pas divulguer la science à ceux qui n'en étaient pas les adeptes; mais ils ont dit aussi de ne pas s'en montrer avare à l'égard des initiés [2].

Je vous adresse un de mes livres sur la philosophie; si les Anciens avaient pu le lire, ils n'en auraient sûrement pas divulgué le contenu. Pas un seul de ces philosophes n'a composé un traité semblable, et quand ils ont formulé d'une manière aussi complète leurs doctrines philosophiques, ils les

[1] En admettant les voyelles indiquées par le copiste, ce nom propre pourrait encore se lire Nosathar ou Qosathâr, en ajoutant un point diacritique. On retrouve le même nom à la fin de l'opuscule, et cette fois avec l'article arabe *el*. Ce personnage aurait été le contemporain de Khâled ben Yezid ben Moaouïa ben Abou Sofyân, et par conséquent il aurait vécu vers la fin du viiᵉ siècle de notre ère. A moins que ce ne soit le nom d'Ostanès défiguré.

[2] Ce qui précède semble une sorte de préface, avec un début intercalé par le copiste. Puis l'auteur s'adresse à l'émir.

ont tenues secrètes et ne les ont point divulguées au public, ni même à la plupart de leurs adeptes. Il en a été ainsi sous les premiers califes, et cela a duré jusqu'au moment où le christianisme fut éliminé.

Voici maintenant l'histoire de ce livre : il avait pour titre *Kenz el-konouz* (le trésor des trésors), et faisait partie de la collection des trésors des philosophes, que l'on conservait dans les sanctuaires des divinités. La principale de ces divinités était à Alexandrie et s'appelait [1] ....... Or il y avait à Alexandrie un jeune homme nommé Risourès [2], qui appartenait à une famille dont les membres étaient adeptes de la philosophie. Ce jeune homme au visage resplendissant, à la taille svelte et doué de l'intelligence la plus accomplie, fit la cour à l'une des servantes du chef des devins du temple de Sérapis. Ce temple se nommait Athineh [3] et le chef des devins Ephestelios. Risourès ayant réussi à se faire aimer de la servante et à l'épouser, celle-ci lui montra tous les livres et lui fit connaître tous les autres mystères des philosophes. Puis, lorsqu'on apprit que Constantin le Grand était à Rome, elle déroba les livres de Sérapis [4], ainsi que ce livre que je vous envoie, et elle s'enfuit avec son mari. Jusqu'au moment où le christianisme cessa d'être florissant en Syrie et en Égypte, telle est l'histoire de ce livre; tous les souverains l'ont étudié longuement, jusqu'au jour où les dynasties arabes se sont établies dans les pays de Syrie et d'Égypte.

A ce moment, ce livre m'étant parvenu, je vous l'ai adressé, en recommandant bien de n'y rien changer. J'avais tout d'abord songé à le faire traduire [5], et le traducteur était déjà prêt quand, en réfléchissant à la différence que présentent le grec et l'arabe comme style et comme marche du discours, j'ai renoncé à ce projet; invoquant l'assistance de l'Esprit Saint, je vous le fais parvenir, afin que vous le transmettiez à votre tour.

---

[1] La lecture du dernier mot de cette phrase n'est pas certaine, la traduction n'en doit donc être admise que sous toutes réserves. Cette observation sera applicable à toutes les phrases qui présenteront des mots dont la lecture est douteuse.

[2] Le texte ne portant pas de points diacritiques, on pourrait lire ce nom de diverses manières, par exemple : Retsourès, Retsouzès, etc. Peut-être ce nom est le même que celui d'Osiris? — On doit remarquer que ce récit offre un lointain souvenir de la lettre alchimique d'Isis à Horus (*Coll. des Alch. gr.*, trad., p. 31); mais il présente un caractère anthropomorphique plus accusé, l'élément mythique ayant disparu.

[3] Si la lecture était certaine, ce serait la transcription arabe du nom Athènes; mais le mot doit plutôt s'appliquer à la déesse égyptienne Neith, dont le temple aurait porté le nom.

[4] Le texte dit *Seraouendin*.

[5] Du grec en arabe.

(Le livre) commence en ces termes :

Au nom du Dieu clément et miséricordieux!

J'avais achevé l'étude des astres, celle de la superficie de la terre, de sa position et de ses éléments variés; j'avais terminé l'étude de la science du droit et des formes de la logique, lorsque je vins au temple de Sérapis, en proclamant qu'il n'y a d'autre divinité que Dieu le Créateur[1]. Je trouvai là, dans la bibliothèque du roi, un livre clair, sans expressions obscures et qui traitait de l'œuvre sublime dont Dieu a réservé la connaissance aux personnes qui possèdent la sagesse et[2]..... Jamais livre plus admirable et plus clair n'a été composé avant le mien et rien de pareil ne sera composé par la suite, car j'ai acquis une science certaine. J'ai apporté mon livre et je l'ai caché dans le sanctuaire[3] du temple de Sérapis; ce n'est qu'avec la permission de Dieu et sur sa désignation spéciale que quelqu'un pourra s'en emparer.

Tandis que j'étais en train de prier et de demander à mon Créateur d'éloigner de moi le serpent qui se glisse dans les cœurs des humains et de m'aider dans l'entreprise que j'avais formée de composer mon livre, je me sentis tout à coup emporté dans les airs, en suivant la même route que le soleil et la lune. Je vis alors dans ma main un parchemin intitulé : *Modzhib ed-dholma ou monawwir ed-dhou* (Celui qui chasse les ténèbres et qui fait resplendir la clarté). Sur ce parchemin étaient tracées des figures représentant les sept cieux, l'image des deux grands astres brillants et les cinq astres errants qui suivent une route opposée. Chaque ciel était entouré d'une légende écrite avec des étoiles[4].

Puis je vis un vieillard, le plus beau des hommes, assis dans une chaire; il était revêtu de vêtements blancs et tenait à la main une planche de la chaire, sur laquelle était placé un livre. Devant lui étaient des vases admirables, les plus merveilleux que j'eusse jamais vus. Quand je demandai quel était ce vieillard, on me répondit : « C'est Hermès Trismégiste, et le livre qui est devant lui est un de ceux qui contiennent l'explication des secrets qu'il a

---

[1] Ce passage est à moitié effacé et par suite très obscur.

[2] Ce blanc représente trois mots qui paraissent signifier «et qui espèrent en ceux qui les ont précédés».

[3] Le texte donne ici un mot que l'on tra-

duit habituellement par «phare». La tradition semble avoir confondu deux édifices célèbres d'Alexandrie, le Phare et le Sérapeum.

[4] Ce mot «étoiles» doit s'entendre sans doute des figures qui sont tracées dans les cercles reproduits ci-après.

cachés aux hommes. Retiens bien tout ce que tu vois et retiens tout ce que tu liras ou entendras, pour le décrire à tes semblables après toi. Mais ne va pas au delà de ce qui t'aura été ordonné, lorsque tu voudras leur expliquer les choses; ce sera agir dans leur intérêt et te montrer bienveillant à leur égard. »

Voici ce qu'il y avait tout d'abord : des figures de cercles [1], autour desquels il y avait des inscriptions ainsi tracées :

(En marge le manuscrit contient les lignes suivantes : J'ai trouvé une seconde copie, dans laquelle étaient des cercles entourés d'une inscription. On trouvera cette inscription indiquée en marge. Il y avait sept cercles correspondant au premier firmament, au second, au troisième et ainsi de suite jusqu'au septième. Au-dessous de chaque cercle se trouvaient des lettres sans points diacritiques que j'ai reproduites.)

2ᵉ firmament

2

Blanc.   Rouge.

Le sol de ce cercle était vert comme la rouille de cuivre.

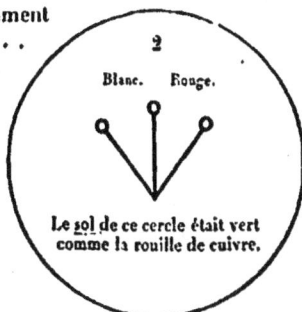

1ᵉʳ firmament

1

Jaune.   Jaune.

Le sol de ce cercle était vert comme la rouille de cuivre. La figure était arrangée ainsi.

Ensuite je vis le 4ᵉ ciel.

4

Le sol de ce cercle était vert; du reste tous les sols de ce cercle étaient verts.

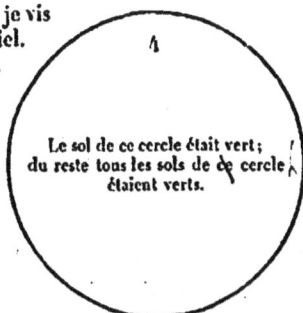

Ensuite je vis le 3ᵉ ciel.

3

Le sol de ce cercle était vert comme la rouille de cuivre.

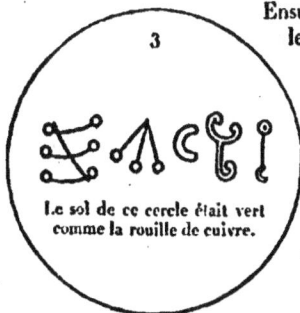

[1] Ces figures sont presque les seules qui existent dans les manuscrits arabes que nous avons eus entre les mains. — Ce sont aussi les seules qui renferment les signes alchimiques grecs, ceux-ci n'existant pas dans les autres manuscrits. Les symboles de l'or et de l'argent sont

Ensuite je vis
le 6ᵉ ciel.
. . . . . .

6

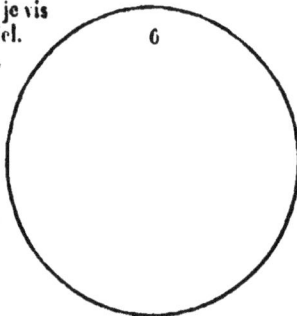

Ensuite je vis
le 5ᵉ ciel.
. . . . . .

5

Rouge
Jaune, tirant sur le noir, Jaune.

Le sol de ce cercle était vert
comme la rouille de cuivre.

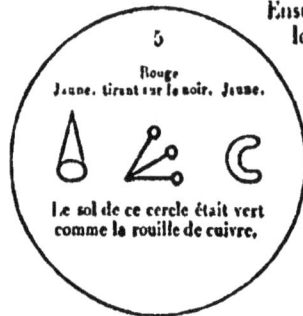

Je vis le 7ᵉ ciel, qui est le
dernier des firmaments,
. . . . . . . . . . . . . . .

7

Jaune.     Jaune.     Rouge.

Le sol de ce cercle était vert
comme la rouille de cuivre.
C'est le 7ᵉ cercle.

Définition de la pierre qui n'est pas pierre [1], ni de la nature de la pierre : c'est une pierre qui est engendrée chaque année [2]; sa mine se trouve sur les sommets des montagnes [3].

C'est un minerai [4] contenu dans le sable et dans les roches de toutes les montagnes; il se trouve aussi dans les matières colorantes, dans les mers, dans les arbres, dans les plantes et les eaux, et tout ce qui est analogue. Dès que vous l'aurez reconnu, prenez-le et faites-en de la chaux. Extrayez-en l'âme, le corps et l'esprit; puis séparez chacune de ces choses et placez-les

faciles à reconnaître, ainsi que celui du mercure (cercle n° 7), quoique les trois portent également l'épithète *jaune*. — Le symbole formé de trois points et de trois lignes convergentes paraît être celui de l'arsenic (sulfuré); les mots *blanc* et *rouge* s'appliquent en effet à l'action colorante de ce corps sur les métaux. Enfin les symboles du 3ᵉ cercle contiennent les signes du cuivre, de l'étain, et une autre, à gauche, difficile à interpréter.

[1] *Coll. des Alch. grecs*, trad., p. 122, 130.

[2] *Ibid.*, trad., p. 135.

[3] Cette phrase, ou plutôt son équivalent développé, se trouve dans Comarius (*Coll. des Alch. grecs*, trad., p. 282). C'est une allusion à la sublimation.

[4] On pourrait traduire littéralement ces mots : « un minerai », par « des souches creuses », c'est-à-dire la partie restée en terre d'une plante qu'on aurait fauchée.

chacune dans le vase connu qui lui est attribué. Mélangez les couleurs,
comme le font les peintres pour le noir, le blanc, le jaune et le rouge, et
comme le font les médecins [1] dans leurs mixtures, où entrent l'humide et le
sec, le chaud et le froid, le mou et le dur, de façon à obtenir un mélange
bien équilibré et favorable aux corps. Cela se fait à l'aide de poids déterminés, selon lesquels se combinent les choses pondérées; puis on confond en
une seule les qualités diverses. Je viens de vous en donner un exemple; je
vous ai enseigné les principes certains et les mystères, en les dégageant des
énigmes dans lesquelles les Anciens les avaient enveloppés. Ne vous écartez
pas de la description qui se trouve dans le volume qui a pour titre :
*Modzhib ed-dholma ou monawwir ed-dhou.*

(Ensuite il y avait les figures ci-dessous [2] qui entouraient le manuscrit
dans le sens de la longueur) :

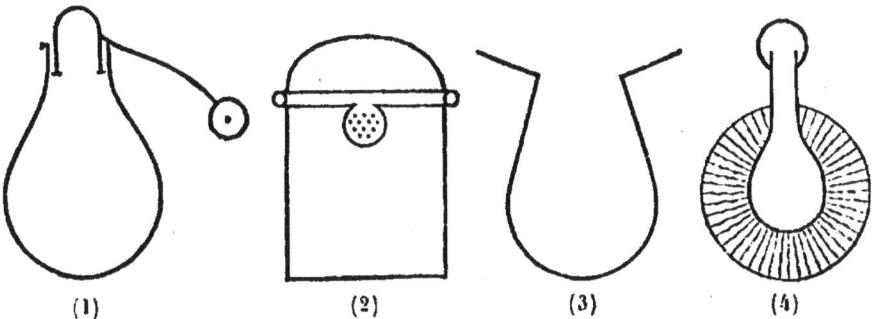

(1)          (2)          (3)          (4)

[1] *Coll. des Alch. grecs*, trad., Démocrite,
p. 50, n° 14. La comparaison avec les procédés
des peintres se trouve dans un autre passage,
p. 240. — Voir aussi la *Kérotakis*, ou palette
(*Introd. à la Chimie des anciens*, p. 142, 144
et suiv.).

[2] Ces figures sont les seules que nous ayons
rencontrées dans nos manuscrits arabes. Il est
facile de les interpréter. — La fig. 1 représente
un alambic (voir *Introd. à la Chimie des anciens*,
p. 136, 161, 164; *Traité d'Alchimie syriaque*,
p. 108 et 119; *Transmission de la science antique*, p. 151, 161). — La fig. 2 paraît représenter un appareil à kérotakis, analogue à celui de la fig. 21 de l'*Introd. à la Chimie des
anciens* (p. 143 et suiv.). Cet appareil a précédé

l'aludel (p. 115) et il avait déjà disparu au
XIII° siècle. Son dessin (p. 146, 162, 169 et
172) répond donc à une tradition antique. Voir
aussi *Traité d'alchimie syriaque*, p. 117. — La
fig. 3 représente une simple chaudière, pour-
vue de rebords, analogue à la portion γ de la
fig. 44 (*Introd. à la Chimie des anciens*, p. 171),
laquelle répond à la portion inférieure de l'aludel (p. 172). Mais elle peut aussi exprimer un
appareil indépendant, fonctionnant isolément,
comme le bain-marie de l'*Alchimie syriaque*,
p. 113. Voir aussi *Transmission de la science antique*, p. 150, fig. I *bis*, et p. 156, fig. XVI, etc.
— La fig. 4 est une fiole à digestion, chauffée
sur un bain de sable, ou de cendres, analogue à
celle de la fig. 37 de la page 161 (*Introd. à la*

Quand j'eus fini d'examiner ces figures et que j'en eus saisi les qualités se-crètes, je me penchai pour lire ce que contenait le volume qu'Hermès tenait à la main. J'y vis la description de deux hommes, dont l'un ne songeait qu'aux biens de ce monde et à ses joies; tandis que l'autre n'avait souci que de la vertu, de la sagesse, de la paix et du bien [1], conformément aux prin-cipes de la religion révélée. Chacun d'eux croyait être dans la bonne voie. L'un s'appelait *Thatha men El-Hokama* (il s'est incliné devant les philo-sophes); c'était l'homme vertueux et spiritualiste; quant à l'autre, je ne sus point son nom. Ils avaient discuté entre eux sur une question. Le spiritua-liste avait dit à l'autre : « Es-tu capable [2] de connaître ton âme d'une ma-nière complète? Si tu la connaissais comme il convient, et si tu savais ce qui peut la rendre meilleure, tu serais apte à reconnaître que les noms que les philosophes lui ont donnés autrefois ne sont point ses noms véritables. » Quand j'eus lu ces mots dans le volume, je frappai mes mains l'une contre l'autre et m'écriai : « O noms douteux qui ressemblez aux noms véritables, que d'erreurs et d'angoisses vous avez provoquées parmi les hommes! » Alors il me sembla qu'un ange me répondait : « Tu as raison; telle a été l'œuvre des philosophes, et c'est là ce qu'ils ont mis dans leurs livres; car l'un l'a appelée la Magnésie; un autre, dans son livre, l'a nommée le grand Elec-trum [3]; un troisième lui a donné le nom du grand Androdamas; un qua-trième, Harchqal; un cinquième, la pierre de l'eau de fer; un sixième, (la pierre) plus précieuse [4] que l'eau d'or. Enfin aucun philosophe n'a voulu accepter la dénomination dont s'était servi son prédécesseur, pour désigner l'opération. Sans doute la chose était la même, identiques étaient les voies et moyens; mais la divergence portait sur l'appellation. Chacun de ceux qui étaient arrivés au sommet de la science prétendait formuler une dénomina-tion d'origine différente de celle de son concurrent, et c'est pour cette cause que la confusion s'est accrue. On a agi de même pour l'opération, les cou-leurs et les poids. Ils ont troublé tous ceux qui, après eux, ont suivi leurs

*Chimie des anciens*), et à la fig. 38 (à droite) de la page 163. Voir aussi *Alchimie syriaque*, p. 109, fig. 2; p. 113, fig. 5; *Transmission de la science antique*, p. 154, fig. XI, etc.

[1] Les deux mots du texte sont espacés d'un demi-centimètre, ce qui permettrait de suppo-ser ici une lacune.

[2] Ici deux mots illisibles.

[3] Le texte porte Flodzinos ou Qalodzinos : ce qui peut être identifié avec l'Elydrion ou Chelidoine, mots synonymes d'electrum ou asem.

[4] Le mot « ozza », dont la lecture d'ailleurs n'est pas certaine, étant le nom d'une idole, il serait permis de traduire : « L'ozza de l'eau d'or ».

doctrines et les ont induits en doute; si bien que la plupart ont nié que tout cela fût une chose vraie [1]. »

J'interrogeai ensuite ce personnage sur la raison qui avait ainsi corrompu les gens et les avait induits en erreur. Il me répondit : « Tu as le volume devant toi, lis-le et tu y trouveras tout ce que je t'ai enseigné. » Je lus alors le traité sur l'eau de soufre [2]. Je croyais, sans le moindre doute, comprendre le sens de ce que je lisais. « Pensez-vous, lui dis-je, que tout cela soit évident? — Dieu nous préserve de l'erreur! s'écria-t-il : tout ce qu'ils ont exposé est exact, et ils n'ont pas dit autre chose que la vérité; mais ils ont employé des noms qui ont pu établir une confusion au sujet de la vérité. Les uns l'ont désigné d'après son goût, d'autres d'après ses caractères, ou son utilité, sans s'inquiéter de ce qui était au delà. Sache, ô Cratès Es-Semaoui (le Céleste), qu'il n'est pas un seul philosophe qui n'ait fait tous ses efforts pour démontrer la vérité. La difficulté qu'ils ont trouvée à éclaircir ces choses pour les ignorants, les a entraînés à la prolixité. Aussi ont-ils dit ce qu'il fallait et ce qu'il ne fallait pas. Les ignorants ont traité à la façon d'un jouet ces livres qu'ils avaient entre leurs mains; ils les ont tournés en dérision et les ont ensuite rejetés comme funestes, rebutants, attristants et dérisoires, en ce qui touche la connaissance de la vérité. — Comment, lui répliquai-je, ne serait-on pas rebuté par la lecture de ces livres et de ces volumes, dans lesquels on trouve des mots qui semblent dire les mêmes choses et qui diffèrent cependant dans leur application. On est troublé de ne pas savoir quel est le sens qu'il faut adopter, ou la leçon dont on a besoin. — Je vais te dire, ô mon fils, me répondit-il, d'où viennent ces erreurs et ces ennuis funestes. Tous les hommes appartiennent nécessairement à l'une des deux catégories suivantes : la première comprend tout individu dont l'esprit est uniquement dirigé vers la sagesse, la recherche de la science, l'enseignement des lois des natures, les affinités de ces dernières, leurs avantages et leurs inconvénients.

____

[1] Ces explications sont conformes à la vieille tradition égyptienne et alchimique. Voir Papyrus de Leyde, *Introd. à la Chimie des anciens*, p. 10 : « Les noms sacrés dont se servaient les scribes sacrés, afin de mettre en défaut la curiosité du vulgaire »; ainsi que la nomenclature prophétique de ce Papyrus et de Dioscoride. — Synésius, *Collection des Alchimistes grecs*, trad., p. 63, sur les noms multiples, p. 62 : rien ne doit être exposé clairement, sauf aux initiés. — Sur les énigmes mystiques, Démocrite à Leucippe, *Collection des Alchimistes grecs*, traduction, p. 57. Voir aussi p. 48 et 53, et Olympiodore, p. 86, le Chrétien, p. 398, et *passim*.

[2] Ou l'eau divine, en grec.

Celui qui appartient à cette catégorie se préoccupe d'avoir des livres, de les
rechercher, de vouer son esprit, son âme et son corps à répandre les notions
qu'ils renferment. Quand il y trouve quelque chose de clair et de précis, il
en remercie Dieu; s'il y rencontre un point obscur, il fait tous ses efforts
pour en avoir une idée exacte par ses études, arriver ainsi au but qu'il s'est
proposé et agir en conséquence.

« Dans la seconde catégorie, on rangera l'homme qui ne songe qu'à son
ventre, qui ne s'inquiète ni de ce monde, ni de la vie future; celui-là, les
livres ne font qu'accroître son ignorance et son aveuglement; aussi doit-il
nécessairement être lourd d'esprit et le devenir de plus en plus. »

« Vous avez raison, lui dis-je, et vos paroles sont exactes. » Puis j'ajoutai :
« Si vous m'y autorisez, je vous exposerai ce que je compte faire avec cette
science merveilleuse, pour ceux qui viendront après moi. — Dis, me
répondit-il. » Quand je lui eus exposé mes idées, il sourit et il ajouta : « Tes
intentions sont excellentes, mais ton âme ne se résoudra jamais à divulguer la vérité, à cause des diversités des opinions et des misères de l'orgueil[1]. — Prescrivez-moi, répartis-je, jusqu'à quel point je dois aller. »

« Écris ceci, me dit-il : Prenez du cuivre et ce qui ressemble au cuivre,
le poids de deux *menn*; que la matière soit brute et n'ait subi aucune préparation. Prenez également le même poids de mercure et de ce qui ressemble
au mercure, les deux matières blanches, brutes et non préparées, pareillement. Tous ceux qui viendront après vous ne sauront pas reconnaître que
ce sont des esprits, si vous ne les avez pas désignés par leurs noms.
L'homme faible et non sagace qui lira cela, prendra des esprits faibles, qui
ne pourront pas supporter le feu, qui n'auront aucune force, et qui seront
dévorés par le feu durant l'opération. Comme il n'obtiendra rien, son angoisse et son aveuglement ne feront que s'accroître, attendu qu'il aurait dû
suivre ce précepte des Anciens : rendez les corps incorporels[2]. Sachez que
le cuivre a, de même que l'homme, une âme, un esprit et un corps[3]. Ne
parle pas dans ton livre des soufres secs, ni des arsenics et autres choses
semblables; car dans toutes ces substances, il n'y a rien de bon. Tu le sais

---

[1] Le mot traduit ici par «orgueil» signifie
également «soufre», et le mot rendu par «misérable» pourrait, en étant lu d'une autre façon, avoir la signification de «sédentaire».

[3] *Coll. des Alch. gr.*, t ad., p. 21, 101, 124.

[2] *Collection des Alchimistes grecs*, trad.,
p. 67, d'après Synésius, p. 28; — Olympiodore, p. 123, 152; — Comarius, p. 283. —
*Origines de l'Alchimie*, p. 276, d'après Stéphanus.

d'ailleurs, car le feu les dévore et les brûle ; on n'en peut retirer aucun profit. Quant à notre soufre, dont tu auras à parler dans ton livre, c'est un soufre qui ne brûle pas[1] et que le feu ne peut dévorer, mais qui se volatilise sous l'action du feu. C'est pour cela que les Anciens prétendaient que les substances qui se volatilisaient contenaient l'esprit tinctorial, en même temps que la fumée[2]. De même l'eau composée n'est parfaite qu'à la condition d'être pareille au mélange (précédent). Tout ceci est extrait textuellement du livre.

« Ces esprits tinctoriaux, susceptibles de se volatiliser par l'action de la chaleur intense du feu, lorsque les corps sont blanchis, il convient de les ajouter aux esprits tinctoriaux qui proviennent des corps, dont (les derniers esprits) ont été extraits par volatilisation[3]. C'est ce produit qui, avec la permission de Dieu, fera revivre les corps[4], les améliorera et leur rendra l'état parfait que vous cherchez à leur donner. »

Je demeurai stupéfait d'admiration. Il me répéta alors ses paroles et ajouta : « Rédige ton livre d'après les informations que je t'ai données ; sache que je suis avec toi et que je ne t'abandonnerai pas, tant que tu n'auras pas achevé ton entreprise ; elle te vaudra la faveur de Dieu. Sache aussi que la combinaison des corps n'a lieu qu'autant que les corps présentent entre eux une certaine affinité de couleur et de goût. Tu les fais fondre ensemble, afin qu'ils se mélangent et deviennent un liquide homogène, lequel s'appelle alors l'eau de soufre pure : elle ne renferme plus aucun mauvais principe. Voici un mystère éclairci.

« C'est avec cette substance que l'on fait le soufre sec[5], que les philosophes ont appelé rouille et ferment d'or[6], or à l'épreuve[7], et corail d'or[8] (mot à mot : or de pourpre). Mais cela ne peut avoir lieu que quand le mélange des corps a constitué une substance homogène ; alors il s'appelle la chose excellente et il reçoit plusieurs noms. Écris tout ceci, afin d'obtenir le molyb-

---

[1] Le soufre incombustible (*Coll. des Alch. grecs*, p. 47, n° 6; p. 373 et p. 211. — *Traité d'Alchimie syriaque*, p. 32, IV, et note 5).

[2] *Coll. des Alch. grecs*, trad., p. 137, n° 22, et p. 79, n° 8.

[3] *Ibid.*, trad., p. 190 et 192, et surtout p. 241, 242.

[4] *Ibid.*, trad., Comarius, p. 284.

[5] Ou incombustible (voir plus haut).

[6] Ou liquide d'or (*Coll. des Alch. grecs*, trad., *Lexique*, p. 17), les deux mots grecs ζύμη et ζωμόν étant presque les mêmes et la confusion ayant eu lieu chez les alchimistes syriaques (*Alch. syriaque*, p. 22).

[7] Le mot arabe signifie littéralement « austère ».

[8] *Coll. des Alch. grecs*, trad., Démocrite. p. 46, 60, 74.

dochalque[1], en qui réside toute vertu secrète. Néanmoins je suis d'avis que
tu n'inscrives point toutes ces combinaisons multiples dans un livre destiné
à ceux qui viendront après toi; car toute l'œuvre est contenue dans le seul
molybdochalque. »

Lorsqu'il m'eut fait bien comprendre toutes ces choses, il disparut et je
revins à moi-même. J'étais comme un homme qui se réveille la tête lourde
et troublé par son sommeil. Deux choses surtout m'avaient fait une vive
impression : la première, c'est qu'il m'avait détourné du projet d'écrire le
livre que j'avais conçu; la seconde, c'est qu'il n'avait pas achevé son discours, avant de disparaître à mes yeux.

Alors je demandai à l'Éternel des Éternels de me recommander à cet ange,
de telle façon que je pusse achever d'obtenir de lui les révélations qu'il avait
commencées sur la nature des choses. Je me mis à jeûner, à prier, à rester
en contemplation, jusqu'à ce qu'enfin l'ange m'apparut (encore) et me dit :
« Tu sais que quand nous parlons de ouaraq (non?) monnayé[2], nous voulons
seulement indiquer notre argent et notre or. Quand ces substances sont mélangées dans le vase et qu'elles blanchissent, nous les appelons argent; nous
les appelons or, lorsqu'elles sont rouges. Si on y ajoute du soufre et que l'on
travaille le produit, nous lui donnons alors le nom de ferment d'or, ou
quelque nom de ce genre.

« Écris : Prenez les minéraux en poids voulu; mélangez-les avec du mercure et opérez jusqu'à ce que le produit devienne un poison[3] igné, et vous
aurez ce que nous appelons du molybdochalque[4]. Quand les corps auront
été brûlés et qu'ils seront fixés, nous appellerons le produit du soufre sec[5].
Alors il produira de l'or pur[6] et teindra l'argent en or. (Nous n'entendons
pas parler ici de l'argent du vulgaire, mais de l'argent combiné par les philosophes et auquel seul nous donnons le nom d'argent [ouaraq].) Si nous y

[1] Coll. des Alch. grecs, trad., Démocrite,
p. 49; Olympiodore, p. 101, 154, 184, et
surtout p. 188, 190, 193. Voir aussi p. 407.

[2] Il s'agit de l'asem, désigné sous le nom
grec ἄσημον; Introd. à la Chimie des anciens,
p. 62. — Il est remarquable que ce mot soit
traduit fréquemment chez les plus vieux alchimistes latins par nummus (Transmission de la
science antique, p. 261, note 6; p. 266).

[3] Poison = iós = virus latin; la « préparation ignée » de Marie (Coll. des Alch. grecs,

p. 112, 192); medicina ou remedium des alchimistes latins du moyen âge. C'était l'agent tinctorial par excellence. Sur les sens multiples de
ce mot et du mot iosis, voir Introd. à la Chimie des anciens, p. 254 et p. 14.

[4] Coll. des Alch. grecs, trad., p. 188 et 193.

[5] Ou incombustible (voir plus haut).

[6] Le texte de cette phrase est si incorrect,
qu'on n'en peut fixer le sens avec certitude. La
traduction « il transformera l'or en or pur » est
très admissible.

ajoutons le reste du poison, il teindra l'or, et ce ne sera pas l'or du vulgaire, mais la combinaison qui teint en rouge et que nous appelons or.
Nous vous indiquerons les poids plus tard. Quant aux corps, ils ont tous une
ombre et une substance noire[1], qui se trouvent à la surface, dans tous les
métaux qui les possèdent. Le mercure, comme tous les autres corps, a une
ombre et une substance noire. Il convient d'en extraire cette ombre et cette
substance noire, comme on les extrait des autres corps. »

Je lui demandai comment nous pourrions extraire l'ombre du mercure.
Il me répondit : « En le mélangeant aux autres corps, car alors il est blanchi. — Comment cela? lui dis-je, puisque les philosophes disent que le
mercure seul est capable de blanchir le cuivre. — Ils devraient plutôt dire,
répliqua-t-il, que le mercure est blanchi; car les corps qui résistent au feu
ne laissent rien dégager, et il n'y a que le mercure qui se dégage et se volatilise sous l'action du feu. Lorsqu'il est extrait au moyen du feu, il se volatilise, et les autres corps résistent au feu. Si vous remettez ces corps sur le
feu, aussitôt qu'ils y auront été remis et que (le mercure) se sera mélangé
à eux, on aura un corps pur, car il demeurera avec eux. Les esprits, sous
l'action d'une chaleur violente, se dégagent de ces corps, et ces corps deviennent morts, sans esprit, puisqu'ils ont subi la volatilisation. Si on rend
aux corps leurs esprits, ils redeviennent vivants[2]. C'est pour cela que les Anciens ont dit que le cuivre avait un corps et une âme. Pourtant certaines
personnes ont cherché son esprit, et pour cela elles ont opéré sur le cuivre,
afin d'en faire un corps fort, capable de teindre[3] et résistant au feu. Ces
personnes-là se sont laissé séduire par[4] . . . . . lorsqu'elles ont voulu transformer les esprits en corps, sans l'aide d'un corps. Personne, en effet, n'a
jamais vu une âme qui fût fixée autre part que dans un corps, ni un corps
qui existât sans âme. Le corps sans âme est incapable de se mouvoir, d'en-
gendrer et de contracter union.

« Sache d'une manière certaine que tous les corps renferment des impuretés, et que les impuretés des trois corps[5] ne peuvent être éliminées, qu'au-

[1] Cuivre sans ombre (*Collection des Alchimistes grecs*, traduction, Démocrite, p. 46 et
244).

[2] Cf. les visions symboliques de Zosime,
*Collection des Alchimistes grecs*, trad., p. 119,
n° 4; p. 123, n° 2 à la fin; p. 127, n° 1; la
résurrection des morts étendus dans l'Hadès,

Comarius, p. 281, 282, et surtout p. 284-286.

[3] *Coll. des Alch. grecs*, trad., p. 133, 136,
n° 20; p. 244.

[4] Le mot non traduit ici est probablement
d'origine étrangère; il semble être le nom d'un
certain alchimiste, ou philosophe.

[5] Plomb, étain, cuivre?

tant qu'on les mélange pour en réaliser la volatilisation. Le feu les nettoie
pour ainsi dire et élimine la partie noire; car un feu dont la chaleur est
convenablement dirigée, nettoie les corps et les épure. C'est le feu seul qui
les nettoie, les épure, les améliore, les affine et les fait devenir blancs et
rouges. Mais il convient que je t'indique combien de fois il faut remettre
du mercure dans les corps. — Dites-le moi, je vous prie, m'écriai-je? —
Les Anciens, me répondit-il, ont dit que le grillage avec le plomb et le
soufre constituait une première forme de grillage; le grillage avec le mercure, la seconde. Puis ils ont ajouté : remettez les lames dans la solution,
afin d'en faire sortir les impuretés : ce sera la troisième opération. Broyez
avec le mercure, ce sera la quatrième. Pilez avec du miel et du collyre,
ce sera la cinquième. Pilez avec de la litharge, avec du miel, ce sera la
sixième. Pilez l'*ozza* d'or avec de l'urine de veau, ce sera la septième. » Puis
il ajouta : « Quant à moi, j'estime qu'il faut remettre les corps dans la solution; car plus on les y met et plus on les y laisse, plus ils acquièrent de
beauté et d'aptitude à la teinture. Or il faut toujours chercher le mieux,
quand cela est possible. Je viens de te révéler des choses qui, je le crains, ne
pourront être comprises par l'intelligence, la sagacité et la science de personne.

« Quant aux noms que les Anciens ont donnés, comme, par exemple, ceux
de cuivre, d'argent, de chair, de molybdochalque, d'or, de fleur d'or, de
corail d'or, ce sont là des dénominations qu'ils ont créées pour désigner
l'élixir. Ils ont voulu ainsi indiquer chacune des couleurs que prend l'élixir,
et ils ont suivi jusqu'au bout l'ordre dans lequel elles se produisent. Chaque
fois qu'on augmentait la fluidité[1] du mélange, une nouvelle couleur était
déterminée; à chaque changement de couleur, on donnait un nouveau nom
au mélange, et sa puissance tinctoriale augmentait.

« Aussi les livres secrets des philosophes l'ont-ils nommé d'abord plomb;
puis quand il a été cuit et que le noir en a été extrait, on l'a appelé argent;
ensuite, lorsqu'il a été transformé, cuivre. Quand on a versé sur ce produit
de l'humidité, après la rouille; lorsque l'on a éliminé la matière noire dans
la partie rouillée et qu'on a vu apparaître le jaune, on lui a donné alors le
nom d'or. À la suite de la quatrième opération, nous l'avons appelé ferment
d'or; à la suite de la cinquième, or à l'épreuve; à la suite de la sixième,

---

[1] Ou l'humidité.

corail d'or (or de pourpre); enfin à la suite de la septième opération, c'est l'œuvre parfaite, la teinture pénétrante.

« Tous ces noms ne s'acquièrent que sous l'influence du feu, et c'est grâce à lui que les opérations engendrent ces qualités, qu'aucune teinture ne développe à un si haut degré, ni avec une telle intensité et qu'on ne saurait, sans illusion, chercher à obtenir autrement. Si les gens connaissaient la puissance nécessaire pour former la meilleure qualité, ils sauraient qu'une seule matière peut donner naissance aux dix produits dénommés par les Anciens. »

« Montrez-moi, lui dis-je, quelle est cette matière unique qui produit les dix. — Sachez, me répondit-il, que les dix qui peuvent être ainsi formés répondent aux dix noms qui ont été établis par Démocrite, et pour chacun desquels il a déterminé une opération. Quant à la matière unique qui a plus d'effet que les dix, les philosophes ont refusé de lui donner un nom particulier; mais lui en eussent-ils donné un, que cela n'aurait pas permis d'en tirer profit : car ils n'ont point indiqué si la matière était composée, ou simple. Celui qui voudra se servir plus tard de la propriété de cette matière, devra démontrer comment elle est composée, et pourquoi, malgré sa composition, elle est appelée unique [1]. C'est ainsi que les laits ne portent qu'un seul nom, bien qu'ils renferment quatre natures, qui assurent l'existence de leur corps et de leur esprit; ils n'ont qu'une seule désignation et une seule nature. Les philosophes ont procédé de cette façon : ils ont mélangé leurs ingrédients et les ont combinés, de manière à obtenir un produit homogène, auquel ils n'ont donné qu'un seul nom. On assure qu'ils ont fait serment [2] entre eux de ne jamais faire connaître cette chose à quelqu'un qui ne fût pas des leurs. — S'ils ont juré, repartis-je, de ne point divulguer cela, pourquoi blâment-ils les gens et leur reprochent-ils leur défaut d'intelligence, leur incapacité à trouver la vraie voie de cette science; pourquoi blâment-ils ces gens d'entreprendre des recherches sur un sujet dont ils n'ont voulu leur donner aucune notion? »

« Ne t'ai-je pas dit, me répondit-il, que le maître de Démocrite ne lui avait pas enseigné la combinaison des matières et qu'il l'avait laissé dans un doute poignant à cet égard [3]. Aussi Démocrite dut-il étudier les livres, faire des recherches, multiplier les expériences et les informations et éprouver de

---

[1] *Coll. des Alch. grecs*, trad., p. 37, 387, 392, n° 2; p. 399, etc.

[2] *Ibid.*, trad., Serment, p. 29.

[3] Allusion à un passage du traité de Démocrite. *Collect. des Alchimistes grecs*, p. 44, n° 3.

graves déboires, avant d'arriver à la voie droite. D'après ce qu'il raconte,
il ne trouva rien de plus difficile que d'obtenir le mélange intime, propre
à réaliser la combinaison des matières[1]. » Je lui dis ensuite : « Laissez de côté
les détails accessoires; hâtez-vous de décrire le but et soyez bref dans votre
discours; écartez-en toute longueur et toute amplification qui ne seraient
point nécessaires. » Il me répondit : « L'opération fera blanchir le cuivre à
l'extérieur et également à l'intérieur; de même qu'il est rouillé extérieurement, il sera rouillé intérieurement; enfin tout ce qui brillera à l'extérieur brillera également à l'intérieur[2]. — Et quand il brillera tant à l'intérieur qu'à l'extérieur? » m'écriai-je, pour essayer de l'entraîner à éclaircir
toutes ces choses et à me les expliquer, la conversation échangée entre nous
me conduisant enfin au but que je m'étais proposé, et à l'espérance de tirer
profit de l'occasion. — « Je t'ai seulement enseigné, me dit-il, que la substance blanchira et rouillera, puis qu'elle se volatilisera. Or il faut que tu
saches également que le but principal est d'obtenir la rouille; quand ce
résultat est obtenu, tu auras le commencement de la préparation, c'est-à-
dire la teinture fugace. .

« Toute combinaison est formée de deux composants aptes à s'unir. Par
exemple, l'homme et la femme sont des éléments composants; s'ils se réunissent et qu'ils s'accouplent, Dieu fait sortir d'eux un enfant, et cela en
vertu de l'attrait que Dieu a mis dans chacun d'eux pour l'autre; en sorte
qu'ils sont nécessaires l'un à l'autre et qu'ils éprouvent de la joie à se rencontrer. Telle est la science de la chose unique et sa démonstration[3]. »

« Par ma vie! m'écriai-je, vous venez de m'expliquer clairement la matière
unique et de me la démontrer. Vous prétendez donc que la matière unique,
bien qu'ainsi appelée, est formée de diverses matières, et que c'est une combinaison : lorsqu'on opère sur elle, elle passe d'une couleur à une autre couleur. » — Il répondit : « Ainsi le plomb n'a pas la même énergie que la litharge
et ne produit pas les mêmes effets; la litharge, à son tour, n'a pas la même
puissance que la céruse, qui, elle-même, n'agit point à l'égal du minium.
Ces quatre choses[4] proviennent d'une matière unique, qui est le plomb, et

[1] *Collection des Alchimistes grecs*, trad.,
p. 50, 53.
[2] Ces phrases sont à peu près traduites de
Démocrite, *Coll. des Alch. grecs*, trad., p. 51.
— Voir aussi *Traité d'Alchimie syriaque*, p. 1.
[3] *Coll. des Alch. grecs*, trad. (Lettre d'Isis à

Horus), p. 33, n° 7. Par le mâle et la femelle,
l'œuvre est accomplie, p. 147. — Olympiodore,
p. 101. — *Introd. à la Chimie des anciens*,
p. 161; légende des figures.
[4] Voir Olympiodore, *Coll. des Alch. grecs*,
trad., p. 106, n° 47.

cependant chacune d'elles a son caractère particulier, son énergie propre et
ses qualités qui se développent sous l'influence du feu. Les gens qui ont
l'esprit subtil et l'intelligence pénétrante comprendront le sens des paroles
que je viens de dire. Quant aux ignorants, ils me traiteront d'imposteur,
parce que leur compréhension ne leur permet pas d'atteindre à la connaissance de ce que nous venons d'exposer. Ils nieront donc la vérité; ils pré-
tendront que le ver ne devient pas serpent et que le serpent ne devient pas
dragon. Or vous savez que l'animal (symbolique) sur lequel opèrent les philosophes, est une certaine chose, qui de ver devient serpent, et de serpent,
dragon. En effet, au début de l'opération le corps est brillant comme de
l'argent, dur comme de l'or, et tantôt rouge comme du minium, tantôt
noir comme les ténèbres. Celui qui traite tout cela de fable[1] et qui prétend[2] que ce que vous avez écrit dans ce livre n'est fait que pour donner
le change sur les obscurités et les énigmes des ouvrages des Anciens, en les
imitant; il est vraiment bien étrange que cet homme n'aille pas trouver les
gens qui opèrent à l'aide du plomb, de la litharge, de la céruse et du minium;
car il verrait alors que tout ce que nous avons dit est la vérité, puisque
avec une seule matière ces gens-là ont fait des produits divers, auxquels ils
ont donné des noms différents, quoique en réalité tout cela fût une même
matière. Il en est de même de ce que nous avons expliqué. Chaque fois qu'on
a fait une addition, on a obtenu une couleur nouvelle, à laquelle nous avons
donné un nom, jusqu'à ce que nous ayons épuisé la série des appellations
de ces divers mélanges. Au début, le corps s'est appelé molybdochalque
et corps de la magnésie; puis il a pris le nom de plomb, ou encore parfois de plomb noir, ou de plomb blanc. Or, la chose unique, c'est le
plomb[3], dont les Anciens ont dit qu'il avait la supériorité sur les dix.
Elle est née des combinaisons de ce principe unique que nous avons appelé
plomb. »

« D'après vos paroles, ô âme vertueuse, repris-je, que convient-il d'extraire

---

[1] Voir la protestation analogue de Démocrite contre ceux qui l'accusent de tenir des
discours fabuleux et non symboliques (*Coll. des
Alch. grecs*, trad., p. 51).

[2] Trois mots de cette phrase sont d'une
lecture incertaine.

[3] Cf. Olympiodore, *Coll. des Alch. grecs*,
trad., p. 99, n° 37, sur le plomb noir; p. 100,

n°° 38 et 39. — Le plomb avait été envisagé
à l'origine comme le principe de la liquidité
métallique et la matière première génératrice
des métaux (*Coll. des Alch. grecs*, trad., p. 107
et 167), rôles qui ont été attribués plus tard
au mercure dans les théories alchimiques. —
Sur les couleurs multiples dérivées du plomb,
même ouvrage, p. 106, n° 47.

de ce plomb : des couleurs [1], ou des matières (colorables)? — Ce qu'il
faut extraire, me répondit-il, ce sont les matières colorables, et les couleurs
auxquelles les Anciens ont donné des noms de matières. Ainsi ce que nous
nommons cinabre (couleur) n'est point le vrai cinabre; il en est de même
des dix noms dont je t'ai parlé et que domine la matière unique; ces substances ne sont au nombre de dix qu'en tant que noms. Mais chaque fois
qu'une de ces dix substances a acquis une coloration nouvelle, nous lui
avons donné un nom; bien que ce fût toujours le même principe, c'est-à-dire
le plomb dont je t'ai enseigné la nature. Il comprend des substances diverses,
mélangées, accouplées et intimement réunies les unes aux autres, de façon
à fournir un tout homogène. Chacune des propriétés s'est portée sur la substance qui lui correspondait, se l'est assimilée et en a fait un tout solide,
non fugace, qui s'est de plus en plus consolidé. Telle est la matière unique
dont je vous ai parlé et que les philosophes ont répartie entre de nombreuses opérations et de couleurs diverses, sans cependant être jamais d'accord [2], ni sur les substances, ni sur les couleurs, ni sur les opérations.
Il en est qui lui ont donné des noms de substances solides, et d'autres des
noms de substances liquides. Je t'ai livré tous les éclaircissements que j'avais
projeté de te faire connaître sur ce sujet, en le dégageant de toutes les obscurités dont on l'avait enveloppé; j'ai écarté, grâce à Dieu, tous les mystères qui entouraient la mise en œuvre de la pratique de ce livre, mystères
que les philosophes avaient entassés à dessein, pour empêcher d'obtenir les
résultats indiqués en termes concis et peu intelligibles. »

« Maintenant, dis-je, donnez-moi des explications sur cette matière unique,
que vous appelez plomb; et sur cette eau, c'est-à-dire sur l'eau qui en est
formée. Pourquoi a-t-on nommé matière unique ce produit combiné? Enfin
mettez le comble à votre bonté en m'expliquant tout cela et en condescen-
dant à me faire des confidences complètes [3]..... Vous aurez droit alors à
toute la reconnaissance de la foule des savants, et Dieu, à cause de cela,
vous comblera de ses bienfaits. Surtout, soyez clair. »

« Dans ce plomb, me répondit-il, il y a les quatre natures [4] analogues

---

[1] C'est-à-dire des matières colorantes.
[2] Conf. *Désaccord des anciens*, dans l'ouvrage du *Chrétien* (*Collection des anciens Alchimistes grecs*, traduction, p. 387, 399, et
n° 2.)

[3] Un blanc, laissé dans le texte, ne permet
pas d'établir un sens certain.
[4] Olympiodore (*Coll. des Alch. grecs*, trad.,
p. 92); sur les colorations diverses, blanche,
jaune et noire, de la tétrasomie, p. 104 et 107.

à celles que l'on retrouve en ce monde, et le secret cherché, qui a été la cause de la mort successive des hommes. Ces quatre natures ont des couleurs diverses : l'une est blanche; l'autre rouge; une autre noire [1]. Quelques-unes se détruisent l'une l'autre quand on les mélange, pour former un tout homogène où domine le noir, et le blanc se trouve alors renfermé dans l'intérieur de la substance, qui est recouverte et enveloppée par la couleur noire. Tel est le cas des substances que nous nommons plomb blanc et verre noir.

« Sache d'une manière positive, toi qui as déjà la science et la certitude, que les Anciens n'ont pas employé la dénomination de soleil (or), et cependant ils l'ont fait entrer dans leurs combinaisons. En effet, la substance essentielle (pour les teintures), c'est-à-dire Vénus (cuivre), ne teint pas avant d'avoir été teinte [2]. Lorsqu'elle est teinte sans avoir produit directement de l'or, elle entre dans les autres combinaisons : ceux qui la possèdent, la serrent et la gardent, car l'influence de sa couleur se manifeste sur les autres teintures. Ils l'appellent l'écrivain, lorsqu'elle est entrée dans les combinaisons. L'écrivain, c'est ce qui retient toute chose; il fait vivre les corps et apparaître leurs couleurs. Pour moi, j'ordonne à tous ceux que j'aime, parmi mes fidèles, mes frères et mes disciples particuliers, de se contenter de cet écrivain; car aucun des Anciens, comme tu le sais, ne s'est contenté de ce qui vous a été expliqué. »

Pendant que je causais avec mon interlocuteur et que je lui demandais d'ajouter d'autres éclaircissements et des notions précises, pour servir à la rédaction du présent livre, je perdis tout à coup connaissance, après la disparition du soleil, et je me vis comme dans un songe, transporté dans un autre ciel et un nouveau firmament. Je me dirigeai vers le sanctuaire de Phta, qui renferme les couleurs du feu. Quand j'entrai dans le sanctuaire, par la porte orientale, j'aperçus dans les cieux un grand nombre de vases d'or; je ne vis personne se prosterner devant eux, mais seulement devant l'idole de Vénus. C'est cette idole en effet que l'on adorait dans le sanctuaire.

« Qui a fait ces vases? » demandai-je. L'idole répondit : « Ils ont été faits avec le molybdochalque du Sage. Sache, ô Cratès, homme aux nombreux désirs, que ce n'est ni un crime ni un péché pour moi, si je t'enseigne que c'est le plomb de Tennis le Sage qui a servi à fabriquer ces vases; mais là-dessus, garde le silence. » Et il ajouta : « Oui, garde le secret là-dessus; car tous les philosophes l'ont gardé avec le plus grand soin. Cependant, je puis t'en révéler quelque chose, c'est qu'il est extrêmement froid et que les corps lui demandent la vie pour être capables de résister à l'action du feu[1] : c'est grâce à lui que les corps (métalliques) se solidifient et se forment en lingots. »

M'adressant alors au firmament de Vénus, je lui dis : « Je rends grâce à votre créateur. Cette nature unique qui vivifie ainsi les corps et qui leur permet de lutter contre le feu, n'est-ce pas la gomme? — Oui, répondit-elle, c'est la gomme, non la gomme du vulgaire, mais une gomme purifiée, impérissable[2]. — Je désire, répliquai-je, en m'adressant à Vénus, faire connaître clairement cette substance à ceux qui en ignorent le secret. Comment pouvez-vous dire une pareille chose au sujet du plomb, alors que tous les livres nous enseignent qu'il faut le transformer en esprit volatil? — Tu n'as donc pas compris les paroles de Démocrite, dans le passage de son livre : « S'il espère obtenir ce qu'il recherche. » S'il n'en était pas ainsi, il aurait dit : « Le plomb, mélange-le et éprouve-le dans la fusion bouillonnante[3]. Ne lui faites point dire des choses fausses. »

Puis Vénus ajouta : « Si tu veux que je t'en dise davantage, sors par la porte du Sud, par laquelle tu es entré, et pénètre dans ma demeure. » Je sortis par la porte du Sud et je rencontrai un grand nombre de femmes : les unes entraient dans la demeure de Vénus, les autres en sortaient. Il y en avait qui vendaient des bijoux, d'autres qui en achetaient et d'autres enfin qui en fabriquaient. Il me sembla que j'étais dans un bazar très fréquenté. J'étais surpris de la quantité de bijoux qui faisaient l'objet du trafic et dont la majeure partie consistait en bracelets, couleur de pourpre mélangée, et dans lesquels on avait serti des pierres. Après avoir examiné tout cela, je vis aussi des cassettes de femmes, de couleurs diverses, formées d'or et de pierreries, et nombre de bagues, également ornées de pierreries et de perles. Cela fait, je me dirigeai vers la demeure de Vénus et j'y entrai; ce séjour était tel que la description ne saurait en être faite. Vénus était au

---

[1] D'après Pétasius, dans Olympiodore, Coll. des Alch. gr., trad., p. 104 : « la sphère du feu est retenue et enserrée par celle du plomb »; — p. 103 : « Osiris », c'est-à-dire le plomb

« opère la fixation dans les sphères du feu »;

[2] Sur la gomme, voir Coll. des Alch. grecs, trad., p. 148.

[3] Coupellation.

milieu du sanctuaire; sa beauté défiait toute description, et elle était parée
de nombreux bijoux, tels que je n'avais jamais vu les pareils. Sur sa tête il
y avait un diadème de perles blanches; dans sa main elle tenait un vase.....
de l'orifice duquel coulait sans cesse l'argent liquide[1]. Mon regard était
ébloui et mon cœur troublé par les merveilles que je voyais.

A la droite de Vénus se trouvait un devin de l'Inde, qui lui parlait secrètement à l'oreille. Je demandai tout bas quel était ce personnage, qui causait
sécrètement avec Vénus. On me répondit que c'était son ministre, qui voulait s'associer à elle pour...... Je m'approchai alors de lui pour essayer
de comprendre ce qu'il disait en secret à Vénus; il se tourna alors vers moi,
en fronçant ses sourcils et me montrant un visage sévère, puis il me fit signe
de décrire tous les objets contenus dans le sanctuaire.

A peine m'étais-je mis en devoir de le faire, que j'en fus détourné en
voyant des gens de l'Inde qui, tous, sans exception, préparaient leurs arcs
pour me décocher des flèches. L'un d'eux s'approcha de moi et me donnant une poussée, il me fit sortir du sanctuaire, en disant : « Non, par Vénus!
je ne te laisserai pas écrire la description de ce que tu as vu dans ce sanctuaire, puisque tu as l'intention de divulguer nos secrets. » Puis il s'empara
de moi et me frappa avec la plus grande violence, si bien qu'il me sembla,
tant la douleur était forte, que je me réveillais, tout effrayé sur mon sort.
Je me sentais le cœur malade et endolori; mes yeux se fermèrent ensuite
sous l'impression d'une vive angoisse et je m'endormis. Je venais d'éprouver
ce que j'avais cherché à fuir et ce dont je voulais m'abstenir[2].

Tandis que j'étais ainsi, je me sentis enveloppé d'un parfum dont j'igno-
rais la provenance. Tout à coup apparut une femme joyeuse, et qui ne
pouvait contenir ses éclats de rire. Elle ressemblait à Vénus par sa beauté,
et ses amis lui en avaient donné le nom, emprunté à celui de l'idole; mais
ce n'était pas son véritable nom et on ne le lui avait appliqué que parce
que Vénus l'avait en grande affection. Celle qu'on nomme ainsi du nom de
Vénus éprouve un tressaillement naturel, grâce auquel Dieu réunit le bien
et la félicité. Elle m'interpella ainsi : « Par Vénus! ô Cratès, jure-moi que
si je t'informe d'où vient ce délicieux parfum, tu n'en parleras à personne. — Aussi vrai que j'ai reçu une volée de coups, lui répondis-je, je
te promets de garder le secret là-dessus. » Aussitôt elle détacha de sa taille

---

[1] Mercure. — [2] Quatre mots non traduits. Le texte du manuscrit ayant éprouvé dans ce qui
suit diverses interversions, nous l'avons rétabli dans son ordre naturel.

une ceinture d'or, dans laquelle se trouvaient incrustées deux pierres, l'une blanche et l'autre rouge; sur ces deux pierres étaient sertis deux morceaux de soufre, qui n'étaient pas des morceaux de (vrai) soufre. « Prends, me dit-elle, cette ceinture; arrose-la avec la liqueur, jusqu'à ce qu'elle vive et qu'elle change de nature : alors il en sortira ce parfum que tu viens de sentir. »

On prétend que la substance d'où l'on extrait ces bijoux que j'ai vus sert..... [1], et que cette substance éprouve l'action de l'humidité et de la sécheresse [2].....

Ceci est dit pour celui qui est intelligent et qui comprend [3].

A ce moment, je me réveillai et je me retrouvai à l'endroit que j'occupais auparavant dans ce ciel. Je vis apparaître l'ange qui m'avait promis de ne pas me quitter, avant de m'avoir donné d'une manière complète et claire les renseignements sur le sujet (qui me tourmentait). « Retourne, me dit-il, aux choses dont tu t'occupais et achève la rédaction du livre que tu as conçu, afin d'expliquer le sens des textes des Anciens et leurs discours étranges. — Parlez, m'écriai-je. — La composition blanche, me répondit-il, c'est le corps de la magnésie; il est composé de choses fixées, réunies en une seule composition, de façon à former un tout homogène, que l'on désigne par un nom unique : c'est ce que les Anciens appelaient aussi le molybdochalque [4]. Lorsqu'il a subi l'opération, on lui donne les dix noms, tirés des couleurs qui apparaissent au cours de l'opération sur le corps de la magnésie; c'est pendant cette opération que le mercure agit sur les quatre corps [5]. Les corps qui réagissent sont : le mercure, la terre brillante (?) [6], la terre tirée des quatre corps et la sélénite [7]. Tout cela ayant été fondu ensemble a donné naissance au corps de la magnésie. Il faut ensuite transformer le plomb noir; alors apparaissent les dix couleurs. Toutefois, par tous ces noms que nous avons donnés, nous avons voulu entendre seulement le

[1] Cinq mots non traduits.

[2] Trois mots non traduits.

[3] Les expressions « si tu es intelligent, si tu as l'esprit exercé » sont courantes chez les alchimistes grecs. — Voir entre autres, *Coll. des Alch. grecs*, trad., p. 62; n° 3 *bis*, p. 63; n°s 4, 5, etc.

[4] Voir page 4; voir aussi *Coll. des Alch. grecs*, trad., p. 131-135, 188, 193.

[5] C'est-à-dire sur le plomb, l'étain, le cuivre et le fer. — Voir aussi *Coll. des Alchim. grecs*, trad., p. 160 et 167.

[6] Cinabre? La terre tirée des quatre corps serait la magnésie. Ce passage est très obscur.

[7] Sur la sélénite, ou aphroselinon, et sa relation avec le corps de la magnésie et le molybdochalque, voir *Coll. des Alch. grecs*, trad., p. 121, n°s 7 et 8.

molybdochalque, qui est l'agent tinctorial de tous les corps entrant dans la combinaison. Or, toute combinaison est formée de deux éléments : l'un humide, l'autre sec. Si nous la soumettons à la coction, ils se confondent ensemble; on l'appelle alors la chose excellente; elle a de nombreux noms. Quand le produit est rouge, il s'appelle fleur d'or et ferment d'or[1], ou encore minium, soufre rouge, arsenic rouge[2]. Mais, pour nous, nous avons continué à l'appeler molybdochalque, lingot et lame (métallique)[3]. Je viens de vous expliquer les noms, avant et après la cuisson, et je vous ai donné toutes les distinctions qu'il m'était possible de vous faire connaître.

« Maintenant, il convient que je vous parle des diverses sortes du feu, du nombre des jours qu'il doit durer, de la variété du feu, suivant l'intensité qu'on veut obtenir à tous les degrés. Peut-être qu'en connaissant bien ce sujet, et en en faisant une étude spéciale, on arrivera à vaincre la misère[4] laquelle ne peut être guérie autrement que par cette œuvre auguste. Les catégories de feu sont nombreuses : il y a le feu faible, le feu sous la cendre, la braise, la flamme légère, la flamme moyenne et la flamme vive. L'expérience, seule, peut permettre d'obtenir les diverses sortes qui prennent place entre ces catégories. Quant au nombre de jours, le molybdochalque, dont le traitement est notre objet essentiel, se produit en un jour, ou en une fraction de jour. Plus loin, je vous dirai, en son lieu et place, le nombre de jours nécessaires pour parachever le poison et l'élixir.

« Sachez, d'une façon positive, que si l'on place de l'or pur dans la combinaison, la teinture prend une couleur rouge pur; si l'on y met de l'or blanc[5], la teinture est également d'un blanc éclatant. C'est pour cela que l'on trouve dans les trésors des philosophes les expressions d'or supérieur et d'or éclatant, suivant l'or qu'ils ont introduit dans leur combinaison. Quand toutes ces natures se sont mélangées et qu'elles sont devenues du molybdochalque, les natures primitives se confondent en une nature unique et elles forment une espèce unique. Lorsque la matière est dans cet état, on la verse dans un vase en verre, afin de voir comment la combinaison

[1] Cf. *Coll. des Alch. grecs*, trad.; *Lexique*, p. 17.

[2] Sur la synonymie de ces divers noms, voir l'*Introduction à la Chimie des anciens*, p. 261.

[3] On mettait les métaux sous forme de lames, pour les exposer à l'action des vapeurs tinctoriales de l'arsenic, du soufre et du mercure sur la kérotakis (*Introd. à la Chimie des anciens*, p. 144).

[4] Cette préoccupation est perpétuelle chez les alchimistes grecs (voir *Coll. des Alch. grecs*, trad., p. 73 et *passim*).

[5] Électrum ou asem.

absorbe le liquide, et pour apercevoir aussi la succession des couleurs, celle de la combinaison à chacun de ses degrés, jusqu'à ce qu'enfin on ait obtenu le rouge généreux, formé par l'élixir.

« Quant à l'agent que les philosophes ont prescrit à plusieurs reprises de mettre en œuvre, il ne convient de l'employer qu'une seule fois. Si vous voulez vous assurer de la vérité sur ce point douteux, vous n'avez qu'à examiner ce qu'en dit Démocrite, dans le passage qui commence ainsi : « de bas en haut »; puis il revient là-dessus en disant : « de haut en bas »[1], et il ajoute : « Mettez le fer, le plomb; le plomb à cause du cuivre, et le cuivre à cause « de l'argent; puis de l'argent, du cuivre, du plomb et du fer. » Enfin il s'explique nettement en ces termes : « N'en mettez qu'une seule fois. »

« Soyez assuré que l'or ne se transforme qu'avec le plomb et le cuivre. Il se dissout[2] dans ce vinaigre, dont la composition est connue des philosophes, et il se transforme en rouille : c'est de cette rouille que les philosophes veulent parler quand ils disent : Mettez de l'or, il s'amollira; mettez encore de l'or et ce sera du corail d'or. (Tous ces noms sont les noms véritables des corps. Quant aux indications vagues fournies par les philosophes, au sujet des matières qui ont des noms spéciaux, elles ont pour objet de désigner les corps solides et la solution. Toutefois il convient de nommer la matière unique.) Il convient de mettre du vinaigre, parce que c'est lui qui produit les couleurs. Il n'en faut mettre qu'une fois, de façon à obtenir la rouille; et lorsque la rouille existe déjà, alors on met aussi le vinaigre, qui fait paraître les couleurs indiquées précédemment. On le laisse réagir durant un jour; le liquide s'évapore. Quand la matière est devenue sèche, on l'arrose, et on l'introduit dans un vase, que l'on met sur le feu, jusqu'à ce que le résultat utile soit obtenu. Au premier degré, on a une sorte de boue jaune; au second degré, cette boue est rouge; enfin, au troisième degré, on a quelque chose qui ressemble à du safran sec et réduit en poudre. On le projette alors sur de l'argent vulgaire, et, la combinaison se pénétrant d'humidité et de sécheresse, on obtient un esprit[3].

« Les corps ne pénètrent point les corps et ne peuvent les teindre. Ce qui

---

[1] S'agit-il de l'axiome : « En haut les choses célestes, en bas les choses terrestres » (Voir Collection des Alchimistes grecs, traduction, p. 147.)

[2] S'agit-il d'un polysulfure alcalin, capable de dissoudre l'or? Cet agent a été employé en

effet par les alchimistes. A la vérité, le texte actuel est vague; mais ce qui suit comporterait cette signification.

[3] C'est-à-dire un agent capable de pénétrer les métaux et de les teindre, comme l'indique ce qui suit.

les teint, c'est le poison igné et aériforme, qui demeure emprisonné dans les corps; lui seul peut aisément pénétrer et se répandre dans les corps. Quant aux corps, ils sont épais; ils ne peuvent ni pénétrer, ni se répandre dans un autre corps. C'est pour cela que la teinture n'augmente en aucune façon le poids d'un corps; car ce qui le teint est un esprit qui n'a pas de poids[1].

« Il est des gens qui, lorsqu'ils versent le poison sur l'argent le laissent une heure, d'autres deux heures, d'autres trois, d'autres quatre. Chacun laisse agir le poison suivant la connaissance qu'il a de sa force, et de manière qu'il pénètre l'argent et le teigne, et que l'argent l'absorbe. C'est cette nature que l'on nomme *ouilâda* (naissance), vie et teinture. On lui a donné ce nom parce que le poison, en se réunissant à l'esprit tinctorial qui est constitué par la boue (précédente), devient à son tour un esprit, au sein du corps composé avec lequel il s'unit. Quand cette substance a pénétré l'argent vivant, elle vit à son tour : ce qui se manifeste aux regards par l'apparition de la couleur. C'est ainsi que l'on place dans les écrits les sept lettres en spécifiant que cinq d'entre elles n'ont point de son. Dès qu'elle est entrée dans le corps, cette substance le fait vivre et elle y vit elle-même, aussitôt qu'elle l'a teint. Il y a parfois des teintures qui donnent des couleurs plus variées et plus belles; mais cela tient à la perfection de l'opération, à la durée de la chaleur, de la coction, ou bien encore au grand nombre de lavages.

« Maintenant, j'ai dévoilé dans ce livre la science du poison; j'ai dit comment on opère avec lui, comment il teint et de quelle façon il se combine. Les gens intelligents ont pu en quelque sorte le voir lui-même. J'ai éclairci certaines choses, auxquelles les philosophes avaient donné des noms propres à dérouter le vulgaire. »

Je cherchai ensuite à me faire expliquer les choses extraordinaires que les philosophes avaient décrites, afin que mon livre l'emportât sur tous les autres ouvrages, attendu que j'aurais en ma possession la clef de bien des choses et leur démonstration. Enfin je voulais connaître ce que les philosophes ont dit de la teinture des corps par les corps. Il me répondit : « La rouille ne provient que des soufres. En effet, toute combinaison aboutit à des molécules humides et à des molécules sèches. Quant aux particules sèches, elles consistent dans le mélange du cuivre avec le cuivre, et du mercure avec les corps.

---

[1] Cet énoncé mérite attention, au point de vue de la théorie de la pierre philosophale dans notre auteur.

« Les molécules sèches s'obtiennent par la cuisson dans le vase, jusqu'à ce
que la dessiccation se produise, que toute l'humidité [1] s'en aille et que ce
qui était blanc devienne rouge [2]. C'est là ce que les philosophes appellent le
mercure et le soufre. »

« Comment se fait-il que la teinture soit fixe et persiste au feu, alors que
les philosophes disent qu'elle est fugace et volatile? — C'est, répondit-il,
parce que les corps fixes sont rendus fusibles avec les parties volatiles, et
alors l'échange qui se fait entre le corps et la partie fugace amène la transformation en matière volatile. »

« Pourquoi les philosophes ont-ils appelé la combinaison *othsious*(?)? —
C'est parce que la pierre othsious est engendrée chaque année et qu'elle a
des couleurs variées, qui changent de nature chaque lunaison. On a donc
nommé d'après cette pierre othsious la combinaison, parce qu'à chaque
degré de l'opération elle passe d'une couleur à une autre. »

« Pourquoi les philosophes n'ont-ils pas appelé tous les changements de la
combinaison des noms de blanchir ou rougir? — Parce que, en entrant
dans la combinaison, la teinture la modifie. Après la première cuisson, elle
la rend blanche, et après la deuxième, rouge. Aussi n'a-t-on pas voulu se
servir d'une manière générale des termes blanchir et rougir, parce que les
deux premières combinaisons, la jaune et la rouge, sont les deux seules
qui fixent des teintures. »

« Que signifient les deux derniers soufres? — Les deux derniers soufres [3]
ne le sont que de nom; car si c'étaient là réellement les deux derniers, il
n'y aurait pas mélange des corps; mais on les désigne sous le nom des deux
derniers soufres, bien que ce ne soient pas des soufres. »

« Pourquoi les philosophes disent-ils que la nature se réjouit de la nature [4]? — Ceci a été également dit des deux soufres, qui ne sont des soufres que de nom. »

« Pourquoi les philosophes ont-ils dit que le corps fixe est celui qui em-
prisonne et que sa nature est hostile? — Cela a été dit également à propos
des deux soufres, qui ne sont des soufres que de nom. »

---

[1] Disparition de l'état liquide.

[2] Par exemple, la transformation du mercure soit en cinabre par le soufre, soit en oxyde
par la simple action de la chaleur.

[3] Le mot suivant est illisible. — Ce qui

suit renferme des subtilités à peu près inintel-
ligibles.

[4] Axiome alchimique, *Coll. des Alch. grecs*,
trad., p. 33 (Lettre d'Isis); p. 45 (Démocrite),
attribué à Ostanès par Synésius, p. 61.

« Pourquoi donc cette chose qui retient la teinture, qui la fait résister au
feu et qui se mélange à la combinaison, n'est-elle pas visible à l'œil nu, tant
qu'elle n'a pas été projetée sur l'argent vulgaire, et ne se manifeste-t-elle que
quand l'opération est terminée? — Il en est de cela comme de la goutte de
sperme qui tombe dans l'utérus et qu'on ne voit pas : l'utérus retient la
goutte de sperme et le sang, qui sont cuits par le feu de l'estomac, jusqu'au
moment où le sperme prend la forme d'un corps et sa couleur. Tout cela se
fait à l'intérieur de l'utérus, sans qu'on le voie et sans qu'on le sache, jusqu'au
moment où le Créateur des âmes fait apparaître au dehors l'être que l'on
voit alors [1]. Il en est exactement de même pour la chose sur laquelle tu m'as
interrogé. »

« Pourquoi les philosophes ont-ils nommé leur combinaison : rouille, eau
de soufre et gomme, en sorte qu'ils ont dit : semence d'or, rouille de cuivre,
eau de cuivre, poison mielleux, poison agréable au goût; enfin qu'ils ont
employé des noms masculins et féminins, et des noms qui ne sont ni masculins ni féminins? — Parce que, dans la composition de toutes ces choses,
s'ils ont employé la dénomination d'eau de cuivre, c'est que le cuivre était
devenu liquide; la dénomination de semence d'or, c'est qu'ils y avaient semé
de l'or. En se servant du terme : gomme morte, ils ont eu raison, car
c'est après la combustion des corps et leur mortification que la combinaison
devient utilisable et se transforme en esprit tinctorial. Ils ont eu également
raison en donnant des noms masculins, des noms féminins et des noms
neutres; car il y a parmi ces choses des mâles et des femelles, lesquels,
une fois mélangés, ne sont plus ni mâles ni femelles : par exemple, lorsqu'on
les appelle lingot et lame. »

« Pourquoi appelle-t-on le corps combiné, calcaire? — Parce que le calcaire, qui était d'abord une pierre sèche et froide, une fois cuit (et changé
en chaux vive), manifeste l'esprit du feu, qui lui a donné une vie interne [2]. »

« Qu'appelle-t-on combustion, transformation, disparition de l'ombre [3] et
production du composé incombustible? — Tous ces noms s'appliquent au
composé quand il blanchit. »

----

[1] Voir *Collection des Alchimistes grecs*, traduction (Chapitres de Zosime à Théodore),
p. 209, n° 5.

[2] Ce raisonnement, d'après lequel le calcaire, soumis à l'action du feu qui le change
en chaux vive, a gagné quelque chose, rappelle
les théories du xviii° siècle et celle de l'*acidum
pingue* de Meyer.

[3] *Coll. des Alch. grecs*, trad., p. 181-182
et *passim*.

« Quelle est l'opération la plus efficace parmi celles des philosophes ? —
Les opérations des philosophes peuvent toutes se réduire à une seule, et la
meilleure est celle qui retient le soufre et fait rougir. Mais il convient avant
tout de connaître les poids, car c'est grâce à eux que l'on devient maître
de cette opération unique, que les philosophes ont ordonné d'exécuter bien
et complètement, mais dans laquelle ils ont caché les poids, ainsi que leur
répartition. Les uns les ont donnés approximativement et en termes obscurs;
d'autres ne les ont même pas mentionnés, pour qu'ils fussent mieux cachés
et tenus plus secrets [1]. »

« Comment, ô esprit vertueux, ceux qui viendront après nous pourront-ils
connaître ces poids? — Ils devront bien observer, quand on ne leur aura
pas indiqué de poids, de mettre les matières en quantités égales. — Quelle
substance faut-il peser et laquelle faut-il ne pas peser? — Il faut mettre le
molybdochalque par parties égales et pareillement pour les autres choses
semblables; quant au soufre, il doit les égaler toutes en poids. »

« Pourquoi Démocrite le Sage s'est-il plaint du mélange, en disant : Rien
ne nous a été plus difficile que le mélange des natures et leur assemblage
pour les combiner [2]? — Démocrite a eu raison. Ne savez-vous donc pas
que l'œuvre entière ne peut avoir lieu qu'à la condition de connaître chaque
chose en particulier; c'est alors seulement que vous connaissez le mode
suivant lequel il faut procéder au mélange, d'après les poids qui conviennent
pour en assurer la parfaite exécution. Il faut donc que le philosophe sache
avant toute chose et avant de mettre la main à l'œuvre si la chose est, ou
n'est pas, de quelle chose elle est formée et comment elle est [3]. »

« Pourquoi les philosophes ont-ils dit : Faites que la combinaison soit incombustible? Or tous ordonnent de la brûler, de telle sorte qu'elle devienne
comme une cendre. — Les philosophes ont eu raison dans ce qu'ils ont
dit et ordonné; car l'élixir brûlé, transformé en cendre et mélangé avec le
liquide devient pareil au miel. On le fait cuire alors, jusqu'à ce qu'il se dessèche; puis on y remet du liquide, et on répète plusieurs fois ces opérations

[1] Cf. *Coll. des Alch. grecs*, trad. p. 153,
n° 5. — « Démocrite a passé sous silence les
poids », p. 176. — « Ils ont l'habitude de peser
secrètement », n° 2. — Puis l'auteur indique
les poids.

[2] Ceci fait allusion à un passage de Démo-

crite, *Coll. des Alchimistes grecs*, trad., p. 50.

[3] Ce sont les principes de la logique aristotélique. Le Traité d'Alchimie latine *De Anima*,
traduit d'Avicenne, débute de même par les
questions: *Si est, quid est, quomodo est?* (*Artis
Chemica principes*, p. 34; 1572.)

de mélange et de cuisson, jusqu'à ce que la calcination soit complète et qu'il ne reste plus dans la combinaison rien qui n'ait été brûlé[1]; il faut enfin que la combinaison soit transformée en cendres, telles qu'on ne puisse plus les brûler de nouveau. Il en est ainsi du bois que le feu ne cesse de consumer, jusqu'à ce qu'il l'ait réduit en cendres; mais ces cendres, une fois retirées du feu, ne peuvent plus être brûlées. On peut encore comparer la combinaison à la fièvre qui s'empare de l'homme et ne le quitte plus, avant d'avoir brûlé toutes les superfluités de son corps, superfluités qui sont précisément les causes de cette fièvre. Quand toutes ces superfluités ont été consumées, la fièvre quitte l'homme. Les philosophes ont donc ordonné de brûler la combinaison, jusqu'à ce qu'on ne puisse plus la brûler davantage. »

« Pourquoi les philosophes ont-ils dit : Amalgamez les parcelles du ferment d'or avec le mercure, jusqu'à production d'un tout homogène. En disant cela ils étaient d'accord pour l'amalgame. Quand les teinturiers dorent les armes et qu'ils amalgament l'or avec le mercure, pourquoi l'or devient-il blanc et paraît-il tel aux yeux, puis, quand la cuisson est achevée et l'opération terminée, devient-il rouge? — Il en est de même (dans notre opération) du mercure, qui dompte d'abord les parcelles de l'or et les blanchit, en faisant disparaître la couleur rouge; mais le mercure, dompté à son tour, laisse reparaître à la fin la couleur rouge, si bien que l'on ne retrouve plus le blanc et qu'on ne le voit plus. »

« Comment les quatre natures se subjuguent-elles l'une l'autre et comment se mélangent-elles les unes aux autres, pour donner comme résultat les êtres créés? — Comprenez-bien ceci : les matières compactes[2] des quatre natures se mélangent simplement les unes aux autres : mais ce sont seulement les matières subtiles qui se joignent ensemble, lors du mélange, et qui se pénètrent l'une l'autre. Les matières subtiles agissent sur les matières subtiles, non les compactes sur les compactes. Ainsi la terre et l'eau sont des éléments compacts, tandis que l'air et le feu sont des éléments subtils. Les

---

[1] *Coll. des Alchim. grecs*, trad., Zosime, p. 165, n° 13. — Lorsque tu verras que tout est devenu cendres, comprends alors que tout va bien, p. 107, n° 48. — Pyrite rendue incombustible, dans Démocrite, p. 47, n° 6. — Épuise l'élément liquide, dit Zosime, p. 197,

n° 21. — Voir spécialement, sur la matière incombustible, Chapitres de Zosime à Théodore. p. 211.

[2] Dans la traduction, on a opposé les mots *compacts* et *subtils*. On aurait pu dire aussi *fixés* et *fugaces*, ou *volatils*.

deux éléments subtils affaiblissent les deux éléments compacts et les transforment en matières subtiles, et Dieu en fait sortir tous les êtres créés, au
moyen de la cuisson et de l'absorption de l'air. Ainsi nous avons ici deux
éléments compacts et deux éléments subtils : les deux éléments subtils sont
ceux qui pénètrent les deux éléments compacts et les rendent subtils.

« De même il y a dans l'année quatre saisons; chacune d'elles a son tempérament spécial : la première est l'hiver avec le froid; la seconde, l'été[1];
la troisième, le fort de l'été; la quatrième, l'automne. L'hiver et le froid
resserrent la terre et ce qu'elle renferme de semences, de telle sorte qu'ils
en expriment et font sortir les premières plantes. Dans la seconde saison,
l'été, les plantes et les semences acquièrent leur développement complet et
leur maturité. Si le fort de l'été, avec son soleil ardent, atteignait ces plantes
(dès le début), il les brûlerait et les endommagerait; mais le printemps les
préserve, par sa température moyenne : de telle sorte que vous voyez les
plantes acquérir de la force et se développer. Quand la chaleur intense du
fort de l'été atteint les plantes, elle en fait sortir les fruits, qui prennent
leur grosseur et leur forme. Si cette chaleur intense continuait à agir sur ces
plantes et sur ces fruits, elle les brûlerait et les endommagerait. C'est alors
que survient pour ces fruits la quatrième saison, l'automne, pendant laquelle la température de l'air est moyenne. Les fruits s'améliorent à cette
époque; ils prennent de la couleur, acquièrent le bon goût de la maturité
et sont utilisés par les hommes.

« Il convient d'opérer sur notre combinaison et de faire agir sur elle les
divers degrés du feu, d'une manière analogue à celle (des saisons), que les
philosophes ont prise comme terme de comparaison. Quant à moi, je vous
ordonne de ne point dédaigner un seul mot, ni une seule comparaison des
livres des philosophes; car ils n'y ont rien mis qui ne fût la vérité. »

A ce moment mes yeux se fermèrent malgré moi, et sous l'empire de mes
préoccupations je m'endormis. Il me sembla que j'étais sur les bords du Nil,
sur un rocher qui dominait le fleuve. Tout à coup je vis un jeune homme
vigoureux qui luttait contre un dragon. Au moment où le jeune homme se
précipitait sur le dragon, celui-ci souffla contre lui et siffla violemment, en
relevant la tête. Le jeune homme m'appela à son secours, en me faisant
signe de traverser le fleuve. Je m'élançai aussitôt et je me trouvai bientôt

---

[1] Ce serait plutôt notre printemps.

près de lui. Je pris une pique de fer, que je lançai contre le dragon; mais
celui-ci, se tournant vers moi, souffla avec une telle violence qu'il me fit
tomber à la renverse, sans toutefois que je perdisse connaissance. Je revins
à la charge une seconde fois. En me voyant retourner contre le dragon, ma
pique de fer à la main, le jeune homme me cria : « Arrête, Cratès, cela ne
suffira pas pour tuer le dragon. » Je m'arrêtai et je lui dis : « Eh bien! fais-en
ton affaire. » Le jeune homme prit de l'eau qu'il jeta contre le dragon : la tête
de celui-ci tomba, et il resta étendu mort. S'adressant alors au dragon, le
jeune homme lui dit : « Montre le profit que l'on attend de toi. » Puis il lui
prit le nombril et le pressant fortement il en fit sortir un œuf de crocodile.
Comme je croyais que cet œuf était un œuf de rezin (?), je dis au jeune
homme : « Vous êtes injuste à l'égard du rezin en lui enlevant un de ses
œufs. — Ce n'est pas un œuf de rezin, me répondit-il, c'est un œuf de
crocodile et cet œuf ne se gâte pas; il ne se dessèche pas; il n'est pas
brûlé par le sang; il ne se détruit pas; mais il se transforme en une
rouille, dont on tire profit. Peu à peu l'estomac en fait cuire le contenu et
il sort de ce mets délicat les quatre natures : la pituite, le sang et les deux
biles. Mais, ajouta-t-il, il faut d'abord que je te montre ce que c'est que ce
dragon... »

Alors nous trouvâmes un rocher de *batharsous* (?) desséché par l'ardeur
du soleil, dont l'intensité l'avait crevassé. Dans les crevasses de ce rocher
se tenaient le dragon et sa femelle; ils étaient si énormes et si languissants
qu'ils ne pouvaient plus bouger..... Le dragon était immobile, af-
faissé, et n'avait plus qu'un souffle de vie. Dès qu'il me vit, il crut que
je venais pour m'emparer de lui; il sortit aussitôt de l'endroit où il était et
s'enfuit dans une des fissures. Le jeune homme me montra une lance et
j'aperçus à ce même moment une clarté brillante qui m'effraya. « Regarde,
me dit le jeune homme : ce dragon, qui tout à l'heure était mou et lan-
guissant, est maintenant ardent et dispos; je vais le tuer avec cette lance.
— Pourquoi, répliquai-je, ne lui avez-vous pas enlevé ses yeux éclatants,
alors qu'il était affaibli et décrépit et avant qu'il redevînt jeune? — Il
ne faut pas, me répondit-il, que nous lui prenions ses yeux, avant de nous
être emparé de sa femelle. » En lui entendant tenir ce propos, je crus qu'il
voulait combattre un dragon femelle, autre que ce dragon. Je cessai alors
de l'interroger, en voyant son assurance. Il prit alors le dragon et le déchira
en morceaux, à l'aide de sa lance. Tous ces morceaux avaient des couleurs

variées; il réunit ensuite ensemble les morceaux d'une même couleur[1].
Comme j'avais longuement fixé mon attention sur ce qu'il faisait, je m'aperçus que ces couleurs ressemblaient aux couleurs de notre œuvre. Il y
avait des couleurs pareilles à celles de l'adamas et de l'électrum; d'autres
ressemblaient à la marcassite ferrugineuse, privée de son esprit; d'autres à
la cadmie cendrée; d'autres à la boue jaune et d'autres au cinabre rouge.
Quand il eut achevé de réunir les couleurs semblables, il prit l'œuf de
crocodile[2] et le brisa; puis il sépara le blanc du rouge et de l'humidité, et
il mit ensuite le blanc avec le blanc, le rouge avec le rouge.

Pendant que le jeune homme était occupé à cette opération, le dragon
rempli de vie s'élança; il souffla contre nous et si je n'avais pris la précaution de jeter contre lui de l'eau vivante, qui fit tomber sa tête de son corps,
il nous aurait certainement fait périr.

Quand le jeune homme vit ce qui était arrivé au dragon, il entra dans
une violente colère et jura qu'il réduirait ce dragon en poussière. Puis
il commença à réciter de puissantes formules magiques, jusqu'à ce que le
dragon fût réduit en poussière. Il en plaça les débris dans un vase, sans trop
les presser. Il en sortit de l'eau, dans laquelle il y avait un poison. Chaque
fois qu'il retirait une partie de cette eau, il détournait la figure pour que
rien ne pénétrât dans ses narines.

Quand le jeune homme eut terminé son opération, il me dit : « O Cratès,
retiens bien ce que tu viens de voir et consigne-le dans ton livre, pour ceux
qui viendront après toi. Ce que tu m'as vu faire, lorsque j'ai tué ce dragon,
est le secret d'Hermès Trismégiste; il l'a caché dans son livre, car il lui a
répugné de le faire connaître aux profanes. Sache que c'est moi qui te découvrais le ciel, lorsque tu y montais. Si tu n'avais pas gardé le secret sur
ce que tu m'as vu faire, je t'aurais tué avant de te livrer ce secret. Et si
tu décris dans ton livre ce que tu as vu et que tu veuilles en divulguer le
secret, vois ce dragon que j'ai réduit en poussière et dont les couleurs se
sont manifestées, il eût été funeste à ton existence et il aurait séparé ton
âme de ton corps. »

[1] Voir le *Serpent Ouroboros* et ses parties de différentes couleurs (*Coll. des Alch. grecs*, trad., p. 22-24). Voir aussi Zosime, p. 120, ainsi que la figure du Serpent (*Introd. à la Chimie des anciens*, p. 159 et 132). — Sur le sens de ce symbolisme, *Origines de l'Alchimie*, p. 58.

Il est présenté chez les Arabes sous la forme d'un conte purement matériel et positif, comme il est arrivé pour beaucoup d'autres mythes.

[2] C'est l'œuf philosophique, autre emblème de l'alchimie (*Coll. des Alch. grecs*, trad., p. 18 à 22; — *Origines de l'Alchimie*, p. 24 et 51).

En raison de l'extrême frayeur que l'engagement qu'il venait de me faire prendre m'avait fait éprouver, et des merveilles que j'avais vues et qu'il me demandait de tenir secrètes, je restai tout étourdi et je m'écriai : « Dieu, — qu'il soit glorifié et exalté ! — m'a révélé que je devais m'abstenir de dévoiler les secrets, puisque personne des Anciens n'a pu faire chose pareille. Que celui qui trouvera ce livre craigne le Créateur des âmes et s'abandonne à lui, il arrivera au but. Quant à celui qui n'aura pas touché le but et qui n'aura pas compris l'auteur, il périra dans la douleur et le chagrin. »

Quand Khâled ben Yezîd eut lu ce livre, il écrivit à Fosathar pour l'informer qu'il lui envoyait un livre, qui était joint dans la bibliothèque des Trésors au livre de Cratès, et pour lui annoncer que ce dernier livre était légèrement abrégé, mais qu'il contenait de nombreux enseignements et fournissait beaucoup d'indications sur la philosophie.

Ici se termine, avec l'aide de Dieu et grâce à lui, le livre du philosophe Cratès.

## II.  LE LIVRE D'EL-HABÎB.

Au nom du Dieu clément et miséricordieux!

Louange à Dieu pour toutes ses faveurs! O mon Dieu, dirige nos cœurs!

Ceci est le livre d'El-Habib, livre dans lequel il adresse ses recommandations à son fils. La majeure partie de ces recommandations porte sur toutes
sortes de questions relatives à l'éducation.

Mon cher fils, dit El-Habib, j'ai reconnu que les hommes se divisaient en
deux catégories : ceux qui atteignent le but et ceux qui le manquent. Ceux
qui atteignent le but forment une unité concordante, tandis que ceux qui
le manquent sont nombreux et divergents. L'erreur et l'habileté tendent au
progrès, qui comprend l'espoir d'arriver à l'œuvre et les moyens de la mettre
en pratique.

En voyant que Dieu — qu'il soit sans cesse béni et exalté! — est le
créateur unique, alors que les êtres créés sont nombreux, nous savons que
l'œuvre doit provenir d'une chose unique [1] et d'un seul genre. Or, après
examen, je trouve que toute création se compose d'un agent et d'un patient.
Partout où il existe, l'agent est unique, tandis que le patient est formé de
choses nombreuses. Je sais aussi que l'être unique employé pour l'œuvre
renferme deux choses : un mâle et une femelle. Le mâle est toujours
unique, les femelles sont toujours variées. Le signe de la masculinité est de
donner à sa descendance force et chaleur; le signe de la femelle est d'emprunter ces deux choses à d'autres et de ne donner par elle-même ni force,
ni chaleur.

L'agent est unique, et sans la chaleur il n'aurait pas de mouvement; or
le mouvement est une supériorité. C'est pourquoi il communique à l'œuvre
de la chaleur; sinon, l'œuvre exige le concours d'une chaleur étrangère.

Sachez que l'essence est formée d'une chose qui s'élève dans les airs et
qu'elle n'a pas de matrice; elle réside dans les matrices et elle varie, suivant
sa quantité et suivant la durée du séjour qu'elle fait dans la matrice. Elle

---

[1] *Coll. des Alch. grecs*, trad., p. 37.

est comme un morceau de fer qu'on introduit dans le feu, où il s'échauffe; lorsqu'il se refroidit ensuite, le feu monte dans l'air et abandonne le morceau de fer. De même tout être reçoit de chaque chose sa qualité, proportionnellement à la quantité qu'il en renferme; ou bien il la repousse, en raison des qualités opposées qu'il contient. Le poivre est formé par de la chaleur qu'il retient et n'abandonne pas, comme le fait le morceau de fer, parce que la chaleur dans les plantes a été incorporée peu à peu. Comprenez ceci, mon cher enfant.

Sachez qu'il y a huit minéraux dont on ne peut tirer aucun profit, parce qu'ils ont atteint leur maximum; ils ne peuvent plus recevoir d'accroissement. En effet, une fois arrivée à sa perfection, une chose ne peut plus que décroître, car le simple nettoyage de ses impuretés suffit à l'altérer.

Sachez aussi que si vous prenez un homme complet, que vous piliez ensemble [1] son esprit, son âme et son corps, pour les mettre dans votre chaudière, vous ne pouvez pas prendre ensuite une partie de ses os, de sa chair, de son sang, de ses cheveux, ou de l'un de ses membres, et y retrouver son âme ou son esprit. En effet, dès que l'homme a été mis en pièces, l'âme, qui est un de ses éléments, a disparu et il ne reste entre vos mains qu'un être mort, obscur, qui n'a plus ni éclat, ni lumière.

Agissez (avec prudence), jusqu'à ce que vous connaissiez ce qui enlève et lave les impuretés des corps; je vous l'indiquerai plus loin, s'il plaît à Dieu.

Mon cher enfant, commencez par savoir avec quoi vous devez opérer, puis comment il faut opérer, et alors mettez en pratique ce que vous saurez; ce qui sera facile si vous procédez par gradation. Mon cher enfant, sachez que les philosophes ont multiplié les obscurités pour la foule; ils l'ont fait, non par avarice, mais dans la crainte de pécher en corrompant le monde, comme je vous l'ai déjà expliqué. Par Dieu, pour lequel je jeûne et je prie, je vous expliquerai tout cela, de façon que vous le voyiez clairement et l'entendiez à première vue, dans ces sept chapitres, qui ont fait l'objet de nombreuses dissertations.

Le premier des chapitres se réfère aux vases convenables. On a dit qu'il fallait un mortier, une chaudière, un flacon, un récipient et un creuset. Ce dernier vase est celui dans lequel s'achève l'œuvre tout entière.

---

[1] Cf. une phrase d'Olympiodore, *Coll. des Alch. grecs*, trad., p. 110, n° 52.

La teinture devra être un liquide brillant et de belle couleur; elle tiendra lieu d'une âme, telle que celle du corps.

Le soufre sera le feu [1], la rubrique (cinabre) sera l'air, la magnésie sera la terre, le mercure sera l'eau.

L'âme sera cette eau divine, qui met en mouvement tous les êtres susceptibles de développement, qui fait pousser toute plante et fait grandir tout ce qui a feuilles [2].

Ensuite, quand les quatre natures auront été mélangées et bien combinées, elles ne formeront plus qu'une seule substance; chacune d'elles possédant une force qui lui permet de se transformer en une autre nature : la terre sera transformée en eau, l'eau en air, l'air en feu [3]. Mêlez ces choses les unes avec les autres dans votre opération, de façon que la terre devienne de l'eau, l'eau de l'air, et l'air du feu, et alors l'œuvre sera achevée, s'il plaît à Dieu.

Ne mettez pas trop de soufre : votre préparation brûlerait; car la bile qui envahit le corps le brûle et lui donne une couleur noire. Ne mettez pas trop de mercure : vous refroidiriez votre préparation, qui ne pourrait plus cuire, car la pituite qui envahit le corps le refroidit et le corrompt [4]. Disposez la combinaison de vos préparations, en procédant par poids et par mesure; les quantités devant être en proportion de la combinaison du système, de son tempérament et de ses mélanges. Toutes les natures prennent des forces et s'améliorent par l'adjonction de leurs similaires, tandis qu'elles se gâtent et s'affaiblissent par l'adjonction de leurs contraires.

Sachez que l'âme est le soutien du corps.

La graine arrosée d'une façon modérée pousse et arrive à fructifier. Si l'eau lui est donnée en trop grande abondance, la plante est noyée; tandis que si elle en reçoit en trop petite quantité, elle a soif et elle est brûlée.

Si le feu altère certaine (couleur) et qu'elle soit un peu affaiblie, ne l'abandonnez pas et ne la rejetez pas.

[1] Sur ce symbolisme, voir dans la *Coll. des Alchim. grecs*, trad., le traité de Comarius, p. 284-285. Le soufre est pareillement assimilé au feu; le mercure à l'eau; la terre au molybdochalque, qui portait aussi le nom de corps de la magnésie (*ibid.*, trad., p. 193, n° 11, et p. 420). Quant à l'air, il est assimilé à divers corps, notamment au cinabre.

[2] *Ibid.*, trad., traité de Comarius, p. 286.

Sur ce symbolisme de la végétation, *Coll. des Alch. grecs*, trad., p. 250, n° 12, d'après Zosime.

[3] Voir Stéphanus, dans mon *Introduction à la Chimie des anciens*, etc., p. 291.

[4] Sur ces comparaisons médicales, voir Stéphanus, *Introd. à la Chimie des anciens*, p. 292. Voir aussi *Coll. des Alch. grecs*, trad., p. 169, etc.

Toute teinture de carthame a besoin d'un alcali, qui la rend plus intense. La cendre blanchie domine tous les simples.

La rubrique en pilules agit sur l'alcali, qui est la cendre des philosophes; et ce dernier, mélangé à lui, le rend rouge [1].

Ne forcez pas le feu au début de l'opération sur le mercure, car celui-ci serait volatilisé [2]. Mais quand la fixation s'est faite, alors le mercure résiste au feu et il y résiste d'autant mieux qu'il a été combiné avec le soufre; de telle sorte que son froid et son humidité s'associent à la chaleur du soufre et à sa sécheresse.

Mariez le mâle et la femelle [3], l'humide au sec, le chaud au froid [4], et il en sortira un fœtus complet. Le fœtus acquiert sa forme complète, au bout de quarante nuits; après quatre-vingts nuits, il se meut et s'alimente. Sachez que le fœtus se nourrit dans le ventre de la mère d'une chaleur douce, dont l'intensité n'est pas assez grande pour le brûler, ni assez faible pour lui nuire. Il ne peut recevoir sa nourriture que par le cordon ombilical et il n'accepte d'autre aliment que du sang pur. Son corps est trop faible pour supporter des aliments solides. Quand, au bout de neuf mois, l'enfant est né, il boit le lait qui sort du sein de sa mère, et ce lait, dont il se nourrit ainsi après sa naissance, c'est le sang dont il se nourrissait lorsqu'il était à l'état de fœtus. Mais, aussitôt que le moment de la naissance est arrivé, la direction des organes du corps facilite au sang la voie qui lui permet de continuer son office : le sang parvenu dans les seins s'affine, devient subtil et se transforme en lait, dont l'enfant se nourrit.

Le lait, à son tour, se transforme en sang chez l'enfant et il redevient ce qu'il était dans le corps de la mère, avant de parvenir aux seins.

Il en est de même pour notre opération [5], laquelle ressemble à celle subie par le sperme et le sang des menstrues, avant d'arriver à former un enfant complet.

Retenez ceci.

Platon a dit : « Écumez toute impureté, qui donne un résidu [6], de façon que toute la force (du feu) puisse pénétrer le liquide. »

---

[1] Préparation du vermillon avec le cinabre.
[2] Préparation du cinabre.
[3] Coll. des Alch. grecs, trad., p. 31, note 6; p. 111, 147, et p. 196, n° 13. — Introduction à la Chimie des anciens, p. 161, 163.

[4] Coll. des Alch. grecs, trad., Olympiodore, p. 92.
[5] Ibid., trad., Jean l'archiprêtre, p. 255, n° 16.
[6] Au fond de la chaudière.

Sachez que, sauf Dieu, rien ne peut fixer un corps, si ce n'est le feu.

L'expression de corps altéré (de soif) n'est point une expression propre; elle indique seulement par métaphore que le poids de l'eau est le quart de celui du corps. La proportion nécessaire pour dissoudre un corps est la même que celle nécessaire pour le fixer, c'est-à-dire trois parties d'eau (?).

Un autre auteur a dit : « Pourquoi alimentez-vous la matière cireuse avec la bile [1] et en si petite quantité? » Et il a ajouté : « Faites-la cuire, aspergez-la d'eau peu à peu et laissez-la, jusqu'à ce qu'elle devienne grise et que l'eau se transforme en terre [2]. »

De même, dit un autre auteur, que la fumée de la terre et la vapeur de l'eau s'élèvent dans les airs, pour redescendre ensuite sur le sol et se résoudre en eau [3]; de même, ce que vous cherchez se manifestera seulement, si le vase employé dans votre opération est assez vaste pour que la fumée et les vapeurs puissent s'y élever et redescendre au fond. La fumée de la terre et la vapeur d'eau ne s'élèvent dans les airs que par suite de la décomposition de la terre; de même ce qui se trouve dans le vase ne s'élèvera point, s'il n'y a pas eu décomposition. L'œuvre sera parfaite pour celui qui aura fait monter la fumée et les vapeurs. Mais si elles s'échappent au dehors, elles ne reviendront plus.

La tête de l'homme, aussi, est semblable à un appareil de condensation.

Hermès a dit : Quand vous verrez que les natures sont transformées en cendres [4], vous saurez que vous avez bien opéré. Si vous opérez sur la marcassite, faites-la cuire jusqu'à ce qu'elle soit réduite en cendres, et poussez votre feu de façon que le quart de la substance principale soit absorbé et qu'elle fournisse un corps qui s'élève [5]. Sachez que le cuivre brûlé est celui qui absorbe la cire.

Marie [6] a dit : Prenez les feuilles (métalliques) [7], réunissez-les ensemble et faites cuire, jusqu'à ce que le tout devienne une cire liquide comme de l'eau. Ensuite pilez, jusqu'à ce que le cuivre ait disparu. Ne mettez pas

---

[1] Matière colorante jaune.

[2] C'est-à-dire jusqu'à ce que le liquide se solidifie.

[3] *Coll. des Alchim. grecs*, trad., Comarius, p. 279 et 281.

[4] Axiome courant chez les Grecs (*Coll. des Alch. grecs*, trad., p. 107), où il est attribué à Zosime; mais Stéphanus le donne comme d'Hermès (*Introduction à la Chimie des anciens*, p. 291).

[5] Soufre et oxydes sublimés pendant le grillage (*Introd. à la Chimie des anciens*, p. 250).

[6] Le texte arabe dit : Harqil.

[7] *Coll. des Alch. grecs*, trad., p. 111, 151 et 205. — *Introduction à la Chimie des anciens*, p. 144.

la cire d'une seule fois, mais peu à peu, et surveillez-la tous les trois jours; essuyez le pourtour du vase avec un chiffon propre, jusqu'à ce que toute la cire soit descendue au fond. Ensuite arrosez avec une quantité de cire égale à la moitié de ce que vous avez versé la première fois, jusqu'à achèvement. Si vous voulez que l'absorption se fasse rapidement, arrosez peu à peu. S'il reste de l'humidité, la couleur changera, chaque fois que vous ferez chauffer au feu, et elle deviendra purpurine : on aura un produit qui sera une matière (colorante) riche, obtenue par l'action du feu. Et il ajoute : Arrosez-le six ou sept fois : si vous ne voulez pas que la chose souffre difficulté, arrosez-le peu à peu avec la quantité qu'il pourra absorber; puis faites chauffer. En très peu de jours, le tout deviendra homogène et l'on aura une matière (colorante) riche et brillante. Continuez ainsi, jusqu'à ce que les six additions (de matière fusible) aient été absorbées.

(Sachez que si le vent du nord souffle et qu'il soit très humide, la terre n'a pas de force pour absorber l'eau. Si c'est le vent du sud et qu'il soit d'une humidité moyenne, alors les palmiers seront fécondés et les fruits excellents. Si les six vents soufflaient à la fois, ce serait le déluge. Telle est la clef pour quiconque comprend.)

Quand le produit est desséché, arrosez-le avec le reste de la cire, en telle quantité qu'il pourra absorber. Placez-le ensuite sur le feu, jusqu'à ce que s'évapore le reste de l'humidité; il faut que le corps soit dans la proportion du quart pour la fusion, et l'eau dans la proportion du quart pour la fixation. Cette proportion donne la combinaison parfaite. Que le feu soit léger [1] et égal.

Marie a dit : « Prenez le produit sur lequel vous avez opéré pour le transformer en rouille, versez dessus de l'élixir, autant que la matière peut en absorber et faites griller durant six jours. Prenez, dit-elle ensuite, le reste du liquide et arrosez-en le produit, de sentiment. Je suppose qu'il faut chauffer jusqu'à ce que le tout soit desséché, après avoir été humecté. Quand le produit sera obtenu, vous trouverez que le corps est devenu jaune comme du safran. »

« Pourquoi, dit-elle, les philosophes ont-ils nommé cette teinture du soufre incombustible [2]? — Parce que, répondit-il, le feu l'a brûlé et transformé

---

[1] *Collection des Alch. grecs*, trad., p. 238, n° 2.

[2] Pyrite incombustible (*ibid.*, trad., p. 47,

n° 6, et surtout p. 373, 211, n° 14). — Il s'agit d'en éliminer toute humidité, c'est-à-dire toute matière fusible.

en cendres : en sorte qu'il n'y reste plus d'humidité quand l'humidité s'est
retirée. Ce qui sort de ces cendres est la force de notre œuvre et son agent,
grâce à la volonté de Dieu : qu'il soit glorifié ! »

D'après les indications formelles données en divers endroits, les cendres
sur lesquelles on a versé du liquide et que l'on a fait chauffer à un feu
excessivement doux, de façon que l'esprit tinctorial se développe dans le
liquide; ces cendres, dis-je, doivent, par l'action d'un feu doux, fournir
également un liquide tinctorial dans l'alambic [1].

Zosime a dit : « Il vous faut une terre formée de deux corps et une eau
formée de deux natures [2], pour l'arroser. Lorsque l'eau a été mélangée à la
terre..., il faut que le soleil agisse sur cette argile et la transforme en pierre.
Cette pierre doit être brûlée et c'est la combustion qui fera sortir le secret
de cette matière, c'est-à-dire son esprit, lequel est la teinture recherchée par
les philosophes. Gardez seulement les quatre natures [3] et laissez de côté le
surplus.

« Au début du mélange des choses, il faut, ajoute-t-il, que ce mélange soit
opéré sur des cendres chaudes, afin que les corps de la magnésie soient vivants et non morts. Ne les brûlez pas; car c'est seulement quand les choses
sont vivantes que le mercure se mélange promptement avec elles. Si vous
surchauffez [4], le mercure les rejette et vous n'arrivez au mélange qu'avec
beaucoup de peine, parce qu'une chaleur intense du feu fait disparaître l'éclat
et le brillant. Ajoutez-y de l'eau, dit-il encore, de telle sorte que le produit
soit humide et ne se dessèche pas dans le vase; mais arrosez peu à peu, de
façon que l'eau soit entièrement absorbée. Si vous voulez chauffer, alors
que le produit est desséché et que vous le remettiez sur le feu, le feu employé pour contraindre le poison à pénétrer dans l'intérieur du corps brûlera
celui-ci. »

Zosime a dit : « Sachez que si on laisse sur le feu un corps sans (l'arroser
de) vinaigre, ce corps brûle et se corrompt [5]. L'élixir chauffé se transforme
en une poudre, qui est ensuite mélangée avec la liqueur, jusqu'à consistance

---

[1] S'agit-il d'une cendre contenant des sul-
fures, capables de teindre les métaux? (Voir
Coll. des Alch. grecs, trad., p. 113.)

[2] Ibid., trad., p. 146 et 147, n° 2, et
aussi p. 108.

[3] Tétrasomie : réunion des quatre éléments.
(Ibid., trad., p. 67.)

[4] Cf. Coll. des Alch. grecs, trad., p. 137 et 149.

[5] Ce passage, non plus que les suivants,
ne se lisent pas textuellement dans les ouvrages
actuels de Zosime; soit qu'ils aient fait partie
d'un livre perdu, ou bien de la glose d'un
commentateur, dont l'œuvre aura été confondue
plus tard avec celle du maître par les Arabes.

de miel. Quand on chauffe jusqu'à dessiccation et qu'on répète l'opération
à plusieurs reprises, le produit se change en cendres, que le feu ne brûle
pas. »

Au sujet de Marie, qui enduisait les natures à l'extérieur [1] et frottait ensuite, pour faire pénétrer l'agent actif dans l'intérieur, Démocrite rapporte
que cette opération avait pour objet d'amollir les corps, avant de les soumettre à l'action du feu. Arès (Horus) dit à ce propos : « J'ignore si, par cet
amollissement, elle a voulu entendre qu'il se produisait dans l'alambic, sous
l'action de la chaleur; ou bien s'il faut entendre qu'il était nécessaire de
chauffer, après que l'amollissement avait eu lieu, pendant plusieurs jours.
On fait alors monter l'eau dans l'alambic, conformément à ce que l'expérience a démontré. »

Un autre auteur a dit : « La décomposition commence et ensuite l'eau
s'élève. » Vous saurez de quelle décomposition il s'agit et à quel moment l'eau
s'élève, car il ajoute : « Le philosophe nous a ordonné de remettre de l'eau
une seconde fois, pour transformer la matière en une sorte de bouillon; c'est
alors que l'on doit ajuster le tuyau (de l'alambic) avec la fiole (récipient). »

Ailleurs, le même auteur dit : « Comment le fait-on devenir rouge? —
C'est, répond-il, en le soumettant à un feu très doux et en ne laissant pas
monter les vapeurs, tant qu'on n'a pas obtenu la couleur voulue. »

Dans le *Livre des formes*, Démocrite dit : « Ici l'androdamas se transforme
et se modifie sous l'influence du feu. Le corps cesse d'être un corps et la
substance fugace (au feu) n'est plus fugace. » Ceci montre que la pierre doit
être brûlée avant le mélange, car elle est chaude et sèche de tempérament.
Cela indique également que l'opération entière n'est satisfaisante qu'autant
que la chaleur du feu se rapproche de celle d'un feu de sciure de bois, ou
du fumier de cheval, et qu'il enveloppe la préparation : car c'est par un
feu de ce genre qu'on obtient la fixation et la dureté, c'est-à-dire la vie. Il
en est de même des deux feux, employés pour l'épuration et l'élévation de
l'eau. Connaissez-bien les effets du feu.

Au sujet du poids, il a dit : « Prenez du cuivre pur, en telle quantité que
vous voudrez et de l'argent pur, dans la proportion du quart de ce corps;
puis faites fondre ensemble. Prenez, a-t-il dit, du plomb allié; mettez-le
dans un vase et surveillez au moment de la fusion, pour éviter que les deux

[1] *Coll. des Alch. grecs*, trad., p. 61. Cette pratique y est attribuée à Ostanès.

matières ne se séparent, attendu que l'une d'elles est fugace. Si la séparation
se produisait, l'opération serait manquée. Faites ensuite chauffer à un feu
doux et veillez à ce que la teinture pénètre, jusqu'à ce que vous ayez obtenu
un produit de couleur unique; alors le noir arrivera à la surface. Plus vous
ferez durer la cuisson, plus le produit s'épaissira. Gardez-vous de vous impa-
tienter, avant le moment où le corps sera dépouillé de son humidité et où
le mercure sera changé en une pierre lamelleuse. Quand vous le verrez dans
cet état, c'est qu'il aura jeté son sperme et qu'il aura fécondé. Alors la formation (du métal) sera complète; vous le pilerez et vous en ferez sortir le
noir par la cuisson, laquelle a introduit précédemment ce noir. Lorsque
la cuisson est achevée, arrosez avec de l'eau, qui devra être chauffée avec
le produit et se combiner avec lui, de telle façon que la totalité forme ensuite une poudre. Sachez que si vous le voyez arrosé, puis desséché, c'est que
vous aurez achevé ce qu'ils ont dit. En effet, cette cuisson fait sortir et apparaître les couleurs. »

Un autre auteur a dit : « Lorsque l'opération est achevée, diminuez la
chaleur, au moment d'ajouter le liquide; modérez le feu au moment de la
fusion, et activez-le au moment de l'imbibition, pour que toutes les couleurs apparaissent. »

Pythagore a dit : « Si vous trouvez quelque chose (adhérent) au couvercle
du vase, c'est un produit couleur kermès; faites cuire jusqu'à ce qu'il ne
monte plus rien au couvercle de la chaudière. Quand la calcination est
complète, l'eau s'est évaporée. »

Zosime a dit : « Plus vous arrosez et plus vous faites chauffer, mieux cela
vaut. Faites cuire jusqu'à ce que la couleur vous plaise. Veillez à arroser
jusqu'à la dessiccation. Toutes les fois que la dessiccation a lieu, arrosez
et mouillez, de telle sorte que l'eau pénètre le produit. Je vous ordonne,
ajoute-t-il, de prendre le fer, d'en faire des lames, puis de le mélanger avec
la rouille; vous mettrez le tout dans un vase dont vous fermerez l'orifice.
Prenez soin de ne pas donner trop d'humidité, ni de laisser le produit
sec; faites un mélange de consistance pâteuse. Sachez que si vous donnez
trop d'eau à la pâte, elle se ramollira dans le four; mais si vous la laissez
sécher, elle ne formera pas dans le four une masse compacte et adhérente :
le produit ne vaudra rien et n'aura aucun effet. Je vous ordonne de suivre
les règles adoptées pour la pâte (du pain). Ensuite vous la mettrez dans un
vase; vous luterez intérieurement et extérieurement l'orifice du vase. Vous

allumerez votre charbon et lorsque, quelques jours après, vous ouvrirez, vous trouverez les lames fondues, et sur le couvercle du vase il y aura une certaine chose, qui ressemblera à de petites paillettes. Cela se produira, parce que tout vinaigre, au-dessous duquel on allume du feu, s'élève : sa nature étant spirituelle, elle monte alors dans l'air. C'est pour cela que je vous ordonne de chauffer avec précaution. Je vous ordonne de ne pas trop prolonger la cuisson, ni le lavage, et de vous arrêter au moment où le feu a produit la fixation et la couleur, en transformant la nature du produit. Cette cuisson et cette fusion (développent) la nature du cinabre. Sachez encore que ces nombreuses cuissons font évaporer un tiers du poids d'eau et transforment la semence en une vapeur, qui constitue l'esprit du second cinabre. »

Sachez que rien n'est plus précieux, ni plus capable de teindre que l'écume de mer. Quant à la sélénite, elle se concrète lorsque la lune est rendue brillante par la lumière des rayons du soleil, durant une nuit froide; elle est ainsi produite par la puissance du soleil. C'est alors que cette vapeur modifiée se concrète [1]. Lorsque les jours deviennent plus longs, la chaleur du soleil s'accroît et sa chaleur, qui produit cette matière, la rend solide, au point de la rendre capable de supporter la lutte contre le feu terrestre. Cette chaleur transforme sa faiblesse en force.

Quant au nombre de jours [2], les uns disent qu'il en faut 40, d'autres, 80, 180, 100, 150; mais l'opinion générale est qu'il faut neuf mois. Certains auteurs prétendent que l'œuvre ne peut s'accomplir en moins d'une année et que l'élixir est engendré tous les ans.

Zosime a dit : « Si tu veux faire cuire le composé, prépare un flacon de verre avec son couvercle; place ensuite le produit dans ce flacon et lute bien, de façon que les matières humides ne se séparent point des matières sèches; puis mélange et fais cuire l'humide et le sec, jusqu'à ce que les matières sèches attirent l'esprit de l'eau humide et que l'eau humide s'empare des matières sèches, pour en former un esprit. Ne cesse pas de mélanger l'humide au sec et de faire cuire, jusqu'à ce que cela devienne un esprit tinctorial. »

Tel est le secret que les philosophes ont dissimulé dans leurs ouvrages et qu'ils ont caché. Je t'ai donné au complet les noms essentiels, sous un seu

---

[1] *Coll. des Alch. grecs*, trad., p. 131, et n° 9, p. 132-133. *Transmission de la science antique* p. 80, note 5. — [2] *Coll. des Alch. grecs*, trad., p. 135 145, 198, etc.

nom et par un seul procédé. J'ai réuni tout ce que les philosophes ont ré-
parti dans de nombreuses opérations. Conforme-toi à ce que je t'ordonne et,
si tu m'obéis, tu arriveras au sommet du monde. Sache que ce monde sur
lequel les philosophes ont tant disserté n'a qu'un nom et qu'il est formé par
un seul procédé. Par Dieu! ce que nous t'avons décrit est la vérité; laisse de
côté les opérations indiquées par le livre. Fais ce que nous t'avons ordonné
et Dieu ne te fera pas subir l'épreuve de voir brûler ton produit, ou de le
voir détruit.

Si vous pratiquez l'opération mille fois, mais sans faire fondre, vous n'aurez jamais rien de pur. Aussi je vous ordonne de faire fondre, jusqu'à ce que
vous obteniez une eau fluide, que vous placerez ensuite dans un vase neuf,
jusqu'à ce qu'elle se transforme en sable. C'est pour cela que je ne vous
ordonne pas de pousser jusqu'à l'extrême la purification, mais de placer le
produit dans le fleuve et au soleil. Si vous ne vous en rendez pas compte,
voyez comment les gens du Caire blanchissent le lin à l'aide du soleil et de
la rosée, c'est-à-dire de l'eau.

Elle (Marie) dit : « Le composé que le philosophe indique à la fin de son
livre comme formé d'eau, il n'en donne pas le poids. — C'est vrai, répondit-il, mais il dit : Mettez-y de l'eau, de façon qu'elle soit absorbée, et
faites ensuite cuire la lame de cuivre, jusqu'à ce que sa couleur vous satis-
fasse. On voit que l'eau n'est pas pesée; mais plus on arrose le composé,
plus il s'améliore et plus sa teinture est belle. » Et il ajouta : « . . . Celui
qui veut pratiquer l'œuvre doit agir lentement, jusqu'à ce qu'il sache la
façon d'opérer. — Et quelle est la façon d'opérer? demanda-t-elle. —
Ce sont, répondit-il, les règles du mélange pour obtenir une terre que
l'on arrose ensuite, jusqu'à ce qu'il ne reste plus une goutte de l'eau éternelle qui n'ait pénétré dans le composé. Agissez ainsi et ne vous rebutez
pas. »

Zosime a dit : « Prenez de l'eau de fer, — et par ce mot *fer*, il ne faut
pas entendre le sens que lui donne le vulgaire, mais bien le corps lubrifié et
traité de façon à en faire une bouillie épaisse. C'est quand le produit est ainsi
humecté que l'on possède le fer que je vous ai dit de prendre, car c'est une
chose dure qui se transforme ensuite en un liquide. Ne le faites pas cuire
seul, car vous feriez périr son esprit tinctorial par l'action du feu. En effet,
ce produit n'a pas ce qui est nécessaire pour lui donner la force de résister
à la chaleur du feu. » Ensuite, après de longs développements, il ajoute :

« Nous vous avons informé que si le corps était placé seul sur le feu, la teinture serait détruite; mais s'il est mélangé avec ce qui convient et ce qui lui donne la force de résister au feu, vous en retirerez tout le fruit. En effet, il résulte d'un grand nombre de témoignages que la fusion doit avoir lieu sur un feu de fumier et que la fixation du mercure avec le corps de la magnésie[1] a lieu sur un feu de cendres chaudes. Il faut éviter de laisser brûler et ne cesser de mettre de l'eau, jusqu'à ce qu'il ne reste plus d'humidité dans le corps soumis à un feu moyen. Après cela, il ne faut plus laisser au feu le corps privé d'humidité; sinon le feu en brûlerait la couleur. »

Hermès a dit : « Il convient de ne mettre dans le vase que ces deux natures. Au début de l'opération, vous les traitez par le cinabre, jusqu'à ce que l'humidité sédimenteuse ait disparu du corps et qu'il se soit transformé en une seule pierre : (l'agent tinctorial) y pénètre alors d'une façon surprenante. Prenez, ajoute-t-il, ce mercure, avec les matières mélangées; placez-le dans un vase, au-dessous duquel vous allumerez un feu doux, pour que les diverses parties se combinent. Lorsque vous verrez les lames (métalliques) transformées en cendres[2], vous saurez que vous avez fait un excellent mélange et une bonne combinaison.

« Si vous voulez savoir si votre opération est bien dirigée et que vous voyiez le corps se fondre et devenir liquide, opérez et ne vous rebutez pas; car votre opération sera en bonne voie.

« Pour l'œuvre de l'or, dit-il encore, il faut que le mercure provienne du cinabre. Je dois vous informer que par le mercure qui provient du cinabre il faut entendre le mercure qui sort de ce corps. Ce mercure a été nommé *mercure de cinabre;* mais moi je le nomme *soufre.* Ne croyez pas qu'il monte, comme ce qui s'élève de l'alambic.

« Je vous enseigne que le liquide se volatilise sous l'action de la chaleur du feu et s'élève jusqu'au couvercle du vase. Regardez ce qui s'élève ainsi, rassemblez-le et remettez-le sur les corps d'où il s'est échappé auparavant et avec lesquels il était intimement lié[3]. Si vous trouvez quelque chose qui s'échappe, dit-il, remettez-le sur le corps d'où il s'est échappé. C'est là le blanchiment dont je vous ai parlé si souvent et qui fait sortir l'ombre et la noirceur des corps, de façon à les rendre blancs. »

Il dit : « Prenez la pierre quand vous la connaissez; chauffez-la douce-

[1] *Coll. des Alch. grecs*, trad., p. 40. — [2] *Ibid.*, trad., p. 107, n° 48; p. 99, n° 37, et p. 215. — [3] *Ibid.*, trad., p. 139, n° 24, et note 3.

ment, de telle sorte que le liquide y soit emprisonné; vous lui rendrez sa constitution primitive liquide au moyen du vinaigre. »

Le roi Arès (Horus) a dit : « Je t'ordonne d'y remettre de l'eau, de façon à en faire une bouillie, après que la chose aura été transformée en cendres sèches. Fais cuire ensuite et quand ce sera devenu bouillie, alors fais monter plusieurs fois, au moyen de l'alambic (?). — Combien de fois, demanda-t-il, dois-je remettre de l'eau sur les cendres? — Quatre fois, répondit-il, afin que cette eau vivifie l'esprit qui est dans les cendres. » Il ajouta : « Fais-la cuire tout d'abord, sans forcer le feu, et ensuite en le forçant. Il convient de faire cuire, jusqu'à ce que le mélange se produise, que la substance soit homogène et qu'on ait extrait la partie humide de l'esprit qui est contenu dans ces cendres. Sachez que toutes les fois que les cendres sont concentrées avec l'eau sur le feu, cela permet d'activer la formation de la rouille, (qui dérive) des cendres. Chaque fois que vous remettez de l'eau sur le résidu, la teinture devient plus énergique et le résidu se vaporise. Remettez donc de l'eau sept fois, afin que l'humidité s'empare des parties ténues des corps qui se trouvent dans les cendres, à l'état sec et mort, bien qu'en réalité elles « renferment l'âme ».

Elle (Marie) a dit : « Le philosophe vous dit : Pourquoi prendre des choses nombreuses, alors que la nature est une assurément. Je vais vous enseigner que le corps est unique et que si vous traitez ce corps jusqu'à ce qu'il soit liquéfié, puis que vous le fassiez solidifier, vous n'arriverez à rien et que cela ne vous sera d'aucune utilité. . . . . Ne voyez-vous pas que le philosophe a dit : Transformez la nature et extrayez l'esprit caché dans l'intérieur de ce corps[1]. »

Elle demanda : « Comment a lieu cette transformation? — Détruisez le corps, répondit-il, transformez-le en un liquide et extrayez ce qu'il contient. »

Après de nombreux discours, elle ajoute : « Comment, au début, l'appelle-t-on eau blanche, tandis qu'ici on lui donne le nom de soufre incombustible? — N'avez-vous pas entendu dire auparavant, répondit-il, que le mercure blanc blanchit toute chose et la dissout, et cela au début de l'opération. Quand le corps a été fixé, il transforme les deux corps en une terre rouge volatile. Or le feu n'a pas de corps. C'est alors qu'on nomme le produit le soufre incombustible. En effet, il est combiné avec un corps qui ne

[1] *Coll. des Alch. grecs*, trad., Synésius, p. 64, n° 6.

brûle pas. Mais plus tard on ignore ce qui en a éliminé la force et l'a anéantie. »

Le roi Arès (Horus) a dit : « Y a-t-il un seul des philosophes qui ait dit une chose vraie, sous une forme claire? — Non, répondit-il, car Démocrite s'est servi d'expressions abrégées et obscures, en disant : Prenez une partie du composé que je vous ai décrit à la fin de mon livre et une partie de ferment d'or, qui est la fleur d'or; faites cuire sur un feu de fumier et mettez dedans des feuilles d'argent (?). — Je ne vois pas, dit-il, qu'il ait parlé dans tout cela des poids, sauf pour le dernier composé et le ferment d'or. Quant à l'eau, il n'en a pas fixé le poids, se contentant de dire qu'il en fallait autant qu'il y en aurait d'absorbé. Il a ajouté : Faites chauffer une feuille d'argent, jusqu'à ce qu'elle ait la couleur voulue. Cela démontre qu'il n'y a pas à peser l'eau, mais qu'il faut en arroser le composé tant qu'il l'absorbe; car plus il en absorbe, plus la couleur est belle. — Comment se fait-il que vous m'ordonniez d'arroser d'eau et que vous prétendiez qu'elle ne doit pas être pesée? Or l'eau est un composé formé dès le début de l'opération et vous m'avez dit précédemment que celui qui connaissait la composition arrivait seul au résultat; vous m'avez donc rendu douteuses les clefs de la vérité. »

Marie répondit : « Prenez de la fleur de sel sèche, qui a été desséchée au soleil; mêlez avec du sel et faites cuire jusqu'à ce que le produit soit rouge. Ajoutez-y la quantité que vous savez de poison pour en déterminer l'absorption; fermez l'orifice du vase, arrosez fréquemment et vous aurez de l'or. Exposez au soleil jusqu'à ce que l'absorption soit complète et qu'il y ait dessiccation, puis arrosez au juger, suivant la nature du produit, sans exagération, et laissez au soleil, jusqu'à ce que la matière se délite et devienne semblable à des cendres. Chaque fois que la fusion a été opérée, faites déliter au soleil jusqu'à dessiccation; puis arrosez, de façon à humecter la terre; placez dans un vase que vous fermerez bien, et faites cuire jusqu'à ce que l'humidité soit évaporée. Mettez dans un endroit chaud, pour obtenir la dessiccation, et vous aurez alors la grande teinture. Tant que vous arrosez ces cendres, vous avez tantôt une dessiccation, tantôt une humectation, et cela jusqu'au moment où vous obtenez la couleur cherchée. »

Hermès a dit : « Quand les matières ont été fondues et transformées en un liquide, elles sont alors bien mélangées; quand elles sont devenues des cendres, alors servez-vous-en et ne vous rebutez pas, car vous êtes dans la bonne voie. »

Zosime a dit : « Il convient que vous brûliez le cuivre avec une chaleur pareille à celle de l'oiseau qui couve. Le cuivre doit avoir son humidité, pour que son esprit tinctorial ne soit pas brûlé. Le vase doit être hermétiquement clos de tous les côtés, afin que la chaleur du feu se concentre dans le vase et que le produit se modifie lentement par la cuisson. Chaque fois qu'une partie est brûlée, elle demeure cachée dans l'humidité. C'est pourquoi Marie a dit : Faites que les corps ne soient plus des corps[1], car chaque corps se dissout avec l'esprit, et l'eau blanche se transforme en esprit. Tout esprit qui se transforme et s'assimile aux corps prend la couleur d'or et devient une teinture fixe, qui ne brûle pas. Ceux d'entre vous qui pourront rendre rouge cet esprit, à l'aide d'un corps avec lequel il sera dissous; ceux qui réussiront à extraire la nature précieuse qu'il contient intérieurement, au moyen d'une opération délicate; ceux qui auront la patience nécessaire pour sa cuisson, ceux-là pourront teindre tous les corps. » Aussi Zosime a-t-il dit : « Le cuivre humecté avec sa propre humidité, puis broyé avec son eau et cuit avec le composé, c'est-à-dire avec le soufre, fournira des molécules capables de teindre tous les corps. »

Zosime a dit : « Ce n'est pas en vain que je vous ordonne de mélanger et de broyer, mais bien pour que vous fassiez de nouveau cuire le corps, de telle sorte que le rouge du feu pénètre dans l'intérieur de ce corps, le décompose et l'anéantisse, afin qu'on puisse en extraire l'esprit qui y est contenu, après avoir brûlé et détruit les parties grossières. C'est pour cela que les matières diminuent, puisque nous n'en prenons que la nature susceptible de teindre. Il est des gens qui s'effrayent de voir les corps et les esprits ne plus brûler et ne plus périr; mais cela n'a lieu qu'autant que l'esprit a pénétré dans l'intérieur du corps, après que l'on a fait les opérations nécessaires. Sachez qu'il ne reste dans le feu rien du cuivre et que son corps prend les parties ténues des choses et les absorbe. Aucune autre chose ne conserve son poids, si ce n'est le cuivre. Sachez que le principe de l'élixir est humide. »

Zosime a dit : « Sachez que l'œuvre n'a qu'une seule voie, qui renferme deux opérations. En effet, il faut d'abord dissoudre le composé, qui est une chose quelconque, jusqu'à ce qu'il soit fluide; puis il faut faire évaporer cette dissolution, jusqu'à ce qu'elle devienne rouge, soit à la chaleur du soleil, soit

---

[1] *Coll. des Alch. grecs*, trad., p. 21, 101; axiome de Marie, etc.

à celle d'un feu doux; de telle sorte que l'humidité de l'eau éternelle soit
chassée : ce que l'expérience vous enseignera. Connaissez le feu et la manière
de s'en servir, pour que l'œuvre se fasse dans de bonnes conditions. Sachez
que si vous activez le feu sur des natures chaudes et ignées, vous les brûlez;
aussi le philosophe a-t-il dit qu'une petite quantité de soufre brûle une grande
quantité de corps [1]. Et il prétend que par grande quantité, il faut entendre
(ce qui rend) les corps durs (?). Sachez aussi qu'en multipliant le broyage,
la cuisson et les additions d'eau, vous donnez au poison la force de pénétrer
dans l'intérieur du corps. Quand le poison s'est desséché, il convient de
l'arroser avec l'humidité de l'eau éternelle, puis de faire dessécher en activant
le feu. C'est ainsi que vous achèverez l'œuvre que je viens de vous décrire,
s'il plaît à Dieu. »

Elle dit : « Décrivez-moi l'œuf [2], qui a dix mille noms suivant sa nuance.
L'intérieur est rouge, humide et apparent. Sur le blanc, il y a un autre blanc
et l'un des deux blancs est plus énergique que l'autre; moi j'humecte toute
chose dans le blanc. — Humectez, répondit-il, le sec et l'humide. C'est
pour cela que l'on ordonne de l'égorger avec un glaive de feu [3]. Vous devez
l'arroser de vinaigre pur. Puis l'âme et le corps se séparent sous l'influence
de cuissons fréquentes, l'âme formant du sel et le corps devenant rouge
comme le feu. Après cela, si vous voulez achever l'œuvre, mélangez le corps
avec l'âme et faites cuire durant quatre-vingts jours, afin que le corps achève
de se teindre avec l'âme et devienne rouge pourpre. Tel est le mystère des
philosophes [4] qui disent : De un on fait deux; de deux on fait trois; de
trois on fait quatre. J'ajouterai que si vous transformez la terre en air et l'air
en feu, vous aurez atteint le terme extrême. »

« Je n'ai pas compris ces derniers mots et je ne sais comment séparer
l'âme du corps et l'âme de l'œuf de son corps. — Quant à l'œuf des philosophes, je t'ai enseigné qu'on ne pouvait en obtenir une teinture, à moins
de l'avoir fait cuire dans un peu de vapeur et à l'ombre, durant quatre-
vingts jours, pour éliminer les parties grossières. Après cela la terre devient
de l'eau, l'eau se transforme en air et l'air en feu; puis tout se réunit, pour
former une seule chose homogène, renfermant ses esprits, dont un seul est
apparent.

---

[1] *Coll. des Alch. grecs*, trad., p. 51.

[2] *Ibid.*, trad., p. 19 et 20.

[3] Symbolisme du serpent, *ibid.*, p. 23; et

Vision de Zosime, *Sur la vertu*, etc., p. 118.

[4] *Coll. des Alchim. grecs*, trad., p. 21 et
p. 389, n° 6.

« Sachez que la terre ne disparaît jamais et ne devient pas volatile ; mais lorsqu'elle est transformée en un liquide et que ses parties grossières en ont été séparées, l'eau en fait sortir l'esprit, et la terre l'absorbe. Aussi je vous engage à vous défier de la fugacité. — Alors ces choses doivent être fugaces ? — Oui. C'est pour cela que les philosophes ont choisi les choses fugaces, de préférence à celles qui ne le sont pas. — Ces choses fugaces ne sont-elles pas connues sous un nom spécial ? — On les appelle le serpent qui mange sa queue [1]. En effet, l'œuf est divisé en quatre parties [2], lorsqu'elles sont mélangées, elles forment une chose unique, comme les choses complètes, formées des quatre natures du monde. — Et comment mange-t-il sa queue ? — Parce qu'il fait pénétrer en lui son poison, qui est semblable à lui, et qu'il le mange ; il le transforme en eau et ce que le serpent a mangé devient un corps.

« Sachez, lui dit-il, que le sang des menstrues n'est purifiable que s'il est lavé par le sperme de l'homme. L'utérus de la femme recherche le sperme de l'homme ; car le sperme qui tombe dans l'utérus modifie le sang des règles et le transforme en une mousse blanche. C'est de cette mousse que provient la chair de l'enfant à naître. Le sang des règles est heureux de recevoir le sperme, uniquement parce que celui-ci auparavant était du sang. Le sang rencontrant le sang, ils aspirent l'un à l'autre et se mélangent. De même que nous savons la cause du mélange du sperme au sang, de même nous savons que nous devons prendre ces natures, les unir entre elles, afin d'en extraire la teinture. Si vous voulez mêler du sperme au sang, faites l'opération à l'intérieur d'une étuve, afin que l'étuve fournisse sa chaleur et son humidité ; le sang changera aussitôt de couleur et deviendra blanc. Mais s'il n'y avait ni humidité ni chaleur, le sang ne s'amollirait pas ; il ne changerait pas de couleur, il ne deviendrait pas humide et ne se liquéfierait pas. Quant au sperme, il périrait sans conserver la moindre force. »

« Il faut que vous connaissiez la force de l'eau éternelle, dont la valeur n'est pas uniforme pour les mélanges, dans chaque opération ; car sa force est celle du sang spirituel. Quand vous la broyez avec le corps dont je vous ai parlé, elle transforme ce corps en esprit, en se mélangeant à lui, et les deux choses n'en forment plus qu'une. Le corps transforme l'esprit en corps et le corps se transforme en esprit. Le corps qui a donné naissance à l'esprit devient

---

[1] *Coll. des Alch. grecs*, p. 23, et Olympiodore, p. 87. — [2] *Ibid.*, trad., p. 21.

spirituel et prend la couleur du sang. Tout être doué d'une âme a du sang. Retenez ceci et que Dieu vous protège. »

« Parlez-moi, dit-elle, du commencement de cette opération. — Au début, répondit-il, il y a un ramollissement de l'argent, qui se modifie, se liquéfie et se noircit. L'argent du vulgaire, c'est-à-dire celui de la masse des philosophes, prenez-le grillé, trié et passé au tamis; mélangez-le avec du sel... au juger; broyez avec du vinaigre pur, jusqu'à consistance de miel; puis faites-y fondre notre argent, dont la couleur changera, et continuez jusqu'à ce qu'il devienne noir. » Il ajouta ensuite beaucoup de paroles qui ne seraient point ici à leur place et finit en disant : « La noirceur est obligatoire dans la dissolution, Démocrite a dit : Si on unit celui qui poursuit avec le fugitif, il en résulte une couleur qui ne change jamais. »

Sachez que l'eau facilite le broyage de la rouille; prenez donc le reste de l'eau et arrosez-en la rouille au juger, et quand le produit aura été cuit, arrosé, puis desséché ensuite, vous verrez que la rouille est transformée en safran. Placez alors celui-ci dans un vase et broyez-le avec de l'eau éternelle : sachez que plus vous l'arroserez et le ferez griller, mieux cela vaudra. Faites cuire jusqu'à ce que la couleur vous convienne et gardez-vous de laisser dessécher sans arroser. Chaque fois que le produit sera sec, arrosez-le, de façon que votre eau pénètre; puis laissez en repos durant quarante jours et vous aurez un poison parfait, qui sera la teinture spirituelle sans corps (compact), mais avec un corps spongieux, apte à se répandre dans les autres corps. Projetée sur eux, elle s'y mêle aussi intimement que l'eau à l'eau. Prenez garde de ne pas vous laisser entraîner à brûler ce que vous avez entre vos mains, car vous vous en repentiriez. Ayez de la patience et gardez-vous de vous rebuter. Sachez que plus vous agissez avec lenteur et plus vous faites cuire avec soin, plus vous rendez intime la combinaison de l'élixir et plus il est résistant et propre aux opérations de l'œuvre. Ne soyez pas impatient et méfiez-vous du feu. Qu'il soit moyen : ni trop chaud, car il détruirait la fleur sans produire d'effet; ni trop froid, car l'élixir ne serait pas à point. Or, tant que l'élixir n'est pas à point, sa couleur ne se manifeste pas et il est sans force pour la teinture. Que votre feu soit donc moyen. Sachez que si vous avez de la clairvoyance, la nature vous indiquera quelle doit être l'intensité du feu. Le feu moyen, approprié à tout degré et à toute lumière, teindra de façon à arriver au but que vous poursuivez, s'il plaît à Dieu.

Sachez que toute nature chaude ne doit être cuite qu'à un feu doux; car si vous aviviez le feu pour une nature chaude et ignée, vous la brûleriez. Aussi le philosophe a-t-il dit : Que le feu soit faible, car le soufre brûle une grande quantité de choses. Sachez que notre plomb mêlé avec ses parties forme un sédiment brun, que nous appelons pyrite (?) et molybdochalque. Il convient alors d'y mêler du mercure pour obtenir une pâte, que l'on place ensuite dans un vase et qu'on fait cuire. C'est pour cela que le philosophe a dit : Faites-le cuire avec de l'eau de soufre et de l'eau pure. Or cette eau est prompte à se volatiliser et elle est surtout fugace, au moment du mélange, au moment de la cuisson, au moment du blanchiment et à celui du passage à la couleur rouge; cette fugacité devient plus intense quand l'eau a été mélangée à ses parties. Alors elle se combine et s'unit aux parties voisines pour former un tout unique, qu'elle absorbe en elle. Quand on fait cuire, l'action se complète, la teinture se dégage et elle se volatilise. Pour moi, je dis qu'il n'y a pas volatilisation totale, mais que l'eau demeure fixée et teint ensuite; attendu que Marie a dit que partout où elle pénètre, elle teint. S'il faut absolument admettre avec les philosophes qu'elle se volatilise, je dirai que ce qui se volatilise était seulement à la surface et que les parties ténues de l'esprit demeurent avec la teinture, mélangées à la partie profonde avec laquelle elle est combinée. Ainsi elle la nomme *harrseçla*, c'est-à-dire la portion la plus fine de la teinture, parce qu'elle est fixe et qu'elle ne se volatilise pas; elle la nomme alors aussi *rouille*. Il faut ensuite verser sur la matière le reste du poison, puis accomplir l'opération jusqu'au bout. Alors on projette la teinture sur l'argent du vulgaire, c'est-à-dire de la masse des philosophes, et cet argent est teint.

Sachez qu'aucun corps ne peut être teint par un autre corps que par lui-même : c'est lui seul qui donne une teinture qui n'est pas fugace. On y met ensuite le reste du poison, pour fortifier la teinture; il se produit une modification analogue à celle des aliments dans l'estomac, et il sort de ces parties ténues un lait subtil. Mais cela n'a lieu que si le composé a été bien équilibré.

« Broyez, dit-il à Marie, la magnésie avec du natron et du vinaigre; faites cuire jusqu'à dessiccation et broyez avec le reste du poison, de façon à bien mélanger le tout; puis broyez et faites cuire. Sachez que si la dessiccation ne s'opère pas complètement, c'est qu'il n'y a pas eu mélange. Sachez que ce qu'on fait chauffer avec la rouille est la dernière chose à mélanger; il s'agit des fiels, des blancs d'œufs et autres substances analogues. Maintenant il convient d'ajouter ces mots : les corps qui résistent au feu produisent un effet merveilleux quand on opère sur eux sans feu. »

Par ces mots : « Ce qui préserve les corps et qui les empêche de fondre », il ne faut pas entendre la simple action de fondre : cela veut dire qu'on doit ajouter aux corps fugaces des corps non fugaces tels que le corps spongieux et le harrsefla. En effet, les corps doivent être teints : ce qui teint les corps, c'est l'eau éternelle, le grand secret, et c'est elle qui fait sortir les couleurs.

Démocrite a dit : « Que celui qui blanchit le cuivre, le rouille et qu'il fasse ensuite disparaître les traces de rouille. Quant au soufre incombustible, c'est quand il est transformé en cendres qu'il devient du soufre qui ne brûle plus. »

Agathodémon dit à ce sujet : « Après la rouille du cuivre, quand le broyage et le noircissement sont achevés et au moment où on va l'extraire et le blanchir, il a une couleur rouge vif. »

Sachez que le composé ne brûle et ne se dessèche que par l'action des éléments humides. Aussi les philosophes ordonnent-ils de dessécher et d'humecter, jusqu'au moment où on a obtenu des cendres qui ne brûlent point et où la matière est transformée en une poudre impalpable et sans esprit. Aussi Agathodémon dit-il, au sujet du traitement de l'arsenic qui a perdu son esprit : « Ne croyez pas qu'il soit vivant. » C'est de ce composé qu'il parle lorsqu'il dit : « Il s'en ira de lui, c'est-à-dire que l'âme qui est dans l'esprit tinctorial sera chassée. » Mais il s'agit de la force, de l'humidité et de la douceur contenues dans le corps, lesquelles disparaissent lorsque se forment les cendres incombustibles. Ces cendres, par suite de leur nature tinctoriale, paraissent donner la vie au corps dans lequel elles pénètrent. C'est pour cela qu'Hermès a dit : « Lavez sept fois avec de l'huile de rose la chaux qui n'a pas été éteinte, car la chaux lavée sept fois avec de l'huile de rose s'unit aux corps secs et brûlés. »

Sachez que le composé, brûlé une première fois, doit être remis sept fois dans le feu. Cette opération a pour objet d'achever le grillage, qui doit le transformer en cendres inertes et faire pénétrer les parties ténues du liquide dans l'intérieur des parties ténues des cendres. Je viens de vous faire connaître ce qu'Hermès a dit de la chaux [1], dont les noms sont nombreux;

---

[1] Sur la chaux des Anciens, voir *Coll. des Alch. grecs*, trad., p. 268.

mais il convient que je vous dise aussi toute ma pensée au sujet de la chaux qui constitue les cendres. Les cendres, après avoir été tuées, ont besoin du feu pour noircir les molécules et leur rendre une âme et un esprit tinctorial, car les éléments humides sont des âmes. Quand vous entendez les philosophes parler des âmes et des esprits, ce qu'ils veulent dire par là, ce sont les éléments humides, c'est-à-dire la vapeur sublimée pénétrant l'intérieur noirci, car c'est là ce qui teint les cendres, alors qu'elles sont mortes. Elles sont, en effet, devenues une rouille réduite en particules, et c'est celle-ci qui transforme le ferment d'or en esprit.

Sachez que lorsque le composé est transformé en cendres brûlées, il n'a pas d'âme; c'est un corps en grande partie indifférent et qui ne demeure pas fixé. C'est pour cela qu'Hermès a dit : « Quand vous verrez que les corps sont transformés en cendres [1], vous serez certains d'avoir bien opéré le mélange. Ces cendres ont une force considérable. De même que le bois brûlé et transformé en cendres ne peut plus être de nouveau brûlé par le feu; de même les corps composés, une fois brûlés, sont réduits en cendres que le feu ne peut plus brûler, et ces cendres deviennent une teinture qui teint les os, le verre, les peaux et autres choses semblables. Aussi, ajoute-t-il, il convient que vous ne soyez pas effrayé si vous voyez les corps se transformer en cendres; c'est ainsi qu'ils deviennent une teinture précieuse et d'une très grande force. Ils reçoivent par cette naissance nouvelle une verdeur nouvelle, semblable à celle de tous les êtres récemment créés, animaux, plantes et arbres. De même également les corps tinctoriaux servent d'esprits, quand ils ont été brûlés à un feu doux et qu'ils ont été transformés en cendres spirituelles. Cet esprit tire profit du feu et de l'air, de même la tête de l'animal aspire l'esprit dans l'air. Dans les deux cas, le feu et l'air agissent de la même façon. »

Elle a dit qu'il s'était exprimé ainsi : « Traitez-le au juger et faites dessécher, vous trouverez le poison transformé en safran. » Elle a dit : « Et l'eau aérienne [2] et l'eau azurée (?) et l'eau de soufre. » Il a répondu : « Tout cela, c'est l'eau éternelle, c'est-à-dire l'eau brillante. » Elle a dit : « Et le champ d'or, la semence d'or et le ferment d'or. » Il a répondu : « Tout cela c'est l'eau de soufre. »

Aristote disait à Rouïous, fils de Platon : « Recevez mes paroles; prenez

[1] Voir Coll. des Alch. grecs, trad., p. 107. — [2] Ibid., trad., p. 203.

l'œuf, séparez-en l'esprit, traitez-le avec l'eau du fleuve, et la chaleur du soleil dans l'aludel ; puis partagez le produit en ses différentes parties. Quand vous aurez séparé l'air de l'eau, l'eau du feu, le feu de la terre[1], prenez le cuivre, divisez-le et broyez-le avec l'humidité du produit; traitez ensuite jusqu'à ce qu'il devienne blanc. Quand le cuivre sera devenu blanc, traitez-le avec l'eau de soufre, jusqu'à ce qu'il devienne rouge. Quand le métal sera rouge, placez-le dans une chambre chaude, pour le transformer en or. Délayez dans l'eau de l'alambic, et quand l'eau sera montée, faites sécher et placez le produit sur l'argent, qui deviendra alors de l'or généreux. »

« Comment se fait-il qu'on ait dit qu'il fallait attendre que ce fût du soufre incombustible, après avoir dit que les soufres des choses, lorsqu'ils ont été cuits avec l'humidité, se transforment en cuivre non brûlé? — C'est que le sédiment, quand il est transformé en cendres, est appelé soufre, et le feu ne peut plus alors brûler ces cendres. »

« Pourquoi, dit-elle, a-t-on nommé le miel poison? — C'est, répondit-il, parce que cette eau mélangée aux corps en prend la nature, de même que l'eau prend le goût du miel quand on la mélange avec lui. »

Je vais maintenant parler de l'œuf. Prenez le nouveau-né et gardez-vous de le mêler avec un autre; mettez-le à part auparavant et extrayez l'humidité avec des vases à tubulures, en sorte que les vapeurs ne sortent point, et que le sédiment qui est au fond du récipient demeure complètement noir et n'ait plus d'âme du tout. Veillez sur ce qui reste au fond, c'est-à-dire sur les cendres[2]. Placez-les sur un marbre et lavez avec de l'eau du fleuve blanc, de manière à expulser tout le noir du cuivre. Lavez avec l'eau du fleuve, à plusieurs reprises, jusqu'à ce que l'eau devienne comme de l'urine, ou de la rosée. Ne craignez pas de multiplier les lavages et ne vous rebutez pas, tant que vous n'aurez pas chassé les parties terreuses et que l'eau n'aura pas pris le noir qui est à l'intérieur. Vous enlèverez le liquide et vous décanterez; alors se montrera à vous la couleur généreuse.

Archélaüs a dit : « Mélangez notre cuivre avec du mercure et chauffez à feu doux, jusqu'à complète fusion; gardez-vous de forcer le feu. »

Zosime a dit : « Prenez un vase de verre; allumez au-dessous un feu doux. Quand il se sera formé un produit de couleur brun-pourpre, ne le divisez pas tout d'abord, sinon vous auriez un corps autre que celui que

[1] Cf. Comarius, *Coll. des Alch. grecs*, trad., p. 285. — [2] *Coll. des Alch. grecs*, trad., p. 113.

vous désirez. Gardez-vous d'agiter. Sachez que si vous le laissez jusqu'à ce
qu'il ait perdu son âme, ce qui se produira sera d'un beau blanc. Laissez
donc en repos, jusqu'à ce que tout le vase soit rempli de vapeurs et alors
divisez. Sachez que si vous n'attendez pas que tout le vase soit brûlant,
avant de commencer à diviser, il restera quelque chose qui ne sera pas
complètement cuit. Mais si le vase tout entier est rempli de vapeurs, et
que vous divisiez ensuite, vous obtiendrez ce que vous cherchez. Faites cela
à plusieurs reprises.

Gregorius [1] a dit : « Le cuivre, étant mélangé avec son eau et traité jusqu'à ce qu'il soit liquéfié, puis fixé, se transforme en une pierre brillante
qui a les reflets du marbre. Traitez-la jusqu'à ce qu'elle devienne rouge; car
si on la fait cuire jusqu'à ce qu'elle soit détruite et transformée en terre, elle
devient rouge fauve, puis pourpre. Quand vous voyez que la destruction a
eu lieu, que la transformation en terre est accomplie, et qu'il y a au-dessus
quelque chose de rouge, renouvelez l'opération. Si vous avez opéré le mélange dans de bonnes proportions, la pénétration (du liquide) dans le corps
se fera rapidement, la fusion sera prompte ainsi que la solidification, la destruction et la division, et la couleur rouge ne tardera pas à se manifester.
Mais si le mélange n'est pas bien proportionné, il y aura du retard et de la
déception. Que le feu soit doux pour la fusion; mais quand le produit sera
transformé en terre, activez le feu et arrosez le produit, afin que Dieu (qu'il
soit béni et exalté!) fasse apparaître les couleurs. C'est la force de l'eau qui,
en pénétrant dans ce corps, le transforme ensuite en poussière. »

Justinien [2] a dit : « Faites cuire le composé, jusqu'à ce que la cuisson ait fait
disparaître le noir; continuez la cuisson également jusqu'à la solidification.
Celle-ci étant produite, il ne convient pas de faire fondre; mais divisez, comme
vous le feriez pour de la gomme sèche. Sachez qu'il peut arriver qu'une partie
se solidifie, tandis que l'autre ne le fait point. Si vous voyez cela se produire,
ne ralentissez pas la cuisson, tant que la sélénite n'aura pas été transformée
en une terre couleur d'argile. Sachez que ces deux choses, étant placées sur
le feu, fondront et deviendront liquides; si vous prolongez la cuisson à l'aide
du feu pendant un long temps, la solidification se fera et vous obtiendrez une
pierre. Après cela vous mettrez cette pierre au milieu du fleuve. . . . . . .

[1] Ce nom ne se retrouve pas chez les alchimistes grecs. C'est cependant un nom de l'é-
poque byzantine.

[2] Sans doute Justinien II. (Voir *Coll. des
Alch. grecs*, trad., p. 368, et *Introd. à la Chimie
des anciens*, p. 176, 214, 215.)

Après l'avoir mise dans l'eau du fleuve, vous ferez cuire, jusqu'à ce que l'eau prenne une couleur noire et que le tout ne forme plus qu'une seule masse. »

Platon a dit : « Prenez la harrsefla, mélangez-la avec beaucoup d'armoise (?), car il y a de l'affinité entre ces deux substances; laissez cuire longtemps, jusqu'à solidification et transformation en pierre; divisez ensuite, de façon à former des granules. Continuez à arroser et à faire cuire, jusqu'à ce que vous ayez réduit la matière à l'état de sable, que vous faites sécher comme on sèche l'argile à poterie : vous aurez ainsi les deux corps confondus en un seul. Plus vous grillerez, plus vous aurez un produit parfait et une teinture forte; car à chaque arrosage et à chaque grillage, le produit devient meilleur et plus durable. Sachez que vous n'aurez rien de durable, tant que vous n'aurez pas fait fondre, eussiez-vous opéré mille fois. Aussi je vous ordonne de trier le sable avec le plus grand soin. Je vous ordonne aussi de l'exposer à la chaleur et au soleil. Si vous ne saisissez pas ce que je vous dis, voyez comment les gens du Caire blanchissent le lin au soleil et à la rosée, qui est de l'eau[1]. »

Aros (ou Arès) a dit : « Les soufres des corps, quand ils sont cuits avec l'humidité, sont transformés en soufre incombustible. Cela veut dire que le sédiment transformé en cendres est appelé soufre, et que le feu ne peut plus brûler ces cendres. »

« Éclairez-moi, dit-elle, sur les doutes et déceptions relatifs à l'œuvre, qui ne cessent de se présenter à mon esprit, quand je vois les divergences des philosophes sur les noms, les opérations, les combinaisons et les poids. — Les philosophes, répondit-il, n'ont pas jugé utile de parler ouvertement de tout cela; c'est de propos délibéré qu'ils ont varié ainsi entre eux. Ils ont voulu rendre les choses obscures pour l'homme intelligent, afin que les démons hésitassent à en concevoir de la jalousie[2]; car ils auraient sans doute tenté ceux qui se seraient distingués dans cette œuvre. Dieu, dans sa clémence, a voulu qu'ils pussent supposer que cela n'existait point en réalité. Peut-être les démons auraient-ils essayé, en lui faisant entrevoir de grosses dépenses et le danger d'être ruiné, comme d'autres l'avaient été avant lui, de détourner l'homme de la recherche de cette faveur divine et généreuse; car elle doit conduire ceux qui en sont l'objet aux délices de la vie future : l'œuvre est une grande marque de la faveur que Dieu fait à ses adorateurs. Je vous engage donc à vous appuyer sur mes recommandations : ne vous rebutez pas

_____

[1] Voir plus haut, p. 86. — [2] *Coll. des Alch. grecs*, trad. (Olympiodore), p. 92.

dans la lecture des livres, ni dans la pratique des opérations. Ayez de la patience, attendez que la teinture soit achevée, et demandez à Dieu (que son nom soit glorifié!), demandez-lui par vos prières et supplications qu'il vous fasse arriver au but. Méfiez-vous du feu au moment de l'opération, le feu étant l'ennemi de l'eau, tant qu'il n'y a pas eu d'accord entre eux, ainsi que l'a dit aux philosophes Notre-Seigneur le Messie[1], lorsque ceux-ci sont venus mettre à l'épreuve sa science à l'aide de leurs connaissances : « Je suis « étonné, ô philosophes, leur dit-il, de voir comment vous pouvez accorder « l'eau avec le feu. L'œuvre ne peut réussir qu'à ce prix, avec la permission « de Dieu. » Agissez donc et ne vous découragez pas, ne vous rebutez pas. Ayez de la patience; lisez assidûment les livres et essayez de les comprendre; demandez à Dieu qu'il vous mette dans la bonne voie et il vous dirigera. »

« Renseignez-moi, dit-elle, sur ce qui peut dissiper les obscurités que je rencontre. — Je vous ai déjà enseigné, répondit-il, que l'œuf dont se servent les philosophes est formé de diverses choses et que personne ne peut en tirer une teinture, à moins qu'il ne l'ait fait cuire : au soleil et à l'ombre, durant quatre-vingts jours. Alors les parties grossières disparaissent et se corrompent, et la terre se transforme en eau, l'eau en air et l'air en feu. Tout cela se réunit pour former une chose unique, qui produit la force et la teinture désirées. »

« Expliquez-moi, dit-elle, ce qu'il faut entendre par vos paroles : Prenez le mâle[2] qui blanchit par sa couleur rouge, à l'aide de l'eau éternelle, et reconnaissez en lui la tête du monde. — Le mâle, répondit-il, c'est la couleur fauve, et l'eau éternelle, c'est le premier soufre. Quand ces deux substances sont mélangées et qu'elles ont cuit ensemble, elles se transforment en eau d'abord, puis en pierre et enfin en terre. C'est alors qu'il faut arroser. Si vous voyez dans les livres la mention du mâle rouge, c'est cela même. »

« Qu'est-ce que le mâle rouge[3], dit-elle? — Le grand serpent[4], répondit-il, provient du mâle seul; le rouge provient de la teinture, et l'accom-

---

[1] Ce passage est singulier, étant intercalé dans un ouvrage musulman. Il semble que ce soit réellement une citation de Marie, personnage gnostique (*Origines de l'Alchimie*, p. 64). On trouve des textes chrétiens analogues dans Zosime et les autres alchimistes grecs (*Collection des Alchimistes grecs*, trad., p. 90, 235, 385).

[2] L'arsenic (sulfuré), jeu de mots très usité chez les alchimistes grecs sur le nom grec de cette substance.

[3] Réalgar.

[4] Voir ce volume p. 72-74 et 104.

plissement a lieu grâce à son eau. — Et quand cela, demanda-t-elle? — Lorsque l'eau éternelle, répliqua-t-il, est cuite, l'eau éternelle transforme le mâle en argent, puis en or. Je vous ai expliqué, ô femme, le blanchiment du mâle et sa coloration en rouge, comprenez bien ceci. Je n'ai pas voulu parler de l'argent, ni de l'or du vulgaire, sachez-le bien. »

« Expliquez-moi, dit-elle, ce qu'est le soufre dulcifié, qui selon vous ne peut à lui seul blanchir le cuivre. — Parfaitement, dit-il, et je vais vous expliquer qu'il ne peut à lui seul brûler le cuivre, à moins que ce soufre ne soit combiné; car alors il peut brûler le cuivre. Quand les soufres brûlent (le cuivre), les soufres disparaissent et le cuivre reste seul[1]. Sachez que ce soufre combiné ne peut brûler le cuivre qu'après de longs jours; aussi armez-vous de patience et ne vous laissez pas rebuter. Les soufres ne se séparent du cuivre, qu'autant que celui-ci a été transformé en une masse liquide et fluide. C'est pour cela qu'il convient de garder le silence sur ce secret, tel qu'il a été décrit par les philosophes dans leurs livres. L'opération que je vous ai décrite est l'opération des sables[2], celle qui a fait obtenir aux Égyptiens des trésors en quantité incalculable[3]. Retenez bien ce que je vous ai dit sur cette question et que Dieu vous garde.

« Placez ensuite le corps dans la chaudière qui sert à produire les vapeurs, et si vous voyez que le couvercle de la chaudière condense quelque chose, cela provient de la force du feu; continuez à faire cuire, jusqu'à ce que rien ne monte plus au couvercle. Je dois maintenant vous enseigner encore une dernière parole, capitale pour votre œuvre. — Qu'est-ce que cela? demanda-t-elle. — Sachez, ajouta-t-il, que si vous ne mouillez pas toutes les matières, au début de la cuisson et à froid, de façon à n'en former qu'une seule masse, vous ne réussirez pas dans votre opération. Cette opération, Hermès l'appelle le tamisage[4], et il dit : Si vous ne tamisez pas les matières, vous commettrez une erreur. En effet, les esprits légers

---

[1] Ceci s'accorde avec la préparation du cuivre brûlé, dans Dioscoride, par la calcination du soufre avec le cuivre, opération qui fournit en réalité du protoxyde de cuivre. (*Mat. méd.*, V, LXXXVII; — *Introduction*, etc., p. 233.)

[2] Il s'agissait des minerais d'or dont le traitement a été identifié par allégories avec l'opération alchimique (*Coll. des Alch. grecs*, trad., p. 75, n° 4, et p. 97).

[3] La tradition mythique des trésors acquis aux Égyptiens par l'alchimie est très ancienne. Les Romains y croyaient déjà, du temps de Dioclétien. Voir les textes de Jean d'Antioche (ou plutôt de Panodorus) et des Actes de saint Procope, cités dans mon livre : *Origines de l'Alchimie*, p. 72-73.

[4] Les cribles d'Hermès (*Coll. des Alchim. grecs*, trad., p. 156).

brûleront et disparaîtront, en s'élevant au-dessus, et les parties lourdes tomberont au fond du vase. Or, il faut avant tout détruire les parties grossières du corps, et cela s'obtient par un grillage soigné, à l'aide d'un feu doux, pareil en intensité à la chaleur que donne à ses œufs l'oiseau qui couve. A l'issue de l'opération, tout sera extrait. Il ne faut pas non plus laisser le produit sans humidité, dans la crainte de brûler les fleurs des teintures des corps. Il faut aussi luter le vase, afin que l'humidité n'en sorte pas, sous l'influence de la chaleur du feu. C'est pour cela que Théophile[1] a dit : « Faites attention au mercure tiré de l'arsenic[2]. C'est le poison igné qui dissout toute chose[3]. » Et il ajoute : « En dehors du grillage des philosophes, il n'y a que gaspillage et perte. Si vous grillez à la façon des philosophes, vous obtiendrez la teinture et la couleur. En augmentant le feu, vous augmenterez la couleur rouge du produit grillé; car sa terre est la même que celle qui est apte à devenir pourpre. Ne vous laissez pas égarer par la couleur du plomb que vous lavez; car si vous augmentez trop l'intensité du feu, le corps rougit avant le moment voulu et avant que le poison purifié ait pu le pénétrer. Si vous faites cela, vous vous tromperez dans votre opération. Quant à l'eau, ne vous inquiétez pas s'il y en a peu ou beaucoup, lorsque vous êtes en bonne voie pour l'opération. »

Agathodémon a dit : « Réitérez ensuite les lavages à l'eau, avec un feu doux; grillez et lavez, jusqu'à ce que le tout soit liquide. »

« Expliquez-moi, dit-elle, la phrase que Justinien adressa à Hermès, en lui disant : Maître, nous avons déjà employé ce vase un grand nombre de fois, sans que tout fût mélangé. — C'est vrai, répondit Hermès. Moi aussi je vous le répète : c'est vrai. En effet, celui qui connaît bien l'opération ne met pas dans le vase ce qui reste, avant que toutes les parties grossières aient été réduites en cendres et divisées; il ne craint pas de faire durer le grillage du cuivre. Ne soyez pas impatients au début du grillage, car il ne s'opère que peu à peu par la cuisson, de façon à produire la rouille. Après cela, faites cuire avec intensité, de sorte que le cuivre brûlé soit décomposé par la gomme et l'huile, avec lesquelles vous l'avez mélangé. »

[1] Personnage nommé dans la *Collection des Alchimistes grecs*, traduction, p. 98 et surtout p. 193, où il figure comme auteur alchimique.

[2] Sur le mercure tiré de l'arsenic (sulfuré),

qui est notre arsenic moderne, voir *Introd. à la Chimie des anciens*, p. 292.

[3] *Collection des Alch. grecs*, trad., p. 112, n° 54, p. 196, n° 13. *Venenum rerum omnium*, d'après Pline (*Origines de l'Alchimie*, p. 231).

« Expliquez-moi, dit-elle, ces paroles que nous ont dites les disciples. Nous avons fait ce que vous avez décrit dans la Clef un grand nombre de fois, jusqu'à ce que les natures aient été combinées entre elles et se soient soudées les unes aux autres. Or, je comprends par là qu'il s'agit de ce que vous m'avez indiqué au sujet du tamisage, au début de l'opération. — Je vous ai déjà expliqué cela, répondit-il; cela veut dire qu'après avoir combiné les matières, ils les ont fait cuire, et comme la chose traînait en longueur, ils ont cru qu'ils s'étaient trompés et ils ont jeté leur produit. C'est pour cela que les philosophes ont toujours caché le temps nécessaire à chaque opération. Prenez garde, au début de l'opération, quand vous avez mélangé l'œuf, de le faire brûler, car tout œuf ne se désagrège pas. Quand la désagrégation se produit, lavez-le avec de l'eau du fleuve et alors il disparaîtra entièrement. Pratiquez avec soin et à de nombreuses reprises l'épuration, et sachez que, si vous mélangez (par erreur) le chaud avec le froid, l'humide avec le sec, vous n'aurez qu'à vous en prendre à vous, puisque l'un est une chose qui teint, tandis que l'autre est une chose qui reçoit la teinture. »

Pythagore a dit : « L'âme revient vers le corps et se joint à cette masse d'où il s'était dégagé; elle s'agrège de nouveau à lui et elle ne s'en sépare plus jamais. Dieu m'a révélé qu'il nous fallait, pour notre opération, une chaudière, dans laquelle les choses sont enfermées et renvoyées l'une vers l'autre à l'aide de la chaleur, en sorte que l'âme qui a fui sa nature se réunit avec le corps qui la contenait auparavant [1]. Il faut agir doucement pour qu'elle y rentre le plus vite possible; car si on activait le feu, elle fuirait et se répandrait dans tous les corps et toutes les pierres, si bien qu'il n'en resterait plus le poids d'une dragme, eût-il été auparavant de cent rotls (livres). »

Agathodémon a dit : « Pour cette œuvre, nous avons absolument besoin d'une chaudière et d'un aludel : la chaudière pour la vaporisation de l'eau, l'aludel pour la sublimation des soufres et des corps. Nous savons que nous avons besoin de ces deux choses, de même qu'il faut un mâle et une femelle. »

Agathodémon a dit : « Sachez que ce n'est pas en vain que nous disons de multiplier les broyages et les cuissons. Faites cuire lentement, avant que la vaporisation se produise; car la cuisson lente fait que l'esprit tinctorial

---

[1] Cf. *Collection des Alchimistes grecs,* trad., p. 139, n° 24, et note 3. Voir aussi Comarius, p. 281, 282 et 284.

s'empare de tout ce qui lui ressemble, et avec un feu doux les esprits tinctoriaux s'enferment dans l'esprit humide. Si vous poussiez le feu, en le faisant
monter dans les airs, il transformerait l'esprit tinctorial en un esprit sans
corps, et en une âme, qui s'échapperaient des corps composés. Cet esprit
ne peut être extrait que par un feu doux, semblable à la chaleur nécessaire
pour couver les oiseaux. Agissez ainsi, ne vous rebutez pas et prenez patience; vous atteindrez votre but, s'il plaît à Dieu.

« Sachez que les philosophes ont donné de nombreuses descriptions de
l'œuvre, en ce qui touche l'intensité du feu. Il en est qui ont dit : Faites
cuire avec du vinaigre et de l'eau, jusqu'à dessiccation. Ils n'ont pas donné
au vinaigre des noms nombreux, comme ils l'avaient fait pour l'humidité.
Toutefois ils ont dit qu'il convenait d'augmenter l'humidité pendant l'été et
de la diminuer durant l'hiver. En effet, ainsi que l'a rapporté Marie, les
âmes (des métaux) ne se voient qu'en ramenant ces saisons à l'unité. Sachez
que la terre ne disparaît pas et qu'elle ne peut pas se volatiliser; mais lorsqu'elle est transformée en eau et que ses parties grossières sont séparées
d'elle, l'eau produit un esprit qui l'enveloppe et devient volatil. C'est pour
cela que les philosophes ont engagé les gens qui s'occupent de l'œuvre à se
défier de la fugacité des matières qu'ils ont entre les mains. »

Je vois, dit-elle, que toutes ces choses sont fugaces. — Oui, répondit-il, et c'est pour cela que les philosophes ont choisi les choses fugaces, de
préférence à celles qui ne le sont pas. — Cette fugacité a-t-elle un nom
particulier? — Elle en a beaucoup, répondit-il. — Dites-m'en quelques-
uns? — C'est le serpent qui se mange la queue [1]; l'œuf divisé en quatre
parties [2]. Lorsqu'il a été traité et mélangé, il devient une chose unique,
formée par les quatre natures du monde. — Comment mange-t-il sa queue?
— Il fait rentrer en lui ce qui lui ressemble; il le mange et le transforme
en liquide; puis ce que le serpent a mangé devient un corps. »

« Expliquez-moi, dit-elle, ces paroles que vous m'avez adressées : Ne re-
poussez pas le grillage des corps. — Je vous ai déjà enseigné, répondit-il,
qu'Hermès avait dit de brûler les corps d'une manière complète, afin d'en
extraire les âmes et de les transformer en cendres. Quand vous voyez que
les matières sont réduites en cendres, sachez que vos produits ont été bien
mélangés. Il convient que vous brûliez ces matières, jusqu'à ce que, leur hu-

[1] *Collection des Alch. grecs*, trad., p. 22, 23. Voir les pages 72 et 100 du présent volume. —
[2] *Ibid.*, trad., p. 21.

midité étant affaiblie, les corps soient brûlés. C'est pour cela que les corps s'emparent des esprits provenant du feu et de l'air. De même que les êtres créés changent constamment leur nature contre une autre, celle-ci étant la mort et celle-là la vie; de même le cuivre est brûlé par les soufres et change sa nature contre une autre, pour arriver, grâce à l'intervention de Dieu, au but que vous poursuivez. Voilà pourquoi Marie a dit que le cuivre brûlé (d'abord) par le soufre devient meilleur qu'il n'était, quand on le traite (ensuite) par le natron. »

« Si l'on prend une chose fugace, la fugacité ne produit aucun résultat. — A quel moment cela doit-il avoir lieu? — Au moment de la dernière combinaison. — Si ceux qui s'occupent de l'œuvre savaient qu'il faut prendre les natures convenables et les mélanger avec ce qui les détruit, ils ne se tromperaient pas; car ce que l'on mélange impose au tout sa couleur. Ce qui apparaît aux regards subit cette action, et ce qui est à l'intérieur la subit aussi en réalité. »

« Comment, dit-elle, le faible peut-il contraindre le fort? — Il n'est faible qu'en apparence, car à l'épreuve il est fort et il est plus fort que tout ce qui vous paraît fort. — Lequel des deux résiste le mieux au feu? — Celui qui résiste au feu n'est le fort qu'en apparence; tandis que l'autre, c'est-à-dire le volatil, qui est en apparence le faible, est le fort dans la réalité; sa force de résistance au feu lui vient de l'autre qui n'est pas volatil. Il est transformé par l'opération, et au moment de cette modification il prend un nom particulier. Sachez que si l'extérieur se rouille, l'intérieur se rouille également, et quand le corps spongieux blanchit à l'extérieur du cuivre, l'intérieur devient blanc : cela ne fait pas le moindre doute. »

« Expliquez-moi, dit-elle, ce que vous m'avez rapporté au sujet d'Ostanès, qui a parlé des deux cuivres[1], du fer, du plomb, de l'étain et de l'argent, qui a donné une opération particulière pour chacun de ces métaux, et qui a prétendu que par l'opération ils devenaient de l'or. — Ceci est impossible et absolument faux. Il n'y a que les ignorants qui croient à pareille chose. Ostanès n'a dit cela que pour dérouter les ignorants. Je vous ai enseigné que nous n'avions nul besoin de tous les corps que vous venez de mentionner[2]. Ce que nous voulons, c'est un corps unique, renfermant une teinture unique;

---

[1] Le cuivre rouge, ou cuivre de Chypre, et le cuivre blanc, c'est-à-dire certains bronzes et laitons. — [2] Cf. Synésius, *Coll. des Alch. grecs*, trad., p. 63, 73, etc.

toutefois ce corps ne teint que lorsqu'il a été teint lui-même [1], et c'est à ce moment-là seulement qu'il teint. C'est pour cela que Démocrite a dit : Si vous trouvez la composition, vous pourrez teindre tous les corps, avec la permission de Dieu. Tous les corps sont au nombre de quatre et ces quatre corps sont le corps unique [2] qui a été teint, et, lorsqu'il a été teint, il teint à son tour. Sachez que Démocrite prétend que l'œuvre n'a pas besoin de plus de deux cuissons, la cuisson pour le blanc et la cuisson pour le rouge. — Alors les philosophes sont en désaccord? — Pour ceci principalement. »

« Vous dites, reprit-elle, que les quatre corps sont teints et ne teignent pas et que les soufres disparaissent après avoir pénétré? — Sachez que la teinture des corps, qui sort des plantes [3] en même temps qu'eux, est un esprit nouveau et tinctorial. Quant aux soufres, ils forment une fumée qui s'échappe et il ne reste que l'impression du cuivre seul; c'est là son esprit. — Pourquoi l'esprit du cuivre demeure-t-il? — Parce que le cuivre a une nature spéciale, qui n'existe pas chez d'autres corps; aussi, quand il est mêlé aux soufres et qu'il s'est combiné avec eux, il retient les soufres, qui le retiennent à leur tour. — Comment les retient-il et comment le retiennent-ils? — Il les retient, parce qu'il les tire des choses volatiles. Ils le retiennent, en chassant l'ombre du cuivre [4], laquelle disparaît dans l'opération. — Très bien ! Qu'est-ce qui a pu porter Agathodémon à donner une opération pour le cuivre, une autre pour la magnésie, et une troisième pour la rouille? — C'est que le cuivre, la magnésie et la rouille sont une seule et même chose. S'il a indiqué de nombreuses opérations, il s'est borné à en signaler une seule à ceux qui s'occupent de l'œuvre. Il a indiqué de nombreuses opérations comme longueur de temps; toutefois ce ne sont pas des opérations diverses, mais une seule et même opération, qui nécessite un grand nombre de jours. »

« Expliquez-moi, dit-elle, la chose fugace et humide, et la chose sèche et chaude. — Je vous ordonne de n'en employer qu'une seule, parce que les soufres retiennent l'humidité à l'aide d'une humidité pareille [5]. La chose sèche

---

[1] Coll. des Alch. grecs, trad., p. 170, 244.

[2] Tétrasomie, ibid., trad., p. 67, 104, 160, 167.

[3] Le mot plantes est employé dans un sens symbolique pour indiquer les matières traitées,

comme chez les Grecs. (Introd. à la Chimie des anciens, p. 286, 287.)

[4] Coll. des Alchim. grecs, trad., p. 46 et passim.

[5] Les sulfureux sont maîtrisés par les sul-

et chaude est nuisible; le vent des vapeurs est emprisonné, l'âme est extraite; l'œuf renferme une âme et un corps, la rouille et la chaux. — Expliquez-moi comment vous transformez la terre dans l'eau que je connais
et ce que signifient vos paroles (changer) l'eau en feu, et le feu en air? —
Je vous ordonne de mettre le feu dans l'eau, pour la réchauffer et en dissiper
le froid. Afin que le feu lui donne de la force pour brûler ce qui est à l'intérieur, je vous ordonne de renfermer la terre dans l'air. — Comment
pourrais-je faire cela? — Si vous prenez des particules ténues de terre, c'est-
à-dire de la fumée[1], elles se mélangent à l'air et sont enfermées dans l'air.
Aussi je vous ordonne de mêler le chaud à l'humide et le sec au froid.
Chaque nature l'emporte sur l'autre, la retient et s'en réjouit. Ne méprisez
pas ces choses, car l'homme qui sait (est exposé à) devenir dédaigneux. Il
convient que la chose à teindre soit deux fois plus abondante que celle
qui teint. — Que signifient ces paroles : le cuivre ne teint pas tant qu'il
n'est pas teint; mais quand il a été teint, il teint? Qui donc pourrait teindre
le solide avec le solide? — Vous le savez mieux que personne. Ne vous
ai-je donc pas enseigné que l'âme ne peut teindre le corps, à moins qu'on
n'en ait extrait l'esprit caché dans son intérieur; alors il devient un corps
sans âme, et nous possédons une nature spirituelle, dont les parties grossières et terrestres sont expulsées[2]. Quand il est devenu subtil et spirituel,
il peut recevoir la teinture qui s'introduit dans le corps et le teint. — Comment le corps teint-il? — Si vous voulez prendre le corps de la magnésie,
sur lequel la teinture aura été fixée, il deviendra une teinture. C'est là ce
qu'il faut entendre par ces mots : le cuivre ne teint pas, tant qu'il n'est pas
teint; quand il a été teint, il teint. Sachez cela et servez-vous-en, s'il plaît
à Dieu. — Comprenez ce qu'a dit le philosophe : Je n'ai pas omis autre
chose que la vapeur sublimée et la montée de l'eau[3]. Cela est dans tous les
livres des philosophes; c'est ce qu'a démontré Hermès, en disant : L'échauffement, le grillage, la transformation en sel, le lavage et le blanchiment n'ont
lieu que par la montée de l'eau. Sachez que si la montée a lieu, il convient
qu'elle ne soit jamais faite qu'au moyen de . . .; mais elle ne peut avoir lieu

fureux, les humides par les humides correspondants (*Coll. des Alchim. grecs*, trad., p. 20,
n° 12).

[1] Voir les opinions d'Hermès et des philosophes sur la vapeur sèche et la fumée (Olym-

piodore, *Collection des Alchimistes grecs*, trad.,
p. 91).

[2] *Ibid.*, trad., vision de Zosime, p. 118 et
*passim*.

[3] *Ibid.*, Démocrite, p. 57.

qu'au début du mélange. Je vous ai déjà décrit ceci, lorsqu'il en était besoin, et je vous l'ai expliqué, pour vous enseigner que la composition du blanchiment était spéciale. En effet, je vous ai dit alors au sujet de la coloration en rouge, que le philosophe avait écrit : Mettez un peu de soufre incombustible, afin que le poison pénètre dans l'intérieur. Je vous ai dit, au sujet de la coloration en blanc : Transformez le poison blanc dans la matière et rendez-la semblable au marbre[1]. Surveillez le broyage et la cuisson, jusqu'à ce que vous ayez obtenu cette couleur. Sachez alors qu'autrement vous n'êtes pas dans la bonne voie. Il convient que cette couleur se produise seulement dans les particules qui se séparent au sein du vase. Certains philosophes l'ont appelé *molybdochalque*, d'autres *l'agent tinctorial de toutes choses*, et d'autres, enfin, *cinabre*. » — Ceci termine l'épître septième, dans la série des dix épîtres appelées *Clefs*[2]. Voici ce qu'il dit dans un de ses livres : « Ceci est le grillage que vous désirez obtenir et la montée que vous voulez produire, de façon que la matière coule dans le récipient. Car il a été démontré pour tout homme qui comprend et qui se donne beaucoup de peine, que toute l'opération se résume dans la vapeur sublimée et la montée de l'eau. »

« O Zosime[3]! dit-elle, vous m'avez enseigné ce qu'étaient les choses liquides; et enseignez-moi aussi la science des choses solides. — Vous n'avez donc pas compris ce que j'entendais, quand je vous ai dit de tremper la lame dans le vinaigre : la lame est l'une des deux choses solides. — Comment saurai-je que les choses solides deviennent des vapeurs sublimées et qu'elles adhèrent (aux corps)? — Par ces mots du philosophe : Décomposez-le jusqu'à ce que les choses périssent et deviennent des cendres; car si vous décomposez les choses de façon à les faire périr et à les transformer en cendres, la teinture ne sera pas longue à opérer et la nature pénétrera vivement dans le corps. C'est pour cela que Démocrite a dit : Les humides sont maîtrisés par les humides[1], c'est-à-dire au moyen de la décomposition. Il convient d'extraire l'esprit à l'aide d'un feu doux, analogue à celui que produit une couveuse. L'esprit ainsi obtenu, à l'aide d'un feu doux, c'est l'esprit qui teint, qui résiste au feu. Alors il améliore la nature de la lame, qui n'a pas été décomposée, et il s'introduit en elle. Les teintures s'agrègent

[1] *Coll. des Alch. grecs*, trad., p. 55, n° 23.

[2] On attribuait un livre des Clefs à Zosime. (*Origines de l'Alchimie*, p. 185.)

[3] Le texte dit *Roustem*.

[1] *Coll. des Alchimistes grecs*, trad., p. 20, au bas.

les unes aux autres à ce moment. Elles ne sont plus fugaces et ne peuvent plus jamais être séparées, parce qu'elles ont été obtenues à l'aide d'un feu extrêmement doux. C'est ce que l'on appelle l'eau de soufre purifiée et le cuivre brun; c'est le poison, qui est mâle et femelle; il comprend l'ensemble du but poursuivi. C'est là ce qui teint le blanc en blanc et qui rend plus rouge ce qui est déjà rouge. Sachez que les natures, lorsqu'elles sont désagrégées, produisent toute chose. — Apprenez-moi ce que c'est que cette désagrégation et ce qu'elle produit. — Le philosophe a dit : Laissez-le subir la projection et fondez-le, ce sera de l'or. — Qu'est-ce que cette fusion? — Elle consiste à faire cuire le composé, jusqu'à ce qu'il devienne un poison. Si vous atteignez ce résultat, vous aurez trouvé la nature indiquée dans les livres des philosophes. Ce qui confirme cette opinion, ce sont les paroles du philosophe : La nature jouit de la nature, elle la maîtrise et la domine[1]. Les corps, lorsqu'ils sont mélangés, forment ce que nous appelons le *molybdochalque*, par l'effet du développement de la chaleur blanche et la réunion de la vapeur. Mais cela n'a lieu que dans la décomposition. En effet, l'eau de soufre teint la chose à teindre, laquelle se trouve dans chaque corps. Cette eau de soufre a des dénominations qui ne lui sont pas particulières[2]; elle contient toutes les humidités et toutes les sécheresses; c'est elle qui teint dans la cuisson et produit la couleur jaune. On prétend que la décomposition, lorsqu'elle fait apparaître les teintures sous l'influence d'un feu doux, tel que celui d'une étuve, d'une couveuse, ou d'un soleil d'hiver, donne naissance à cette matière. Celle-ci se transforme comme le sperme dans l'utérus[3], quand il se décompose sous l'influence de l'humidité et de la chaleur. La décomposition dure de longs jours, avant que le corps se teigne et qu'il en sorte une semence. Il convient que vous laissiez le composé dans l'humidité et la chaleur (pour obtenir la couleur d')or. Il faut aussi désagréger les natures, les mélanger, les modifier et les faire digérer, jusqu'à ce que la couleur que vous cherchez apparaisse, grâce à un feu doux. Agissez avec précaution et soyez patient. Sachez que le poison n'a point de couleur, tant qu'il reste à la chaleur, à l'obscurité et demeure à l'état de décomposition. C'est quand il sort de l'état de la décomposition que sa couleur se montre. Il est

[1] *Coll. des Alchim. grecs*, p. 20, n° 12; Démocrite, p. 45 et *passim*.

[2] Sur l'eau de soufre ou eau divine, en tant que composée de tous les liquides, voir *Coll. des Alchimistes grecs*, traduction, p. 181.

[3] *Ibid.*, trad., chapitres de Zosime à Théodore, p. 209, n° 5. — Voir le présent volume, p. 92.

comme la semence de toute chose et sa nature doit devenir fixe : saisissez
bien ceci. Si vous n'opérez pas avec précaution et que vous ne soumettiez
pas cette nature au feu le plus doux que vous puissiez trouver, en sorte que
la décomposition s'y produise et la transforme en un sang, qui servira à
nourrir cette teinture, elle ne développera pas la couleur. Je vous ai déjà
expliqué cette décomposition dans mille endroits, avec le désir de la faire
comprendre : comprenez-la donc. » Après de longs discours, il a ajouté :
« Celui qui expérimentera cette opération et la fera avec patience, saura certainement d'où proviennent les erreurs, et, s'il connait les erreurs, il pourra
s'en préserver. Sachez qu'il ne convient pas que vous atténuiez l'argent avant
qu'il soit amolli, ni que vous fassiez d'abord agir toutes les teintures. »

« Quelles sont toutes ces teintures? demanda-t-elle. — C'est d'abord le
noir, répondit-il; lorsqu'il est parfait, c'est l'or. A ce moment, fixez-le et ache-
vez l'opération. Il convient, au début de la cuisson, d'avoir un feu doux, afin
que le produit s'habitue au feu et s'y accommode; ensuite activez légèrement
le feu. Mélangez les particules qui sortent des cendres avec du soufre incombustible; faites cuire pendant plusieurs jours, jusqu'à ce que la dessiccation
se produise et que l'humidité soit chassée. Après cela, le corps (métallique)
aura disparu. Quand vous l'aurez fait macérer dans du vinaigre, vous aurez
de l'élixir. Arrosez-le et faites-le cuire avec la bouillie formée au-dessus par
les particules, et le vinaigre s'en ira. Faites cuire durant cinquante jours et
vous trouverez alors un produit achevé. Il y a encore beaucoup de choses
que je n'écris pas et qui montrent qu'il faut faire cuire très longtemps, afin
que le corps, s'emparant de l'humidité, ne soit plus fugace et laisse apparaître la couleur généreuse. Beaucoup de textes s'étendent sur ce sujet et indiquent que le feu doit être doux et la cuisson prolongée, jusqu'au moment
où le corps a absorbé l'humidité. Je vous ai déjà enseigné que le corps
mélangé dans la dernière composition est celui qui a fixé l'eau de soufre et
que l'eau de soufre est ce qui lui donne la couleur rouge et le transforme
en rouille. Que votre feu soit conduit doucement au début; quand l'eau est
absorbée, forcez-le et veillez à mêler le produit avec le reste du poison,
lorsque la cuisson aura été faite. Le poids de l'eau est de 3, celui du
corps étant de 1 : c'est là le poids désigné, le poids déclaré publiquement.
Prenez, d'après mon indication, le poids secret qu'ils ont caché; c'est en
lui que se trouve tout le grand secret. — Expliquez-moi ce secret. —
Voici ce que dit Démocrite : Prenez une partie du composé que je vous

ai décrit à la fin de mon livre; prenez du ferment d'or, ou fleur d'or, et du corail d'or, une partie, et faites cuire avec un feu doux de fumier. »

« Je ne vois pas de poids ici, dit-elle; je vois seulement qu'il parle du ferment d'or, ainsi que du composé qu'il a indiqué dans son livre, et une seule fois il donne le poids de l'eau. Or il a expliqué que l'eau ne devait pas être pesée; mais plus on abreuvait le composé, en le laissant sécher, puis en l'arrosant, plus on obtenait un produit parfait et une teinture supérieure. — Sachez, ô femme, qui m'interrogez sur la quotité de la chaleur favorable à la teinture de notre cuivre, à son alimentation et à sa perfection, que c'est la chaleur de l'étuve dont l'eau présente une température moyenne, elle ne doit être ni trop chaude, ni trop froide : là seulement le corps s'améliore et se recouvre de chairs. Tout excès lui nuit et en toute chose la moyenne est ce qu'il y a de mieux. — Parlez-moi de ce que Hermès disait à ses disciples : Je n'ai rien trouvé de plus solide que l'accouplement des natures et c'est pour cela que le soleil et la lune sont accouplés[1]. — Cela est vrai et voici pourquoi : les corps mélangés aux substances fugaces ont des natures aussi fixes que le mort qui est dans la tombe. Sachez que si le vent du nord est violent et souffle sans discontinuer, l'humidité augmente sur la terre et elle ne peut plus absorber l'eau; mais si c'est le vent du sud qui souffle et ne discontinue pas, ce vent amènera le déluge[2]. Ceci est la clef qui permet toujours d'ouvrir à ceux qui connaissent la bonne voie. »

« Expliquez-moi, dit-elle, ces mots que vous avez prononcés : Ce qui teint et ce qui est à teindre forment une teinture unique. — Ce qui teint, répondit-il, c'est l'eau; ce qui est à teindre, c'est la terre, et lorsque ces deux choses sont réunies, elles forment une seule teinture. — Que signifient ces mots : Prenez le mercure tiré de l'arsenic et fixez l'arsenic? — Nous vous avons ordonné de le faire fondre et de le transformer en un liquide, puis nous vous avons ordonné de le fixer sans former un corps. — Je vois qu'il convient de solidifier. — Vous avez raison. » Et il a ajouté : « Nous vous avons ordonné de faire fondre, puis de solidifier, après la fusion. — Expliquez-moi ce que c'est que le soufre incombustible. — Quand les corps et les liquides se sont desséchés, ces corps et ces liquides ne forment plus qu'une seule chose dans le vase; c'est ce qu'on appelle alors le soufre incombus-

---

[1] C'est-à-dire que le point de départ réside dans l'asem ou électrum, alliage d'or et d'argent (*Introd. à la Chimie des anciens*, p. 62).

[2] Doit-on rapprocher ce texte d'un passage plus positif relatif aux vents, dans la *Coll. des Alch. grecs*, trad., p. 143?

tible. — Comment dites-vous qu'il est incombustible, alors que vous prétendez qu'il se détruit et qu'il meurt? — Le premier corps est incombustible; mais s'il vient à être détruit, son possesseur connaît quelle est la
nature du feu, la résistance que le produit doit avoir, lorsqu'il éprouve
l'action des eaux qui sont dans le vase, pour amener le mercure à cesser
d'être fugace. »

« Ô Zosime, comment pourrai-je fixer le mercure fugace? — Je vous ai
déjà enseigné que ce résultat s'obtenait à l'aide du feu et d'une longue cuisson. — Les philosophes disent : Prenez le mâle (l'arsenic); faites-en des
paillettes, trempez-les dans l'humidité, qui est l'eau éternelle; faites cuire à
un feu dou , jusqu'à ce que les paillettes se désagrègent et se dissolvent
liquides; puis enlevez aux paillettes l'humidité qui a désagrégé le corps. —
C'est là ce que les philosophes ont nommé l'eau du mâle (eau d'arsenic).
Faites-la cuire et ne vous rebutez pas, tant que les paillettes n'auront pas
absorbé l'humidité; attendez que le sable apparaisse et devienne sec. Arrosez
ensuite la terre avec de l'eau, jusqu'à ce que toute cette eau soit absorbée et
que l'eau tout entière soit devenue de la terre, ainsi qu'il arrive à une eau
chargée de terre. Parvenu à ce point, laissez la décomposition s'opérer dans
le vase à un feu doux et durant de longs jours : alors apparaîtront les couleurs
que les philosophes ont indiquées. Quand vous aurez fait cela, vous aurez
acquis un résultat parfait, qui vous permettra de jouir d'un repos sans mélange. »

« Les philosophes disent : Prenez la fleur de cuivre qui est transformée
en poison rouge, arrosez-en le poison au juger. — Ce cuivre, c'est l'eau
d'argent qui, après avoir subi la préparation, est devenue l'eau éternelle. Il a
ordonné d'en arroser l'élixir, qui devient de l'or jaune; si vous l'arrosez encore,
il devient de l'or rouge, puis du corail d'or[1]; et si vous l'arrosez encore
davantage, il devient de l'élixir, qui pénètre les corps en les teignant. Ne
cessez pas d'agir ainsi, jusqu'à ce que ce que toute l'eau soit absorbée; laissez
cuire durant quarante jours : cette humidité sera transformée en soufre et
les corps en cendres incombustibles. — Peut-être que le philosophe a voulu
parler des cendres blanches du bois? — Oui. Il a entendu par là la fumée
des natures. C'est ce qu'a dit Démocrite sous cette forme : Les sulfureux
sont maîtrisés par les sulfureux[2]. On peut en faire de nombreux usages.

---

[1] C'est la phrase de Démocrite, Coll. des Alch. grecs, trad., p. 47, n° 4. — [2] Ibid., p. 20.

Sachez que si vous déployez tous vos efforts pour préparer ces teintures, vous n'arrivez à extraire la teinture qu'à l'aide de ces cendres. Quand vous voyez les particules monter vers l'orifice du vase, activez le feu, afin qu'il fasse également monter le reste; vous procéderez alors à l'épuration. Prenez cet argent et les matières mélangées à la litharge, qui est montée avec les particules; agitez-les ensemble, de façon à en faire une bouillie, et vous aurez la première teinture.

« Partagez le poison en deux portions. — Qu'entendez-vous par là [1]? — Brûlez le corps avec la première portion et décomposez-le avec la seconde. Il a été expliqué déjà que le grillage, c'est le tamisage à l'aide du crible. Dans la question traitée dans la première des dix Clefs, il est dit : Je vais vous montrer comment on peut concilier mes paroles : Malgré leurs nombreuses opérations, ils n'en ont besoin que d'une seule, car toutes se réduisent à une seule; malgré les noms différents qu'on lui donne et les descriptions qui en ont été faites, il n'y a qu'une seule opération. Si vous m'avez compris, vous n'aurez pas besoin de vous préoccuper de toutes ces opérations et de toutes ces choses [2]. »

« Dans la première de ses dix épîtres, il dit encore : Sachez que pour toutes les natures chaudes, il convient de les faire cuire à un feu doux; car si vous activez le feu sous les natures chaudes et ignées, vous les brûlerez. Aussi le philosophe a-t-il dit : Un peu de soufre brûle une grande quantité de choses [3]. Les choses nombreuses dont il a voulu parler, ce sont les corps (métaux) durs qui peuvent être mêlés à lui. C'est pour cela que je vous parle de l'eau composée, que le philosophe nomme un secret évident. Sachez que ce secret consiste dans deux composés : l'un est le composé des corps (métalliques), l'autre est celui de l'eau et ce sont les deux choses dont on a besoin. Ne......... le repentir serait inutile. »

« Quand le corps est fixé, veillez à ce qu'il soit sec, sans humidité (apparente); sinon le feu le détruirait par sa chaleur. Toutefois qu'il soit pourvu de son humidité (intime), afin que la nature s'imprègne dans son intérieur. Nous le nommons borax, à cause de sa couleur rouge. Versez dessus de l'eau éternelle, laissez sécher, et la couleur que vous cherchez apparaîtra, grâce à la chaleur du feu et à la soif du corps. »

« Sachez que si vous mélangez avec du mercure traité (tiré de la chry-

[1] *Collection des Alchimistes grecs*, traduction, p. 158. — [2] *Ibid.*, trad. : Démocrite, p. 53; Synésius, p. 63; Olympiodore, p. 93, et *passim*. — [3] *Ibid.*, Démocrite, p. 51, n° 15.

socolle et de l'arsenic), au début de l'opération, le produit se désagrégera rapidement et il sera facile de le broyer. Laissez cuire, jusqu'à ce que la matière soit réduite à l'état liquide; puis faites cuire encore, jusqu'à ce que toute l'eau soit absorbée. Quand le tout sera sera réduit en terre, arrosez avec de l'humidité, jusqu'à ce que toute l'eau ait pénétré, et faites cuire, jusqu'à ce que le produit soit transformé en rouille. — Ces paroles indiquent que par la désagrégation il entendait l'humectation ; elles indiquent aussi que le grillage accomplit l'effet de l'humectation; elles montrent encore que l'absorption de l'eau augmente l'effet manifesté dans le corps, par suite de la cuisson. Faites cuire jusqu'à ce qu'il ne s'élève plus de vapeur avec un feu qui ne soit pas brûlant, mais cependant plus intense que le feu de(. . . . . .?). Poursuivez ceci, jusqu'à ce que la chose soit fixée, s'il plaît à Dieu. »

Démocrite a dit : « Je vous ordonne de traiter la pierre jusqu'à ce qu'elle soit transformée en cendres; l'effet de ces cendres est prodigieux et leur force considérable. Si elle n'est pas transformée en cendres, elle n'aura pas la force de retenir les esprits. C'est pour cela qu'Hermès a extrait les cendres et il a prétendu que, en mourant, les cendres retenaient les esprits. Ainsi Hermès a fait l'éloge des cendres et il a prétendu que quand elles étaient mortes, elles retenaient en elles les esprits. Je vous ordonne d'opérer sur ces cendres, en les faisant cuire et en les arrosant sept fois. On prolonge la cuisson jusqu'à ce que les couleurs soient manifestes. Par ce traitement, les cendres deviennent douces, bonnes et belles et vous n'y voyez plus de mort. Les prophètes et les devins qui ont donné les clefs de cette œuvre ne se préoccupaient que des cendres [1]. Vous devez faire comme eux, car là est tout le secret. Ne voyez-vous pas que tous les philosophes ont dit : le noir, puis le blanc, puis le rouge. Moi je vous enseigne que le rouge n'existe et n'apparaît que dans ces cendres précieuses. Le philosophe l'a dit : Pourquoi vous préoccuper de beaucoup de choses : la chose qui produit cette action est unique. »

Théosébie a dit : « J'ai appris par les paroles de Chymès le sage que la chose qui doit produire tout ce que vous demandez est unique. Si elle ne contient pas quelque chose de semblable à ce que vous cherchez, c'est que vous n'avez rien trouvé de ce que vous cherchiez. Il vous a déjà été expliqué que tous ceux qui s'occupent de l'œuvre ne poursuivent que la transforma-

---

[1] Coll. des Alch. grecs, trad., Olympiodore, p. 99, n° 37.

tion des choses en or. Si vous n'employez pas l'or pour obtenir de l'or[1]. vous n'aboutirez à rien. Ce qu'il faut conclure, c'est que l'or vient de l'or et qu'avec peu on en fait beaucoup. »

« Si les gens de ce monde, dit-elle, savaient cela, ils auraient beaucoup d'or. — Je vous ai enseigné qu'elle avait dit : J'en ai un peu. — C'est, répondit-il, parce que vous avez bien opéré sur les produits semblables, qui se mêlent avec ceux qui s'en rapprochent et leur sont analogues, mais non dissemblables. »

« Expliquez-moi, dit-elle, ce que c'est que le mâle des philosophes et le produit mélangé d'air. — C'est, répondit-il, par analogie avec la combinaison. — Comment cela? — S'il n'y a pas deux humides subtils et que vous ne les réunissiez, ils périront tous deux, fuiront le feu et ne pourront pas résister à une longue cuisson. Or, s'ils ne peuvent résister à une longue cuisson, il n'en pourra rien sortir d'utile. Sachez que chaque chose contient en principe trois composants : le sel (?), le vitriol et l'ocre. »

Le livre d'El-Habîb est achevé : grâce soit rendue à Dieu qui nous a prêté son secours! Que Dieu fasse que nous en tirions profit, ainsi que de tout ce qui a été dit par d'autres auteurs. Amen !

(Transcrit tel quel d'un manuscrit en mauvais état et plein de fautes. Louange au Dieu unique! qu'il répande ses bénédictions sur notre seigneur Mohammed[2]!)

---

[1] *Coll. des Alch. grecs,* trad., p. 34, n° 8. Mêmes axiomes dans la lettre d'Isis à Horus, et *passim.* — [2] Note du copiste.

## III. LE LIVRE D'OSTANÈS.

### PREMIÈRE PARTIE.
#### EXTRAIT DU *KITÂB EL-FOÇOUL.*
##### (Fol. 2 v°.)

CHAPITRE I<sup>er</sup>. — *Des qualités de la pierre.*
(Extrait du livre intitulé *Eldjami'.*)

Le Sage a dit : « Ce qu'il faut d'abord à l'étudiant, c'est qu'il connaisse la pierre, objet des aspirations des Anciens. » Ceux-ci en ont défendu le secret à la pointe de l'épée et se sont abstenus de lui donner un nom, ou tout au moins de lui donner le nom sous lequel la foule le connaît; ils l'ont dissimulée sous le voile des énigmes, en sorte qu'elle a échappé aux esprits pénétrants, que les intelligences les plus vives n'ont pu la comprendre et que les cœurs et les âmes ont désespéré d'en connaître la description. Il n'y a que ceux à qui Dieu a ouvert l'entendement qui l'ont comprise et ont pu la faire connaître.

Parmi les épithètes qu'ils lui ont appliquées, on trouve : *l'eau courante, l'eau éternelle, le feu ardent, le feu qui épaissit, la terre morte, la pierre dure, la pierre tendre, le fugitif, le fixe, le généreux, le rapide, celui qui met en fuite, celui qui lutte contre le feu, celui qui tue par le feu, celui qui a été tué injustement, celui qui a été pris par violence, l'objet précieux, l'objet sans valeur, la gloire dominante, l'infamie avilie.*

Qu'elle est chère à quiconque la connaît! Qu'elle est glorieuse pour qui la pratique! qu'elle est vile pour qui l'ignore! Qu'elle est infinie pour qui ne la connaît pas! Chaque jour, en tous lieux on entend crier : « Ô troupe de chercheurs, prenez-moi, tuez-moi; puis, après m'avoir tuée, brûlez-moi, car je revivrai après tout cela et j'enrichirai quiconque m'aura tuée et brûlée! S'il m'approche du feu, alors que je suis vivante, je le supporterai toute la nuit, même s'il me sublimait d'une manière complète et m'enchaînait d'une façon absolue. Ô merveille! Comment, étant vivante, puis-je supporter le mal? Par Dieu! je le supporterai jusqu'à ce que je sois abreuvée d'un poison qui me tuera et alors je ne saurai plus ce que le feu aura fait de mon corps. »

Telle est sa manière d'être chaque matin et chaque soir. Eh bien! troupe de chercheurs, que pensez-vous de cette proposition que vous émettiez : l'expression formulée par la parole est seule vraie, tandis que celle marquée par l'attitude est fausse. Or, un grand nombre de philosophes ont rapporté que l'attitude indique mieux la vérité que l'expression par la parole. Cette pierre vous interpelle et vous ne l'entendez point; elle vous appelle et vous ne lui répondez pas. Ô merveille! Quelle surdité bouche vos oreilles! quelle extase étouffe vos cœurs! Ne voyez-vous pas qu'elle combat le feu, que rien n'est plus hostile qu'elle au feu. Lorsqu'on la place dans le feu, elle produit un craquement semblable à celui de l'eau congelée, qui se désagrège par l'action du froid de la neige.

Sachez, ô chercheurs, que c'est une eau blanche, qu'on trouve enfouie dans la terre de l'Inde; une eau noire, qui se trouve enfouie dans le pays de Chadjer; une eau rouge brillante, qui se trouve enfouie dans l'Andalousie. C'est un liquide qui s'enflamme au contact du bois dans un feu violent; c'est un feu qui s'allume aux pierres dans les contrées de la Perse; c'est un arbre qui pousse sur les pics des montagnes; c'est un jeune homme né en Égypte; c'est un prince sorti de l'Andalousie, qui veut le tourment des chercheurs. Il a tué leurs chefs et il a fait de quelques-uns d'entre eux les coureurs des princes. Les savants sont impuissants à le combattre. Je ne vois contre lui d'autre arme que la résignation, d'autre destrier que la science, d'autre bouclier que l'intelligence. Si le chercheur se trouve vis-à-vis de lui avec ces trois armes et qu'il le tue, il redeviendra vivant après sa mort, il perdra tout pouvoir contre lui et il donnera au chercheur la plus haute puissance, en sorte que celui-ci arrivera au but de ses désirs. Ces éclaircissements doivent te suffire.

J'ai entendu Aristote dire : « Pourquoi les chercheurs se détournent-ils de la pierre? C'est pourtant une chose connue, qualifiée, existante, possible. » Je lui dis alors : « Quelles sont ses qualités? Où se trouve-t-elle? Quelle est sa possibilité? »

Il me répondit : « Je la qualifierai, en disant qu'elle est comme l'éclair durant une nuit obscure. Comment ne pas reconnaître une chose blanche qui paraît sur un fond noir? La séparation n'est point pénible pour quiconque est accoutumé à l'éloignement. La nuit ne saurait être douteuse pour celui qui a deux yeux.

« Quant aux endroits où l'on trouve cette pierre, ce sont les maisons, les boutiques, les bazars, les chemins, les décharges publiques, les mosquées, les bains, les bourgs, les cités; on la rencontre dans la terre et dans la mer.

« Quant à sa possibilité, je dirai que c'est une pierre liée dans une pierre, une pierre encastrée dans une pierre, une pierre englobée dans une pierre, une pierre insérée dans une pierre. Les philosophes ont versé des larmes sur cette pierre et lorsqu'elle en a été inondée, sa noirceur a disparu, sa couleur sombre s'est éclaircie; elle a paru semblable à une perle rare. Son possesseur a été rassuré et le chercheur a été émerveillé. »

Le Sage a dit : « Par les paroles suivantes, Aristote a indiqué les qualités de la pierre et en a donné la description : « C'est un lion élevé dans « une forêt. Un homme a voulu s'en servir comme de monture, en lui met- « tant une selle et une bride; vainement il a essayé, il n'a pu réussir. Il lui « a fallu alors avoir recours à un stratagème plus habile, qui lui a permis de « le maintenir dans des liens solides, et il a pu ensuite le seller et le brider. « Puis il l'a dompté avec un fouet, dont il lui a donné des coups douloureux. « Plus tard, il l'a délivré de ses liens et il l'a fait marcher comme un être « avili, à ce point qu'on eût dit qu'il n'avait jamais été sauvage un seul jour. » La pierre c'est le lion; les liens, ce sont les préparations, c'est-à-dire les choses dont je parlerai dans le chapitre suivant; le fouet, c'est le feu. Que dites-vous, ô chercheur, de cette description si claire?

Voici une autre description qui a été donnée par le Sage : « A quoi donc pensent les hommes? Ils parlent de la pierre et ils n'en tirent pas profit; ils l'enveloppent, ils en font des emplâtres pour traiter la gale qui couvre les corps et ils n'en tirent pas profit; ils la foulent aux pieds et ils ne la prennent point. »

Un autre sage a dit : « Voici quarante ans que je vis et je n'ai pas passé un seul jour sans voir la pierre matin et soir, si bien que je craignais que sa vue n'échappât à personne. J'ai alors employé des expressions plus énigmatiques que celles dont je m'étais servi tout d'abord et j'ai accru l'obscurité des phrases, dans la crainte que leur sens ne fût trop clair. »

Sachez que les auteurs, dans leurs livres, ont employé un grand nombre de mots pour désigner la pierre. Je vais vous en donner les plus faciles, laissant de côté la plupart d'entre eux, je veux dire de ceux qui ne sont pas, à ce que je crois, très connus dans le monde On l'appelle : *lion, dragon, serpent, vipère, scorpion, eau, feu, torrent, (corps) congelé ou dissous, vinaigre, sel, chien, Hermès, mercure, chacal, page, suivante, gazelle, coursier, loup, panthère, singe, soufre, arsenic, tutie, écume d'argent, fer, cuivre, plomb, étain, argent, or, talc, toulaq, tiraq, tarq, muet, oppresseur, (être) soumis, aimant, verre, rubis, corail, nacre, larme, cœur, langue, main, pied, tête, visage, graisse, esprit, âme, huile, collyre, urine, os, veine, Saturne, Barkhis, Mars, Soleil, Lune. . . . . . . . . . . . . (La suite manque dans le ms. de Paris.)*

## III. SECONDE PARTIE.
### EXTRAIT DU LIVRE DU SAGE OSTANÈS.
(Fol. 62.)

Au nom du Dieu clément et miséricordieux!

Le sage Ostanès a dit : Voici ce que Dieu m'a fait comprendre et qui m'a ouvert les yeux :

Lorsque je m'aperçus que l'amour du grand œuvre était tombé dans mon cœur et que les préoccupations que j'éprouvais à cet égard avaient chassé le sommeil de mes yeux, qu'elles m'empêchaient de manger et de boire, au point que mon corps s'amaigrissait et que j'avais mauvaise mine, je me livrai à la prière et au jeûne; je demandai alors à Dieu de dissiper les angoisses et les soucis qui s'étaient emparés de mon cœur et de donner une issue à la situation embarrassée dans laquelle je me trouvais.

Pendant que je dormais sur ma couche, un être m'apparut en songe et me dit : « Lève-toi et comprends ce que je vais te montrer. » Je me levai et partis avec ce personnage. Bientôt nous nous trouvâmes devant sept portes[1] si belles, que jamais je n'en avais vu de pareilles. « Ici, me dit mon guide, se trouvent les trésors de la science que tu cherches. — Merci, répondis-je. Maintenant guidez-moi pour pénétrer dans ces demeures où

[1] Le symbolisme des sept portes, répondant aux sept métaux, est très ancien. Il était déjà attribué aux Perses, par Celse, cité par Origène (*Introd. à la Chimie des anciens*, p. 79). — Voir aussi l'ascension des sept degrés dans Zosime (*Coll. des Alch. grecs*, trad., p. 127).

vous prétendez que se trouvent les trésors de la science. — Tu ne saurais, me répondit-il, y pénétrer, si tu n'as pas en ton pouvoir les clefs de ces portes; mais viens avec moi, je te montrerai les clefs de ces portes. »

Je marchai avec lui et bientôt nous trouvâmes un animal d'une forme telle que je n'avais jamais vu son semblable. Il avait des ailes de vautour, une tête d'éléphant et une queue de dragon; les diverses parties de cet animal se dévoraient l'une l'autre. En voyant cela, je fus pris d'une vive terreur et changeai de couleur. Alors mon guide, voyant dans quel état j'étais, me dit : « Va vers cet animal et dis-lui : « Au nom du Dieu puissant, « donne-moi les clefs des portes de la sagesse. » Lorsque, plein de terreur et d'effroi, je me fus rendu vers cet animal et lui eus dit les paroles ci-dessus, il me remit ces clefs. J'ouvris les portes et, arrivé à la dernière, je trouvai en face de moi une plaque d'un aspect brillant et multicolore, dont il m'était impossible de supporter l'éclat lorsque je la regardais.

Sur cette plaque se trouvait une inscription en sept langues; la première était en langue égyptienne. Je lus cette inscription. Elle commençait ainsi :

« Je vais vous proposer l'allégorie du corps, de l'esprit vital et de l'âme; étudiez-la avec votre raison et votre intelligence et, si vous lui donnez toute votre attention, vous aurez une bonne direction pour accomplir chaque œuvre et pour connaître tout ce qui est caché.

« Le corps, l'âme et l'esprit vital sont comme la lampe, l'huile et la mèche. De même que la mèche ne saurait servir dans une lampe sans huile, de même l'esprit vital ne saurait être utilisable dans un corps sans âme. L'esprit vital du corps, c'est le sang, l'âme en est le souffle, qui se répartit dans le sang et le cœur, jusqu'aux extrémités du corps : ce dernier, vous le savez, consiste en chair, en os et en nerfs.

« Sachez que si vous logiez l'esprit vital seul dans le corps sans y introduire l'âme, le corps n'aurait point de clartés; il serait comme enveloppé de ténèbres. Quand vous y faites pénétrer l'âme, le corps s'affine, se purifie et prend un bel aspect.

« Saisissez bien ce que je vais vous décrire, car c'est une chose importante et personne ne pourrait être guidé vers la science cachée dont je parle, s'il ne connaissait ce chapitre. Ne voyez-vous pas que le feu possède une clarté, des rayons et de l'éclat; si vous l'arrosez avec de l'eau, la clarté et l'éclat disparaissent et il devient ténèbres après avoir été clarté.

« Si vous prenez du feu et de l'eau et qu'en opérant comme nous l'exposons dans le présent livre, vous réussissiez à les mêler et à les combiner; aucun des deux ne pourra plus nuire à l'autre et leur réunion donnera deux fois autant de clarté et de rayons que quand ils étaient dans leur état primitif. C'est de cette façon qu'il vous faudra commencer, car c'est ainsi qu'ont commencé ceux qui sont venus avant vous. A l'origine, les éléments primitifs étaient le feu et l'eau. C'est de l'accouplement de l'eau et du feu et de leur combinaison qu'ont été formés de nombreux corps, arbres et pierres. Il convient donc que vous procédiez par analogie, en agissant pour la science dernière, conformément à la façon suivie dans la science primitive. Vous devez agir et procéder vous-mêmes, comme on vous a appris qu'on avait procédé et agi. »

Ce que je viens de vous dire, ce sont les termes mêmes de la première inscription tracée sur la plaque en langue égyptienne.

Ensuite venait une inscription en langue persane, pleine d'une grande science et d'une grande sagesse. Je vais dire maintenant le contenu de la lecture de cette plaque et de la science que j'ai acquise.

« Le pays de Misr (Égypte) est supérieur à toutes les autres villes et bourgs, à cause de la sagesse et de la science de toutes choses que Dieu a départies à ses habitants. Pourtant les gens de Misr (Égypte), ainsi que ceux du reste de la terre, ont besoin des habitants de la Perse et ils ne peuvent réussir dans aucune de leurs œuvres, sans le secours qu'ils tirent de ce dernier pays. Ne voyez-vous pas que tous les philosophes qui se sont adonnés à la science se sont adressés à des gens de la Perse, qu'ils ont adoptés comme frères? Ils leur ont mandé de leur envoyer ce qui se trouvait dans la Perse et qu'ils ne trouvaient pas dans leur propre pays. N'avez-vous pas entendu raconter qu'un certain philosophe écrivit aux mages, habitants de la Perse, en leur disant : « J'ai trouvé un exemplaire d'un livre des anciens « sages; mais ce livre étant écrit en persan, je ne puis le lire. Envoyez-moi « donc un de vos sages, qui puisse me lire l'ouvrage que j'ai trouvé. Si vous « faites ce que je vous demande, je vous aurai en haute estime et vous « témoignerai ma reconnaissance tant que je vivrai. Hâtez-vous de faire ce « que je vous demande, avant que je meure; car une fois mort, je n'aurai « plus besoin d'aucune science. »

« Voici la réponse que lui adressèrent les sages de la Perse : « En rece-« vant votre lettre, nous avons éprouvé une joie bien vive, à cause des choses « que vous nous avez écrites. Nous nous hâtons de vous envoyer le sage que

IMPRIMERIE NATIONALE.

«vous nous avez demandé, afin qu'il lise votre livre et vous montre les
« secrets qu'il contient, car nous estimons que tel est notre devoir strict
« vis-à-vis de vous. Quand vous aurez achevé votre livre comme vous le
« désirez, vous nous obligerez en en faisant exécuter promptement une copie;
« comme ce sont nos ancêtres qui ont composé cet ouvrage, nous sommes
« désireux d'en faire notre profit aussi bien que vous. C'est ainsi qu'il con-
« vient d'agir. Salut. »

Voilà tout ce que j'ai lu dans l'inscription persane de la plaque.

Ensuite je lus une inscription indienne, dont voici le contenu : « C'est
nous, disent les Hindous, qui, dès les premiers âges, avons eu la supériorité
sur les autres autres hommes, alors qu'ils étaient encore peu nombreux et
que leur intelligence était tendre. Notre sol est de tous celui qui est le plus
vigoureux. Cela tient à ce que le soleil est proche du zénith, au-dessus de nos
têtes, et à la chaleur que nous recevons de cet astre : telle est la cause de
la vigueur de la nature dans notre pays. Si nous n'avions pas besoin de la
Perse, nous pourrions achever l'œuvre tout entière, rien qu'avec ce qui sort
de notre sol et de nos mers.

« Certain sage envoya un jour quelqu'un nous demander de lui expédier
de l'urine d'éléphant blanc mâle, animal qui se rencontre dans la partie la
plus occidentale de notre pays. Cette urine, assure-t-on, est un remède pour
un grand nombre de maladies. Quand le messager fut arrivé, nous lui
remîmes ce qu'il nous avait demandé. Le sage, lorsqu'il eut reçu cette
substance, loua Dieu et lui témoigna sa reconnaissance. Il donna à cette
urine la préférence sur tous les autres remèdes, à cause des bons effets
qu'il savait être produits par elle, et il en fit ensuite l'éloge, en raison des
résultats qu'il avait obtenus. « Jamais, dit-il, je ne l'ai mélangée avec une
« autre préparation, sans que cette préparation ait acquis une force nou-
« velle et donné d'excellents résultats. » Il écrivit ensuite à une foule de
gens, en leur disant : « Admirez comment une chose infime produit un
« grand effet. »

Ici se terminait l'inscription hindoue.

Le reste des inscriptions était effacé, par suite de la vétusté de la plaque;
aussi n'ai-je pu copier que ces trois inscriptions qui, se trouvant sur la
partie initiale de la plaque, avaient échappé à la destruction.

Pendant que j'examinais la partie que je n'ai pas réussi à déchiffrer sur cette
plaque, j'entendis une voix forte qui me cria : « Homme! sors d'ici avant que

les portes se ferment, car le moment de les fermer est venu. » Je sortis
tout tremblant et redoutant qu'il ne me fût plus tard impossible de sortir.
Lorsque j'eus traversé toutes les portes, je trouvai un vieillard d'une beauté
sans pareille. « Approche, me dit-il, homme dont le cœur est altéré de
cette science; je vais te faire comprendre bien des choses qui t'ont paru
obscures et t'expliquer ce qui est demeuré caché pour toi. » Je m'approchai
du vieillard, qui me prit alors par la main, puis qui leva sa main vers le
ciel, en me jurant par le Dieu du ciel que je possédais toute la science et
que tous les secrets de la sagesse étaient en moi. Je louai Dieu qui m'avait
montré tout cela et qui m'avait fait apparaître tous les secrets de la science.

Tandis que j'étais ainsi, l'animal aux trois formes, dont les parties se dévoraient entre elles, cria d'une voix forte : « Sans moi la science ne saurait
être acquise d'une manière complète, car c'est moi qui ai les clefs des trésors de la science. Que celui qui veut parfaire l'œuvre comme il convient
reconnaisse ma puissance et il n'ignorera rien de ce que les sages ont dit. »

En entendant ces paroles, le vieillard me dit : « Homme! va retrouver cet
animal, donne-lui une intelligence à la place de ton intelligence, un esprit
vital à la place du tien, une vie à la place de la tienne : alors il se sou-
mettra à toi et te donnera tout ce dont tu auras besoin. » Comme je réflé-
chissais comment je pourrais donner une intelligence à la place de la mienne,
un esprit vital à la place du mien, une existence à la place de la mienne, le
vieillard me dit : « Prends le corps qui ressemble au tien, enlève-lui ce que
je viens de te dire et rends-le lui [1]. » Je fis comme le vieillard me l'avait
ordonné et j'acquis alors la science tout entière, aussi complète que celle
décrite par Hermès.

---

[1] Ce symbolisme bizarre rappelle celui des Leçons de Zosime (*Coll. des Alch. grecs*, trad.,
p. 118 et 126).

## IV. EXTRAIT DU MANUSCRIT 1074,
### DU SUPPLÉMENT ARABE.
(Fol. 142 v°.)

Interrogé par Safendja, roi du Saïd, Marqouch [1], roi d'Égypte, fils de
T'sebet, roi d'Abyssinie, répondit : « Il n'y a rien d'aussi commun, dans ce
monde, que cette chose mystérieuse [2]; elle se trouve en plus grande quantité que n'importe quoi sur la surface du globe; il y en a chez le riche et
chez le pauvre, chez le voyageur et chez celui qui est sédentaire. Sans elle,
tous les êtres créés mourraient. »

Marianos [3], le moine, disait à son oncle maternel : « C'est la chose la
plus indispensable à ta santé, et si elle n'existait pas, tu mourrais. »

Le sage Démocrite disait à la reine Théosébie [4] : « Quand vous mettez la
main dans votre bourse, retenez-la, sinon ce serait votre ruine. Cette chose
mystérieuse de l'œuvre ne saurait jamais être achetée pour un prix quelconque. Gardez-vous d'en altérer ainsi la valeur. »

Notre seigneur Hermès disait : « L'eau possède une vertu admirable, car
dans l'olivier elle se transforme en huile, dans le térébinthe en gomme,
dans le palmier en datte fraîche, etc... Pourtant, malgré sa vertu et les
résultats qu'elle donne, on ne lui prête aucune attention. Ceux qui ont
connu ce précieux secret l'ont caché avec le plus grand soin et l'ont enveloppé de mystères. Il lui ont donné le nom de chacune des drogues, métaux, plantes ou animaux. »

C'est ce qu'a dit, dans les vers suivants, Ibn Amyal, dans son poème
rimant en n :

« Ils lui ont donné des noms nombreux, en sorte que les esprits ont été
troublés par des doutes.

---

[1] Probablement identique à Marcus Græcus, sous le nom duquel nous est parvenu le
*Livre des feux*, en latin. (Voir *Transmission
de la science antique*, p. 89.)

[2] *Coll. des Alch. grecs*, trad., p. 38, note 6.

[3] Marianos ou Morienus. — Voir le présent
volume, p. 2, et surtout *Transmission de la
science antique*, p. 242.

[4] Théosébie, à laquelle Zosime a adressé
ses livres.

« Ils ont dit : Toute chose est cette substance et ils l'ont surnommée du nom de tout ce qui est sur la terre.

« Mais le secret de Dieu est gardé à son sujet; les anciens ont interdit de le révéler. »

Dans son livre intitulé : *La perle gardée et la sagesse soupçonnée*, Djâber a dit : « Si les ignorants voyaient de leurs yeux la pierre des philosophes, ils jureraient leurs grands dieux qu'on n'en saurait faire ni or ni argent. Ce n'est que s'ils acquéraient, en assistant à une expérience, la conviction que cette pierre est bien le principe de ces deux métaux qu'ils nous croiraient. Mais l'ignorance établit une séparation entre eux et nous. »

Dans son commentaire sur le divan de Djâber, l'auteur des *Paillettes* dit : « Par Dieu! si l'on désignait cette chose sous le nom que le vulgaire lui connaît, les ignorants diraient que c'est un mensonge et les gens intelligents concevraient des doutes. »

Marie la Sage [1], fille du roi Saba, disait : « C'est une chose mystérieuse, admirable; elle est méprisée, on la foule aux pieds. Mais ce mépris qu'on a pour elle est une faveur du ciel, qui fait qu'elle est ignorée des sots et qu'elle demeure oubliée. »

Galien disait : « La science fait qu'on crée les choses les plus précieuses avec les choses les plus viles. Voyez, par exemple, les plus beaux vêtements qui sont au monde sont en soie, et la soie provient d'un ver. La meilleure des choses qui se mangent est le miel, qui provient d'une mouche. Le musc est le produit d'un animal, l'ambre gris celui d'un poisson, et la perle, d'une huître. Il en est de même de cette substance, qui provient de la matière la plus vile aux yeux des ignorants. »

[1] Marie l'alchimiste.

# OEUVRES DE DJÂBER.

## (V)

## I. LE LIVRE DE LA ROYAUTÉ.

(Manuscrit arabe de Leyde 972, fol. 52-56.)

C'est le huitième des cinq cents traités composés par le cheikh Abou Mousa Djâber ben Hayyàn Eç-Çoufy; Dieu lui fasse miséricorde!

Au nom du Dieu clément et miséricordieux!

Louange à Dieu l'éternel, le compatissant, le miséricordieux! Qu'Il répande ses bénédictions sur Mahomet et sa famille et qu'Il leur accorde le meilleur des saluts!

Le présent opuscule est celui de mes ouvrages dans lequel j'ai spéciale-ment indiqué deux catégories d'opérations : la première est d'une exécution prompte et facile, les princes ne se sentant point attirés vers les opérations compliquées et ne pouvant d'ailleurs pas les entreprendre; la seconde ou œuvre interne est celle que les sages n'exécutent que pour les princes. C'est pour cela que j'ai donné à ce traité le nom de *Livre de la Royauté*. Saisissez bien, cher frère, ce que je vais vous exposer dans cet ouvrage, et la chose vous paraîtra aisée, si vous êtes clairvoyant; je le jure par mon maître.

Sachez que l'opération royale est celle qui ne convient qu'aux princes, à raison de la facilité qu'elle présente, de la promptitude de son exécution et de l'excellence de sa fabrication. Mais pour Dieu, cher frère, que cette facilité ne vous entraîne pas à divulguer ce procédé et à le montrer à l'un quelconque de vos proches, à votre femme, à votre enfant chéri et, à plus forte raison, à toute autre personne. Par Dieu! cher frère, si vous manquiez à cette recommandation, vous vous en repentiriez alors que tout repentir serait inutile.

Il n'est personne qui, ayant trouvé une chose importante, d'une entreprise facile et d'une exécution rapide, ne la prodigue pas, en sorte qu'elle échappe bientôt de ses mains; aussi un tel bien ne se transmet-il par voie d'héritage que parmi les hommes intelligents, les esprits supérieurs et expérimentés. S'il en est ainsi, cher frère, que penseriez-vous qu'il arriverait d'une chose qui ne périrait et ne disparaîtrait jamais, alors même que tous les hommes l'auraient apprise. Certes chacun de ceux qui la connaîtraient s'efforcerait d'en cacher la notion et d'en dérober le secret aux autres, et cela naturellement sans y être contraint.

Il ne faut attacher aucune importance à ces mots que disaient les Anciens : « Si nous divulguions cet œuvre, le monde serait corrompu; car on fabriquerait l'or comme aujourd'hui on fabrique le verre dans les bazars. » C'est qu'en effet pour cet œuvre il est indispensable d'avoir les deux pierres qui en sont les bases, et comme on ne saurait se passer d'en avoir peu ou beaucoup, le désir de les posséder amènerait à n'en parler que très discrètement et à les dissimuler. Sachez donc que les sages, en disant cela, ont seulement voulu décourager les ignorants et les détourner de s'occuper du grand œuvre. Prenez donc bien vos précautions, cher frère, et ayez grand soin de garder le secret, si vous comprenez ce que je vais vous dire, dans ce traité, au sujet de l'opération efficace et rapide. Cette opération, je le jure par mon maître, se fait sans distillation, sans purification, sans dissolution ni coagulation, et elle vous ouvrira la voie la plus large pour vous conduire à connaître la vérité de cette chose et sa réalité. Retenez bien ceci, servez-vous de ce procédé et vous verrez que la voie sera facile, si Dieu le veut.

Sachez, cher frère, que l'eau, si on la mélange avec de la teinture et de l'huile pour en faire un tout homogène, puis que le liquide fermente, se solidifie et devienne pareil à un grain de corail; elle donne de la sorte un produit d'une fusion facile analogue à celle de la cire et qui pénètre subtilement dans tous les corps. Cette substance, obtenue ainsi que je viens de le dire, constitue l'*imâm*.

Passons maintenant à l'opération. Je dirai que l'opération la plus longue est celle dont font usage les maîtres de l'art. C'est une voie dans laquelle ceux qui sont experts ne sauraient se tromper; je l'ai mentionnée sous toutes ses faces, tant proches qu'éloignées, dans mes *Soixante-dix* (chapitres) et dans le livre qui les réunit tous. Certes ce livre, j'en jure par mon maître est un des plus célèbres et l'un des plus utiles à ce point de vue.

Quant à la voie la plus expéditive, c'est en somme celle de la balance;

toutefois la voie de la balance, bien que d'une manière générale elle soit la plus prompte, peut cependant présenter des différences de durée.

La voie suivie dans l'opération, qui d'une manière générale est la plus longue, peut dans ses variations atteindre jusqu'à une durée de soixante-dix ans, ainsi que je l'ai rapporté dans l'ouvrage intitulé : *Opération des sages anciens*, et aussi dans mon *Livre des Soixante-dix*, lorsque j'ai parlé de la plus longue des opérations. La voie la plus courte a une durée de quinze jours. Voyez, cher frère, l'écart que présentent ces deux chiffres : soixante-dix ans et quinze jours. Il y a même, j'en jure par mon maître, un écart de durée dans la voie de la balance : sa période la plus longue est de neuf jours, tandis que la plus courte ne dure qu'un clin d'œil. Toutefois un certain temps est toujours nécessaire pour rassembler les drogues, pour les piler, les mêler les unes aux autres et les fondre, de façon qu'elles puissent recevoir les ferments et que la transformation des parties se produise d'un même coup.

Retenez bien ceci, et par Dieu! j'en jure par mon maître, je ne vous rapporterai de cette opération que ce que j'ai expérimenté moi-même, de mes mains, et il en est résulté ce que je vous ai dit dans un temps très court. Surtout, si vous avez saisi le procédé et si vous en êtes en possession, gardez-vous bien de laisser votre main gauche savoir ce qu'a fait votre main droite. Par Dieu! si vous n'acceptez pas ce conseil et si, dans votre enthousiasme et dans l'excès de votre joie, vous vous laissez entraîner à faire part de la chose à des sages, pour montrer votre supériorité dans l'Art; ou bien à en entretenir vos amis et vos familiers; ou à discuter sur ce chapitre avec ceux qui ne sont point en possession de ce don précieux : vous éprouverez alors et sans tarder un dommage irréparable. Malheureux, vous aurez commis contre vous-même un attentat, dont les effets ne sauraient être effacés jusqu'à la fin de votre vie. Acceptez donc ce sage conseil, car le poète a dit :

« Ne confie ton secret qu'à toi-même et souviens-toi que tout homme qui conseille a besoin, à son tour, d'être conseillé. »

Si cette opération occupe la place que je viens de lui assigner, — et je ne l'appelle *opération* que pour me conformer à la voie vulgaire et générale et non à la voie particulière et raisonnée, — elle mérite d'être appelée *opération royale*. En effet, les princes qui désirent la pratiquer, à cause de sa facilité et de la rapidité avec laquelle on parvient au but, ne sont point empêchés par elle d'administrer leur empire, non plus que de donner leurs soins à leurs armées, ou à leurs sujets. En outre, ce procédé est d'une exécution rapide et conduit à obtenir directement la matière qui constitue le but final, sans qu'il soit besoin des intermédiaires. C'est là une chose qui semble absurde en bonne logique; mais, cher frère, j'ai été témoin du fait et je ne puis, sur ce point, récuser le témoignage de mes sens, quels qu'aient été d'ailleurs à cet égard mon étonnement et ma stupéfaction.

Sachez que cette matière n'est autre chose que l'élixir de tous les élixirs, le ferment des ferments, et qu'il transforme les éléments dans le même temps qu'il met à se transformer lui-même, et non dans le temps qu'il a fallu pour réunir les drogues qui le composent et les faire fondre. En effet, lorsqu'il se manifeste au dehors, il est plus prompt à fondre que la cire. Aussitôt qu'il est atteint par la chaleur du feu, l'œil saisit son mouvement et son introduction dans le corps pour lequel il a été préparé, et ce corps devient brillant en moins d'un clin d'œil.

Par Dieu! j'en jure par mon maître (que les bénédictions de Dieu soient sur lui!), je n'ai jamais rien dit de tout ceci dans aucun de mes livres, sauf dans le traité spécial que j'ai intitulé : le *Livre des Balances*, et encore l'avais-je fait en termes tels que nul ne pouvait arriver à un résultat, qu'aucun être humain ne pouvait connaître ce procédé et que ceux-là mêmes qui ont réussi à exécuter cette opération et l'ont connue *de visu* n'ont point su ce que j'avais voulu dire, à moins qu'ils n'aient saisi un certain mot : alors seulement ceux qui ont vu cette opération et qui l'ont exécutée auront peut-être réussi à la comprendre. C'est dans ce sens qu'il faut entendre ma phrase : « A moins que Dieu ne vous favorise, en vous faisant voir l'*imâm*. »

Quant à celui qui n'y parviendra pas, il ne trouvera aucune voie qui l'amène à comprendre ce que j'ai rapporté dans ce livre-là, et pourtant, j'en jure par mon maître Dja'far ben Mohammed Eç-Çâdeq (que sur lui soient les bénédictions et les meilleurs saluts!), je m'exprime ici en termes clairs, explicites, sans signes conventionnels, ni énigmes, contrairement à ce qu'ont coutume de faire tous les sages et à la façon dont j'en ai usé à leur exemple dans mes autres ouvrages.

Voyez, cher frère, ce que je vous donne et le cadeau que je vous fais. Sachez que les Anciens, dans aucun de leurs ouvrages, n'ont mentionné ceci, surtout de la façon dont je l'ai fait et qu'ils n'ont même pas soupçonné qu'on pût y parvenir. Il ne lui ont même pas donné son nom, ils n'en ont fait aucune mention; aussi, à plus forte raison, n'ont-ils pas soupçonné qu'il y eût un moyen d'y parvenir, ou de tenter d'en indiquer un. Cepen-

dant quelques-uns d'entre eux ont décrit d'autres procédés, en leur attribuant quelques-unes des vertus de celui-ci, mais sans fournir d'indications
suffisantes, se contentant, par exemple, de dire : *l'éclair qui ravit, la pru-
nelle de l'œil, le vainqueur et le vaincu.*

Par Dieu! j'en jure par mon maître, si je vous avais laissé livré à votre
seule intelligence en vous donnant ces brèves paroles, et si même je vous
avais fait remarquer que ces expressions avaient été expliquées par d'autres,
certes vous ne seriez jamais arrivé à obtenir cet élixir, malgré des explications claires et précises; à moins d'avoir assisté vous-même à sa préparation et de l'avoir vu fabriquer sous vos yeux. Alors seulement vous l'auriez
reconnu, s'il s'était trouvé réalisé devant vous.

Le hasard, j'en jure par mon maître, fait que beaucoup de gens arrivent
à obtenir cet élixir avec ses qualités les plus parfaites; mais ils ne s'en
aperçoivent point et le laissent perdre; ou bien ils ne le reconnaissent que
quand il est gâté. Ils font alors des efforts infructueux pour le reproduire
une seconde fois et meurent désespérés, avant d'avoir pu y réussir. Cela, j'en
jure par mon maître, est arrivé à un grand nombre de personnes que j'ai
connues, parmi les hommes éminents qui étudient cette science et parmi les
plus illustres sages qui sont parvenus à produire l'élixir à l'aide de l'opération, ou tout au moins à s'approcher beaucoup du but.

Ceux qui sont arrivés au résultat ont été tout le reste de leur vie comme
frappés de stupeur et hébétés, ne pouvant détourner leur esprit de penser
à ce qu'ils avaient vu et ne sachant pas comment se servir de leur produit.
Quant à ceux qui n'avaient pas atteint le but, les uns, qui dans l'excès de
leur joie avaient gâté le produit obtenu, ont espéré pouvoir le reproduire
une seconde fois; mais ils n'y sont pas parvenus et n'ont point tardé, peu
de temps après, à mourir de désespoir; les autres sont demeurés tristes
toute leur vie, en faisant de nouvelles tentatives dans cette voie, sans réussir
à obtenir ce qu'ils avaient déjà vu. Quelquefois pourtant, ils ont extrait un
produit pareil en apparence, mais dont l'effet n'était plus le même.

J'en jure par mon maître, ce produit-ci apparaîtra toujours, car je l'ai
vu bien souvent de mes yeux, plus de mille fois; sa manifestation se produit avec de grands écarts, soit dans la durée de la préparation, soit dans
l'action qu'il exerce. Sachez ceci et tenez-en compte dans vos opérations.

Maintenant je vais vous expliquer le procédé et sa balance. Suivez bien
mes recommandations et, si Dieu le veut, vous réussirez dans vos désirs.

Vous savez que les grandes balances sont au nombre de trois, ainsi que je l'ai expliqué dans plusieurs de mes ouvrages relatifs aux balances. Deux de ces balances sont simples, celle de l'eau et celle du feu; la troisième est composée des deux premières. J'en jure par mon maître, le produit se manifestera avec ces deux balances; toutefois il y aura danger dans ces deux cas, avec cette différence cependant que le danger sera plus grand avec la balance du feu. Je vais vous montrer comment on opère avec ces deux balances, et c'est par là que je terminerai le présent opuscule.

Je dirai donc : la balance de l'eau ne présente tout d'abord a.. un danger, et c'est là, j'en jure par mon maître, un vrai miracle. J'en ai du reste déjà parlé dans mon ouvrage intitulé : le *Livre de la Cohésion* et dans d'autres, d'une façon telle que, j'en jure par mon maître, nul ne l'a fait parmi les créatures de Dieu. Vous verrez qu'il en est ainsi, si vous lisez ce que j'en ai dit dans ce livre; vous verrez aussi la faveur que je vous fais et l'écart qui existe entre les deux endroits. En effet, tandis que dans ce livre-là et dans mes autres ouvrages relatifs aux balances, je me suis borné à indiquer la balance de l'eau, sa division, l'équilibre de ses plateaux et tout ce qui découle de ces questions, même parmi les choses qui n'ont aucun rapport direct avec la balance et avec l'opération elle-même; je donne ici la chose plus ouvertement; car, au rebours de ce que j'ai fait dans mes ouvrages antérieurs, j'ai pris, dans le présent opuscule, l'engagement d'être clair et de laisser de côté tout langage énigmatique. Sachez bien ceci et retenez aussi que tout ce qui est dans ces ouvrages est également véridique et sans énigmes, que les choses elles-mêmes y sont mentionnées sans aucune allégorie.

Sachez, cher frère, que l'on donne le nom de *balance* à la balance de l'eau, parce qu'elle fait apparaître les excès de la nature des corps et leurs déficits d'une façon évidente et plus exacte, j'en jure par mon maître, que la balance ordinaire ne fait ressortir les différences de poids de l'or et de l'argent. Il n'en est pas de même de la balance du feu, qui présente avec celle de l'eau une différence remarquable; c'est pour cette cause que la balance de l'eau a besoin de la balance du feu, tandis que la balance du feu n'a, en aucune façon, besoin de la balance de l'eau.

Dans tous mes livres j'ai parlé de la balance du feu en termes énigmatiques et peu compliqués, à l'inverse de ce que j'avais fait pour la balance de l'eau; j'ai agi ainsi parce que la balance du feu est extrêmement difficile et dangereuse. A cause de ce danger même et des grandes chances d'erreurs que commettent sur ce point les hommes les plus versés dans l'œuvre, il n'a pas été nécessaire d'employer des termes énigmatiques et difficiles à entendre, car on ne peut comprendre cette balance qu'à la condition d'être parvenu au plus haut degré d'habileté dans l'œuvre. Ceux qui en sont à ce point ne manqueront pas d'arriver à leur but quand ils verront la chose, qu'ils y appliqueront tous leurs efforts et qu'ils seront en état de supporter les risques de l'erreur et de se tenir en garde contre les similitudes qui les induiraient à se tromper. Malheur à ceux qui sont dans l'état d'ignorance, et le ciel nous préserve d'être au nombre des ignorants!

Sachez que la chose peut sortir de la seule balance du feu dans toute sa perfection; mais, le plus souvent, elle ne saurait apparaître à l'aide de cette seule balance, à moins que ce ne soit dans sa forme et non dans son action. Si on réunit la balance de l'eau à celle du feu, il est de toute certitude que la chose en sortira dans sa forme la plus complète, à moins d'une erreur de la part de l'opérateur, et tout cela se produit en un clin d'œil. Sachez ceci et vous comprendrez ce que j'ai dit sur la balance dans le *Traité des balances*, livre qui suffit à lui seul.

Ce que je rapporte ici est en contradiction apparente avec ce que j'ai dit dans cet ouvrage, parce que tout est ici divulgué et mis à découvert, selon l'ordre que j'en ai reçu.

En tout ceci, cher frère, le principe fondamental est que les éléments de la pierre soient bien purifiés et dégagés des huiles qui la corrompent et qui l'empêchent de produire complètement son effet : c'est cela qui exige des opérations longues et courtes. Certes, cher ami, la vraie substance, lorsqu'elle est pure de ces huiles qui la vicient, est une chose qui teint, et si elle n'était pas ainsi, les opérations ne sauraient lui donner cette vertu..... [1] Que Dieu le Très-Haut t'aide en ceci !

Fin.

Louange à Dieu l'unique; qu'Il répande ses bénédictions sur notre seigneur Mohammed, sur sa famille, sur ses compagnons et qu'Il leur accorde le salut!

---

[1] Suivant une note du copiste, une bonne partie de l'ouvrage manquait à la fin. Le mot *fin* est d'une main étrangère.

## (VI)

## II. LE PETIT LIVRE DE LA CLÉMENCE,
### PAR DJÂBER.

(Manuscrit arabe de Leyde 972, fol. 58.)

---

Au nom du Dieu clément et miséricordieux!

Djâber ben Hayyân s'exprime en ces termes : Mon maître (que Dieu soit satisfait de lui!) m'appela : « Ô Djâber! — Maître, lui répondis-je, me voici à vos ordres. — Parmi tous les livres, me dit-il alors, que tu as composés et dans lesquels tu as traité de l'œuvre, livres que tu as divisés en chapitres où tu exposes les diverses doctrines et opinions des gens; que tu as partagés en sections, en ayant soin d'affecter chaque traité à une œuvre spéciale et en y énumérant les diverses opérations, il en est qui ont la forme allégorique et dont le sens apparent n'offre aucune réalité. D'autres ont la forme de traités de la guérison des maladies et ne sauraient être compris que par un savant habile. Quelques-uns sont rédigés sous forme de traités astronomiques, contenant des observations et des équations; là, l'œuvre est enfermé dans la science astronomique, si bien que l'ouvrage n'est compréhensible que pour les seuls grands savants; or ceux-là n'ont pas besoin de tes traités. Il en est qui sont sous la forme de traités de littérature, où les mots sont employés tantôt avec leur véritable sens, tantôt avec un sens figuré; or les traces de la science qui donne l'intelligence de ces mots ont disparu et les initiés n'existent plus. Personne après toi ne pourra donc plus en saisir le sens exact. Il en est qui sont basés sur des particularités, qu'on peut ensuite développer par l'analogie et la réflexion : sur ce point il n'existe guère de différence entre toi et les autres. Enfin tu as composé de nombreux ouvrages sur les minéraux et les drogues, et ces livres ont troublé l'esprit des chercheurs, qui ont consumé leurs biens, sont devenus pauvres et ont été poussés par le besoin à frapper des monnaies de faux poids, ou à fabriquer des pièces fausses. Cette pauvreté et cette détresse les ont encore amenés à employer la ruse vis-à-vis des gens riches et autres, et la faute de tout cela en est à toi et à ce que tu as écrit dans tes ouvrages. Maintenant, ô Djâber! demande pardon au Dieu Très-Haut et dirige les chercheurs vers une œuvre prochaine et facile, afin de racheter ce que tu as fait précédemment. Sois clair, car celui-là seul pourra en faire usage que Dieu aura favorisé dans ce but. »

« Maître, répliquai-je, dites-moi quel chapitre je dois traiter ainsi. — Je ne vois, répondit-il, dans tous vos ouvrages aucun chapitre complet et isolé; tous sont obscurs et enchevêtrés, au point qu'on s'y perd. — J'ai cependant mentionné l'œuvre dans mes *Soixante-dix*, repartis-je, et j'y ai fait allusion dans le livre du *Nadhm*, dans le *Livre de la Royauté*, un de mes cinq cents opuscules, dans le *Livre de la Nature de l'Être* et dans un grand nombre de mes cent (douze) livres. — Ce que tu as rapporté dans le plus grand nombre de tes ouvrages est exact, répondit le maître, et la chose est donnée dans les *Vingt propositions*. Mais cela est confus, mêlé à d'autres choses, et le savant seul peut les comprendre; or le savant n'a pas besoin de tout cela. Je t'en conjure par ma vie, ô Djâber! fais sur ce sujet un livre simple, clair, sans énigmes; résume les longs discours et ne gâte point ton langage par des digressions, comme c'est ta coutume. Quand ce livre sera achevé, donne-le moi à examiner. — Maître, répondis-je, je vous obéirai. »

C'est alors que je me suis mis à l'œuvre et que j'ai composé cet opuscule, que j'ai intitulé : *Le petit Livre de la Miséricorde*. J'espère que Dieu me récompensera de ce travail, dans lequel j'ai voulu me montrer clément vis-à-vis de mes frères, les vertueux faqirs, qui ont dépensé tout leur bien, qui ont fatigué leurs corps et à qui leurs concitoyens ont attribué la fabrication de la fausse monnaie.

J'en jure par mon maître, on trouvera ici la reproduction des couleurs, sans putréfaction, sans lavage, sans purification, sans blanchiment de corps ni lavage, sans combustion par le feu. Cependant, j'en jure par mon maître, il va en sortir un chapitre des plus complets, ainsi que je l'ai déjà mentionné dans mon *Livre de la Royauté* et dans d'autres de mes ouvrages. Ce chapitre est indiqué parmi les *Extérieures*. Toutefois, en raison des compositions, des balances exactes et de la disposition de l'œuvre, il a reçu le nom d'*Intérieur*. Je demande à Celui entre les mains de qui se trouve la répartition des biens de ce monde qu'il fasse atteindre le but à l'homme seul méritant et croyant et qu'il interdise le succès à tout infidèle et mécréant; je le demande au nom de Mahomet et de sa famille.

Une nuit que je dormais, je me vis en songe, debout, au milieu de parterres et de parcs; à ma droite était un fleuve de miel, mélangé de lait; à ma gauche, un fleuve de vin. J'entendis une voix intérieure qui disait : « Ô Djâber! convie tes amis à ce fleuve qui est à ta droite, afin qu'ils y boivent; mais interdis-leur le fleuve de gauche et empêche-les d'y boire. — Qui es-tu? demandai-je alors à la voix qui parlait. — Je suis, répondit-elle, la lumière de ton cœur pur et brillant. » A ce moment je me réveillai, l'esprit tout préoccupé de la composition du présent opuscule. Le lendemain matin, j'allai trouver mon maître; j'étais très joyeux de mon rêve et je le lui racontai. « Loue Dieu, me dit-il, et sois-lui reconnaissant d'avoir illuminé ton cœur et de t'avoir permis de faire le bien. Quitte-moi sur l'heure et va t'occuper de l'œuvre à laquelle tu as été convié. Demande à Dieu qu'il t'accorde son appui. »

Sachez, ô mon frère! que j'ai déjà traité de cette œuvre prochaine et facile, dans un certain nombre de mes ouvrages; mais j'en avais parlé dans des termes un peu obscurs, quoique faciles à comprendre pour quiconque déploie une activité intelligente dans la lecture de mes livres, et qui se propose de rechercher le but que je poursuivais. Cependant je n'avais pas employé de termes trop énigmatiques, ainsi que je l'avais fait dans d'autres ouvrages sur les œuvres qui exigent des opérations compliquées par des intermédiaires, œuvres pour lesquelles celui qui connaît les intermédiaires n'a pas à craindre de dégâts durant les opérations : ces œuvres ont des voies diverses. Dans certaines œuvres, les opérations ne peuvent être accomplies qu'après la composition et la propagation des couleurs, à l'aide d'intermédiaires, tant préalables que consécutifs. Dans d'autres encore, les opérations se font après la propagation des couleurs, sans intermédiaires d'abord, puis à l'aide d'intermédiaires. Pour ces œuvres il y a diverses voies suivies par les sages; il y a donc lieu à option et matière à des doctrines diverses.

Quant à la voie que je vais indiquer ici, elle est plus claire que toutes celles qui ont précédé : c'est la voie du feu seul, sans l'intervention d'un nouvel agent du commencement à la fin. Cette opération est celle du mercure fixé; la balance est son soutien. Par la balance s'établissent les propriétés et la perfection. L'œuvre est extérieure et intérieure. Il n'est pas besoin de propagation de couleurs, et l'on n'a pas à s'aider d'intermédiaires.

Je t'en conjure par Dieu, ô savant! par la vérité de Celui que tu adores, si tu comprends ce procédé, garde soigneusement le secret vis-à-vis de tout autre que celui qui en est digne. Garde-toi bien, si Dieu te facilite l'accès de cette méthode, de la montrer ou d'en parler; n'en parle jamais, car le Souverain Juge te châtierait, et peut-être t'en priverait-il ensuite par des moyens divins : ce qui te punirait encore davantage.

Sachez, ô mon frère! que vous devez vous baser sur tout ce que je vais vous dire. Prenez la substance dont vous devez vous servir; elle est fraîche et propre, quoique tirée d'impuretés et de saletés. N'en prenez que la quintessence pure et choisie, de même que dans un œuf on prend le jaune et on rejette le reste. Qu'elle provienne d'animaux au début de leur jeunesse; elle est alors préférable pour la combinaison et plus aisée à manier lors de la disjonction, au moment où elle est mise en fuite par le feu, dans l'opération que vous pratiquerez pour la disjonction. Méfiez-vous de votre ennemi; s'il vient à bout de vous, il vous tuera, mais si c'est vous qui l'emportez sur lui, vous vivrez et n'aurez plus rien à craindre de votre ennemi. Appuyez-vous sur cette parole du Sage : « Le feu augmente la vertu du sage et la corruption du pervers. »

Les sages ne s'enorgueillissent pas de la quantité des drogues, mais de la perfection des opérations. Je vous recommande d'agir avec précaution et lenteur, de ne point vous hâter et de suivre l'exemple de la nature, dans tout ce que vous désirez en fait de choses naturelles. Appuyez-vous sur ces principes et alors vous obtiendrez ce que vous désirez, tel que vous le désirez. Celui qui manquera à ces préceptes ne réussira pas. Il lui faudra quelqu'un qui se donne comme rançon pour son âme et qui soit du même genre et du même âge que lui.

Quand vous serez parvenu à ce point, enlevez avec précaution tout ce qui sera étranger : vous aurez alors la base du tempérament mixte, c'est-à-dire ce qui fait pénétrer la teinture dans les étoffes. Lorsque vous aurez extrait cette chose, prenez-la, enlevez-lui sa forme corporelle et matérielle; car elle ne pourra se mêler aux parcelles subtiles, qu'autant qu'elle sera subtile elle-même : sinon il y aurait écart et divergence. Comprenez ce paragraphe, car c'est la base de toutes nos opérations intérieures et extérieures.

Ô mon frère! lorsque vous aurez purifié ce qu'il convient de purifier, c'est-à-dire les deux combinaisons nobles, excellentes, tinctoriales, le feu pur relatif à la pierre, ainsi que l'huile pure, brillante, éclatante, mélangée et non brûlée, et que Dieu vous aura aidé sur ce point, vous serez arrivé au but de vos désirs et vous obtiendrez tous les trésors de la terre. Commencez alors à faire la combinaison binaire des éléments froids et humides, avec les éléments chauds et humides; ensuite avec les éléments chauds et secs. Quand cela sera fait, vous aurez l'*imâm*, dont je parle souvent dans la plupart de mes ouvrages. C'est ce que j'entends par ces mots : « A moins que Dieu ne me favorise en me faisant voir l'*imâm*. »

Occupez-vous ensuite de la combinaison. Si votre combinaison est pour le rouge, faites ce que je vous ai dit dans le livre de la *Balance unique*, sous cette forme : « Certes le Dieu Très-Haut, lorsqu'il a créé les deux grands luminaires, a équilibré leur nature, en augmentant ou en diminuant chacun de leurs deux éléments. Pour le soleil, Dieu lui a enlevé du froid et de l'humidité, en augmentant la chaleur et la sécheresse, qui sont les deux qualités dominantes de cet astre; tandis que le froid et le sec sont plus voisins l'un de l'autre. Grâce à cette prédominance, le soleil (l'or) agit sur toutes choses d'une façon correspondante. Quant à la lune (l'argent), elle contient du froid et de l'humide; ce sont là ses caractères dominants. Elle a perdu, en fait de chaleur sèche, ce qui est corrélatif au froid sec. Elle agit donc sur les corps d'après ses qualités dominantes. Lorsque vous aurez achevé l'élixir de l'une des deux couleurs propres à ces deux luminaires, vous aurez alors, j'en jure par mon maître, la balance naturelle, dans toutes les opérations, éloignées, moyennes, ou prochaines. Faites fondre ensuite, comme je l'ai indiqué dans mes livres en ces termes : « Fondez l'équilibré, le parallèle, à l'aide du feu à trois degrés, savoir : le feu du début, le feu moyen, le feu extrême, qui fait fondre l'élixir; le solide fondra comme de la cire et il durcira ensuite à l'air. Il pénétrera et s'introduira comme un poison. Le résultat sera conforme à l'opération, si la substance est excellente, ainsi que je vous l'ai déjà dit. » L'opération ne sera rapide qu'avec la substance précédente; elle sera très solide, excellente et très nette. Une seule partie suffira pour un million. Si, avec une substance excellente, vous commettez quelque négligence dans l'opération, le résultat sera en proportion de cette négligence.

Conservez l'élixir dans un vase en cristal de roche, en or, ou en argent, le verre étant exposé à se briser. Implorez l'appui de Dieu en toutes choses, vous serez heureux et dans la bonne voie.

J'en jure par mon maître et par Celui qui m'a créé, je ne vous ai rien

IMPRIMERIE NATIONALE.

caché dans cet opuscule, pas un seul mot. Je vous ai aplani toutes les difficultés : ce que n'aurait pu faire personne autre que moi ni chez les modernes,
ni chez les anciens. Voyez ce que j'ai fait pour vous et pour tous les chercheurs; récompensez-m'en par vos prières, par vos vœux et par vos oraisons.
Prenez une portion de votre élixir, distribuez-la en mon nom gratuitement
aux pauvres et aux malheureux [1]. Dieu me revaudra cela auprès de vous;
c'est lui qui me suffit et il est le plus excellent des protecteurs.

Fin du livre.

[1] Voir Hiérothée, *Coll. des Alch. grecs*, trad., p. 143.

## (VII)

### III. LE LIVRE DES BALANCES.

Au nom du Dieu clément et miséricordieux!

Louange à Dieu, le maître des mondes!

Voici *Le petit Livre des Balances*, ouvrage composé par Djâber ben Hayyân El-Azdi Et-Thousi Eç-Çoufy (Dieu lui fasse miséricorde!).

Louange à Dieu, le maître des mondes! qu'il répande ses bénédictions sur le prophète Mohammed, sur sa famille, et qu'il leur accorde le salut!

Si nous voulions entreprendre de décrire la supériorité de Dieu sur nous et de dépeindre les faveurs dont il nous a comblés, nous n'arriverions pas à trouver des épithètes suffisantes, ni même des expressions pour le définir. N'est-ce pas lui, en effet, qui a créé les trois catégories primordiales (une quatrième n'existant pas), à savoir : les animaux, les plantes et les pierres, en donnant la prééminence aux animaux. Puis, parmi les animaux, c'est lui qui a mis au premier rang l'homme, doué de parole et de raison, susceptible de recevoir des ordres et des prohibitions, capable d'entendre les discours et d'en tirer profit pour son éducation. Enfin il a donné à l'homme cette substance précieuse, ce principe de causalité qui le rapproche de lui, l'intelligence, qui est une marque divine de noblesse et de grandeur.

Dieu a dit à l'homme : «Je resterai en relations avec toi : tu pourras donc obtenir, soit la récompense suprême, soit le dernier châtiment.» Puis, lorsqu'il eut fait descendre Adam du paradis sur la terre, il lui offrit, par l'intermédiaire de l'ange Gabriel, de choisir entre trois présents : «Ton Dieu, dit Gabriel à Adam, t'adresse le salut et te fait dire qu'il t'envoie trois vertus : la pudeur, l'intelligence et la religion; tu peux choisir l'une d'elles, mais alors tu devras renoncer aux deux autres. — Je choisis l'intelligence, répondit Adam. — Remontez au ciel, s'écria Gabriel, en s'adressant à la pudeur et à la religion. — Nous ne le ferons pas, répliquèrent ces deux dernières. — Pourquoi désobéissez-vous ainsi, repartit Gabriel? —

Parce que, s'écrièrent-elles, nous avons reçu l'ordre de ne jamais nous séparer de l'intelligence, en quelque endroit qu'elle se trouve. »

Les mérites de l'intelligence sont suffisamment démontrés par ces paroles du Prophète (que Dieu répande sur lui ses bénédictions et lui accorde le salut!) : « Ne vous soumettez jamais à celui qui n'a pas la moindre parcelle d'intelligence. » C'est encore le Prophète qui a dit : « L'intelligence chez l'homme est comme le titre dans une monnaie; plus ce titre est élevé, meilleure est la pièce. » Si nous voulions entreprendre d'énumérer les principaux mérites de l'intelligence, il nous faudrait allonger de beaucoup ce livre; mais nous allons seulement en dire ce qui intéresse notre sujet, d'après les opinions des philosophes.

Socrate, ainsi que tous ceux qui suivent sa doctrine de nos jours, prétend que l'intelligence a son siège dans le cœur, parce qu'elle préside à tous les organes; elle surveille tout ce qui est porté au cerveau de l'homme : sans elle le cerveau ne serait jamais éveillé. . . . . . car, disent-ils, il est du devoir du chef de demeurer au centre de son armée, de façon à être également rapproché des deux ailes, afin de voir celle qui a l'avantage, d'être à portée de rallier celle qui est débandée et de donner l'impulsion à celle qu'il veut mettre en avant. Or, si ce chef était placé à l'extrémité de son armée, il ne pourrait aisément l'organiser, la surveiller, ou la guider de ses conseils. Trop éloigné du théâtre des opérations, celles-ci se feraient en dehors de lui.

Les disciples de Platon, d'Aristote, de Pythagore et d'autres philosophes disent, de nos jours, que rien n'est plus élevé, plus noble, plus important, plus sublime chez l'homme que la tête. C'est là, en effet, que sont réunis les sens dont il fait un constant usage. Il en est ainsi de la vue, et point n'est besoin d'insister sur l'importance de ce sens pour les divers organes, non plus que de l'ouïe, dont le mécanisme ingénieux est d'une si grande utilité. C'est encore dans la tête que sont les organes à l'aide desquels on mange et on boit et qui transmettent au corps les aliments, en fournissant au cœur les matières qui servent à le constituer et à le maintenir en état. En outre, elle permet d'éprouver les sensations agréables que procurent les mets et les boissons. De tous ces indices il faut donc conclure que la tête est un organe supérieur à tous les autres. Enfin l'examen nous montre que tous les organes alimentent le cœur et le cerveau, à l'aide d'une série continue de veines minces et grosses et d'un réseau de nerfs, qui les mettent en communication les uns avec les autres.

Les auteurs disent qu'il y a trois compartiments manifestes et visibles dans le cerveau de l'homme. Ils sont séparés les uns des autres; il existe entre chacun d'eux et son voisin une séparation. Le compartiment situé à la partie antérieure, derrière le front, est le siège de l'imagination; c'est lui qui transmet aux yeux les choses visibles qu'elle imagine. Le second compartiment, placé au milieu de la tête, est le siège de la mémoire; c'est grâce à lui que le cœur garde le souvenir des choses éloignées et des engagements anciens. Le troisième compartiment, qui confine au derrière de la tête, est le siège de la pensée; c'est lui qui fournit à l'homme ses idées. Quand le compartiment antérieur est obstrué, l'imagination n'existe plus; si c'est le compartiment moyen, la mémoire fait défaut, et enfin si c'est le compartiment postérieur, la pensée est supprimée.

Ceux qui ne sont pas partisans de l'opinion d'après laquelle le chef doit être au milieu de son armée disent que le chef doit être placé à un point culminant, d'où il puisse voir à la fois toute son armée, l'aile droite, l'aile gauche, l'avant-garde et l'arrière-garde. Rien ne doit lui être masqué et aucun de ses desseins ne doit être entravé, faute de voir. Ils ont fourni sur ce sujet d'excellents arguments, bien exprimés, bien déduits et accompagnés d'observations ingénieuses.

Aux partisans de ces deux doctrines je répondrai qu'Aristote les avait déjà devancés dans son traité célèbre intitulé : *La Logique*, lequel est un de ses plus merveilleux ouvrages; il l'a divisé en quatre livres appelés : *Categorias* (Κατηγορίαι), *Sur l'Interprétation* (περὶ Ἑρμηνείας), *Analytiques* (Ἀναλυτικά) et *Topiques* (Τοπικά). Il l'avait fait précéder d'une introduction (εἰσαγωγή) et il avait ainsi donné le premier le traité des preuves, sujet dans lequel il n'avait été précédé par aucun autre philosophe. Aussi les philosophes se prosternèrent-ils en admiration devant Aristote, qui avait créé cette science.

Le premier point indiqué par Aristote dans ce livre, c'est que les preuves sont de deux sortes : les preuves qui se démontrent par elles-mêmes, sans qu'il soit nécessaire de fournir aucune autre indication : par exemple, le feu et sa clarté. Aucune démonstration n'est ici nécessaire, car la clarté du feu suffit à en prouver l'existence. De même encore la nuit et ses ténèbres; la lumière du soleil démontrée par le lever de cet astre; la vie de l'homme prouvée par ses mouvements; l'hiver par le froid qu'il engendre; l'été par sa chaleur. Tandis que pour d'autres choses, il est nécessaire d'une démonstration, parce qu'elles ne la portent point avec elles.

Il y a, en effet, quatre sortes de propositions : la proposition relative au fait, celle relative à la controverse, celle qui se rapporte au sophisme et enfin celle qui a trait à la démonstration. Dès qu'une proposition démonstrative est jointe à l'une quelconque des trois autres, on a alors les deux meilleures propositions pour déterminer la conclusion. D'ailleurs j'ai expliqué tout ce qu'il y avait d'obscur dans la science de la logique dans l'ouvrage que j'ai composé à ce sujet, et quiconque le lira deviendra un logicien. Tandis que le Philosophe avait donné tout cela sous une forme résumée, j'ai, en ce qui me concerne, développé toutes ces propositions. Pour l'auteur, la proposition relative au fait est celle qui est représentée par un discours expressif, dans lequel la forme ne dépasse pas l'exposition que l'on a voulu faire. La proposition relative à la controverse est analogue à la précédente, mais elle est en outre accompagnée de ses arguments. Celle qui se rapporte au sophisme a pour objet de montrer l'ignorance de ceux qui s'en servent, parce qu'ils ont laissé de côté les vérités. Quant à la proposition qui a trait à la démonstration, chaque fois qu'elle accompagne l'une des trois autres, elle détruit par sa présence tout ce qui chez celle-ci n'aurait aucune utilité. Aussi la proposition démonstrative est-elle à elle seule la meilleure des trois règles, car il n'en existe pas une quatrième. Elle se divise en nécessaire, possible et impossible. La nécessaire est la démonstrative par excellence; la possible est celle qui est liée à la démonstrative par les trois règles : elle peut être, ou ne pas être. Quant à l'impossible, elle l'est par démonstration, et les philosophes lui ont donné le nom de *sâlib* (qui a accouché avant terme). Exemples de l'impossible : l'eau a pris feu; le feu est devenu eau.

Il est de principe rigoureux et absolu qu'une proposition qui n'est point appuyée de preuves est une simple allégation, et cette allégation peut être vraie ou fausse. C'est seulement quand on en aura donné la preuve que nous dirons : «Ton dire est vrai», à celui qui nous aura indiqué où est l'intelligence, où elle réside et où elle se tient.

Les partisans du cœur qui avaient commencé à discuter cette question du siège de l'intelligence n'ont pas trouvé d'autres arguments que les affirmations qu'ils ont produites à ce sujet; ils n'ont donc donné que de simples allégations, puisqu'ils n'ont point pu prouver leurs dires. Quand nous avons demandé aux partisans du cerveau des preuves de leur assertion, ils nous en ont fourni une en disant : «Vous voyez celui qui est malade du cerveau souffrir toutes sortes de douleurs et perdre l'intelligence : par exemple, il

éprouve de la mélancolie, de l'épuisement, des accès de folie et des va
peurs noires et brûlantes. » Cet argument me paraît valable et j'estime que
l'intelligence est dans le cerveau; car celui qui a une maladie de cœur,
étouffement, emphysème ou autre, ne perd point pour cela l'intelligence.

Je donnerai des preuves de tout ce qu'il sera nécessaire de dire dans ce
livre sur la science des balances. Djâber ben Hayyân déclare qu'il n'y a
d'autre divinité que le Dieu unique, qui n'a point d'associés, et que Mohammed est l'adorateur de Dieu, son élu et son prophète. Il demande
pardon à Dieu de divulguer le grand secret, la science occulte dont tous les
philosophes ne doivent point parler ouvertement, pas plus que de certaines choses moins importantes, telles qu'à l'aide d'un seul mot on connaît mille catégories. Aussi aucun d'eux n'a-t-il rien dévoilé de cette science
et n'a t-il éclairci ce qu'il y a d'obscur dans ses procédés, comme je le fais
aujourd'hui. D'ailleurs un savant qui voudrait en éclairer les points douteux
par le moyen d'une autre science ne saurait y parvenir. Moi-même je ne
l'aurais pas fait, si je n'avais su qu'aucun habitant de ce monde ne lirait ce
que je vais dire, en dehors de ceux de nos frères qui sont mentionnés dans
le *Livre des Indices* et de tous ceux qui, comme eux, ont un esprit pur,
une compréhension fine, une forte dose d'intelligence et de bon sens et
qui, dans diverses branches, ont fait des études approfondies. Combien de
fois n'ai-je cessé de répéter dans tous mes ouvrages : Multipliez les leçons
pour transmettre la science. Celui qui agira selon les instructions que je
lui donne verra que chacune de ses leçons produira un effet que n'aura pas
produit sa leçon précédente. Quant aux autres, à ceux qui ont le jugement
incertain, incomplet et débile, ceux qui ont le cœur faible, s'il leur arrive
de trouver un de mes livres et d'en lire quelques pages, ils s'empresseront
de les rejeter à droite et à gauche, en proférant des injures et en disant :
« Djâber ben Hayyân nous a plongés dans le puits, comme si la vérité était
un devoir pour nous. » S'il en était ainsi, il ne me serait pas permis de
répandre la science de ce monde et de la vie dernière. Or, pourquoi nous
est-il permis d'agir de cette manière? C'est que nous avons reçu l'ordre de
ne pas l'enseigner aux gens de basse classe, toujours disposés à suivre ces
braillards que les prophètes des fils d'Israël ont fait périr et qu'ils ont
convaincus d'imposture. Ces gens-là, quand même il s'en rassemblerait une
masse aussi nombreuse que les grains de sable, ou encore plus nombreuse,
et quand ils se prêteraient l'un à l'autre un appui mutuel, certes ils ne

pourraient comprendre ce que j'ai voulu dire, ni même entendre la moindre parcelle des nombreuses choses dont j'ai parlé. C'est pour cela que je ne redoute point d'instruire mes frères, comme nous ont instruits ceux qui nous ont précédés.

Je vais démontrer les choses qui agissent par leur nature, sans avoir besoin d'être divisées, dissoutes ou mélangées : ce qui sera en même temps une démonstration rapide et immédiate de l'existence de la chose (fondamentale) elle-même. Quand vous ne retireriez de la lecture du présent ouvrage que la démonstration de ce que je viens de dire, ce serait encore là une connaissance considérable et réconfortante, sans compter qu'elle abrégerait le chemin si long et la voie si difficile que Siafisos[1] a mis vingt-quatre ans à enseigner, Démocrite vingt ans, Sergius (?) quinze ans, et, après lui, Meslemios douze ans. Ainsi la durée de cet enseignement allait diminuant par degrés, ces maîtres ne ménageant ni leur temps ni leurs peines. Il en était ainsi à cause de la faveur dont Dieu leur donnait les marques, au moment où ils réunissaient les bases de leur doctrine, où ils la pavoisaient de leurs drapeaux aux couleurs chatoyantes, et où ils en démontraient la grande utilité au milieu du parterre des fleurs de leur science. Tous ceux qui arrivaient à connaître cette science ne perdaient point la plus petite parcelle des biens de ce monde ni de ceux de la vie future. Ils jouissaient des délices permises dans ce monde, comme ils l'entendaient, et ils étaient élevés, comme ils le voulaient, aux plus hauts degrés de la vie future.

Cela dura jusqu'à l'époque où Aristote traita avec ses disciples la question de la cause efficiente et du peu de profit que ses prédécesseurs en avaient tiré. « Nous connaissons, dit Aristote, l'utilité des connaissances qu'ils avaient acquises et nous sommes allés à eux; mais eux n'ont pas connu l'utilité de ce que nous avons acquis et ils ont ignoré notre valeur. » Les disciples se partagèrent alors le travail en partant de la cause efficiente, pour suivre chacun leur inspiration; puis ils se réunirent un an plus tard. Chacun d'eux alors avait appliqué le principe à une science et avait trouvé quelque chose que son voisin ne savait pas. Les philosophes furent émerveillés de ce résultat et ils admirèrent chez ces disciples l'intelligence qu'y avait fait naître le maître.

[1] Sophé l'Égyptien, ou Souphis, c'est-à-dire Chéops, sous le nom duquel existaient des livres apocryphes, dont deux livres alchimiques. (*Collection des Alchimistes grecs*, traduction, p. 205 et 206; — *Origines de l'Alchimie*, p. 58.)

La science de la balance était secrète chez eux, mais ils la possédaient; ils connaissaient et pratiquaient l'œuvre; ils reconnaissaient les faveurs de Dieu dans la chose qui est rouge, lorsqu'elle devenait rouge; dans celle qui était blanche, quand elle blanchissait; dans celle qui était jaune, lorsqu'elle jaunissait. Ils la mélangeaient ensuite avec de l'eau chaude, avec de l'eau à la température normale, de l'eau du poison, de l'eau de la dissolution, de l'eau de concentration, de l'eau de......(?), et de l'eau qui donne la consistance de la cire. Quand l'opération était terminée, on avait une pierre couleur de pourpre, scintillante, cramoisie, perlée, qui éblouissait les yeux. Elle avait la mollesse de la cire et cependant elle résistait au feu, sans être altérée et sans subir la moindre déformation. Elle faisait entendre, avec la permission de Dieu, un bruit et une crépitation.

......Il dit : «Dieu t'a accordé une faveur, mais il ne veut point de désordre sur la terre; il a promis spécialement une de ses récompenses à ceux qui pratiquent l'œuvre. Si tu prodigues tes biens aux gens de ce monde, tu ne seras pas appauvri, bien que tu te sois dépouillé complètement; car tu auras la félicité éternelle et la meilleure des fins.»

Revenons maintenant à notre premier sujet. La science des balances n'a pas cessé d'exister depuis Sergius(?) qui, au moment de sa mort, l'a transmise à un savant de ce monde, en lui faisant prendre l'engagement de n'en parler ou de n'en discourir qu'avec un philosophe comme lui, et non avec d'autres personnes. Cela s'est continué jusqu'à mon époque, où j'ai dû recueillir la tradition, qui ne pouvait être confiée qu'à moi seul; car j'étais le dernier des représentants de cette science. On m'a demandé de m'engager à garder le secret pour moi et à ne point le répandre; mais j'ai refusé d'accepter la tradition dans ces conditions.

La nécessité a alors obligé le détenteur de cette tradition à me la livrer, faute de trouver une autre personne que moi qui fût digne de la recevoir. Il m'a demandé pourquoi je refusais de prendre l'engagement de garder le secret. Je lui dis alors que j'étais d'une nature bienveillante et que, en général, les hommes cherchaient à abuser des autres. «Si, ajoutai-je, vous me laissez la liberté d'agir à mon gré, je divulguerai une partie de cette science et j'en cacherai une partie; je serai à la fois discret et énigmatique, donnant ainsi certaines choses et en réservant d'autres. — Te crois-tu permis, me répondit-il, de recevoir une science dont personne n'a entendu parler et que l'on ne suppose pas pouvoir être utile, ou même exister.

Penses-tu que cette étude qui a exigé vingt-quatre ans de celui qui le premier l'a entreprise, tu puisses en divulguer le secret, au point de permettre
de l'acquérir en sept jours, ou même moins que cela, en trois jours, à un
homme d'une intelligence remarquable, ou d'une perspicacité extraordi-
naire? Tu peux même dire encore en moins que cela, en sept heures, en
trois heures, ou moins encore; par exemple, le temps de faire bouillir le
chaudron qui renferme la nourriture, que tu veux manger sur-le-champ. »
Je lui fis savoir que je m'engageais à ne faire part de cette science qu'aux
philosophes que j'en jugerais dignes. Il me confia alors la tradition.

Sois donc l'homme que je viens de décrire, ou pareil à ceux de mes
confrères dont je t'ai donné l'indication dans le *Livre des Indices*, en disant
d'eux : « Vous enseignez nuit et jour; vous faites des recherches à la façon
des philosophes que rien ne rebute dans leurs travaux et qui ne disent
jamais : « Ceci est fermé pour nous, laissons-le; notre intelligence ne par-
« vient pas à saisir ceci, éloignons-nous-en. » Ô vous! qui, lorsque vous enseignez, faites connaître la science des anciens et des modernes, vous êtes
comme les souverains des mondes et vous avez atteint en générosité le
rang des prophètes. Jouissez des plaisirs de ce monde et vous gagnerez dans
la vie future la félicité. . . . . . . C'est ainsi qu'agissaient les prophètes (que
sur eux soit le salut!); ils ne cessaient de répandre ce qu'ils savaient, parce
qu'ils voulaient dissiper l'ignorance. Or, s'il leur a été permis de répandre
ces grandes vérités parmi les plus humbles et les plus vils des hommes, à
plus forte raison cela me sera-t-il permis, à moi.

Celui qui met en pratique la vérité ne saurait être atteint par les discours
du premier venu qui dira qu'il est dans une fausse voie : les ennemis de la
philosophie et des philosophes sont nombreux. Du reste le proverbe dit :
« Quiconque ignore une chose en est l'ennemi. » Aussi y a-t-il beaucoup
d'ennemis des choses qu'ils ignorent. D'ailleurs, comment ne serait-on pas
hostile à une chose que l'intelligence ne peut saisir, que la vue ne peut
atteindre et dont on est impuissant à acquérir la connaissance exacte. On a
vraiment, dans ce cas, le droit d'être hostile et il ne convient pas que l'on
vous en fasse le reproche.

Quant à celui qui a étudié une chose, au point d'arriver en quelque sorte
à la voir, il prend goût à son étude, il s'absorbe dans ses recherches pour
en connaître tous les secrets et, s'il réussit à l'embrasser dans son ensemble
et à en distinguer toutes les parties, il faut nécessairement qu'il s'en éprenne.

Cette passion le pousse ensuite à désirer former des disciples, qui suivront ses doctrines de son vivant et après sa mort. Il s'attirera par là la miséricorde de Dieu, à qui il rapportera tout le bien qu'il aura fait. Puisse Dieu te faire atteindre ce résultat; si tu en es digne, qu'il ne t'en frustre pas, qu'il te l'accorde et ne te le refuse pas.

J'ai déjà dit dans mon livre intitulé : *Le Monde supérieur et le Monde inférieur*, que si les quatre éléments anciens sont en parfait équilibre, c'est-à-dire qu'aucun d'eux ne soit en excédent ou en quantité inférieure, il y a alors égalité dans la balance des vapeurs. Il en résulte que les choses ne peuvent s'altérer, ou qu'elles reviennent à leur état normal, quand elles ont été gâtées par le voisinage ou le contact d'un corps.

Dans mon livre intitulé : *Le Livre du soleil et de la lune*, j'ai avancé que ces deux astres ne contenaient en équilibre que deux de leurs quatre éléments, et que par là Dieu nous avait montré que les deux autres pouvaient être en excédent ou en diminution. Il est également démontré que quand trois des éléments sont en équilibre et que le quatrième est en excédent, le corps est également éternel. En effet, nous voyons que le monde supérieur, équilibré dans ses éléments, a une longue durée et n'est point sujet à altérations.

Quant aux deux luminaires (le soleil et la lune), Dieu, après avoir créé toutes choses des quatre éléments : le feu, l'eau, l'air et la terre, fit sortir des mondes anciens les quatre qualités : la chaleur, le froid, l'humidité et la sécheresse. La combinaison de ces éléments a produit le feu, qui contient la chaleur et la sécheresse; l'eau, qui a le froid et l'humidité; l'air, qui a la chaleur et l'humidité; la terre, qui a le froid et la sécheresse. C'est à l'aide de ces éléments que Dieu a créé le monde supérieur et le monde inférieur. Quand il y a équilibre entre leurs natures, les choses subsistent en dépit du temps, sans être consumées par les deux luminaires, ni rouillées par les eaux des étangs; tel est l'or pur, que la nature a fait cuire et purifié dans toutes ses parties, sans avoir besoin de drogues, d'analyses, ou d'affinage.

Je viens vous dire, si vous êtes clairvoyant, la théorie et la pratique de deux grands chapitres. Je vous ai, par des exemples, montré la nécessité de l'équilibre des natures, en ce qui concerne l'œuvre; la chose est rarement nécessaire en dehors de cela. Sachez donc que l'équilibre des natures est indispensable dans la science des balances et dans la pratique de l'œuvre; bien que l'une soit plus aisée que l'autre, la voie à suivre est identiquement

la même. Maintenant que je vous ai parlé des eaux, de l'équilibre, de la
synthèse, de l'analyse et du ramollissement, je vous ai tout montré, si vous
êtes clairvoyant; mais si vous êtes aveugle, la faute ne peut m'en être
imputée.

Dans le *Livre de la Synthèse* je vous ai dit : « Si nous pouvions prendre un
homme, le disséquer pour équilibrer ses natures et lui rendre ensuite une
nouvelle existence, il ne pourrait plus jamais mourir. » Reconnaissez l'en-
chaînement de mes idées dans cet exposé; ne vous ai-je pas dit, en effet,
que les êtres avaient besoin de l'équilibre de leurs natures. Cet équilibre
une fois obtenu, ils ne changent plus jamais, ils ne s'altèrent plus et ne
se modifient plus, en sorte que ni eux, ni les enfants qui sont issus d'eux
ne peuvent jamais périr. Ils n'ont plus, grâce à Dieu, à redouter les maladies, la lèpre, ni l'éléphantiasis. Si vous ne saviez pas cela, vous ne savez
rien et n'avez aucune science.

Je vais maintenant établir par des preuves ce que je vous ai dit de l'équilibre des natures. J'agis, ainsi, à cause de votre aveuglement et de la compassion que j'ai pour vous; car vous êtes impatient de savoir et vous ne voulez
pas manquer de vous instruire. Vous avez une nature spirituelle, pareille à
celle des philosophes; mais vous êtes froid, vous manquez de la chaleur
du feu et de celle de l'air, et vous n'avez d'autre appui que le froid de la
terre et celui de l'eau. Quant à la foule des autres êtres, leurs cœurs les
éloignent de mes livres, qui les effrayent. Ceux qui les lisent y croient, et
j'en remercie souvent Dieu.

Dans l'un de mes livres, j'ai commenté le Pentateuque, de telle sorte
qu'on peut l'étudier aussi aisément que ceux qui connaissent la langue
hébraïque. Avec l'aide de Dieu, j'ai étudié le Pentateuque, l'Évangile, les
Psaumes et les Cantiques. Or j'ai trouvé dans le Pentateuque une preuve
de la nécessité de l'équilibre des natures pour la conservation des corps, de
façon qu'ils ne puissent se corrompre. Il est nécessaire que vous remon-
tiez à la première création pour vous rendre compte de votre œuvre; il faut
que vous sachiez distinguer le froid de l'âme de la chaleur de l'esprit, la
chaleur de l'âme du froid de l'esprit, ainsi que le froid de la terre et celui
de l'air : alors vous connaîtrez, s'il plaît à Dieu, la portée de tout ceci.

Il est dit dans le Pentateuque, au sujet de la création du premier être,
que son corps fut composé de quatre choses, qui se transmirent ensuite par
hérédité : le chaud, le froid, l'humide et le sec. En effet, il fut composé de

terre et d'eau, d'un esprit et d'une âme. La sécheresse lui vient de la terre, l'humidité de l'eau, la chaleur de l'esprit et le froid de l'âme.

Ensuite le corps du premier être créé a reçu quatre catégories (humeurs), sans lesquelles le corps ne peut subsister, et aucune de ces catégories ne peut subsister sans les autres : ce sont la bile noire, la bile jaune, la pituite et le sang. Le siège de la sécheresse a été placé dans la bile noire, celui de la chaleur dans la bile jaune, celui de l'humidité dans le sang, et celui du froid dans la pituite. Chaque fois que dans un corps il y a équilibre entre ces quatre natures, qu'aucune d'elles n'est en excédent ou en diminution, la santé du corps est toujours excellente. Mais si l'une augmente ou diminue par rapport aux autres, ou qu'elle envahisse le corps tout entier, alors viennent les maladies qui amènent la mort. En effet, nous voyons dans les corps de la chaleur, du froid, de l'humidité et de la sécheresse, et nous comprenons comment ils subsistent quand ces éléments s'équilibrent, et comment ils dépérissent quand ces éléments sont en quantités inégales. Tous ceux qui sont clairvoyants trouveront cela dans le Pentateuque et dans le recueil de mes livres. S'ils ne le voient pas, c'est qu'ils sont comme ceux dont Dieu a dit dans le Coran : « Ce ne sont pas les yeux qui sont aveugles; mais les cœurs qui sont dans les poitrines ne veulent point voir. »

Maintenant je vais expliquer la science des propriétés des choses, dont les natures servent aux opérations. Pour chercher ce que je dirai ici, le voyageur parcourrait vainement les contrées les plus éloignées et les plus lointaines; il ne trouverait rien, car nul autre que moi ne peut en donner connaissance aux hommes. Ce sera un argument que je fournirai, à l'appui de ce que j'ai dit des natures et de leurs effets prodigieux. Il convient, ô philosophe! que vous teniez caché ce secret dès que vous le connaîtrez. Il ne convient pas que vous le divulguiez à celui qui n'en est pas digne, car tout ceci sera expliqué clairement, d'une façon élégante et merveilleuse. Si la chose eût été donnée sous une forme énigmatique et secrète et qu'elle n'eût pu être comprise que par un savant tel que vous, il me serait indifférent qu'on la fît connaître et je ne serais point affligé qu'on la divulguât. Je vais maintenant vous indiquer les trois premières, ainsi que leurs propriétés : je veux dire les animaux, les plantes et les pierres. On pourra les dire sans inconvénient à ceux qui méconnaissent la science des savants, qui les blâment et les traitent d'imposteurs.

Pourquoi, si une femme en couches revêt le costume d'un homme et que celui-ci le remette à son tour sans l'avoir lavé, la fièvre quarte sera-t-elle écartée de cet homme? La fièvre a-t-elle peur des vêtements de la femme, ou y a-t-il quelque autre motif?

Pourquoi quand on attache un os d'homme mort à une dent, celle-ci cesse-t-elle de causer de la douleur?

Pourquoi le tigre fuit-il le crâne de l'homme?

Pourquoi Dioscoride assure-t-il que l'os humain attaché au corps d'un homme atteint de fièvre quarte, le soulage?

Pourquoi le lion ne s'approche-t-il pas d'une femme ayant ses menstrues et qui se met nue et couchée sur le dos? Les lions ont-ils donc peur de la femme qui a ses menstrues? Pourquoi la femme qui fait cela devant les nuages chargés de grêle les éloigne-t-elle? Serait-ce parce que le nuage est effrayé de ce que fait la femme?

Pourquoi Alexandre a-t-il dit que si l'on prend un morceau du cordon ombilical d'un enfant nouveau-né, au moment même de sa venue au monde, et qu'on place ce fragment sous le chaton d'une bague, le porteur de cette bague n'aura jamais à redouter les coliques? Serait-ce que les coliques sont effrayées par ce fragment, ou y a-t-il une autre cause?

Pourquoi, si l'on prend le linge qui a servi de tampon à la première menstrue d'une femme et qu'on s'en serve pour attacher un pied gelé, cette opération amène-t-elle la guérison?

Pourquoi la salive de l'homme qui a bien faim ou bien soif tue-t-elle les scorpions et la plupart des insectes?

Pourquoi un nuage ne donne-t-il pas de pluie, fait qui est certain, quand une femme sort nue et tourne son visage du côté de ce nuage?

Voici une figure divisée en trois compartiments, dans le sens de la lon-

| 4 | 9 | 2 |
|---|---|---|
| 3 | 5 | 7 |
| 8 | 1 | 6 |

gueur et dans celui de la largeur. Chaque ligne de cases donne le chiffre 15 dans tous les sens. Apollonius assure que c'est un tableau magique formé de neuf cases. Si vous tracez cette figure sur deux linges qui n'ont jamais été touchés par l'eau et que vous les placiez sous les pieds d'une femme qui éprouve de la difficulté à accoucher, la parturition se fera immédiatement.

Pourquoi lorsque l'on tue un hibou, l'un de ses yeux reste-t-il ouvert, tandis que l'autre reste fermé? Pourquoi, si l'on place ces yeux dans le chaton d'une bague, celui qui portera la bague avec l'œil ouvert restera-t-il éveillé, tandis que celui qui portera la bague avec l'œil fermé s'endormira?

Pourquoi la chauve-souris a-t-elle peur des feuilles du platane et ne s'en approche-t-elle jamais?

Pourquoi guérit-on de la piqûre du serpent en mangeant des crabes?

Pourquoi la tortue, renversée sur le dos et placée sur l'orifice d'une chaudière, l'empêche-t-elle de bouillir?

Pourquoi la pince du crabe attachée au cou d'un homme l'empêche-t-elle d'avoir des écrouelles, tant qu'elle est portée par lui?

Pourquoi les fruits ne tombent-ils pas d'un arbre auquel on a suspendu un œil de crabe?

Pourquoi le scarabée enfoui dans des feuilles de rose perd-il tout mouvement, tandis qu'il se remue et revient à la vie quand on le place auprès de la fiente?

Pourquoi la chair du hérisson en bouillon, rôtie ou bouillie, produit-elle un effet salutaire contre l'éléphantiasis, la phtisie, les rhumatismes et soulage-t-elle les douleurs des reins?

Pourquoi la chair des vipères, lorsqu'on la mange cuite, guérit-elle de l'éléphantiasis?

Pourquoi n'a-t-on rien à redouter des animaux féroces lorsqu'on s'est frotté de graisse de lion, et pourquoi les hémorroïdes guérissent-elles quand on s'assied sur la peau de cet animal?

Pourquoi l'enfant auquel on attache un œil de chacal n'a-t-il jamais peur, et pourquoi les chacals fuient-ils l'endroit où l'un des leurs a été enterré?

Pourquoi la personne qui porte un morceau de vagin de hyène est-elle aimée de tout le monde, et pourquoi les chiens ne font-ils pas de mal à celui qui a sur lui une langue de hyène?

Pourquoi le pou pris sur l'oreille droite d'un chien guérit-il, quand on le porte, de la fièvre quarte? Pourquoi la verge du chien desséchée et attachée à la cuisse d'un homme le rend-elle plus ardent au coït?

Pourquoi les chiens n'aboient-ils pas après l'homme qui porte sur lui une canine de chien et peut-il ainsi voler dans les tentes?

Pourquoi, si l'on met dans un colombier la pierre jetée à un chien et que celui-ci a mordue, les pigeons s'envolent-ils, tandis que si l'on met cette pierre dans du vin, le bouchon saute en produisant un bruit?

Pourquoi un rognon de renard suspendu au cou guérit-il des écrouelles celui qui le porte?

On dit que le sang de lièvre employé comme onguent fait disparaître les taches de rousseur, et qu'une femme qui porte une patte de lièvre ne peut jamais concevoir tant qu'elle l'a sur elle.

Pourquoi Galien dit-il que celui qui a tué une vipère à tête en forme de gland perd le sens de l'odorat? Il dit également que celui qui porte une tête de vipère guérit des écrouelles.

Dioscoride dit que la femme qui porte à la cuisse une dent de devant de la vipère ne peut pas devenir enceinte; que si elle frappe un serpent avec un roseau, elle devient gravement malade; que si elle le frappe une seconde fois, elle guérit; et enfin que la vipère, surtout si elle a la tête en forme de gland, perd ses yeux quand elle regarde une belle émeraude.

Maintenant je vais parler des plantes, et celui qui lira ce livre y trouvera une science considérable, dont il aura besoin et dont il pourra tirer profit. Parmi les plantes, il en est qui se nomment l'aconit, l'opoponax, le laurier, etc., dont il sera parlé en son temps et lieu; j'ai parlé de leurs antidotes dans mon *Livre des Poisons*. Celui qui lira ce dernier opuscule y trouvera, grâce à Dieu, de belles choses. Je reviens maintenant aux vertus des plantes, puisque j'ai terminé ce que je voulais dire des vertus des animaux.

Pourquoi les scorpions ne s'approchent-ils point de l'homme qui tient à la main une aveline? Pourquoi celui qui s'attache une noisette à l'avant-bras n'est-il pas piqué par les scorpions? Pourquoi cette noisette attachée à l'avant-bras d'un homme piqué calme-t-elle ses élancements? Croyez-vous que le scorpion a peur de la noisette, et cela tient-il à la nature de ce fruit?

La racine d'asperge, appliquée sur une dent, en guérit la douleur.

Pourquoi celui qui regarde la lune et qui jure par le dieu de la lune qu'il ne mangera pas de chicorée durant tout un mois, ne souffre-t-il pas des dents durant tout le mois pendant lequel il a juré?

Pourquoi les lézards n'entrent-ils pas dans une maison où il y a du safran?

Pourquoi le safran, pétri en boule de la grosseur d'une noix et porté par une femme ou une jument aussitôt après la parturition, fait-il évacuer la membrane qui enveloppait le fœtus?

Pourquoi la noix de galle non percée, portée à la ceinture ou au bras, fait-elle disparaître les furoncles?

Pourquoi le jus de l'aubergine versé sur du sel ou du vitriol........ sans donner ni fumée, ni poussière?

Pourquoi la fleur du sorbier, tenue à la main par un homme, fait-elle que la femme qui la sent suit cet homme et se donne à lui, même en plein champ?

Pourquoi le feu n'exerce-t-il aucune action sur le corps de l'homme qui s'est frotté avec du talc, de la guimauve ou de la terre de Sinope? C'est le meilleur moyen qu'emploient les gens qui manient le feu grégeois pour se préserver.

L'homme qui a une tumeur à l'aine sera soulagé, s'il prend une poignée de tiges de myrte reployées et qu'il y introduise son petit doigt.

Pourquoi un clou de fer mis au feu s'enflamme-t-il lorsqu'on l'a plongé dans l'huile d'*amyris gileadensis*?

Voici maintenant les propriétés des pierres (minéraux), selon l'opinion de Socrate et de Pythagore.

L'utilité de ces propriétés est considérable et j'en ai déjà parlé. Il y en a vingt-quatre variétés, mais je ne parlerai que de huit d'entre elles; ce sont :

1° La pierre dure qui ne peut se broyer, ni se fondre;

2° La marcassite, pierre non broyable, mais fusible;

3° Les corps..... sont une pierre dure, broyable, mais non fusible;

4° Le marbre et la brique sont des pierres broyables et fusibles;

5° Les pierres..... ni dures, ni broyables, ni fusibles;

6° Le gypse et la terre sont des pierres ni dures, ni fusibles, mais broyables;

7° Les pierres...... ni dures, ni broyables, mais fusibles;

8° La cire est dure, broyable et fusible.

L'or des mines.

Aristote a dit : « Si on entoure le ventre d'un hydropique de *siqila*(?), l'eau se dessèche : la preuve en est que si on le pèse un jour après avoir attaché cette pierre, on trouve que son poids a augmenté. C'est la pierre mentionnée dans le Pentateuque.

La pierre d'aimant a pour nature d'attirer le fer à distance.

Pourquoi le bézoard dissipe-t-il les tumeurs et agit-il contre les poisons?

Pourquoi le........, qui est l'alun de roche, laisse-t-il écouler de l'eau quand on l'agite dans l'air, tandis qu'à terre il reste sec?

Un homme avait confié à un autre quelque chose en dépôt. Comme ce dernier refusait de le lui restituer, il alla se plaindre au cadi Choraïh. « Pourquoi, dit le cadi au dépositaire qui reconnaissait l'existence du dépôt, ne rendez-vous pas cet objet? — Parce que, répondit le dépositaire, cet objet est une pierre dont la vue fait avorter les femmes enceintes; jetée dans le vinaigre, elle le fait bouillir, et placée dans le four d'un boulanger, elle le refroidit. » Le cadi se tut et n'ordonna pas de rendre cette pierre.

Pourquoi le cristal fond-il comme le verre? Pourquoi celui qui en porte sur sa tête n'éprouve-t-il aucune crainte et ne voit-il rien de fâcheux dans ses rêves? Pourquoi la femme enceinte qui en porte ne fait-elle pas de fausse couche? Pourquoi, réduit en poudre très fine et insufflé dans la direction d'une lampe, le cristal produit-il un grand feu sans brûler aucun des objets sur lesquels passe sa flamme?

Si on........ de la pierre de nielle(?), qu'on teigne en jaune avec du safran de jeunes hirondelles, qu'on les remette ensuite dans leur nid, ces oiseaux ont des petits pour la première fois et la mère s'éloigne. Si alors on apporte de la pierre de nielle et qu'on la jette sur ces oiseaux, la mère pond un œuf. Prenez cet œuf et suspendez-le au cou de celui qui a la jaunisse, et grâce à Dieu, ce malade guérira. On trouvera dans les nids deux pierres blanches, ou une blanche et une rouge dans la première ponte. L'œuf rouge attaché à une personne la guérit de la peur, et l'œuf blanc employé de la même façon fait revenir à lui celui qui est évanoui et l'empêche de s'évanouir de nouveau.

L'onyx enveloppé dans les cheveux d'une femme en mal d'enfant la fait accoucher, et si cette pierre est placée près d'elle, elle empêche les douleurs de l'utérus.

Porté par l'homme, le *baroud* (salpêtre?) est bon pour faciliter l'évacuation(?) du sang. Certain philosophe a assuré qu'il était bon pour l'épilepsie.

La pierre aérite est une pierre dans l'intérieur de laquelle il y a une pierre mobile. Portée par une femme enceinte, cette pierre la fait avorter; mais si l'on a laissé tomber de l'urine dans la pâte, l'effet est détruit et la chose ne produit aucun résultat.

Dans le pays de Kermân, ceux qui ont de ces pierres les fendent en deux et trouvent à l'intérieur l'image d'un homme debout ou assis. Si on broie cette pierre, qu'on la mélange à de l'eau et qu'on la laisse un instant jusqu'à ce qu'elle soit sèche, puis qu'on la divise, on y retrouve cette même figure.

Croyez-vous que toutes ces actions et toutes ces merveilles ont été connues spontanément? A Dieu ne plaise! il n'en est rien et il a fallu étudier. On a donc étudié et ce n'est point par hasard qu'on a connu la sagesse; on s'est passionné pour l'enseignement des sciences et c'est ainsi que peu de choses ont pu échapper à la sagacité des philosophes.

Maintenant, si Dieu le veut, je vais aborder l'étude des balances.

Tout ce que je viens de dire sur les sciences de la philosophie n'a été qu'un jeu pour moi depuis ma jeunesse; j'en ai sondé les profondeurs et chevauché les sommets élevés, si bien qu'elles agissent maintenant dans mon cerveau et sont dociles à ma pensée. Au début de ce livre, j'ai voulu vous expliquer les questions relatives au siège de l'intelligence et à l'extrême utilité qu'on en peut retirer. Si vous êtes sûr de vous-même, que vous soyez souvent mis à l'épreuve, que vous ayez reçu en partage la résignation, la sagacité, la vigilance et le discernement, il se pourra alors que vous soyez un adepte, si Dieu le veut. Mais si vous n'êtes point sûr de vous-même, ne vous lancez point parmi ceux qui se noient d'eux-mêmes et qui frayent de leurs mains la voie de leur trépas; car votre intelligence ne pourrait vous faire atteindre le but, et votre jugement serait insuffisant pour tirer quelque élément de ces choses abstruses.

Je vous ai ensuite parlé des preuves; je vous ai enseigné comment elles devaient être établies en cette matière et en toute autre circonstance, afin que vous puissiez éviter de vous laisser induire en erreur par des propositions présentées sous une forme séduisante. Dorénavant vous n'admettrez aucune affirmation, sans demander des preuves motivées par des raisonne-

ments, ou par des faits. Tant que l'on ne vous aura pas fourni ces preuves,
vous devez tenir ce que vous avez entendu comme une chose qui vous
frappe, mais ne vous convainc pas; toute proposition pouvant être fausse
ou vraie; et le plus souvent fausse, quand les preuves en sont lointaines.

Après cela je vous ai renseigné sur l'œuvre; je vous ai donné les noms
des liquides qui existent, tels qu'ils se trouvent disséminés dans mes ouvrages;
je les ai réunis pour vous dans le présent travail. Je vous ai montré en détail leurs couleurs et leurs effets, comme cela n'avait pas été fait jusqu'ici
dans aucun autre livre. Tout cela par compassion et par bienveillance pour
vous.

Ensuite je vous ai démontré quelles étaient les choses agissantes, ainsi
que leurs propriétés; je vous ai fourni une contribution importante et
remarquable sur les profits qu'on pouvait en retirer pour la santé du corps
et pour en chasser les maladies. A aucune époque et dans aucun temps, on
n'a rassemblé autant de matériaux que je l'ai fait dans ce livre. Mais je ne
suis pas encore arrivé au but que je m'étais proposé dans ce traité, qui a
pour nom le *Livre des Balances*, et je vais à l'instant reprendre mon sujet
et vous expliquer toutes les merveilles, que les hommes doués d'intelligence
sont seuls à ne point ignorer. Je demande à Dieu qu'il m'aide dans l'exécution de mon dessein; c'est à lui seul que je me confie et il est le meilleur
des protecteurs.

Je vais débuter par la balance purpurine. Je laisse de côté ce nom,
car pour moi c'est la balance naturelle. Il a dit : « Tous les philosophes
ont eu le désir d'étudier la balance naturelle et de s'en servir pour les
trois choses primitives, les animaux, les plantes et les pierres, qui sont
tous formés des quatre natures : chaleur, froid, humidité et sécheresse. Ils
ont cherché à évaluer par des calculs que je vous expliquerai ci-après,
quelle était la quantité de chacune de ces natures qui se trouvait chez
l'homme et chez les autres animaux et comment elle concordait avec leurs
diversités. Comme preuve ils ont rapporté que Ptolémée le grand, le sage,
avait dit dans son traité sur les nouveau-nés : « Il n'est pas permis de donner
« au nouveau-né un nom autre que celui qui est indiqué par son étoile. Ni
« le père, ni la mère ne doivent choisir ce nom; car s'il en était ainsi, ils
« choisiraient un nom qui serait en contradiction avec l'indication fournie
« nécessairement par l'étoile du nouveau-né. En conséquence, il est démontré que les noms des personnes leur sont fatalement imposés. » En entendant

cela, Stéphanus le sage s'écria : « Il faut absolument que je donne les noms
« d'après des formes qui me feront voir leur nature. » Et il imagina le
calcul du *djomal*, qui a les bases suivantes : ابجد هوز حطى كلمن سعفص قرشت
ثخذ ضظغ. (Ce sont les lettres de l'alphabet, rangées d'après leur valeur
numérique.) C'est seulement par moi, par mon enseignement et par mes
œuvres, que vous aurez connu cette disposition des lettres, ainsi que celle
qui commence par ا ب ت ث, etc. »

Avec l'aide de Dieu, je vais vous montrer maintenant les figures qui
permettent de choisir un nom; c'est un honneur que Dieu a accordé à ce
livre, duquel je pourrais dire avec vérité que je n'en ai pas composé un
autre pareil. On y trouve, en effet, trois qualités réunies :

1° Il n'a pas besoin d'un autre ouvrage qui puisse lui être d'aucun
secours;

2° J'y ai dévoilé de profonds secrets que je n'avais pas dévoilés dans
mes autres livres, mais que les prophètes (sur eux soit le salut!) avaient
dévoilés aux anciens;

3° Je vous ai rendu compréhensibles des pratiques et des théories philosophiques, que je n'avais exposées à personne dans mes livres, recueils ou
traités isolés.

Si j'ai réussi à lever le voile qui masquait ces choses à votre intelligence et que vous en fassiez une étude longue et approfondie, vous arriverez à un degré au-dessus duquel il n'y a plus de limites. Si votre
cœur reste fermé, la faute n'en sera pas à moi; car je vous montrerai tout
ce que je dois vous montrer et vous mettrai dans la bonne voie; il ne
dépendra pas de moi que vous ne voyiez pas. Enfin, chaque fois que je vous
donnerai la primeur d'une chose qui n'aura pas été connue jusqu'à ce
moment, je vous conjure par Dieu de la tenir secrète et de vous garder de
la divulguer aux profanes. Il est dit, en effet, dans le *Livre de la Sagesse* :
« N'attachez point des perles aux cous de vos pourceaux et ne donnez point
la science à ceux qui n'en sont pas dignes, car vous feriez tort à la science;
mais aussi ne la refusez pas à ceux qui en sont dignes, car vous leur feriez
tort et la science est un dépôt qui vous est confié. » Ne dévoilez les secrets
de ce présent livre qu'à celui que vous considérez comme un autre vous-

même. Que Dieu le Très-Haut vous soit propice! Puissiez-vous, s'il plaît à Dieu, être bien dirigé au milieu des figures et des degrés.

| | | | | |
|---|---|---|---|---|
| Ceci est le tableau de la perle gardée et du secret conservé sur la science du poids et de la chose pesée, par Djâber. Dieu lui fasse miséricorde! | | | | |
| humidité | sécheresse | froid | chaleur | nature |
| د | ج | ب | ا | rang |
| ح | ز | و | ﻩ | degré |
| ل | ك | ي | ط | minute |
| ع | س | ن | م | seconde |
| ر | ق | ص | ف | livre |
| خ | ث | ت | ش | quarte |
| غ | ظ | ض | ذ | quinte |

Le philosophe a dit : « Les quartes et les quintes sont si petites, qu'il ne faut pas se préoccuper de les faire entrer dans l'opération ni dans le calcul. » Mais un autre a dit : « Si tu peux atteindre aux huitième, neuvième et dixième subdivisions, il ne faudra négliger aucune de ces quantités. On démontre cela en disant : « Si l'on compte de l'argent et s'il y a lieu de « compter par mille, par cent, ou par toute autre quantité, et que vous ayez « à en retrancher une moitié ou un quart, il n'est pas permis de dire mille, « cent, sans ajouter moins ceci ou cela, et vous diminuerez cette quantité « selon son poids; car autrement la pesée ne serait pas parfaite et il y aurait « une erreur en moins. »

Si vous voulez savoir quelles natures renferme une chose et ce qu'elle contient de chaleur, de froid, d'humidité et de sécheresse, vous vous reportez au nom que la conjonction des astres a fourni le jour de sa naissance et vous voyez ensuite (dans le tableau) ce que ses lettres donnent de rangs, de degrés, de minutes, de secondes, de tierces, de quartes et de quintes : vous connaîtrez alors ce que cette chose renferme de chaleur, de froid, de sécheresse et d'humidité.

Si le nom a plus de quatre lettres, ou moins de quatre lettres, vous tiendrez compte des lettres ajoutées à la racine et vous obtiendrez le résultat, s'il plaît à Dieu. Par exemple, prenons une plante qui s'appelle *faouania*(?) et qui a plus de quatre lettres. Si nous voulons savoir quelles sont ses natures, nous dirons : *f;* le tableau nous donne une tierce de chaleur; *a* donne deux rangs de chaleur, car l'*a* en tête du mot donne un rang de chaleur, mais s'il est la deuxième lettre, il fournira alors deux rangs; s'il est la troisième, trois rangs; s'il est la quatrième, quatre rangs; s'il est la cinquième, cinq rangs, et toutes les lettres suivront le même principe; c'est-à-dire qu'il faudra multiplier leur valeur par le chiffre du rang qu'elles occupent dans le mot; si la lettre est la première du mot, il n'y a pas à multiplier.

Par Dieu! je viens de vous révéler quelque chose que les philosophes ont toujours évité de faire connaître à qui que ce soit. Revenons au mot *faouania* : nous avons dit que le *f* donnait une tierce de chaleur; l'*a* deux rangs de chaleur, parce qu'il était la seconde lettre du mot; l'*ou*, troisième lettre du mot, donnera trois degrés de froid; le deuxième *a*, quatre rangs de chaleur, puisqu'il est la quatrième lettre du mot; l'*u*, la cinquième lettre, vaudra cinq secondes de froid; l'*i*, sixième lettre, six degrés de froid; enfin l'*a*, septième lettre, sept rangs de chaleur. Il résulte de tout cela que le *faouania* est très chaud, puisqu'il contient treize rangs et une tierce de chaleur, tandis qu'il ne renferme que trois degrés, six minutes et cinq secondes de froid.

Le sage a dit : « Il peut arriver que les lettres ne fournissent ni humidité, ni sécheresse; sachez alors que les deux éléments passifs, la sécheresse et l'humidité, sont toujours produits par les deux éléments actifs : la chaleur et le froid. Ainsi le feu dessèche les choses et l'eau donne l'humidité. Si donc aucune des lettres ne représente les deux éléments passifs, il faut considérer que la sécheresse est la moitié de la chaleur et que l'humidité est la moitié du froid, même quand ces éléments ne sont représentés par rien dans le nom. En effet, la chaleur est toujours accompagnée d'une sécheresse, qui ne quitte point le corps quel qu'il soit et dans quelque endroit qu'il se trouve; de même l'humidité accompagne toujours le froid et ne s'en sépare point. Il résulte de ceci que le *faouanïa* qui contient treize rangs et une tierce de chaleur et trois degrés, six minutes et cinq secondes de froid, contiendra également six rangs, cinq degrés, une tierce(?) et cinq quartes de sécheresse et un degré, huit minutes, deux secondes et cinq tierces d'humidité. J'ai commencé par ce nom (*faouanïa*) qui est long et même l'un des plus longs, pour que vous ayez moins de difficultés avec les noms plus courts.

Les mots les plus courts n'ont que deux lettres, par exemple, *kl* (vinaigre, *khell*), *ib* (*chebb*, alun). Le vinaigre a une minute et une quarte d'humidité; il doit donc contenir deux minutes et deux quartes de froid; et comme il n'a pas de lettre représentant la chaleur, nous savons que chez lui le froid l'emporte, puisqu'il n'y a d'humidité qu'autant qu'il y a du froid. Mais, comme il faut qu'il y ait de la chaleur dans ce corps, nous lui en donnerons une quantité égale à la moitié du froid, et le vinaigre renfermera alors une minute et une quarte de chaleur. D'un autre côté, la sécheresse étant toujours égale à la moitié de la chaleur, il devra donc renfermer cinq secondes et cinq quintes de sécheresse. Je vous dis ceci pour que votre science soit complète et que vous sachiez quand vous aurez bien opéré.

Le rang contient dix degrés; le degré, dix minutes; la minute, dix secondes; la seconde, dix tierces; la tierce, dix quartes; la quarte, dix quintes.

Examinez bien ce calcul, appliquez-le exactement, et si vous avez trouvé le nom d'une plante connue pour posséder une extrême chaleur et que cependant aucune des lettres n'indique la chaleur, faites l'opération inverse, c'est-à-dire donnez pour chaque rang de froid deux rangs de chaleur, et pour chaque rang d'humidité deux rangs de sécheresse. Faites de même pour les degrés, les minutes, les secondes, les tierces, les quartes et les quintes. De même pour une plante très froide, dont le nom ne fournit pas de lettre de froid, déterminez la quantité de chaleur et doublez-la en froid; car le froid se trouve caché et ne se manifeste pas. Pour l'humidité, elle sera également le double de la sécheresse. Agissez de cette façon pour toutes les lettres et observez bien comment il faut opérer.

Chacun des corps des trois catégories primordiales qui existent dans l'univers contient nécessairement de la chaleur, du froid, de la sécheresse et de l'humidité. Quand la chaleur l'emporte, la sécheresse qui en provient doit aussi être prédominante. Si c'est le froid qui domine, l'humidité qui en provient doit dominer aussi.

Quand vous avez affaire à une plante et que vous ignorez si la nature en est froide ou chaude, si vous trouvez dans son nom des lettres de froid, placez en regard de ce froid une quantité égale de chaleur, sans la doubler, et donnez aussi une quantité de sécheresse égale à sa quantité d'humidité. Dans ce cas, il ne faut point doubler; car on ne sait pas à l'avance quelle est celle des deux natures qui l'emporte, et alors il faut que la chaleur soit égale au froid, l'humidité à la sécheresse.

Par le Dieu Très-Haut! je vous ai tout enseigné et tout dévoilé, sans me servir d'aucune expression énigmatique ou obscure. Si vous avez de vives dispositions naturelles, prenez des simples, pesez-les l'un après l'autre et inscrivez les résultats sur une liste, que vous aurez toujours par devers vous. Quand vous aurez les éléments de chaleur contenus dans un simple, vous chercherez (sur la liste) un autre simple qui renferme exactement les mêmes éléments de froid, et si vous ne pouvez y parvenir avec un seul, prenez-en deux, trois, quatre, cent même, s'il le faut, pour arriver à équilibrer les deux éléments actifs; en sorte que leurs rangs, leurs degrés, leurs minutes, leurs secondes, soient exactement en même quantité et qu'aucun ne l'emporte sur l'autre. Il en devra être de même pour la sécheresse et l'humidité, qui devront s'équilibrer dans les simples que vous réunirez et . . . . . . . . . . . . Installez votre chaudron et faites chauffer à un feu léger les substances analogues qui s'équilibrent, afin qu'elles se pénètrent l'une l'autre, qu'il y ait affinité entre elles, qu'elles fondent et se dissolvent, puis qu'elles se réunissent pour former un mélange intime et permanent. Alors vous aurez atteint le but suprême que les philosophes ont décrit, tout en gardant durant un long intervalle de temps le secret sur la façon de l'obtenir.

Pour que vous sachiez cela, s'il plaît à Dieu, je vais vous tracer des figures. Comprenez bien ceci :

Ceci est la deuxième teinture qui pénètre. Le résultat est unique, mais il y a deux pierres, chacune étant composée de deux choses, terre et eau : cela fait donc quatre arrangements; chacun répondant à une nature déterminée et non à une autre. Lorsque vous aurez obtenu les deux genres de cette pierre animale, alors vous serez en possession de l'opération la plus grande et la plus difficile. Vous garderez ces deux genres de pierres, en les préservant de la poussière et de l'air, jusqu'au moment où vous aurez besoin de vous en servir.

Vous vous occuperez ensuite de la préparation de la pierre minérale, qui est indispensable et dont on ne saurait se passer, et vous aurez tout ce qu'il y a de parfait et de complet. Sans elle, rien ne pourrait être achevé dans de bonnes conditions. Préparez-la donc, servez-vous-en comme il convient, adjoignez-la à la pierre animale, dans les conditions voulues, et vous aurez, s'il plaît à Dieu, la combinaison première et la troisième adjointe à la première.

| | | | | | | |
|---|---|---|---|---|---|---|
| ب | د | ش | ن | م | ط | ه | ا |
| ز | ج | ض | ت | س | ن | ي | و |
| ل | ح | د | ط | ث | ق | س | ك |
| | | | غ | خ | ر | ع | |

| quinte | quarte | tierce | seconde | minute | degré | rang |
|---|---|---|---|---|---|---|
| د | ش | ن | م | ط | ه | ا |

| quinte | quarte | tierce | seconde | minute | degré | rang |
|---|---|---|---|---|---|---|
| ض | ت | س | ن | ي | و | ب |

| quinte | quarte | tierce | seconde | minute | degré | rang |
|---|---|---|---|---|---|---|
| ط | ث | ق | س | ك | ز | ج |

| quinte | quarte | tierce | seconde | minute | degré | rang |
|---|---|---|---|---|---|---|
| غ | خ | ر | ع | ل | ح | د |

## (VIII)

## IV. LE LIVRE DE LA MISÉRICORDE[1].

Le *Livre de la Miséricorde*, par Abou Mousa Djâber ben Hayyân El-Oumaouï El-Azdi Eç-Çoufi (Dieu lui fasse miséricorde!).

Au nom du Dieu clément et miséricordieux!

Abou Abdallah Mohammed ben Yahia rapporte que Abou Mousa Djâber (Dieu lui fasse miséricorde!) a dit : « J'ai vu que les gens adonnés à la recherche de la fabrication de l'or et de l'argent étaient dans l'ignorance et dans une fausse voie. Je me suis aussi aperçu qu'ils se partageaient en deux catégories : les dupeurs et les dupés. J'ai eu pitié des uns et des autres, qui gaspillaient inutilement les biens dont le Très-Haut les avait gratifiés, qui fatiguaient en vain leurs corps, qui se laissaient détourner du soin d'acquérir les choses belles et bonnes, nécessaires à la vie quotidienne, et qui négligeaient d'amasser la provision de bonnes œuvres, utile au jour du rendez-vous auquel tous les hommes devront assister. J'ai eu pitié de ces victimes, qui usent leurs corps et leurs richesses durant de longs jours et qui se fatiguent, au détriment de leur religion et de leur bonne foi, pour obtenir une faible parcelle des biens de ce monde. Leur triste situation m'a ému de compassion; j'ai tenu à les remettre dans la bonne voie; en les détournant de cette occupation, j'aurai fait une œuvre pie, dont Dieu me récompensera dans l'autre monde. Dieu est le dispensateur de toutes les faveurs et de toute sagesse. »

C'est d'après cela que j'ai cru devoir écrire un livre détaillé et clair. En le lisant avec attention, les dupes et les faibles d'esprit, entre les mains desquels il tombera, rejetteront tout sentiment de colère et verront le profit incontestable qu'ils en peuvent tirer. Ils s'abstiendront désormais de persévérer dans leur ignorance et leur erreur, de gaspiller leurs biens et de se

[1] Ce traité a été remanié par un élève de Djâber, ainsi que le montre sa rédaction.

détourner, s'il plaît à Dieu, du chemin de la vérité. Ils seront alors dans la même situation qu'un médecin très expert, connaissant bien les divers médicaments et leurs propriétés et auquel dix mille personnes apporteraient un remède, en lui jurant par les serments les plus solennels que leur remède est sûrement efficace, qu'ils en sont certains pour en avoir fait l'expérience. Puis, lorsque le médecin les interrogerait, ils lui diraient, par exemple, qu'ils guérissent la constipation ou les coliques violentes, au moyen de la noix de galle, des glands, des écorces de grenade et autres choses semblables, et qu'ils arrêtent la diarrhée avec de la scammonée, de l'épurge ou d'autres substances analogues. Certes, le médecin les regarderait alors comme des imposteurs et ne croirait pas un mot de leur première allégation, malgré tous leurs serments; le nombre et la solennité de ces serments ne feraient qu'accroître aux yeux du médecin la fausseté et l'imposture de tous ces gens-là.

Dans ces circonstances, le médecin serait comme le savant qui a démontré l'unité de Dieu, qui en a fait connaître toutes les qualités, ainsi que celles du Prophète (la bénédiction et le salut de Dieu soient sur lui!), qui sait quand la création a commencé et comment elle se terminera, ce qui en doit disparaître et ce qui en subsistera, à quel rendez-vous final tous les êtres devront assister, et enfin qui connaît les peines et les châtiments éternels. Celui-là, s'il a le moindre doute sur une chose, la rejettera loin de son esprit; aucune erreur ne subsistera dans son intelligence; son cœur sera ferme et jamais il ne méritera d'être traité d'ignorant. Tant qu'il conservera dans son cœur le plus petit grain de foi en Dieu, il ne deviendra jamais l'un de ces dupeurs dont j'ai parlé.

Celui qui a la moindre intelligence s'abstient de suivre la voie de l'erreur pour prendre le chemin de la vérité; car il espère arriver plus aisément et plus facilement à obtenir l'œuvre à l'aide de la vérité qu'à l'aide de l'erreur. Les hommes sont entraînés à l'astuce et à la ruse quand ils désespèrent d'atteindre à la science, parce qu'elle devient trop difficile et trop obscure pour eux; mais s'ils volent un moyen clair et une indication lumineuse, ils abandonnent aussitôt le chemin de l'erreur, pour suivre celui de la vérité.

*I<sup>re</sup> section*[1]. — Sachez que l'on arrive à la connaissance des choses de

---

[1] On a cru utile de donner des numéros aux sections. Ces numéros ne sont pas dans le texte.

deux façons : par la constatation de leur existence et par l'induction. La constatation de l'existence des choses s'acquiert à l'aide des cinq sens : l'ouïe, la vue, le goût, le .tact et l'odorat. L'induction se réalise à l'aide de l'intelligence, qui procède d'après ce que vos sens vous ont fait connaître pour arriver à donner aux choses une forme certaine et non imaginaire. L'intelligence arrive à la connaissance des choses abstraites et cachées, que les sens ne peuvent atteindre. Les sens font connaître les choses matérielles et apparentes. Les sens sont les instruments de la conscience; mais la conscience et les sens sont les instruments de l'intelligence.

*2ᵉ section.* — Il y a trois sortes fondamentales de propositions : la proposition évidente. Ex. : Le feu est brûlant; le soleil éclaire, etc. — La proposition fausse. Ex. : Le soleil obscurcit; le feu est froid. — La proposition contestable. Ex. : Un tel est mort; un tel a eu un enfant, etc. — Toute proposition doit nécessairement rentrer dans une de ces trois catégories. Ceci est une vérité indiscutable.

*3ᵉ section.* — Ô homme intelligent! si votre esprit vous fait désirer de connaître cette œuvre, sachez tout d'abord si elle est vraie, ou si elle n'existe pas; si vous pouvez l'acquérir ou non. Il faut arriver à ce que vous ayez là-dessus une certitude et qu'en aucune façon vous ne conserviez le moindre doute à cet égard.

Si vous avez acquis cette certitude, soit par vos sens, si vous êtes intelligent, soit par l'induction qui est l'équivalent des sens, il faudra alors que vous sachiez avec quoi l'œuvre peut être faite, si c'est avec les pierres, les plantes ou les animaux, et vous choisirez le moyen le plus voisin et le plus vraisemblable pour arriver au but.

Ensuite il vous faudra savoir si c'est une chose unique, simple, non complexe, — ce qui n'existe pas dans ce monde, — ou s'il s'agit de deux choses concordantes et combinées, de deux choses divergentes et combinées, ou enfin de plusieurs choses concordantes ou divergentes et combinées.

Il faut également savoir si cette combinaison est l'œuvre de la nature, ou si elle a été imaginée par les philosophes.

Il sera nécessaire ensuite de savoir comment on opère : faut-il opérer la coction de cette matière isolément et alors effectuer la sublimation seule; ou bien accomplir une simple décomposition, ou bien encore exécuter à la

fois la sublimation et la décomposition. Enfin vous devrez savoir si le noir
de cette teinture doit opérer une transformation complète ou incomplète.
Quand vous saurez tout cela d'une façon certaine, que vous n'aurez plus le
moindre doute à ce sujet, ne vous inquiétez pas de la fatigue de votre
corps, de la dépense de votre argent, ni de l'abandon de vos affaires; car
alors vous serez glorifié aux yeux des gens intelligents et des hommes
sagaces. Accomplissez à ce moment les choses dont vous ne pouvez vous
dispenser et ensuite occupez-vous des choses de l'œuvre et. . . . . . .; ne
dépensez pour cela que le superflu de votre fortune. Demandez à Dieu qu'il
vous assiste à l'intérieur et à l'extérieur pour tout ce que vous désirerez, en
travaillant de toutes vos forces. Ayez soin de lire les livres de cette science
et faites-vous aider par les gens intelligents qui s'occupent de ces travaux;
car les livres sont cadenassés et les clefs de leurs cadenas sont dans les poitrines des hommes.

*4e section.* — Servez-vous de ce qu'ont dit les médecins sur les natures
des pierres, des plantes, des animaux et sur leurs effets.

Ajoutez-y ce que les astronomes ont énuméré sur les natures des astres
et sur leur action; ce qu'ils ont dit des pierres et de leurs propriétés, selon
la division qu'ils en ont faite d'après les astres et les signes du Zodiaque[1];
ce qu'ils ont exposé au sujet des corps des animaux doués d'une voix et des
autres, relativement à l'influence que subit chacun d'eux de la part des sept
astres principaux qui sont : le Soleil, la Lune, Saturne, Jupiter, Mars, Vénus
et Mercure; enfin ce qu'ils ont dit de toutes les actions que ces astres exercent sur les pierres de la terre, sur les minéraux, sur les plantes, sur les
animaux, etc. Tout cela doit, s'il plaît à Dieu, vous aider à comprendre.

*5e section.* — Réfléchissez à ces paroles contenues dans les livres des
philosophes : « La nature intime retient la nature intime[2]. » Il faut entendre
par là que la nature intime du corps retient la nature intime de l'âme dans
les êtres vivants.

Ils ont dit encore : « La nature intime l'emporte sur la nature intime. »
C'est-à-dire que la nature intime de l'âme agissante, vivante, l'emporte sur

---

[1] *Introd. à la Chimie des anciens*, p. 203          [2] Ce sont les axiomes courants des alchi-
et 293.                                                    mistes grecs.

la nature intime du corps matériel; car l'action de l'âme sur le corps le transforme et lui donne une nature immatérielle comme la sienne.

*6ᵉ section.* — On a dit que la nature intime s'unit à la nature intime. On entend par là que la nature intime des matières, celle qui est contenue dans la partie intérieure du corps, s'unit à la nature intime de l'âme, si on la lui rend, après que celle-ci a été séparée de la nature intime du corps.

On a dit que l'âme (séparée) retient l'âme primitive et que l'âme qui retient, c'est le corps affiné, qui possède alors la finesse et la subtilité de l'âme. Aussi le nomme-t-on à ce moment âme : c'est une âme, l'une de celles qui retiennent l'âme (primitive).

*7ᵉ section.* — On a dit que l'âme l'emporte sur l'âme. Par là il faut entendre que l'âme (primitive) domine le corps affiné, que l'on appelle âme. Elle peut, du reste, l'emporter aussi sur l'âme (ajoutée) et lui faire combattre le feu.

*8ᵉ section.* — On a dit que le vivant l'emporte sur le mort. Le vivant, c'est le mercure, et le mort, c'est le corps privé d'âme. Nous avons déjà expliqué plus haut comment chacun d'eux pouvait l'emporter sur l'autre et lui rendre sa nature.

On dit que le vivant immobilise le mort; ce qui signifie que chacun d'eux immobilise l'autre et l'empêche à jamais de revenir à sa nature primitive. L'âme ne revient jamais à l'isolement, quand elle a été unie à un corps, et jamais le corps ne redevient épais, lorsqu'il a été affiné par l'âme. Tout ceci n'a lieu qu'autant que les deux choses ont été mélangées, de façon à ne former qu'une masse homogène.

*9ᵉ section.* — N'oubliez pas que tous sont unanimes sur la question de l'œuf et de sa division. Je veux dire l'œuf des philosophes, qui se divise en deux parties, l'âme et le corps, et sur lequel on opère de manière à en former une masse homogène, dont les diverses parties ne peuvent plus être séparées.

*10ᵉ section.* — On a dit : « L'homme n'engendre que l'homme, l'oiseau ne donne naissance qu'à l'oiseau. » Il en est de même pour les animaux

féroces, les reptiles et tous les animaux; ils n'engendrent que des êtres de
même forme qu'eux. Ainsi l'or ne peut provenir que de l'or[1], et l'argent
de l'argent.

*11ᵉ section.* — On a dit que l'œuvre n'était produite que par une seule
chose. On entend par là une substance composée, dont la couleur et la nature sont homogènes et qui renferme en elle tous les éléments dont on a
besoin.

On dit également que l'œuvre (unique) est produite par quatre choses.
c'est-à-dire par les quatre natures contenues dans la substance composée
des deux éléments spirituel et corporel. L'élément spirituel est chaud et
humide [d'autres disent chaud et sec, ce qui est la nature du feu. Ceci a été
déjà dit dans ce livre, à la section commençant par ces mots : « Le froid
sec ne dissout rien »]. L'élément corporel est froid et sec.

On a dit encore que la substance composée ne renferme dans sa forme
et dans son essence que deux natures, l'eau et la terre, et que les deux autres
natures, qui apparaissent seulement à la suite de l'opération, quand elle est
bien dirigée, sont l'air et le feu.

On dit également que l'œuvre est produite par sept choses : c'est-à-dire
l'élément spirituel, l'élément corporel, et leur combinaison, laquelle résulte
de l'air, de l'eau, du feu et de la terre : ce qui fait en tout sept choses.
D'autres prétendent qu'il faut entendre par là les sept métaux qui sont :
le mercure, l'or, l'argent, l'étain, le plomb, le cuivre et le fer.

*12ᵉ section.* — On a dit que l'œuvre était produite par douze choses et
même davantage. On a voulu exprimer par là que la combinaison renfermait les matières et les forces des douze signes du Zodiaque[2], ainsi que
les natures des sept astres qui renferment les natures secrètes...........
............................... la force agissante est dans l'âme
et non dans le corps, c'est ce qu'il faut entendre par ces mots : « Même
davantage. »

*13ᵉ section.* — Chaque philosophe a dit au sujet de son opération : « La

---

[1] *Coll. des Alch. grecs,* trad., p. 34. — [2] Voir Stéphanus, *Introd. à la Chimie des anciens,*
p. 293.

question doit être résolue à l'aide d'une chose unique, combinée par une seule opération et dans un seul vase[1]. » Tous ont répété souvent des instructions de ce genre : « Rendez les âmes aux corps; faites périr les âmes dans les corps et purifiez les âmes et les corps, en les lavant et en les épurant ensemble; rendez les âmes volatilisées aux corps, dont elles sont sorties[2], et non à d'autres corps. C'est-à-dire qu'il faut opérer sur les corps avec les âmes, jusqu'à ce que les corps et les âmes soient purifiés; puis on continue l'opération sur les corps et les âmes ainsi préparés, jusqu'à ce que le tout forme une chose homogène, dont les parties soient intimement liées.

*14ᵉ section.* — Les philosophes ont dit dans ce langage énigmatique dont ils gardent le secret : « Un corps n'accepte pas l'âme d'un autre corps, et l'âme ne se maintient pas dans un corps autre que le sien; ils doivent toujours être appropriés l'un à l'autre. » Ainsi le corps d'un homme ne peut recevoir l'âme d'un oiseau, ni celle de tout autre animal. Les âmes des animaux ne peuvent se fixer dans le corps de l'homme, ni y pénétrer, parce que le corps de l'homme est formé généralement de telle façon qu'il reçoit les lumières qui se trouvent dans le monde supérieur, c'est-à-dire les âmes particulières à l'être (humain), âmes qui ne périssent jamais, car elles proviennent du monde éternel; tandis que la plupart des animaux sont façonnés pour recevoir les âmes du monde inférieur, qui doivent périr, car elles appartiennent au monde périssable, qui est le monde des quatre natures (éléments). L'âme de l'être vivant qui est doué de la parole est donc différente de celle de l'être vivant qui n'est pas doué de la parole. Aussi l'âme de celui-ci ne peut-elle entrer dans le corps de celui-là, à cause de la divergence de composition qui existe entre les deux âmes et les deux corps.

*15ᵉ section.* — De même dans l'œuvre, l'âme ne peut pénétrer que dans un corps qui a été façonné pour elle et dont elle est voisine, conformément aux rapports qui existent entre le monde supérieur et le monde inférieur. Ces rapports peuvent être plus ou moins éloignés, mais les plus voisins sont les meilleurs. Ceci montre que l'âme, c'est-à-dire le mercure, ne peut entrer et se maintenir que dans un corps qui lui convient.

Les corps qui ne lui conviennent pas sont : le talc, le verre, la marcas-

---

[1] *Coll. des Alch. grecs*, trad., p. 37. — [2] *Ibid.*, trad., p. 139, n° 24; p. 152. n° 5; p. 241, n° 1, et le symbolisme de Comarius, p. 281.

site, la tutie, l'antimoine (sulfuré), la magnésie, le sel, les coquilles d'œuf et tous les autres corps analogues; ils ne doivent donc point servir aux mélanges.

Les corps qui conviennent au mercure sont : l'or, l'argent, le plomb, le cuivre [1] et le fer. On rapporte aussi que les corps convenables au mercure sont ceux qui laissent un dépôt au fond de l'appareil, lorsque l'on procède à l'épuration, après l'opération qui suit la combinaison avec les corps. Les corps qui ne conviendraient pas au mercure seraient alors ceux qui sont altérés et (non) vivants, car ceux qui ne sont qu'altérés sont des corps qui lui conviennent. Les esprits terreux sont le soufre et l'arsenic (sulfuré), et leurs corps sont, par exemple, la marcassite, la tutie, le talc, etc.....

*16ᵉ section.* — On a dit : « Donnez aux esprits des corps tirés d'eux, qui soient de leur forme, de leur genre, de leur nature et de leur qualité, car les esprits ont de l'affinité pour ces corps émanés d'eux. Ils forment ainsi des mélanges et des combinaisons, que ces esprits ne formeraient point avec d'autres corps pour lesquels ils n'auraient pas d'affinité. En effet, les esprits, dès le début de l'œuvre, se sentent attirés par ces corps qui sont issus d'eux; tandis que non seulement ils ne sont pas attirés par les autres, mais au contraire ils les fuient et s'en éloignent, sans jamais se réunir ou se combiner avec eux. On a ajouté qu'ils se combinaient quand l'opération était bien dirigée, et je suppose qu'il s'agit de l'opération vraie. Si l'on avait voulu indiquer ici que les esprits se combinent avec des corps pour lesquels ils n'ont point d'affinité, on serait bien éloigné de la vérité. En effet, quand on cherche à combiner l'esprit avec un corps sans affinité pour lui, il arrive de deux choses l'une : ou le corps conserve pour lui-même une affinité plus grande que pour l'esprit, et alors c'est l'esprit qui se refuse au résultat proposé; ou bien, au contraire, l'esprit est dans ce cas, et alors le corps ne s'y combine pas.

*17ᵉ section.* — On a parlé des esprits et des corps qui sortent des sept minerais : les minerais d'or, d'argent, de cuivre, d'étain, de plomb, de fer et de mercure, que l'on appelle *vivants*. Or, de même que dans le ciel il n'y a rien de plus auguste et de plus noble que les sept firmaments avec leurs

[1] L'étain est omis, sans doute parce qu'il répond à l'une des deux variétés du plomb (plomb blanc).

étoiles, de même aussi il n'y a rien de plus auguste et de plus noble que les sept métaux et leurs minerais. Quand on parle des choses qui sont extraites des sept minerais, on les appelle *terreuses*. Par exemple, le mercure est d'une nature entièrement vivante; tandis que le soufre et l'arsenic (sulfuré) sont tous deux de nature terreuse. Ainsi chaque chose se mélange avec la similaire et s'éloigne de tout ce qui lui est contraire.

*18ᵉ section.* — Si vous, homme intelligent, vous examinez toutes ces choses, vous verrez que le but à atteindre ne s'obtient qu'à l'aide de choses diverses, c'est-à-dire des quatre natures. Il faut des forces différentes, spirituelles et corporelles. Ces forces doivent être convergentes et non divergentes, comme forme et comme couleur. Les forces spirituelles et corporelles doivent avoir de l'affinité entre elles, et non de la répulsion au point de vue de leur nature, afin qu'elles puissent s'aider réciproquement. Elles doivent se prêter appui, car elles ont besoin l'une de l'autre pour la combinaison qui s'opère partie contre partie. Elles ne doivent point être opposées l'une à l'autre, car il ne faut pas qu'une fois mélangées elles ne se séparent point l'une de l'autre. Vous devez opérer en une seule fois, d'une manière continue, sans interruption, pour opérer le mélange des parties les unes avec les autres. Il devra y avoir équilibre, quant à la nature, à la quotité et au poids. L'opération devra être rigoureuse, sans qu'on puisse substituer une substance à une autre : ainsi, si l'on a besoin d'humidité concentrée et mélangée pour fortifier la coagulation et le mélange, il faudra y introduire les corps qui sont de nature à produire cette concentration et ce mélange. Lorsque toutes ces forces seront complétées dans l'élixir, il sera énergique et sans faiblesse; toutes les compositions n'auront plus qu'une seule nature et on pourra alors se passer des autres substances.

*19ᵉ section.* — Il faut que ce soit une nature unique, pouvant se passer de toute autre substance. Pour le démontrer, on prend comme exemple la composition de la thériaque. Elle est formée de drogues opposées, que l'on a réunies en les faisant décomposer, puis combiner et mélanger entre elles. Dans ce mélange, elles ont perdu leurs propriétés opposées, pour n'avoir plus qu'une seule et même action. On a comparé l'élixir à la thériaque et à la transformation dont elle est l'objet, parce que l'élixir aussi a besoin de cette transformation qui se produit après le mélange, la dissolution et la coagu-

lation. Selon les uns, la transformation doit précéder la dissolution et la
coagulation, parce que les parties qui ne sont pas transformées ne peuvent
se mélanger intimement; or, si elles ne se mélangent pas intimement, elles
ne peuvent plus se dissoudre et former une rouille; si elles ne peuvent se
dissoudre, elles ne peuvent blanchir. Or, si elles ne deviennent pas blanches,
elles ne se combinent pas, et si elles ne se combinent pas, elles n'ont plus
une action complète et uniforme.

*20ᵉ section.* — Voici maintenant ce qui est dit de l'élixir : « On en abreuve
celui qui a la fièvre chaude, la fièvre de bile et de sang[1]. » Par « celui qui a
la fièvre chaude », il faut entendre ici le cuivre rouge et le cuivre jaune. En
effet, le cuivre rouge est chaud et sec, ce qui est la nature de la bile; et
le cuivre jaune est chaud et humide, ce qui est la nature du sang.

On en abreuve aussi celui qui a la fièvre froide, la fièvre de bile noire
et de pituite. « Celui qui a la fièvre froide » désigne l'étain et le mercure.
En effet, l'étain est froid et sec, ce qui est la nature de la bile noire; le mercure est froid et humide, ce qui est la nature de la pituite.

Si vous voulez, vous pouvez dire encore que le plomb noir a la même
nature que la bile noire; que l'étain a la même nature que la pituite. Ces
deux corps pourraient donc servir dans une telle opération. En effet, le mercure projeté sur les deux cuivres les blanchit et les fait vivre. Projeté sur
les deux plombs, il les fixe. Projeté sur le mercure, il le durcit en un corps
qui peut être frappé au marteau. Il peut encore réagir sur d'autres corps et
les teindre.

*21ᵉ section.* — Les choses les plus fragiles sont en même temps celles qui
offrent entre elles le plus d'opposition. Ce sont les choses les moins durables
et les plus promptes à se dissoudre; et comme une chose dompte celle qui lui
est opposée, il est nécessaire de (joindre) à une chose fragile la substance
d'une autre, pour l'aider, la fortifier et l'équilibrer. Cela veut dire que le
chaud, s'il l'emporte sur le froid, le domine; dès lors il est nécessaire de
fortifier le froid, de l'aider et de l'équilibrer, jusqu'à ce qu'on ait rétabli
l'égalité. Il en est de même de toutes les natures : leurs similaires les ren-
forcent, leurs opposées les dominent. Ceci est une comparaison qui signifie

---

[1] *Coll. des Alch. grecs,* trad., p. 169, n° 2.

que l'élément corporel est dominé par l'élément spirituel, à la suite de l'opération vraie qui le transforme en un élément spirituel. L'élément spirituel est également dompté par l'élément corporel et transformé en élément corporel, bien qu'en réalité il n'y ait pas opposition complète entre ces deux éléments. En effet, par opposition, il faut entendre la divergence sur tous les points, et par similitude, la concordance, sur tous les points également. S'il y a concordance sur un point et divergence sur un autre, on se sert tantôt du mot *similitude* et tantôt du mot *opposition;* le mot *opposition* est alors employé dans le cas où il y a divergence, et le mot *similitude*, quand il y a concordance.

22ᵉ *section.* — Les choses les moins fragiles sont également celles qui offrent le moins d'opposition entre elles. Ce sont les choses les mieux équilibrées et les mieux pondérées; elles durent plus longtemps que les autres et sont moins promptes à se dissoudre. Elles résistent mieux aux actions destructrices, qui amènent la séparation des éléments spirituels et des éléments corporels. Les choses qui offrent le plus d'opposition sont les animaux, et parmi eux, l'homme particulièrement. Tant que ses natures s'équilibrent dans leurs oppositions, il demeure en état de santé; mais si l'une d'elles l'emporte sur une autre, il tombe malade et la gravité de sa maladie est proportionnée à l'excès de l'une des natures sur les autres. Si cette nature qui l'emporte sur les autres prend trop de force, la mort s'ensuit et l'âme se sépare du corps. C'est ainsi que Dieu a créé l'homme; s'il avait voulu qu'il vécût éternellement, il n'aurait mis dans son être que des éléments concordants et non des éléments divergents. S'il y a mis des éléments divergents, c'est qu'il a voulu assurer la fin de l'être créé. Comme Dieu n'a pas voulu qu'aucun être subsistât toujours, en dehors de lui-même, il a infligé à l'homme cette diversité des quatre natures, qui amène la mort de l'homme et la séparation de son âme d'avec son corps.

23ᵉ *section.* — Les choses dans lesquelles les oppositions sont faibles sont : l'or, l'argent, l'améthyste, la perle, l'émeraude. Cependant elles doivent périr elles-mêmes, après avoir duré longtemps.

24ᵉ *section.* — De même le monde le plus grand, c'est-à-dire le monde des quatre natures, les mondes des cieux et des terres disparaîtront et se

dissoudront à leur tour, quand leur moment sera venu et que leurs quatre
natures auront atteint leur maximum d'opposition. Ces quatre natures sont :
la chaleur, l'humidité, le froid et la sécheresse. En effet, le monde est formé
d'éléments rapprochés et non combinés, car il ne peut y avoir combinaison
en même temps qu'opposition.

25ᵉ section. — Il y a chez l'homme de la bile, du sang, de la pituite et
de la bile noire. Quand l'une de ces quatre humeurs l'emporte sur une
autre, ou sur toutes les autres, l'homme meurt et son âme se sépare de son
corps. Cela arrive parce que ces humeurs ne sont point mélangées intimement; car si elles l'étaient, elles ne pourraient plus se séparer.

Les natures de l'année sont : le printemps, l'été, l'automne et l'hiver.
Dieu, dans sa sagesse et dans sa toute-puissance, a décidé qu'il y aurait quatre
natures dans chaque espèce de choses.

26ᵉ section. — Certains philosophes, doués d'une intelligence parfaite, ont
essayé de trouver une nature unique, qui contînt les forces des esprits et
des corps concordants et non divergents, qui fût capable de dompter les
quatre natures opposées, ou bien quelque chose qui pût transformer leur
nature en une autre; mais ils n'ont rien trouvé. N'ayant pas réussi à trouver
dans ce monde cette nature qu'ils cherchaient, ils ont dû alors combiner
les esprits avec les corps qui en étaient voisins, pour obtenir un produit
homogène et mettre au jour ce que cette nature renfermait de similaire
avec l'or et l'argent, et ce qu'elle contenait de choses faisant opposition avec
ces deux métaux. On en a retranché tout ce qui n'était pas similaire; on y a
adjoint tout ce qui était concordant, en améliorant les natures, en accou-
plant les éléments mâles avec les éléments femelles et en équilibrant la
chaleur, le froid, l'humidité et la sécheresse, d'après des poids déterminés
et équilibrés.

27ᵉ section. — On a cherché à obtenir un résultat tel, que l'élixir devînt,
après sa préparation complète, un poison subtil, léger, spirituel et corporel.
On a cherché également à ce que son corps et son âme fussent d'une même
nature, non divergents, et que l'élixir fût pareil au poison par sa subtilité,
sa légèreté et sa pénétration. On a cherché encore à ce qu'il se transformât,
lorsqu'il serait en contact avec le feu, ainsi que le fait le poison qui pé-

nètre les chairs. De même avec l'eau. Dans la crainte qu'il n'eût pas la
force de résister au feu, ni de le supporter, on a tâché que ce poison fût de
la nature du feu, qu'il fût nourri de feu et enfermé dans cet élément,
en sorte qu'il en acquît la fixité, la durée, l'éclat, la beauté et la coloration, parce que ses actions doivent devenir les mêmes que celles du feu. Car
si le feu ne l'avait pas préparé, n'en avait pas organisé les forces, ne lui
avait pas donné la fixité et la durée, enfin s'il n'avait pas réagi sur lui, il
le ferait ensuite périr. Ceci c'est l'opération vraie, qui fait passer l'élixir du
feu de la cuisson à celui de la transformation, de telle sorte que l'élixir
s'habitue à la force des feux et qu'il ne les redoute pas.

**28<sup>e</sup> section.** — Voyez combien il y a dans ce monde de choses spirituelles
et subtiles, que les sens ne peuvent atteindre et qu'on ne peut connaître
que par l'intelligence. Par exemple, la pierre d'aimant attire le fer en vertu
d'une force spirituelle que l'on ne peut ni sentir ni voir; cette force s'exerce
même à travers une masse de soufre, interposée entre le fer et la pierre
d'aimant. Une telle force se nomme une propriété, et l'on entend par ce
dernier mot l'accord des éléments spirituels des choses, qui les font réagir
les unes sur les autres, à la suite de l'accord de leurs éléments corporels.
Cet accord est celui qui distingue les natures simples, les natures composées et la combinaison de la force interne avec la force spirituelle.

**29<sup>e</sup> section.** — Les poisons agissent en vertu de leurs forces internes; le
musc, l'ambre et tous les parfums agissent de même. Toutes ces choses, en
vertu de forces spirituelles, qu'on ne peut voir, ni toucher, exercent des
actions dans un rayon plus vaste que leurs corps. En effet, on sent le parfum
du musc, de l'ambre et des substances analogues à une distance éloignée de
leurs corps, qui n'occupent qu'un espace restreint. Ces forces spirituelles se
modifient, sans que les poids des corps soient altérés; car ils conservent le
même poids qu'avant la disparition de leurs forces.

**30<sup>e</sup> section[1].** — Abou Mousa Djâber ben Hayyân (que Dieu lui fasse miséricorde!) a dit : « Il y avait à . . . . . une pierre d'aimant, qui soulevait un
morceau de fer du poids de 100 drachmes. Nous la conservâmes pendant

---

[1] Ceci est une glose ajoutée à propos de la phrase qui précède.

longtemps et nous l'expérimentâmes alors sur un autre morceau de fer,
qu'elle ne put soulever. Nous pensâmes que le poids de ce morceau de fer
dépassait 100 drachmes, poids que la pierre d'aimant soulevait autrefois;
mais quand nous le pesâmes, nous découvrîmes qu'il pesait moins de
80 drachmes. La force de cette pierre avait donc diminué, bien que son
propre poids fût resté le même qu'il était auparavant [1]. »

*31ᵉ section.* — La masse des choses corporelles est seulement le lieu de
séjour et le refuge des choses spirituelles; elle n'a par elle-même ni force ni
utilité, quand la force agissante a cessé d'être en elle. Le corps qui reste
comme substratum n'est que le lieu de séjour et le refuge de l'esprit qui en
est sorti, et il n'a de force que par l'esprit qui peut sortir de lui. Si on le lui
rend, il se combinera certainement avec lui. La teinture pour l'esprit et
pour le corps consiste en une rétention et une pénétration, et non en autre
chose.

*32ᵉ section.* — Les choses les plus stables sont celles qui renferment le
plus de corps et le moins d'esprit : tels sont l'or, l'argent et les substances
analogues. Les choses qui sont les plus fugaces parmi les corps sont celles
qui contiennent le plus d'esprit : tels sont le mercure, le soufre et l'arsenic
(sulfuré). Tous les corps contiennent des esprits, et tous les esprits des
corps; mais la dénomination qu'on leur donne est choisie d'après l'élément
prépondérant. Le mercure, le soufre, l'arsenic, l'or, l'argent, les deux
plombs, le cuivre et le fer sont considérés comme les éléments minéraux
du monde, et toutes les pierres de la terre en sont des produits.

*33ᵉ section.* — Dans le monde entier, les choses sont mélangées les unes
dans les autres : vous ne trouverez pas de feu qui ne renferme du froid, de
froid qui ne contienne de la chaleur; point de sécheresse sans un peu d'humidité, et point d'humidité sans sécheresse. Vous ne trouverez pas non plus
d'esprit qui ne contienne un peu de corps, ni de corps qui ne renferme
un peu d'esprit. Toutefois ces deux éléments ne peuvent être séparés, lorsque l'un d'eux est trop abondant et l'autre trop peu abondant, qu'il y a

---

[1] Ces indications répondent à une observation physique réelle. L'aimant porté au maximum
de sa puissance peut ensuite s'affaiblir dans certaines conditions.

transformation et absorption de la partie la plus minime par la partie prédominante. C'est ainsi que, si on laisse tomber quelques gouttes de miel dans la mer, aucun être créé ne sera jamais capable de dégager cette partie sucrée; Dieu seul pourra le faire; cependant il ne sera permis à personne de dire que la mer contient une saveur sucrée. C'est pour cela que si quelqu'un dit que l'œuvre est produite par toute espèce de chose, il dit une chose possible; ou bien encore s'il dit que les natures se trouvent dans chaque chose, cela est possible de deux manières, toute chose provenant d'une autre chose en puissance et non en acte. Lorsque les choses admettent une force plus intense que leur grande masse, toute la masse prend la nature de la force : par exemple, une petite quantité de ferment transforme une masse considérable de pâte.

*34ᵉ section.* — L'opinion adoptée par les maîtres en matière d'œuvre, c'est que l'œuvre s'exerce : sur les animaux et les plantes par la puissance, non par l'acte; sur les pierres, par la puissance et par l'acte. Toutefois il sort des animaux et des plantes des graines et des liquides, qui exercent une action merveilleuse sur les pierres; l'opération sur la pierre (philosophale) ne saurait être parfaite sans le secours des animaux, ou des plantes, ou même des uns et des autres. Parfois cependant la pierre peut se passer des deux autres catégories.

*35ᵉ section.* — Les philosophes recherchent les substances concentrées et évitent celles qui ne le sont pas. Ils disent que l'opération doit être pratiquée au moyen des choses concentrées, qui contiennent en grande quantité des forces spirituelles, subtiles et légères. S'il s'agit de choses animales, ce sont les sept métaux; s'il s'agit de choses terreuses, ce sont tous les minéraux, autres que les sept métaux. Si vous êtes bien persuadé que l'opération doit être pratiquée avec les choses concentrées, qui contiennent le plus de forces spirituelles, subtiles et légères, qu'elles soient animales ou terreuses, établissez une distinction entre les choses animales et les choses terreuses.

*36ᵉ section.* — La distinction entre les choses animales et terreuses est la suivante : les choses animales sont le mercure, l'or, l'argent, le plomb, le cuivre et le fer. Les choses terreuses se divisent en deux catégories : vivantes et mortes; parmi les vivantes, il y a le soufre, l'arsenic, le sel ammoniac et

tout ce qui fond et brûle et dont le feu fait sortir l'esprit. La seconde catégorie, celle des choses mortes, comprend tout ce qui ne fond, ni ne brûle,
ni ne donne de vapeurs : par exemple, le calcaire et les substances analogues.
Ces choses ne fondent pas; mais on peut en extraire des liquides, dont on
se sert dans l'opération animale et dans l'opération terreuse, pour l'épuration. C'est là un point qu'aucun de ceux qui s'occupent de l'œuvre ne met
en doute.

*37ᵉ section.* — Certains auteurs sont d'avis que l'opération animale est
celle qui est pratiquée avec les matières non vivantes qui proviennent des
animaux; par exemple, avec le sang, l'urine, la salive, la cervelle, le fiel.
Mais tout cela est loin de donner un résultat, parce qu'il y a trop d'écart
entre l'animal et le minéral. Or on ne peut transformer la nature d'une
chose qu'en la transformant en une nature voisine d'elle et qui contient
une certaine quantité de son action et de sa puissance. Il y a des plantes
qui détruisent les animaux et les minéraux. Ô mon Dieu! il n'y a que toi
qui puisses transformer l'animal en un minéral inerte, sans opérer de mélange et sans employer de teinture. Mais tel n'est point le but que se pro-
posent ces auteurs, et ce qui les a conduits à émettre cette opinion, c'est
leur ignorance sur la création des trois règnes : les minéraux, les plantes
et les animaux; et aussi l'ignorance dans laquelle ils étaient relativement
aux degrés de transformations des substances les unes dans les autres :
car les métaux sont déjà créés dans leurs minerais. S'ils avaient connu la
vérité à cet égard, ils seraient arrivés au résultat cherché sans le moindre
effort.

*38ᵉ section.* — Ce qui a entraîné les partisans de ce système à s'exprimer
ainsi sur ces choses, c'est le reflet qu'ils voyaient à la surface des métaux,
sans que cet accident eût pénétré dans leur partie interne. Mais les gens
experts en matière d'œuvre sont d'avis qu'il y a opération animale, tant
qu'on ne se sert ni de soufre, ni d'arsenic, ni d'autres substances analogues.
Ce n'est pas que le soufre et l'arsenic ne soient réellement vivants, ainsi que
nous l'avons dit plus haut; mais ils ne le sont qu'autant qu'ils sont joints à
des substances inférieures à eux, telles que la tutie, la marcassite, le talc et
autres substances du même genre. Ils sont terreux et morts, au contraire,
quand ils sont joints au mercure vivant.

*39ᵉ section.* — Quant à moi, je suis de l'avis de mon maître Abou Mousa Djâber ben Hayyân (Dieu lui fasse miséricorde!), qui était le plus habile de ses concitoyens en cette matière, en raison de ses recherches et de celles de ses prédécesseurs. Je repousse tout ce qui est en dehors de son opinion et qui repose sur des allégations ne se référant pas aux vrais principes de cette science, et je demande au Grand Sage (qu'il soit loué et béni!) de m'aider dans cette tâche.

*40ᵉ section.* — Sachez que la matière concentrée et forte, dont on a parlé en en faisant l'éloge et sur laquelle on a gardé le secret, doit être pareille au microcosme, à l'homme et aux êtres analogues, c'est-à-dire qu'elle doit être susceptible de mariage, de grossesse, de décomposition et d'une durée limitée. Elle doit encore avoir un mâle et une femelle et être l'objet d'une éducation, pour devenir un élixir parfait. Toutes ces conditions doivent être exactement les mêmes que s'il s'agissait d'un être humain. Saisissez bien ceci, car c'est toute l'opération elle-même.

*41ᵉ section.* — Il y a deux mondes : le macrocosme et le microcosme[1]. Le macrocosme comprend la masse supérieure et tout ce qui est au-dessus, c'est-à-dire les natures spirituelles qui agissent sur lui et manifestent leur action sur lui. Le microcosme comprend ce qui est au-dessous de la masse supérieure, jusqu'à la terre. On dit que le microcosme c'est l'homme et qu'il a été ainsi nommé par rapport au macrocosme, parce qu'il lui est en tout semblable.

*42ᵉ section.* — Le philosophe Platon a dit que l'œuvre était un troisième monde, parce qu'il est pareil aux deux autres mondes et qu'il réunit les forces du macrocosme et du microcosme. On a décidé que c'était un petit monde à la suite de théories, de faits et d'expériences; car on a remarqué que toutes les choses du macrocosme ont leurs similaires dans le petit monde, en fait de force interne et externe. On a dit que le macrocosme était un mélange, que l'on ne pouvait en aucune façon désagréger. D'autres soutiennent que les parties en sont seulement rapprochées et désagrégeables et qu'il en est de même du microcosme.

[1] Hermès dans Olympiodore, *Coll. des Alch. grecs*, trad., p. 109.

*43ᵉ section.* — Les hommes intelligents ont vu clairement que les forces spirituelles, celles qu'on ne peut atteindre avec les sens, sont plus efficaces, plus énergiques et plus dissolvantes, pour le but que l'on se propose, que n'importe quel corps. Aucun corps n'a la moindre force, sans le secours des esprits. Ils estiment que les esprits sont des forces puissantes, qui exercent une action énergique sans l'aide des corps. Quand ces esprits ont un corps vivant, pareil à eux comme subtilité, légèreté et pénétration, et qu'ils sont combinés avec ce corps au point de résister à l'action du feu, c'est alors qu'ils atteignent (dans leurs combinaisons) leur maximum d'intensité. Ils sont ainsi plus énergiques, plus pénétrants et plus puissants comme effet, que quand ils sont isolés des corps. En effet, les esprits, non combinés avec des corps fusibles qui sont leurs véritables corps, ou contenus en faible quantité dans un corps, ont des faiblesses qu'on peut faire cesser par l'opération vraie; ils cèdent à l'action du feu, surtout lorsque l'opération n'a pas été faite exactement. En effet, le feu exerce son action sur les forces agissantes; ces forces agissantes cédant au feu, la nature des esprits se trouve modifiée et les esprits résistent ensuite à l'action du feu.

*44ᵉ section.* — Les esprits vivifiés et contenus dans les corps qui leur conviennent produisent leur action complète. Mais si les esprits sont mêlés à des corps étrangers, leur action s'affaiblit et ne prend pas tout son développement. Il n'y a donc que les esprits contenus dans les corps d'où ils procèdent qui développent toute leur action. Retenez ceci, ô homme intelligent! et connaissez les bienfaits de Dieu.

*45ᵉ section.* — Faites en sorte que votre combinaison des natures soit obtenue à l'aide des esprits et de leurs corps spéciaux, et commencez ensuite l'opération vraie et sûre, pour faire un tout homogène; en sorte que l'élément spirituel de la préparation ne se sépare pas de l'élément corporel, et *vice versa.* L'élixir devra devenir rouge, pour la nature de l'or, et blanc, pour la nature de l'argent. C'est ce que les philosophes veulent dire par ces mots : « L'or ne peut provenir que de l'or, l'argent de l'argent, et un enfant d'un père [1]. » L'élixir rouge est chaud et sec, de la même nature que l'or; c'est pour cela qu'ils le considèrent comme de l'or. L'élixir blanc

---

[1] *Coll. des Alch. grecs*, trad. (Lettre d'Isis à Horus), p. 33 et 34, nᵒˢ 6, 7 et 8.

est froid et sec, de la même nature que l'argent, et pour eux c'est de l'argent. Voilà pourquoi ils disent : « Notre or n'est pas l'or du vulgaire, ni notre argent l'argent du vulgaire. » Leur or et leur argent sont teints avec l'élixir et supérieurs à l'or et à l'argent du vulgaire.

*46ᵉ section.* — L'élixir a été ainsi nommé, parce qu'il possède une grande force à l'égard des corps sur lesquels on le projette et qu'il les transforme en leur donnant sa propre nature. D'autres prétendent que ce nom vient de ce que l'élixir se brise et se divise; d'autres enfin assurent que cette appellation lui a été donnée à cause de sa noblesse et de sa supériorité.

*47ᵉ section.* — A chacun des degrés de l'opération, on donne au *remède* ou médecine un nom conforme à la nature du métal auquel il ressemble : si le remède noircit, par exemple, on l'appelle *plomb noir.* Enfin la préparation passe par tous les degrés des corps, jusqu'à ce qu'elle arrive au degré de l'or, qui est le degré le plus élevé.

*48ᵉ section.* — On appelle l'élixir *or* et *argent,* parce qu'une petite quantité de l'un de ces deux élixirs vaut plus qu'une quantité plus considérable de l'or ou de l'argent du vulgaire. On l'appelle aussi *poison,* à cause de sa subtilité et de sa pénétration dans le corps. Enfin on lui donne l'épithète d'*igné,* parce qu'il résiste au feu.

*49ᵉ section.* — On dit : « Quelle belle chose que la désagrégation! » C'est qu'en effet telle est la base de l'opération et le principe qui permet de la mener à bonne fin. L'esprit ne pénètre un corps qu'autant qu'il se mélange à lui et qu'il s'y réunit, ce qui ne peut avoir lieu qu'à la condition que le corps se désagrège et se divise en parties ténues. La teinture ne pénètre pas l'argent, à moins que celui-ci n'ait été désagrégé par le feu. C'est grâce à la désagrégation du corps que l'esprit se divise à son tour et se combine avec le corps. En effet, le corps est transformé d'abord en un liquide par la fusion; puis le liquide transforme le corps au moyen d'une seconde fusion, qui les réunit par l'effet de l'opération vraie; le nouveau corps est fixe et immuable, en sorte que le feu n'a plus d'action sur lui. La désagrégation est produite par l'esprit, et la coagulation par le corps. La désagrégation détruit la combinaison terreuse, divise les particules et les rend blanches. Ce n'est

pas d'ailleurs, comme le croient les ignorants une simple argenture super-
ficielle.

*50ᵉ section.* — L'élément froid et sec ne désagrège rien; tout au contraire
il concentre. On ne peut exercer d'action de désagrégation et de décomposition qu'à l'aide de la chaleur et de l'humidité; car c'est la chaleur qui
agit. L'élément froid et sec ne fait autre chose que de retenir ensemble les
particules. L'élément froid et humide fortifie le mélange pâteux des corps,
en sorte que toute humidité répond au mélange pâteux. Ceci veut dire que
l'esprit désagrège les corps, les transforme et produit les effets les plus remarquables quand il est chaud et humide; l'élément froid et sec, qui est le
corps, concentre l'esprit, et l'élément froid et humide, qui est l'esprit, réduit les corps en pâte, avant l'opération. L'opération commencée, il devient
chaud et humide selon les uns; chaud et sec, de la nature du feu, suivant
d'autres.

*51ᵉ section.* — On dit que les esprits désagrègent les corps et que les
corps fixent les esprits, et c'est ce résultat que l'on attend d'une teinture
parfaite et rapide.

*52ᵉ section.* — Voyant que les corps sont durs, solides et résistants, en
sorte qu'ils ne peuvent s'introduire dans les choses comme le font les esprits subtils et légers, on s'est dit qu'il fallait les désagréger délicatement
avec les esprits convenables, de façon à les vivifier, à les améliorer et à
les aider, sans pourtant les faire périr, ni les gâter. Si, en effet, on les désagrège avec des choses qui ne leur conviennent pas et qui ne les vivi-
fient pas, cette désagrégation ne fait que les corrompre davantage et les fait
mourir. Aussi cherche-t-on à leur donner la nature des esprits, ceux-ci étant
tels, qu'en désagrégeant les corps ils leur communiquent la vie, la subtilité,
la légèreté et la pénétration. Les uns emploient les procédés extérieurs, les
autres les procédés pénétrants [1]. Quand le corps a été modifié dans son
état de solidité et de dureté, qu'il est devenu subtil et léger, il devient
alors une sorte de chose spirituelle, qui pénètre les corps, tout en conser-

---

[1] *Coll. des Alch. grecs*, trad., dans Synésius: comparaison entre les procédés des Perses et ceux
des Égyptiens, p. 61.

vant sa nature propre, laquelle lui permet de résister au feu. A ce moment, il se mélange avec l'esprit; parce qu'il est devenu subtil et divisé, et à son tour il fixe l'esprit. La fixation de l'esprit dans ce corps se fait à la suite de l'opération et chacun d'eux se transforme, en prenant la nature de l'autre. Le corps se transforme en un esprit, dont il acquiert la subtilité, la légèreté, l'expansion, la teinture, l'action pénétrante, enfin toutes les propriétés. L'esprit, à son tour, se transforme en un corps, en en acquérant la résistance au feu, la fixité et la durée éternelle. De ces deux éléments se forme une substance légère, qui n'a ni la solidité des corps, ni la subtilité des esprits, mais elle possède une place exactement intermédiaire entre ces deux limites extrêmes.

*53ᵉ section.* — Personne, parmi ceux qui proclament un principe auquel ils croient, n'a une foi aussi vive que celle des philosophes qui disent qu'il faut fixer l'élément spirituel avec le corps qui lui convient, de façon qu'il ne puisse en être séparé par le feu; le corps n'abandonnant plus l'élément auquel il s'est attaché et combiné. C'est dans ce sens qu'il faut entendre le mélange; car un tel mélange, c'est une combinaison complète, qui ne peut être détruite en aucune manière.

*54ᵉ section.* — Sachez que la désagrégation et la fixation, telles que nous venons de les décrire en parlant de l'œuvre animale, constituent la seule manière d'opérer. Lorsque l'élément vital a été fixé avec le corps qui lui convient et qu'il a reçu la teinture, cette teinture ne peut plus désormais être changée, ni détruite, ni enlevée. Tel est l'élixir qui dompte les corps des natures et des éléments, celui qui les transforme, de telle sorte qu'ils ne peuvent jamais revenir à leur état primitif. C'est la voie suivie par les prophètes, les saints et tous les philosophes.

*55ᵉ section.* — Au sujet des opérations terreuses, on a dit qu'on fixe le soufre et l'arsenic au moyen de la marcassite, de la tutie, du talc et d'autres substances analogues; ce sont les corps les plus favorables pour rendre la combinaison susceptible de résister à l'action du feu, laquelle ne peut plus alors s'exercer sur elle. Telle est la fixation terreuse, sachez-le.

*56ᵉ section.* — On a dit : « Gardez-vous des feux qui brûlent. » C'est-à-dire des feux qui brûlent les soufres contenus à l'intérieur des drogues, ou bien, en d'autres termes, les graisses combustibles. Il y a, en effet, deux sortes de graisses, ou de soufres : une espèce qui brûle et qui peut être brûlée, et une espèce qui ne peut ni brûler, ni être brûlée.

On a dit encore : « Celui qui sait bien extraire les graisses, connaît bien la marche de l'opération. » Il s'agit de la graisse qui brûle et qui peut être brûlée, et l'on a voulu dire qu'il faut l'extraire des substances qui la contiennent, de façon que celles-ci en soient complètement débarrassées et purifiées. Tout ce que l'on a rapporté dans le monde au sujet de la noirceur, de l'ombre et de la corruption des corps, s'entend de la graisse noire qui brûle et qui peut être brûlée, et qui attire vivement le feu.

*57ᵉ section.* — Après avoir réalisé ce principe de la fixation de l'esprit vital avec le corps qui lui convient et qui est analogue à lui, et après en avoir dégagé l'humidité corruptrice, on mélange les deux éléments et on opère sur l'ensemble des deux, jusqu'à ce que le corps et l'esprit aient une même nature, ne présentant aucune divergence. Le corps et l'esprit étant unis intimement, de façon à ne plus pouvoir être isolés l'un de l'autre, se trouvent pareils à l'eau du Tigre mélangée à celle de l'Euphrate, lesquelles sont si bien confondues qu'on ne peut ni les distinguer ni les séparer l'une de l'autre. La teinture rouge et la teinture blanche teignent et pénètrent les œuvres accomplies par l'homme, en raison du degré de science et de sagesse auquel il a atteint, en raison de l'étendue de son expérience et de la durée de sa vie.

*58ᵉ section.* — Sachez que, parmi les gens qui s'occupent de cet œuvre, il en est qui se contentent d'une petite quantité de ces teintures parfaites, dont ils ne se sont pas rendus complètement maîtres; d'autres en demandent davantage et enfin il en est qui ne sont satisfaits qu'avec une grande abondance de cet élément animal, désirant l'obtenir en quantité telle, que l'opération étant accomplie réellement une seule fois dans la vie, on n'ait plus besoin de la recommencer une seconde fois, dût-on vivre un million d'années et avoir une famille d'un million de personnes. Ce résultat est acquis, lorsque l'on a pris réellement le ferment de l'opération animale.

*59ᵉ section.* — Les secrets que je viens de vous décrire et dont je vous ai expliqué clairement l'histoire constituent l'œuvre qui, une fois obtenu, permet d'atteindre les limites les plus reculées. Il n'en saurait être de même pour ceux qui ne sont pas dans le secret, ou qui n'ont eu que des indications énigmatiques, leur rendant difficile la voie à suivre. Or il n'y a qu'une voie à laquelle toutes les autres se ramènent, l'opération étant la même pour toutes les pierres animales et terreuses. Retenez ceci.

*60ᵉ section.* —. Beaucoup d'ignorants, entendant parler de cette désagrégation et de cette fixation que nous venons d'indiquer, ont désagrégé et fixé sans réussir; ils ont été déçus et ils ont tout perdu. Beaucoup d'entre eux aussi ont fixé les esprits avec leurs corps, mais sans les faire bien pénétrer les uns au sein des autres, sans en proportionner le poids, ou sans procéder à l'épuration; eux encore ont été déçus et ont tout perdu. Ils n'ont pas agi avec précision et n'ont pas eu assez de patience dans leurs expériences, ni assez de secours de la part de Dieu : qu'il soit glorifié!

*61ᵉ section.* — La chose est difficile. Elle est même la plus difficile et la plus lointaine qu'un homme puisse désirer, à cause de sa subtilité et de sa profondeur, quand il n'est pas habile. Au contraire, elle est la plus aisée et la plus facile pour quiconque connaît les voies et moyens. On a dit : Désagréger, c'est fixer, et fixer, c'est désagréger. Il faut entendre par là que quelqu'un ne peut réussir à fixer un esprit s'il ne sait pas bien désagréger un corps. En effet, désagréger et fixer constituent une même opération, le corps se désagrégeant et l'esprit se fixant. On a dit : Ce qui désagrège est ce qui fixe, et ce qui fixe est ce qui désagrège. On entend par là le feu, dans lequel, en effet, le corps se désagrège et l'esprit se fixe. On a dit : C'est un minéral parfait quand il se désagrège et se fixe de lui-même.

*62ᵉ section.* — Je formule une vérité et je ne mens point; je parle de ce que j'ai vu et de ce que j'ai expérimenté, en disant : Personne ne pourra faire une seule opération exacte de cet œuvre, conforme à la vraie opération, s'il ne possède des procédés nombreux, qui varieront suivant ses études, son intelligence, ses expérimentations et sa sagacité. Pour un tel homme, l'opération sera plus aisée, qu'aucune autre œuvre ne l'est en ce monde pour celui qui en est l'artisan habituel : rien ne sera moins pénible pour lui, ni plus facile.

*63ᵉ section.* — L'œuvre comporte quatre chapitres, et en disant que quatre mots suffisent au praticien expérimenté qui s'en donne la peine, je dirai exactement la vérité. Je vous ai clairement exposé tout cela; je vous ai tout facilité; je vous ai renseigné, en vous exprimant les faits matériels, sans jalousie, sans rien cacher et sans langage énigmatique. Bien plus, je vous ai désigné les choses par les noms que lui donne le vulgaire. Maintenant je vais vous répéter mes paroles, pour que vous les graviez dans votre mémoire.

*64ᵉ section.* — Ceci est le premier chapitre. Débarrassez tous les produits de votre œuvre des impuretés, des noirceurs, des ombres, des graisses et des humidités qui amèneraient la répulsion et la corruption. Faites en sorte que le mélange rouge soit réellement rouge, le mélange blanc, blanc.

*65ᵉ section.* — Voici le second chapitre. Désagrégez les scories qui demeurent au fond de l'appareil et qui sont des corps, en sorte qu'elles aient la nature des esprits qui se dégagent sur le feu.

*66ᵉ section.* — Troisième chapitre. Fixez les esprits, qui, lors de l'opération vraie, se dégagent des corps, fixez-les avec les corps demeurés au fond de l'appareil, en sorte que les esprits aient la nature des corps qui résistent au feu, et qu'il n'y ait pas la moindre différence entre ces esprits et des corps.

*67ᵉ section.* — Quatrième chapitre. Sachez que les matières tinctoriales en général, et le carthame en particulier, ne pénètrent en aucune manière dans les étoffes lorsque ces matières sont sèches; elles ont besoin d'être mêlées à de l'humidité pour se maintenir dans l'étoffe et elles y pénètrent d'autant plus qu'elles sont plus fortes. Il en est de même de notre teinture; elle ne pénètre dans la matière à teindre qu'après avoir été mélangée avec l'humidité provenant d'un mélange aurifère. Le feu fait évaporer l'humidité, et la teinture reste seule.

*68ᵉ section.* — Je vais maintenant résumer ce que j'ai dit de l'opération. Pour l'opération des philosophes, il est absolument nécessaire de prendre leur pierre composée qui, par l'opération vraie, se divise en quatre natures : la terre, l'eau, l'air et le feu. Il faut ensuite mêler l'élément corporel au spi-

rituel, jusqu'à ce que le mélange soit intime et que l'on ait un tout homogène. Le but à atteindre ici est de réunir l'esprit au corps et de les faire
fondre ensemble. L'eau blanchit les deux éléments, l'air les assouplit et les
affine, le feu les rend rouges après qu'ils étaient blancs. C'est ainsi qu'il
faut entendre la division de leur pierre en quatre natures. La terre tire son
origine du froid et du sec; l'eau du froid et de l'humide; l'air, de la chaleur et de l'humidité, et le feu, de la chaleur et de la sécheresse.

*69ᵉ section.* — Quant aux opérations terreuses et à celles qui sont à la
fois terreuses et animales, elles sont nombreuses. Je vais citer ce qui a été
dit de l'opération dans laquelle entrent le mercure, c'est-à-dire le mercure
des marchés, le soufre, c'est-à-dire le soufre des marchés, l'arsenic, c'est-à-
dire l'arsenic des marchés, et l'alun, c'est-à-dire l'alun des marchés, bien
rectifié. Je parlerai aussi de l'opération dans laquelle on ne fait pas entrer
ces trois choses et qui s'exécute sans désagrégation, ni fixation. Ne vous y
adonnez pas et ne croyez pas qu'un homme pieux, modeste et bien élevé
puisse en tirer profit, si ce n'est avec le concours du mercure seul. Si l'on
n'emploie pas de mercure dans l'opération, elle ne réussira jamais d'une
façon complète. Mais si l'opération emploie une partie de ces choses, il faut
qu'il y ait un corps (métallique), tel que l'or, l'argent, les deux plombs
(plomb et étain), le cuivre, le fer, la marcassite, le talc, le verre ou le sel;
il faut que la combinaison soit bien faite, que la désagrégation et la fixation aient été opérées sûrement, jusqu'à un point tel que le produit résiste
au feu et ne s'y brûle pas, mais qu'il fonde comme de la cire en se combi-
nant bien. Alors l'opération sera bonne et le procédé sera efficace, pour
l'opération animale et l'opération terreuse, ou pour toutes les deux réunies
(en opérant autrement).

Les choses pourraient bien être teintes, mais d'une teinture que les gens
pieux et modestes ne sauraient accepter, car elle ne tiendrait pas : cela arriverait parce que vous n'auriez pas opéré selon le vrai procédé, mais seulement suivant le procédé vulgaire.

*70ᵉ section.* — Quant aux poids et aux moyens de faciliter la désagrégation et la fixation, chaque philosophe a, à cet égard, son opinion et son
procédé; il en est qui avancent l'opération, d'autres qui la reculent; les uns
prolongent, les autres abrègent. Mais le mode est le même et la voie unique

Celui qui manque cette voie sera déçu et perdra tout, sans arriver au but, ce but que l'on nomme la limite extrême.

*71ᵉ section*. — On a comparé les âmes et les corps, quand ils se réunissent et se transforment pour devenir un tout homogène qui ne peut plus être divisé, aux morts que Dieu ressuscitera au jour du jugement dernier. On rendra les âmes aux corps affinés, qui ne mourront plus par la suite, et cela parce que les esprits légers se seront mêlés à des corps également légers. Aussi ils seront immuables, soit dans un bonheur éternel qui se renouvellera sans discontinuer; soit dans un châtiment douloureux, qui s'augmentera sans cesse. Dorénavant les esprits ne seront plus séparés des corps, comme ils l'étaient en ce monde, où les esprits étaient simplement en contact de voisinage avec les corps, sans être combinés intimement. C'est ce contact de voisinage que l'on appelle mélange, dans la langue courante.

Telle est la qualité de l'opération qui, lorsqu'on en est maître, est la limite extrême dont il a été parlé. On a dissimulé la vérité, on a composé là-dessus des livres énigmatiques et embrouillés; enfin on a fait tous les efforts possibles pour ne pas être compris du vulgaire. On a dit : C'est un trésor fermé que Dieu seul peut ouvrir à celle de ses créatures qui lui plaira; il est celui qui ouvre tout et qui sait tout.

*72ᵉ section*. — On peut comparer l'élixir à un peuple d'hommes forts et unis, dont les avis, les paroles et les désirs sont identiques; qui ont les mêmes caractères et les mêmes natures; qui peuvent dire en secret comme en public les mêmes choses; qui ont arraché de leurs poitrines l'injustice, et de leur cœur la mollesse et la trahison; qui n'ont d'autre souci que de se bien conseiller les uns les autres; qui, lorsqu'ils ont fait prisonnier un de leurs ennemis lui rendent le bien pour le bien, le mal pour le mal. Ils sont ainsi faits et tel est leur caractère accoutumé, dont il leur est impossible de changer. Ces hommes forts rencontrent un peuple d'hommes faibles, perfides, hostiles les uns aux autres et cherchant à se tromper mutuellement. Le souci de chacun d'eux est de faire périr son voisin, sans s'inquiéter s'il ne causera pas ainsi la perte de tous, en sorte qu'il pourra périr avec eux. Eux aussi sont ainsi faits qu'ils ne peuvent changer leur manière d'être. Or les hommes unis vaincront sûrement les hommes divisés, les subjugueront et les feront prisonniers.

De même l'élixir, dont toutes les forces sont unies sans se contrarier, arrivera à dompter les natures divisées et les obligera à transformer leur nature pour prendre la sienne. S'il est mis en présence d'un corps faible, que le feu aura désagrégé et amoindri, et que ce corps faible ait des natures divisées et hostiles les unes aux autres et contraires, chacune de ces natures tâchera de transformer l'élixir en une nature identique à la sienne, et cela sans le secours de ses voisines; aussi n'aura-t-elle point de force. Au contraire, une petite quantité d'élixir aura une grande action sur une masse considérable de ces natures et les assimilera à sa propre nature. Si l'élixir est rouge, il teindra l'objet en or; s'il est blanc, il le teindra en argent.

*73ᵉ section.* — Si quelqu'un de faible intelligence, d'entendement obtus et de peu d'expérience, soutient que ces esprits, ces corps et ces pierres ne produisent aucune action, qu'ils ne vivent point, qu'ils ne se connaissent point entre eux ni ne se renient, qu'ils ne s'accordent ni ne se désaccordent, qu'ils ne s'accueillent ni ne se fuient les uns les autres, il n'a qu'à expérimenter cela sur le feu et il verra de ses yeux tout ce qui vient d'être dit. En effet, le feu décide de la nature des choses; il rend plus homogènes et plus résistants les corps qui ont pour nature l'affinité et la similitude; il aide, au contraire, à se diviser les corps qui ont pour nature la diversité et la répulsion.

*74ᵉ section.* — L'élixir rouge tend par similitude à se mélanger à la couleur rouge, que l'argent renferme intérieurement. De même qu'on ne peut séparer le rouge de l'argent de sa partie blanche, de même on ne peut faire disparaître l'effet de l'élixir et sa teinture. C'est l'élixir qui fait apparaître la couleur rouge interne et c'est grâce à sa force qu'elle peut devenir apparente. De même l'élixir tend par similitude à se mélanger à la couleur blanche intérieure du cuivre. Aussi lorsque le cuivre en est teint, immédiatement il devient blanc en se mélant à l'élixir, et personne ne pourra faire disparaître par aucun moyen cette teinture, tant le mélange est intime. et Dieu. . . . .

*75ᵉ section.* — Quand vous connaîtrez le commencement et la fin de l'opération, que vous connaîtrez les esprits et les corps qui lui conviennent, sa. . . . ., sa teinture, sa purification, sa combinaison, sa désagrégation et sa fixation, que vous saurez la véritable voie à suivre dans l'opération, rien de la science de l'œuvre animale et terrestre ne vous sera plus caché, et vous saurez distinguer le vrai et le faux. Votre science sera certaine, votre œuvre exacte et vous n'aurez plus besoin de ce livre, si vous l'avez bien compris. Si vous ne l'avez pas compris et que le sens vous en ait échappé, je vous trouverai excusable. Mais si vous ne le connaissiez pas et que vous n'ayez pas pratiqué cette science, ne dépensez ni votre argent, ni votre peine, pour peu que vous ayez le moindre bon sens et la moindre intelligence. En effet, ce livre renferme l'exposé de toute la science de l'œuvre et de tout ce que contiennent les autres livres. Je demande à Dieu qu'il vous éclaire et vous dirige, de façon à comprendre ce livre; car Dieu peut tout ce qu'il veut. Il me suffit comme appui, et quel meilleur directeur pourrais-je avoir?

Fin du *Livre de la Miséricorde* écrit par Abou Mousa Djâber ben Hayyân (Dieu lui fasse miséricorde!).

Louange à Dieu le maître des mondes! Qu'Il répande ses bénédictions sur le seigneur des envoyés, le sceau des prophètes, celui qu'Il a choisi parmi le reste de ses créatures, Mohammed! Que Dieu répande ses bénédictions sur lui et sur sa vertueuse famille!

# (IX)

## V. LE LIVRE DE LA CONCENTRATION.

Au nom du Dieu clément et miséricordieux!

Ceci fait partie du livre intitulé : *La Concentration*, par Abou Mousa Djâber ben Hayyân Eç-Çoufi Et-Thousi El-Azdi. (Dieu lui fasse miséricorde!)

Sachez que chaque chose en ce monde, c'est-à-dire dans le monde d'existence et de corruption, ne peut posséder plus de dix-sept forces. En outre, si elle possède une unité de chaleur, elle a nécessairement trois unités de froid. Réciproquement, si elle possède une unité de froid, elle aura trois unités de chaleur; aucune autre proportion n'existe pour les choses agissantes. Si la chose a cinq parties de sécheresse, elle en aura huit d'humidité; et réciproquement, si elle a huit parties de sécheresse, elle en aura cinq d'humidité. Telle est la règle absolue pour les choses passives. Toutes les combinaisons des choses sont ainsi établies. Retenez ceci, agissez en conséquence et vous trouverez alors la vraie voie, avec la permission de Dieu.

Précédemment nous avons décrit comment étaient tous les individus de tous les genres; nous avons dit ce qui existe pour les êtres actifs : si l'un des deux agents désagrégeait l'extérieur, l'autre agent désagrégeait l'intérieur, et qu'il en était de même pour les êtres passifs. Ainsi, dans un remède chaud et sec, un minéral, un animal ou toute autre chose, si l'extérieur est chaud et sec, l'intérieur est froid et humide.

Combien ils ont eu raison, les gens experts dans l'œuvre philosophique, quand ils ont dit : « Le plomb est de l'or à l'intérieur; l'étain est de l'argent à l'intérieur. » En effet, cet énoncé est exact pour ce qui touche la nature de ces deux minéraux : le plomb à l'extérieur est froid et sec, et à l'intérieur il est certainement chaud et humide. Or, l'or à l'extérieur est chaud et humide, mais froid et sec à l'intérieur; donc l'intérieur de l'or est pareil à l'extérieur du plomb, et l'extérieur de l'or est pareil à l'intérieur du plomb.

Il en est de même à l'égard de l'étain comparé à l'argent : l'étain est chaud et humide à l'extérieur, froid et sec à l'intérieur; de même l'argent est chaud et humide à l'intérieur, froid et sec à l'extérieur. En conséquence, si l'intérieur d'une chose est semblable à l'extérieur d'une autre chose, il faut qu'elles soient d'un même genre; ou bien, si elles sont de deux genres différents, elles ne seront identiques qu'à la condition que leurs genres soient les plus voisins possible.

En raison de ce que nous avons dit plus haut, une chose peut se transformer en une autre, soit que la transformation porte sur le genre, ce qui est le cas le plus simple; soit qu'elle porte sur la nature même, ce qui est plus compliqué.

Par ce qui a été dit plus haut, nous entendons la mention des dix-sept forces et la proportion que nous avons indiquée. Nous dirons donc : Si, par exemple, l'extérieur du plomb contient trois parties de froid et huit parties de sécheresse, l'intérieur renfermera à coup sûr une partie de chaleur et cinq parties d'humidité. Toutefois, dans ce cas, le froid l'emportera sur la chaleur, par suite de son excès; car il est de règle que la partie dominante soit manifeste, tandis que la partie dominée demeure latente : ceci est un axiome. Si quelqu'un met en doute ce que nous avons énoncé plus haut au sujet de l'or, à savoir que son extérieur comporte trois parties de chaleur et huit d'humidité, et son intérieur une partie de froid et cinq de sécheresse, nous lui dirons que c'est seulement par l'écart entre le nombre de ces parties qu'il diffère des autres corps. En effet, l'or contient deux parties de chaleur de plus que n'en contient le plomb. Si vous teignez le plomb avec quelque chose qui renferme extérieurement deux parties de chaleur et trois d'humidité et que vous en fassiez un mélange intime avec le plomb, l'extérieur du plomb aura alors trois parties de chaleur et huit d'humidité. Vous en expulserez ainsi le froid et la sécheresse, car la chaleur domine toujours l'humidité, et le plomb deviendra du même coup de l'or pur. Même raisonnement au sujet de l'étain et de l'argent, car il est évident que la nature d'une chose peut se transformer en une autre nature, avec cette réserve qu'il est plus facile de transformer un genre en un autre genre, qu'une espèce en une autre espèce. Retenez bien ceci.

Nous disons que les diverses natures réparties dans les individus des . divers genres sont toutes les mêmes. Si la chaleur de l'homme n'est pas égale en quantité à celle du mercure ou de l'or, il n'en est pas moins vrai que la chaleur, le froid, l'humidité et la sécheresse sont de nature identique chez tous les animaux et tous les individus des diverses espèces, dans les différents minéraux et dans les étoffes de toute sorte. En effet, aucune chaleur n'est plus longue qu'une autre, aucun froid plus ancien qu'un autre froid, aucune humidité plus courte qu'une autre humidité, et il n'y a pas de sécheresse qui diffère d'une autre sécheresse. Ce qui établit une différence entre ces natures, c'est leur abondance ou leur faible quantité : la chaleur du fiel diffère de celle du sang, en ce qu'elle est plus abondante et partant plus forte; celle du sang étant en plus petite quantité est plus faible. La chaleur du cuivre est plus intense que celle du baume. De même le froid du talc est plus énergique que celui de la cassie, celui du sperme que celui de la rose, celui du cerveau que celui des os. L'humidité de l'eau est plus grande que celle du miel, et celle du mercure plus forte que celle du soufre. La sécheresse du soufre est plus grande que celle du mercure. C'est cela qui constitue les différences des choses et leur diversité, et qui nécessite une distinction logique. S'il n'en était pas ainsi, toutes les choses seraient les mêmes et ne présenteraient aucune divergence. Proclamons les louanges de Celui qui a créé toutes choses selon sa volonté; il est le Sage et il sait tout.

### DISCOURS SUR LE CORPS, L'ESSENCE ET L'ACCIDENT.

Sachez que les éléments primordiaux du monde sont au nombre de dix, savoir : une essence unique et neuf accidents, qu'on appelle tantôt accidents, tantôt qualités. Chacun de ces dix éléments a son individualité propre, que l'on reconnaît si on étudie la question avec soin. Ces dix choses, nous vous les avons déjà fait connaître à propos de Pythagore, et il n'y a aucun inconvénient à les énumérer ici de nouveau, afin que, s'il plaît à Dieu, cet ouvrage soit complet. Ces dix choses sont donc : 1° l'essence; 2° la quantité; 3° la qualité; 4° le rapport; 5° le temps; 6° le lieu; 7° la situation; 8° la manière d'être; 9° l'action; 10° la passion. Après cette énumération des choses, nous les expliquerons chacune, afin qu'elles soient claires et évidentes pour l'étudiant et qu'il puisse s'en servir pour l'étude de ce livre. Nous allons donc les décrire exactement, en nous plaçant au point de vue de l'étude de cet ouvrage, s'il plaît à Dieu.

L'essence, c'est l'élément subsistant qui supporte toutes ces catégories. C'est un élément dont les catégories ne peuvent se passer. Elle est, ou générale, et c'est alors l'essence primitive; ou particulière, et c'est alors l'essence secondaire et composée, que les sens ne sauraient atteindre à l'état isolé, mais que l'esprit conçoit. Ainsi, par exemple, le corps est une essence ayant longueur, largeur et profondeur, et c'est alors un composé; si nous lui enlevons ces catégories, il restera nécessairement l'essence.

Maintenant que l'essence vous a été démontrée, il vous reste à en connaître la production par l'art; vous l'étudierez dans les *Livres des balances*, qui vous donneront la quotité de chaque chose. Nous allons vous donner un exemple sensible. Ainsi le roseau d'un calam, l'or d'un bracelet, d'une bague, l'argile d'une cruche en sont l'essence (matière première ou substance). Les choses mélangées (c'est-à-dire les formes et qualités) qu'on y rencontre sont des catégories. Sachez ceci, s'il plaît à Dieu.

La quantité de l'essence dans chaque chose embrasse la totalité de cette chose suivant les uns, car les catégories n'ont point de poids : elle n'est, suivant d'autres, que la moitié pour l'essence, l'autre moitié étant pour les catégories. L'argument dont les uns et les autres se sont servis pour démontrer cela, c'est uniquement la distillation. Il convient que vous soyez convaincus que l'essence doit être en quantité plus considérable que les catégories, ce qui est manifeste pour les corps sensibles. En effet, l'or dans une bague entre pour une plus grande part que la gravure et le travail industriel; il en est de même pour le bracelet, pour la cruche d'argile, pour le bois de lit, et aussi pour toutes les autres choses existantes.

Maintenant que nous avons parlé de l'essence, il est nécessaire que nous parlions du temps. Dans nos autres ouvrages nous avons longuement et amplement parlé du temps et dit tout ce qui était utile sur ce sujet. Par temps il faut entendre ici le passage des choses dans la durée. Or il y a trois temps : le passé, qui s'est écoulé dans la durée antérieure, la veille, par exemple; le présent, qui existe encore, et dans lequel vous vous trouvez, aujourd'hui par exemple; et enfin le futur, qui doit venir et arriver, comme demain. Il n'est point nécessaire, dans ce livre, d'entrer dans de plus grands développements sur ce sujet; car la notion du temps dans l'opération a pour unique utilité de permettre de parfaire la décomposition et d'achever la combinaison.

Quant au lieu, c'est le rapport de l'existence du corps avec sa durée : il n'y a rien qui puisse exister sans le temps et le lieu. Le lieu se divise, selon la quantité et la qualité. Dans notre définition de la qualité et de la quantité, nous dirons : . . . . . . . . . un endroit sec, un endroit froid : de même un endroit chaud, un endroit humide. . . . . . . . . . .

Maintenant que nous avons expliqué ceci, nous allons parler de la qualité. La qualité, c'est l'état d'une chose et l'acte qui spécifie cette chose :
par exemple, lorsque nous disons : Blanc, noir, chaud, froid. Elle comporte diverses indications, telles que : le plus, le moins, le plus intense, le
plus faible. Aucune des dix catégories, autres que la qualité, ne peut donner
une semblable notion des choses. Vous pouvez dire : Ceci est plus blanc
que cela; ceci est plus noir que cela; ceci est plus froid ou plus chaud que
cela; ceci est plus intense ou plus faible comme couleur rouge que cela.
Retenez ces énoncés et servez-vous-en, s'il plaît à Dieu.

Après la qualité vient la quantité : la quantité indique le nombre et le
poids. Vous dites, par exemple : Combien de parties ceci? et on vous répond :
Dix ou cinq empans, dix coudées, cent livres, etc. . . . . Elle peut consister
en un nombre égal à un autre nombre, ou en un nombre différent d'un
autre nombre. Retenez ceci, qui dissipera un grand nombre de doutes des
Anciens et vous fera apprécier leurs principes.

La situation est une qualité qui suit la chose : par exemple, quand vous
dites : « Un tel, possesseur de fortune; un tel, en état d'indigence, » cela
indique aussi la faculté. Exemple : la faculté de brûler appartient au feu;
celle de refroidir appartient à l'eau. La situation se divise en deux catégories : la situation qui assemble et la situation qui sépare; ce que l'on
peut dire également de l'accident. La situation qui assemble, c'est, par
exemple, la pierre d'aimant attirant le fer; celle qui sépare : le fer fuyant
la pierre d'aimant. Retenez ceci et servez-vous-en, si Dieu le veut.

Vient ensuite la manière d'être. La manière d'être, c'est la forme d'une
chose et la marque qui lui est imprimée dans le monde. Ainsi l'homme et
l'oiseau marchent sur deux pieds, le cheval et l'âne sur quatre pieds, le serpent sur son ventre, tandis que le poisson nage. Il y a aussi la manière
d'être du bois de lit, de la porte. Les variétés de ces formes dans le monde
sont appropriées aux divers besoins. On distingue deux sortes de manières
d'être : celle qui est naturelle et qui existe telle quelle en venant au monde;
celle qui est artificielle et qui est disposée en vue d'un but qu'on se propose.
Telle est la manière d'être, sachez-le.

Le rapport est l'analogie qui existe entre une chose et une autre. Exemple :
le rapport d'un grand melon avec une grenade et celui d'une petite noix
avec une grenade. Il y a quatre sortes de rapports :

(1°) Le rapport de similitude, tel que le rapport de l'homme à l'homme, de l'âne à l'âne; c'est celui que l'on indique comme nécessaire pour la reproduction réciproque par la génération.

(2°) Le rapport de comparaison, qui comprend l'opposition et l'égalité. Exemple : la chaleur comparée au froid, le chaud comparé au froid et au corps échauffé, etc.

(3°) Le rapport négatif et affirmatif. Exemple : un tel est debout; un tel n'est pas debout.

(4°) Le rapport démonstratif et privatif associés l'un à l'autre. Exemple : il est riche, et non pauvre.

Retenez ceci et construisez vos opérations d'après ces données; vous y trouverez une aide pour aller plus loin, si Dieu le veut.

Après cela vient l'action. Elle s'exprime par des mots, tels que : frappant, écrivant, comptant, coupant, etc.; elle ne comporte pas de subdivisions. Toutefois elle indique l'existence de quelque chose qui subit cette action, ou, comme nous l'avons dit, d'une chose passive.

La passion s'exprime par des mots, tels que : frappé, écrit, compté et coupé.

Tels sont les dix éléments à l'aide desquels le monde est construit.

Maintenant que nous vous avons donné les définitions de ces éléments, dans la mesure qui convenait à notre sujet, nous allons distinguer les formes des natures, en simples et composées. Elles sont simples, quand elles vont une à une; composées, quand elles vont deux à deux, trois à trois, ou en nombre plus considérable.

Nous arriverons ensuite au but de notre présent livre, si Dieu le veut.

### DISCOURS SUR L'UNION DE L'ESSENCE AVEC LES NATURES SIMPLES ET COMPOSÉES.

Écoutez nos paroles sur l'union de l'essence et des natures simples et composées; cela vous donnera les termes les plus parfaits, fondés sur les bases de l'existence et de la corruption. Faites-en usage et vous trouverez la bonne voie. En dehors de ce moyen, rien ne sera.

Nous dirons : l'essence est un genre qui supporte les accidents et les qualités, car les accidents ne peuvent se supporter l'un l'autre, ni se soutenir réciproquement.

Maintenant nous allons vous montrer que les natures ne peuvent être connues à l'état isolé que par l'intelligence; il en est de même de l'essence prise isolément. Quand nous disons, par exemple : « Il y a ici une chose chaude, sèche, froide, humide, qui existe, » par ces mots : *qui existe*, nous donnons la définition de l'essence, et par ces autres mots : *chaude, sèche*, nous lui donnons la définition corporelle; car le corps est accompagné d'accidents et de qualités, tels que la longueur, la largeur, la profondeur, la couleur, etc.

Tout ce qui existe dans ce monde parmi les individus des divers genres des trois règnes ne peut manquer de posséder l'une des dix choses dont nous avons parlé plus haut. Si, par exemple, le corps est dépouillé de sa qualité de patient, il lui reste neuf qualités; s'il est ensuite dépouillé de celle d'agent, il lui en reste huit; de celle de situation, il lui en reste sept; de celle de rapport, il lui en reste six; de celle de manière d'être, il lui en reste cinq; de celle de temps, il lui en reste quatre; de celle de quantité, il lui en reste trois; de celle de qualité, il lui en reste deux; de celle de lieu, il ne lui reste alors que l'essence. Retenez ceci et vous apprécierez les principes.

Nous devons maintenant parler de la combinaison. Si une chose est parfaite dans sa composition (synthèse), elle le sera également dans sa décomposition (analyse). Toute la science et la pratique sont renfermées dans l'analyse et la synthèse. L'analyse détruit, la synthèse reconstruit. Toutes choses doivent être traitées ainsi, et si vous avez décomposé une chose de manière à la ramener à son essence, on opérera de même (en sens inverse) pour sa recomposition. En effet, nous disons que l'essence combinée devient une chose (déterminée). Le premier effet de la composition est de lui donner une qualité : l'essence acquiert une couleur et un état défini : c'est alors une essence avec une qualité, telle que la longueur, la largeur, la profondeur ou la couleur. Elle a ensuite la quantité, qui détermine sa qualité en nombre, en poids, en mesure; puis elle possède le temps et le lieu. Sachez cela et agissez d'après ces principes. Ensuite viennent s'ajouter les conséquences qui se trouvent dans les natures, c'est-à-dire les choses telles que la couleur rouge, l'incandescence, l'amertume, etc.; ou bien encore les conséquences de la chaleur : par exemple, l'action de blanchir. L'action de refroidir est la conséquence du froid; la dilatation est la conséquence de la chaleur; la contraction est la conséquence du froid; le resserrement est la conséquence de la sécheresse; la dissolution est la conséquence de l'humidité, etc. C'est ainsi que l'on a une connaissance exacte des qualités et des substances, et je ne saurais rien ajouter à ce que je viens de dire. Agissez en conséquence et vous serez, s'il plaît à Dieu, dans la bonne voie.

Nous vous avons donné des explications sur les natures et les substances simples et composées, nous vous les avons fait percevoir par l'intelligence et par le raisonnement; nous vous avons fait percevoir également les natures isolées, à l'aide des sens, en vous disant que l'argent est la substance de la bague, l'argile la substance de la cruche, le bois celle de la chaise. Nous vous avons aussi fait percevoir les choses qui ne tombent pas sous les sens; car elles suivent les mêmes principes que les précédentes, comme unité et comme abstraction, et nous avons dit que ce qui supporte les qualités est également le siège des conséquences de ces qualités et de leurs effets. Sachez bien ceci et agissez en conséquence.

Nous allons maintenant, si Dieu le veut, commencer l'étude du principe des éléments de l'existence.

### DISCOURS SUR LES ÉLÉMENTS DE L'EXISTENCE.

L'existence de l'animal ne peut avoir lieu que si elle provient d'une humidité capable de lui donner naissance, c'est-à-dire de celle qui se mélange à la chaleur. De même le minéral est formé de cette même humidité, mais à la condition qu'elle soit mélangée au froid et qu'elle ait été desséchée par une cuisson prolongée, jusqu'au moment où elle s'est coagulée. Cette humidité doit encore être caractérisée par une autre définition particulière. Ce que l'animal mange se transforme en majeure partie en sang, qui peut donner naissance à l'animal; cependant il est une partie de cette nourriture qui ne se transforme pas en sang et ne saurait donner naissance à l'animal. Ainsi, l'animal qui mange des fèves, des lupins, des pois chiches..... des haricots et autres choses semblables, produit un sperme qui ne donne pas d'enfants. Mais s'il mange des pâtes, du poisson frais, des oignons, des graisses chaudes, il produit alors un sperme qui donne des enfants.

Combien avait raison le compagnon d'Euclide, lorsqu'il a dit dans le cinquième discours de son livre : « Une chose est en rapport avec une autre, quand étant jointe à cette autre elle peut s'accroître par addition [1]. » Cette

---

[1] Principe d'homogénéité des mathématiciens.

proposition est absolument exacte et certaine; c'est l'une des propositions primordiales de l'esprit. Elle établit que les qualités ne s'accroissent pas par les substances, ni les substances par les qualités. Ainsi l'or et l'argent ne s'augmentent pas par l'addition de simples qualités. En effet, l'or étant une substance malléable et fusible d'un jaune foncé, cette substance ne peut s'augmenter que par l'addition d'une substance identique, lorsqu'on la soumet au martelage et à la fusion. Quant à l'accroître par le seul martelage et la seule fusion, cela est impossible. Le martelage et la fusion n'augmentent pas la substance, parce qu'il est impossible qu'une chose en augmente une autre, si elle n'est pas formée des mêmes éléments. On peut encore donner comme exemple le fait de deux substances, l'une fusible, l'autre non fusible, que l'on a mélangées aussi intimement que l'on voudra [1]; la chose fusible ne sera pas empêchée de fondre et celle qui est infusible ne fondra pas. Retenez ceci et agissez en conséquence. C'est ce qu'ont voulu dire les philosophes par ces mots : « Les choses s'assimilent à leurs semblables et s'éloignent de leurs contraires. »

Il faut que vous connaissiez encore cette proposition, qui est l'une des propositions primordiales de l'esprit et dont vous avez besoin dans ce livre : « Les choses universelles attirent les particulières, et les choses particulières sont renforcées par les universelles. » Si vous comprenez ceci, nous vous dirons : « Voyez ce que nous vous avons énoncé précédemment, au sujet d'une humidité déterminée. » Lorsque l'humidité a été fortifiée par le froid, la chaleur ne la détruit pas, car la chaleur détruit en agissant dans le milieu du froid; mais le froid ne détruit pas dans le milieu de la chaleur. Nous avons exposé les causes de ceci dans le cours de cet opuscule et dans un grand nombre de nos cent quarante-quatre livres sur les Balances. Mais si l'humidité est fortifiée par la chaleur, la chaleur pourra agir sur elle, même si vous introduisez la chaleur dans un milieu formé d'humidité mélangée avec la chaleur. La chaleur recherche les lieux élevés, et le froid recherche les lieux bas; de même l'humidité recherche la surface, et la sécheresse l'intérieur des choses. Nous avons déjà exposé cela dans le *Livre de la Balance*. Voilà comment la chaleur s'introduit dans cette humidité et agit sur elle. En effet, la chaleur mise en mouvement fait sortir l'humidité, dans les

---

[1] L'auteur ne fait pas entrer en ligne de compte l'idée de combinaison, qui produit précisément le résultat nié dans ce passage.

conditions où la chaleur a pouvoir sur l'humidité. C'est là une idée exposée
dans la science de la Balance; nous l'avons déjà présentée dans nos livres
et nous l'expliquerons clairement ici, s'il plaît à Dieu.

Ceci est une conséquence des dix-sept forces. En effet, une partie de
chaleur peut développer et mettre en mouvement huit parties d'humidité
et huit de sécheresse, quelles qu'elles soient. La mise en mouvement de la
sécheresse par la chaleur est plus aisée que la mise en mouvement de l'humidité; car l'humidité est plus lourde et elle appartient au genre du froid,
bien qu'il y ait par moment mélange et union entre elle et la chaleur. Nous
avons dit que les dix-sept forces représentent ici seulement une partie de
l'un des agents et trois parties de l'un des patients, opposées à huit parties
de l'agent et cinq parties de l'autre patient; or cinq et quatre font neuf et
huit font dix-sept. Telle est la base du monde, sachez-le.

La balance naturelle est ce que nous cherchons dans la science de ces
choses, pour les faire arriver à l'existence. Le foie est chaud et humide; la rate
est froide et sèche; il n'y a entre ces deux organes aucune corrélation, car
ils se trouvent dans des parties éloignées, mais ils peuvent se nuire. Lorsque
quelqu'un mange un mets, il faut absolument qu'il y ait dans ce mets de
la chaleur et de l'humidité, du froid et du sec, et il faut même qu'il y ait du
froid humide, du froid sec, de la chaleur humide et de la chaleur sèche.
Chacun des membres prend ce qui lui convient parmi ces choses et s'en
sert pour fortifier sa nature. Mais il n'en reçoit aucun accroissement, s'il est
simplement en contact, ou mélangé avec elles; même si l'aliment est du
même genre que lui, surtout quand l'aliment n'est pas divisé.

Pour que l'accroissement ait lieu, il faut qu'il y ait combinaison, ce qui
ne peut se produire qu'après la transformation; la transformation est la
base de ce livre et le sujet que nous allons traiter. Voici un exemple de
transformation : si nous prenons deux morceaux d'or et que nous les réunissions dans une bourse, ou dans tout autre récipient, aucun des deux
morceaux ne s'augmentera par l'autre. Mais si nous les désagrégeons par
la fusion et qu'ensuite nous les réunissions, ils se pénétreront l'un l'autre,
de façon à former un tout unique. Il en sera de même pour un mets dont
quelqu'un se nourrira........ Les natures prendront chacune ce qui leur
revient, car en se transformant l'aliment deviendra de l'eau, du sang, de la
bile jaune et de la bile noire, mélangés. Chacun des membres du corps
prendra dans ce mélange ce qui lui convient.

Maintenant que nous sommes arrivés à ce point, il n'y a aucun inconvénient à ce que nous décrivions le procédé de la transformation dans les corps des animaux, ce qui donnera à l'étudiant une notion exacte et lui rendra plus accessible ce que nous dirons plus loin, s'il plaît à Dieu.

### DISCOURS SUR LA TRANSFORMATION.

L'animal qui mange un aliment dont il a coutume de se nourrir commence par le broyer avec ses dents. L'humidité à laquelle l'aliment est mélangé par les glandes salivaires a pour effet d'adoucir cet aliment, d'en faciliter la décomposition et aussi de l'empêcher de heurter durement les glandes salivaires, dont il endommagerait les parties molles par sa dureté. Tout ce qui est broyé et concassé dans l'arrière-bouche se décompose avec plus de rapidité et s'assimile plus aisément.

Tout aliment qui a une chaleur supérieure à celle de la moyenne, sans toutefois être excessive, est également plus prompt à se décomposer et à être assimilé. Dès que l'aliment n'est point à égale distance de deux extrêmes, soit en plus, soit en moins, voici ce qui se produit : si c'est en moins, l'assimilation est moins complète, plus difficile et insuffisante, car alors l'aliment résiste à la décomposition et à l'assimilation, et le temps de la transformation se prolonge; si c'est en plus, il y a brûlure et la digestion ne se fait pas. Les médecins disent, quand c'est en plus, qu'il existe un appétit canin, un appétit de bœuf, etc.; mais, si c'est en moins, il y a mollesse d'estomac et refus de digestion. Ils se servent encore d'autres désignations analogues.

Puisque nous avons commencé à parler de ces choses, nous allons achever de dire ce qui a trait à la digestion. Quand l'aliment est arrivé dans la première partie de l'estomac, si l'estomac est sain, il y rencontre une substance molle intérieure, pareille à celle de la panse, et c'est cette substance molle qui provoque la décomposition et la transformation. Si cette matière molle est saturée d'humidité, elle ne peut plus agir sur le bol alimentaire, et l'homme le rejette intact. Parfois l'estomac refuse et repousse le bol alimentaire, au moment de son arrivée, et alors l'homme le rejette par la bouche immédiatement. Tout est donc subordonné à la proportion d'humidité que renferme la matière molle de l'estomac. Quand l'estomac contient une proportion moyenne d'humidité, en quantité suffisante pour humecter

les aliments qui lui arrivent et pour les amener à se décomposer, l'estomac
est sain et sa partie molle apparente. Les aliments qui arrivent dans un
estomac sain de cette sorte sont mis en mouvement; leurs natures sont
broyées par l'estomac, qui les aide à se digérer avec le concours de la bile,
en sorte qu'ils ne se décomposent pas et ne se transforment pas de façon
à laisser un vide, qui amènerait des gonflements, de l'hydropisie et autres
maladies. Tout malaise qui atteint l'estomac et le rend impuissant à digérer
a pour cause la surabondance de froid et l'insuffisance de chaleur. Tout
malaise qui atteint l'estomac et augmente à l'excès sa puissance digestive
provient d'une surabondance de chaleur.

Lorsque les aliments ont été broyés dans l'estomac, ils se transforment
en une masse homogène, qui ressemble à de l'eau d'orge. Quand ils sont
parvenus à cet état, les médecins disent que la première digestion est accomplie. La matière descend ensuite au fond de l'estomac, où se produit une
séparation; la partie la plus ténue surnage, la partie la plus épaisse va au
fond, et la transformation est opérée dans l'estomac.

La partie inférieure forme une sorte de marc, qui s'engage dans les intes-
tins et tandis que la partie supérieure, qui est la partie nutritive, se répand
dans toutes les régions du corps, de la manière suivante. Le foie communique avec l'estomac, au moyen d'un orifice par lequel il suce le liquide
pur, pour le répandre ensuite (dans le corps).

La portion liquide qui, dans l'estomac, contenait le principe de toutes les
natures, se partage dans le foie en deux parties : l'une ténue et liquide,
que le foie conduit aux reins et qui donne naissance à l'urine; l'autre plus
épaisse, que le foie transforme en un premier sang, grâce à sa nature.

Quand elle est transformée en ce premier sang, elle conserve encore diverses natures et elle se transforme encore. La vésicule du fiel a une ouver-
ture sur le foie et attire à elle la bile jaune; la rate a un orifice par lequel
elle attire la bile noire. Il reste ensuite le sang pur, que le foie conduit au
moyen des veines dans toutes les autres parties du corps : c'est ce qu'on
appelle la seconde digestion.

Sur ce sujet, il s'est élevé un désaccord entre les anciens : les uns prétendent que la succion de la bile opérée par la vésicule du fiel sur le foie,
a lieu avant que le foie ait transformé l'aliment en sang, et la succion aurait
alors lieu directement sur l'aliment. D'autres disent que cette succion serait
postérieure à la transformation en sang. Les premiers ont des idées plus

exactes, bien que ni l'une ni l'autre de ces deux opinions ne soit éloignée de la vérité. En effet, il est dans l'ordre des natures de ne point se mélanger aux choses d'une nature différente ni de leur rien emprunter. Ce n'est point là la conséquence d'un principe logique et raisonné, mais seulement le résultat d'une répulsion réciproque des natures; car les choses s'assimilent leurs semblables et s'éloignent de leurs contraires.

Quand, à la suite de la seconde digestion, chaque membre a pris des aliments ce qui lui revenait, il transforme ce qu'il a pris en une substance semblable à sa propre nature. Ainsi le cerveau transforme sa part des aliments en froid et en humidité; le cœur, en chaleur et en sécheresse; de même font les autres organes. Ces aliments sont la cause de la durée de l'organe et l'élément de son existence. Quand l'organe a opéré cette transformation et qu'il en a extrait sa vigueur, la troisième digestion se trouve accomplie, c'est la dernière.

Les organes qui dirigent le corps sont au nombre de quatre : le cerveau, le cœur, le foie et les deux testicules. C'est le cerveau qui donne les sensations; le cœur donne le mouvement; le foie, la force digestive et l'appétit; les deux testicules sont les organes de la reproduction et font aussi sortir ce que contiennent les aliments en fait d'urine et de rendus.

Louanges soient rendues au Créateur, au Sage!

Maintenant que nous avons dit tout ce qu'il est nécessaire de connaître sur l'existence et sur la digestion, et montré qu'il ne fallait séparer en aucune façon la digestion de l'existence, nous allons parler, s'il plaît à Dieu, de l'utérus.

### DISCOURS SUR L'UTÉRUS.

L'utérus est formé de cinq compartiments : deux à droite, deux à gauche, et un dans la partie supérieure et médiane. Cet organe est chaud et humide, suivant une proportion bien équilibrée; ni la chaleur, ni l'humidité ne devant être excessive, mais seulement en quantité suffisante pour se prêter un mutuel appui. Dès que la chaleur de l'utérus est surabondante, elle brûle le sperme qu'elle reçoit; si c'est le froid qui domine, le sperme est figé et perd toute son action. En effet, aussitôt que le sperme est frappé par l'air, il perd son effet, et c'est la chose qui se corrompt le plus facilement, à cause de la délicatesse de la nature animale. Quand l'utérus est en parfait état de santé, d'une chaleur et d'une humidité tempérées, et ne dépassant pas la normale, il est susceptible de devenir le siège de la création de l'animal. Si ces qualités cessent d'exister, rien ne peut être procréé dans l'utérus.

Quand le sperme tombe dans le premier compartiment de droite, l'enfant créé est une fille; s'il tombe dans le deuxième compartiment de droite, c'est un garçon. Dans le premier compartiment de gauche, c'est encore un garçon; dans le deuxième compartiment de gauche, c'est une fille. Enfin si le sperme tombe dans la partie médiane, et il est bien rare que la verge y pénètre, l'enfant est hermaphrodite. Sur ce point donc l'instrument de la génération produit un effet inutile.

Louanges soient rendues à Celui qui a organisé les choses comme il lui a plu il est équitable et bienveillant. Retenez bien ceci pour vous en servir au besoin, s'il plaît à Dieu.

Il convient que vous soyez bien persuadé qu'il y a quatre natures : la chaleur, le froid, la sécheresse et l'humidité, et que ces natures sont susceptibles de quatre degrés; et par degrés, il faut entendre ici la quantité qui s'en rencontre dans les divers corps des trois règnes et qui fait que ces corps diffèrent les uns des autres. S'il n'en était pas ainsi, toutes choses seraient identiques.

Lorsque, dans les choses, la chaleur est en faible quantité, par exemple, la chaleur de l'eau en ébullition, celle du corps humain, celle qui existe à l'état normal dans le foie et dans la chair, on dit qu'elle est du premier degré. Si cette chaleur est moyenne, c'est-à-dire intermédiaire entre celle que nous venons d'indiquer et la chaleur excessive, telle, par exemple, que celle du cœur, de l'homme plongé longtemps dans une étuve, de l'eau fortement bouillante ou encore celle de.............., etc. : on dit qu'elle est du second degré. Lorsque la chaleur est plus considérable, c'est-à-dire aussi forte que possible, par exemple, celle de l'homme qui a une violente fièvre chaude, celle de l'eau qui fait cuire à l'excès, celle de l'euphorbe, du baume, du poivre, etc. : on dit alors qu'elle est du troisième degré. Il n'y a pas de chaleur supérieure (en général). Cependant vous pourrez en trouver de plus forte, mais seulement dans les poisons. Ainsi la piqûre de la tarentule et du scorpion......, la chaleur du feu brûlant lui-même, celle du poison des vipères et autres de même nature est appelée du quatrième degré. Sachez cela.

Les quatre degrés suivent la même progression que les dix-sept forces, en ce qui touche les poids. Le premier degré vaut un; le second, trois fois plus; le troisième degré, cinq fois plus que le premier; et le quatrième, huit fois

plus que le premier. Si, par exemple, le premier degré d'une nature quelconque est représenté en drachmes ou en *dancq* [1], le second degré sera de
trois drachmes et demie; le troisième, de cinq drachmes et demie et un
tiers; le quatrième, de neuf drachmes et un tiers, et ainsi de suite indéfi-
niment. Observez ceci et vous trouverez la vérité en toutes choses, si Dieu
le veut.

### APPENDICE [2].

Sachez que la rouille de cuivre naturelle ne convient pas aux besoins de
l'œuvre, mais c'est seulement la rouille de cuivre artificielle qui produit
des effets merveilleux. Voici le moyen de préparer cette rouille :

Prenez une partie de cuivre brûlé et une partie de sel ammoniac; pilez
chaque substance séparément, puis mêlez-les bien ensemble. Arrosez ensuite
avec du vinaigre de vin, ou du vinaigre très acide, et laissez dans un vase
à l'abri de la poussière. Chaque jour, arrosez le tout de vinaigre, afin qu'il
ne se dessèche pas; ou, si vous préférez, recouvrez complètement de vinaigre.
Quand le mélange sera transformé intérieurement et extérieurement en rouille
de cuivre et qu'il sera consistant, retirez-le. Le produit que vous aurez ainsi
obtenu sera de la véritable rouille de cuivre; il fondra au feu et teindra
l'argent en jaune clair. Ce sera déjà de l'élixir.

Sachez que si vous le pilez alors avec de l'eau de couperose, distillée avec
du soufre, que vous l'arrosiez abondamment en le broyant et l'épurant, et
qu'ensuite vous le fassiez griller légèrement, en recommençant l'opération
jusqu'à ce que le produit soit rouge, vous pourrez teindre l'argent en or
parfait sans défaut.

C'est une des parties principales de l'opération qui se pratique ainsi : vous
distillerez la couperose, et elle fournira un liquide corrosif, avec lequel vous
broierez du soufre jaune. Vous mettez le tout dans un alambic et vous dis-
tillez de nouveau. Vous obtenez alors un liquide de couleur rouge [3], qui
est la teinture de soufre. Vous broyez la rouille de cuivre avec ce liquide et
vous faites griller le tout. Si Dieu le veut, vous aurez ainsi obtenu ce que
nous vous avons indiqué.

[1] Subdivision de la drachme.
[2] Cet appendice n'a aucun rapport avec ce qui précède. C'est une recette pour la teinture des métaux au moyen d'une préparation de vert-de-gris, ou plutôt d'oxychlorure de cuivre.
[3] Acide sulfurique impur. C'est la seule mention qui soit faite de ce composé; elle est trop vague pour y insister.

Quand votre produit sera devenu rouge, faites avec ce liquide une pâte, que vous roulerez en pilules, de la grosseur d'un pois chiche. Faites ensuite fondre l'argent et alimentez-le avec ce produit.

Pour l'épuration, vous le broyez bien et tamisez; puis vous le disposez dans un vase dur et profond; vous versez dessus de l'eau de couperose distillée, et vous broyez ensuite avec un pilon de verre, sans vous arrêter, jusqu'à ce que le tout soit sec. Vous grillez le tout légèrement. Vous retirez du feu et vous versez de nouveau de l'eau de couperose; puis vous broyez durant plusieurs jours, jusqu'à ce que le produit soit sec. Continuez ainsi, jusqu'à ce que vous ayez obtenu une terre rouge fondant au feu; alors vous vous en servirez et vous obtiendrez ce que nous vous avons dit. Retenez bien ceci, si Dieu le veut.

Ici se termine l'extrait abrégé du *Livre de la Concentration*. Louange à Dieu! qu'Il répande ses bénédictions sur notre seigneur Mohammed et sur sa famille, et qu'Il leur accorde le salut!

# (X)

## VI. LE LIVRE DU MERCURE ORIENTAL, OCCIDENTAL ET DU FEU DE LA PIERRE.

Au nom du Dieu clément et miséricordieux!

Le livre du mercure oriental, par Djâber. Que Dieu lui fasse miséricorde!

Louange à Dieu, qui gratifie qui il lui plaît de ses faveurs, et qui est puissant sur toutes choses! Que Dieu répande ses bénédictions sur Mohammed, sur sa famille, et qu'il leur accorde le salut!

Celui qui a lu mon livre sur les pierres et les opérations saura ce que je vais dire dans ce traité. J'y ai mis spécialement l'indication des grands principes; car les grands principes sont les plus importants par leurs effets. Le principe qui procure la forme et donne la vie à tous les êtres vivants et aux choses analogues, c'est l'opération du mercure oriental, que les philosophes ont tenu secret, auquel ils ont refusé de donner son véritable nom et qu'ils ont empêché les hommes de connaître. Examinez donc bien ce que je vais dire à son sujet, en y apportant une intelligence bien présente et une sagacité pénétrante; ne le prenez pas avec mollesse et vous serez sûr de ne pas manquer le but. Dieu me soit favorable pour arriver à la vérité! Je lui demande de vous accorder votre bien quotidien, s'il reconnaît en vous la vertu.

Sachez que le mercure de la pierre doit être l'objet d'opérations, et qu'il se distingue du mercure minéral qui a subi un traitement, seulement par sa convenance avec les autres principes. C'est-à-dire que le mercure minéral, quelle que soit la préparation qu'il ait subie, qu'il soit devenu blanc ou rouge, convient aussi bien que les autres principes tirés des mines; il n'agit pas par lui-même, mais par..... les matières..... qui le pénètrent et le fixent avec elles. Aussi, pour opérer, est-il besoin de divers simples, mélangés en proportion convenable et avec le concours d'une préparation. Si la convenance se trouve en lui, le mélange complet a lieu sans le concours de l'opérateur, car il a lieu selon cette convenance. Aussi les philosophes ont-ils attaché une grande importance à cette question; ils l'ont tenue en grande estime; ils ne l'ont point divulguée et ils ont donné (à cet élixir) le nom d'*animal*, parce que l'animal, quel qu'il soit, a une âme propre qui ne se trouve pas chez un autre être. Les philosophes ont dit, à cause de cela, qu'il fallait donner aux corps des esprits, et que ces esprits devraient être extraits de ces corps eux-mêmes, afin qu'ils eussent de l'affinité pour eux et qu'ils s'y fixassent d'une manière définitive. Ne leur donnez pas des esprits tirés d'autres corps, car alors les corps fuiraient ces esprits : la pierre des philosophes ainsi unifiée contiendrait tous les principes en proportions inégales et sans qu'il existât entre eux l'affinité nécessaire. Tandis que si l'on a les poids naturels qui conviennent, on obtient un élixir parfait sans qu'il soit besoin d'opération ultérieure. Les choses étant ainsi, il est donc nécessaire de distinguer les principes, de les faire apparaître et de les combiner, de telle façon qu'ils concordent avec les teintures que l'on désire obtenir, en les produisant par la substance même et non par suite d'une circonstance accidentelle.

Pour tous les philosophes, il y a deux sortes de mercure, qui constituent les principes essentiels, l'un étant un esprit, l'autre une âme : ils ont donné à l'un d'eux le nom de *mercure oriental* et à l'autre celui de *mercure occidental*. Ce dernier mercure est la teinture, et il est à lui seul un poison, à moins qu'il n'ait subi une préparation, qu'il ne soit transformé en l'autre mercure et refroidi : car ces choses constituent une opération. Autrement il ne peut convenir au but, qui est de traiter l'autre mercure : sachez cela.

Nous n'avons rien omis de son traitement et de ses diverses phases, et nous avons traité tout cela dans nos livres d'une façon énigmatique et claire, brièvement et avec développement, en en parlant peu et beaucoup. Nous allons abréger ici ces développements, pour ceux qui désirent arriver vite au résultat, sans faire une longue étude scientifique. Les philosophes ont parlé en dernier lieu des opérations relatives à ce sujet important, mais dans des termes tels, que c'est à peine si les gens peuvent comprendre quelque chose de cette question; à cause de la façon abstruse et énigmatique dont elles sont exposées, des raisonnements bizarres qu'elles comportent, de la diversité des noms employés et des difficultés mêmes de l'opération. Les mêmes inconvénients se retrouvent dans nos traités, et bien que nous nous soyons exprimé clairement, il s'y trouve aussi que les difficultés d'un même sujet sont distinguées les unes des autres, et que les choses obscures qu'il contient sont presque inaccessibles à tout le monde. Mais, par indulgence pour ceux qui se livrent à la recherche de l'œuvre, nous avons cru devoir rédiger sur chacun des principes qui forment ce chapitre important, un livre spécial, qui expose toutes les faces de la question en termes concis et faciles à entendre pour tous les savants. Chacun de ces traités sera suffisant pour l'homme instruit et intelligent, et ce sera une base fournissant tous les renseignements essentiels à celui qui réclamerait de longs développements.

Le mercure oriental étant un des principaux fondements de la pierre, et ayant été l'objet de nombreuses opérations et de diverses opinions de la part des philosophes, au sujet de ses effets et de ses propriétés, nous allons éclaircir toutes ces obscurités dans le présent opuscule, en procédant suivant les quatre formes employées dans les recherches scientifiques. Dans les quatre opuscules qui vont suivre, nous nous occuperons donc des principes de la pierre magnifique, de façon à dissiper toute angoisse, à éclaircir toutes obscurités et à faire disparaître toutes les incertitudes; ce qu'aucun des philosophes n'a réussi à faire jusqu'ici.

Sur la question du mercure oriental, tous ceux qui s'occupent de cette science savent que le principe le plus important de la pierre est le mercure oriental, qui n'est autre chose que l'âme. De nombreux désaccords se sont produits parmi les gens de l'œuvre, au sujet de l'âme : les uns disent qu'elle est chaude et sèche; d'autres qu'elle est chaude et humide; et enfin il en est qui ne lui donnent aucune épithète et la subordonnent aux natures, ne voulant point lui attribuer comme qualité, ni la chaleur, ni le froid, ni l'humidité, ni la sécheresse. Les observateurs ont été troublés par ces divergences; car ils se demandaient comment pareille chose pouvait se produire parmi les philosophes sur cette question.

La diversité des noms donnés n'a pas été moins grande : les uns ont nommé cette substance le mercure de l'Orient; d'autres la forme de la perfection, la teinture, l'essence, le soufre rouge, le cuivre qui n'a pas d'ombre, etc. Ainsi donc, il y a eu diversité de noms et d'explications sur sa nature.

Quand j'aurai montré la vérité dans le présent opuscule, et que je vous aurai dit l'origine de ces variations, vous comprendrez comment elles se sont produites, et qu'en réalité il y a accord parmi les auteurs, bien que,

pour ceux qui ne sont point initiés, il paraisse y avoir divergence. La foule
des docteurs s'étant partagée en trois catégories d'opinions divergentes sur
ce qui touche aux natures, ce qui a produit la diversité des noms et des
appréciations, il devient indispensable que nous nous expliquions tout
d'abord sur ce point, qui doit servir de base de démonstration à toute la
question.

Les opinions fondamentales que nous rencontrons sont au nombre de
trois :

1° Celle qui consiste à dire que le mercure oriental est chaud et sec;

2° Qu'il est chaud et humide;

3° Qu'il n'est ni chaud, ni sec, ni humide.

Comme aucun des philosophes n'a prétendu qu'il était froid, nous n'au-
rons rien à dire sur ce point et nous ne nous occuperons que de l'examen
des trois premières opinions, afin que vous puissiez vous rendre compte des
raisons qui ont amené chaque groupe à la formule qu'il a employée.

Celui qui a nommé l'âme chaude et sèche ne lui a donné cette appellation que pour deux raisons, dont l'une est que l'âme est mélangée d'une
chaleur non dépourvue d'humidité; c'est cette humidité qui alimente la
chaleur et qui même lui prête son assistance pour agir. Cela n'arriverait
pas si la chaleur était pure, car tout ce qui est pur tire parti de l'humidité
et éprouve plaisir à la recevoir. Quand les choses sont telles, on les rattache
à la sécheresse, qui absorbe l'humidité des choses humides. Comprenez
ceci, ô mon frère! c'est là un point d'une extrême importance, et si vous le
vouliez, vous pourriez développer cette thèse dans des milliers de pages.

C'est pour ce motif que l'on dit en parlant du mercure de l'Orient, que
c'est de l'or avec l'ombre du cuivre, l'humidité du plomb, la résistance de
l'étain et la volatilité du mercure. Il renferme, en effet, ce mélange dans sa
substance, à cause de sa nature huileuse qui est un mélange de chaleur et
d'humidité.......... La seconde raison qui a fait donner cette appellation, c'est le feu de la pierre. Or le feu étant chaud et sec, agissant sur toutes
les natures, on a dû lui donner un nom d'après sa nature, car chaque chose
est rattachée à ses apparences. Toute chose renferme les quatre natures,
deux d'entre elles seulement étant manifestes et prédominant à l'extérieur;
bien qu'il soit possible que ces deux natures s'affaiblissent à l'intérieur et

qu'elles y soient vaincues par les deux autres. On a exprimé alors la qualité d'une chose d'après celle qui se manifestait extérieurement, et non d'après l'ensemble des natures réunies dans cette chose. Voilà comment on peut expliquer l'opinion que nous venons d'indiquer.

Quant à la seconde opinion, qui consiste à dire que le mercure oriental est chaud et sec, elle a été formulée ainsi dans un but de découverte, dans le désir d'enseigner et comme moyen de fixer dans l'esprit les circonstances extérieures, en en donnant une image. Ce but, d'ailleurs, est le même que celui poursuivi par les partisans de la première opinion. Or il est connu que, en apparence, l'huile est chaude et humide; bien que certaines huiles puissent être rattachées à un mélange de sécheresse et de chaleur. C'est cette circonstance extérieure qui a servi de point de départ pour déterminer la dénomination du mercure oriental et son mode d'action. Puisque, a-t-on dit, le mercure oriental est l'huile de la pierre, il doit être chaud et humide. Quant aux philosophes qui l'ont regardé comme chaud et sec, c'est parce qu'ils ont considéré que sa nature se rapportait à celle de l'Orient qu'ils estiment être chaude et sèche, tandis que l'Occident a une nature différente.

Ceux qui n'ont point adopté les dénominations de chaud ou de froid, d'humide ou de sec, ont eu pour cela deux raisons. L'une d'elles, c'est que le mercure oriental est chaud dans sa substance et froid dans ses effets, ce qui est contraire à tout caractère d'une chose naturelle. En outre, il est humide dans ses effets et sec dans sa substance; il manifeste la sécheresse à l'extérieur de ce qui lui donne de l'humidité. Ce sont là des qualités merveilleuses et c'est en les démontrant, j'en jure par mon maître, que l'on découvre le secret de ce mercure et qu'on en a une connaissance exacte. Or la vérité, c'est qu'il y a disparition de la sécheresse dans sa substance. Il se peut que le mercure résulte des opérations de celui qui s'occupe de ces choses, sans qu'il ait su ce que c'était; mais s'il en connaît la nature, par les indications fournies dans cet opuscule, il le reconnaîtra dès qu'il le verra. La chaleur de sa substance tient à sa couleur brune, qui est l'indice d'un tempérament chaud et qui, en outre, marque plutôt une chaleur sèche qu'une chaleur humide....... Quant au froid qu'il produit, il résulte de ce que dans le mélange il fixe les parties fugitives : or c'est là un des effets du froid. La sécheresse de sa substance se manifeste par sa facilité à être broyé, facilité qui est la marque de l'extrême sécheresse. Mais bien qu'il se broie facilement, il est lent à se dissoudre. Quant au mélange de sécheresse et d'humidité, il se montre par cela que le mercure étant mis en présence du plomb, celui-ci lui enlève son humidité; or toute chose humide donne au mercure une humidité prolongée et lui donne l'apparence d'une huile consistante; c'est là ce qui produit la combinaison. Il agit de même avec toute chose à laquelle il est mélangé. Sachez cela. . . . . . . et il n'y a que ceux qui n'ont aucune idée de cette science qui ignorent ce qui est contenu dans ces livres. . . . . . . Sachez cela et demandez à Dieu qu'il vous préserve des gens de cette espèce. Quant à ceux qui ne lui ont donné aucune appellation et qui ne l'ont rattaché ni à la chaleur, ni à l'humidité, ni au froid, ni à la sécheresse, ils l'ont fait uniquement à cause de l'essence divine, qui est elle-même (et non autre chose).

Telle est, ô mon frère! la façon dont vous devez agir. Ce mercure est délicat de forme, parce qu'il est l'âme; toutefois il ne peut être isolé d'un corps qui en représente seulement l'apparence, en étant le support des natures; car ce corps ne saurait agir en réalité par ses natures intimes. La véritable action appartient à l'essence glorieuse, qui est l'essence de la forme. Cependant cette action se manifeste par les natures; c'est d'après elles qu'elle produit ses effets, et elle agit, au moment du mélange, dans la limite des natures contenues au sein du corps de l'homme; c'est-à-dire que le corps accepte les impulsions de l'âme conformément à ces natures. C'est pour cela que l'on dit que la diversité de l'âme et de ses manifestations est la conséquence du tempérament du corps. Sachez ceci, car, j'en jure par mon maître (que la paix soit sur lui!), c'est le terme le plus élevé de cette science. Maintenant que je vous ai exposé ce principe, le présent opuscule est terminé. Dieu sait mieux que personne ce qui est la vérité.

Fin de l'opuscule sur le mercure oriental. Louange au Dieu unique!

------------

### TRAITÉ SUR LE MERCURE OCCIDENTAL (EAU DIVINE, MYRTE MYSTIQUE).

Au nom du Dieu clément et miséricordieux!

Louange à Dieu, le créateur, le savant, le puissant, le sage! Que Dieu répande ses bénédictions sur notre seigneur Mohammed, le sceau des prophètes, ainsi que sur sa vertueuse famille!

Celui qui a connu nos ouvrages sur l'œuvre et sur les balances sait que, dans les quatre opuscules présents, compris dans un petit nombre de feuillets et sous un modeste format, nous allons exposer les indications les plus importantes et condenser ce que l'on ne trouverait ni dans un grand nombre de nos longs ouvrages, ni dans d'autres livres.

Sachez que cette eau a été nommée divine, parce qu'elle fait sortir les natures de leurs natures et qu'elle revivifie les morts; aussi l'a-t-on nommée encore l'eau des êtres animés, et la pierre a été appelée alors la pierre animée. C'est l'eau de la vie; celui qui en a bu ne peut plus jamais mourir. Lorsqu'elle a été extraite, achevée et mélangée complètement, elle empêche l'action du feu sur les substances auxquelles elle a été mêlée, et le feu ne peut plus décomposer de tels mélanges. Loin de là, elle combat le feu, après avoir été brûlée par lui. Retenez ceci; rendez-vous-en bien compte, observez le but auquel il mène, et vous arriverez à connaître ce que les anciens philosophes vous ont caché au sujet de l'œuvre divine, de cette importante question, de cette vérité, en dehors de laquelle rien ne saurait exister.

Sachez que cette eau est extraite de la pierre, qui est la pierre de . . . . . et qu'elle ne peut se faire avec autre chose; bien que cette eau ne fasse pas partie de la substance même de cette pierre, à laquelle elle est seulement fixée très fortement. Ceci n'est pas le . . . . . ; mais il s'appelle poison, quand il est mélangé avec lui et qu'il s'est opéré entre eux une transformation réciproque, en raison de l'action de l'humidité. Mais . . . . . . il faut éloigner la chaleur du feu, car le feu s'unit avec cette humidité non mélangée, en plus grande proportion qu'il ne le ferait avec . . . . . . .

Au moment de la rencontre avec cette eau, il y a deux profits ; l'un d'eux, c'est que l'élixir en prend le feu, à l'exclusion de l'élément humide. . . . ; le second, c'est que la proportion du mélange opéré est telle, que l'élixir alimente d'eau la pierre qui auparavant était desséchée. . . . . Quand le feu s'est emparé de ses parties et qu'elles sont désagrégées, il leur donne de la force et il exerce sur elles cette action que le feu produit, en provoquant l'union de toutes les choses analogues et la séparation des parties différentes. Cette séparation atteint ainsi son maximum d'intensité; la séparation obtenue par ce procédé d'opération est complète et elle donne de nombreux résultats. L'un de ces résultats est d'empêcher que le feu ne prenne la moindre parcelle de l'eau de la pierre, laquelle est expulsée ainsi

en son entier, tout en conservant la force nécessaire pour le moment où
on la remettra en présence du corps, après avoir purifié tous les principes
de la pierre. Le second résultat, c'est que le feu exerce sur cette eau une
action qui en modifie la nature, grâce à l'addition de l'autre eau, de nature
opposée à la chaleur. Le feu lui fournit son âme; la transformation a lieu
et il prend à la pierre l'eau qu'elle lui a apportée. Le troisième résultat est
que la pierre profite de l'eau qui la pénètre, pour acquérir de la force, et
cet excédent d'humidité est utile à la désagrégation. En effet, son humidité
propre ne lui sert que dans la combinaison et dans le mélange; quant à
désagréger les parties ténues, elle est impuissante à le faire.....

Nous vous avons dit (dans un autre ouvrage) de distiller sur des tiges
de myrte, jusqu'à ce que le produit devienne jaune, ou soit pur. Mais il ne
s'agit pas ici du myrte (naturel) que vous croyez; car nous avons la coutume
d'enlever aux choses leurs véritables noms, pour leur donner celui d'une
chose connue, qui est en rapport avec le produit employé pour la préparation de la pierre, soit par....., soit par sa nature....., son parfum,
son goût, ou quelque chose de ce genre. Le myrte dont nous entendons
parler ici est celui que nous avons défini dans *Le Livre de l'explication des
cinquante propriétés*, ou plus exactement dans le commentaire de cet ouvrage.
La définition qui a été donnée dans ce livre est claire et sans ambiguïtés,
pour les gens initiés à la science de l'œuvre. Mais pour ceux à qui sont des-
tinés les quatre opuscules actuels, cette définition est obscure; aussi est-il
nécessaire que nous l'expliquions ici, de façon qu'elle puisse être comprise
de tous ceux qui, étant aptes à connaître cette science, ne la possèdent point
suffisamment. Car ces livres, ô mon frère! je ne les ai pas faits pour la
masse du vulgaire, mais pour les esprits distingués. Celui qui connaît si
peu que ce soit de cette science et qui mérite d'être l'un de ses adeptes,
est supérieur aux esprits les plus distingués dans toutes les autres sciences.
En effet, tout homme instruit dans une science quelconque, et qui n'a point
donné une partie de son temps à l'étude de l'un des principes de l'œuvre,
en théorie ou en pratique, possède une culture intellectuelle absolument
insuffisante. Tout ce qu'il peut faire, c'est aligner des mots, combiner des
phrases, ou les conceptions de son imagination, et rechercher des choses
qui n'ont point d'existence propre, et qu'il croit cependant exister en dehors
de lui, croyance erronée que partagent ceux qui entendent ses discours...

Les choses étant ainsi, nous allons parler du myrte...... Sachez que le

myrte, c'est la feuille et la tige; c'est une racine sans être une racine. C'est
à la fois une racine et une branche. Quant à être une racine, c'est une racine sans contredit, si on l'oppose aux feuilles et aux fruits. Elle est détachée
du tronc et fait partie des racines profondes. Si la chose est telle que nous
venons de le dire, et que le nom de myrte lui ait été donné, c'est uniquement à cause des feuilles qui forment sa branche, branche connue pour
la tige qui est liée à la racine. Il est donc nécessaire que nous disions ce
qu'est cette branche, en termes qui en indiquent clairement la condition;
car lorsque nous connaîtrons cette condition, nous saurons aussi celle de
la chose qu'elle désigne. Ainsi, j'en jure par mon maître, sera éclaircie la
question du myrte que Marie appelle les échelons de l'or; que Démocrite
nomme l'oiseau vert, et que les philosophes ont dénommé par diverses appellations et surnoms, dans le but d'en dissimuler la connaissance aux initiés,
et à plus forte raison à ceux qui ne le sont pas. Sachez ceci, comprenez-
le et vous aurez la vérité.

Étant comprise l'importance de cette chose, nous dirons tout d'abord
pourquoi on l'a appelée myrte. On l'a nommée ainsi à cause de sa couleur
verte et parce qu'elle est pareille au myrte, en ce qu'elle conserve longtemps
sa couleur verte, malgré les alternatives de froid et de chaleur. Cette chose
verte, appelée myrte, sort en rejetons d'une base, nommée la tige du myrte.
Il faut la distiller avec le feu de la pierre, en se servant de la tige qui produit
les dernières feuilles, ainsi que nous l'avons rapporté dans *Le Livre des cinquante propriétés naturelles*. La tige, mêlez-la avec la pierre, dont vous désirez
distiller les produits à l'aide de cette tige. L'utilité de cette tige n'est pas la
même que celle de l'eau ajoutée à la pierre, eau dont je vous en ai dit
ailleurs le but et l'utilité. C'est cette tige qui en brûle l'âme et qui consume les impuretés combustibles de la pierre; elle en débarrasse tous les
principes qui la corrompent; elle rend à la vie le mort, et le feu n'a plus
d'action sur lui. En effet, l'eau commence à chasser l'élément humide de
la pierre. . . . . et la débarrasse de ce qu'elle contient, grâce à l'action du
feu qui s'empare des petites parcelles qui ont été tamisées avec elle. Quant
à cette tige, elle est en concordance avec les impuretés brûlées, à cause de
l'impureté qu'elle renferme. La tige est résistante; elle n'est pas comme les
feuilles. Vous savez que ses feuilles sont vertes, et que le vert est une couleur intermédiaire entre le noir et le jaune; elle ressemble au noir sans être
du noir; le noir est une des choses humides combustibles. S'il en est ainsi

des feuilles qui sont des branches, que pensez-vous qu'il en soit de l'appendice de la tige qui est une racine.....

Le profit qu'on en peut retirer est évident, et le secret est découvert....

Maintenant que nous sommes parvenus à ce point de la définition de ce principe, nous arrêtons notre livre.

Fin du livre du mercure occidental. Louange à Dieu, le maître des mondes!

---

## LIVRE DU FEU DE LA PIERRE.

### Au nom du Dieu clément et miséricordieux!

Louange à Dieu, qui peut tout, qui sait tout et qui fait ce qu'il veut, et comme il lui plaît. Que Dieu répande ses bénédictions sur Mohammed, son prophète, sur sa famille, et qu'Il leur accorde le salut!

Avant cet opuscule, nous en avons déjà donné deux autres, dans lesquels il était traité de deux des grands principes : le mercure oriental et le mercure occidental. Dans ce troisième opuscule, nous allons parler du troisième principe, l'un des plus importants, le feu de la pierre, qui est la substance de la teinture. Il faut, ô mon frère! que vous examiniez attentivement ce que je vais dire, que vous vous pénétriez bien de sa vérité et de sa sincérité, afin d'agir conformément à ce qui sera établi, et vous arriverez au traitement le meilleur de cette partie de la philosophie..... Les philosophes ont nommé cette teinture, soufre, soufres, feu qui consume, éclair qui éblouit, pierre de fronde qui brise et détruit les pierres et laisse une trace éternelle de fracture, etc. Mais les hommes en ignorent la préparation, le mode d'extraction du minerai, l'huile dont elle est enveloppée, comment on la transforme en eau et comment on la désagrège, afin d'obtenir la teinture complète et le mélange parfait. Or ce livre est spécialement consacré à toutes ces choses, dont aucun philosophe n'a parlé en quoi que ce soit. Quant à nous, nous avons déjà parlé de ces opérations dans les livres relatifs aux animaux..... en exposant les bases de cette section; mais tout cela n'était que métaphores, énigmes difficiles, faciles et moyennes, tandis que ce que je rapporterai dans les quatre opuscules actuels, et en particulier dans celui-ci, est un commentaire de commentaire, une glose de glose.

Tout ce qui était énigmatique sera éclairci et on ne conservera plus le moindre doute. Retenez ceci et soyez-en bien persuadé, vous ne vous écarterez pas de la bonne voie et vous ne vous égarerez en aucune manière, j'en jure par mon maître (que sur lui soit le salut!). Comprenez ce que je vais dire.

Sachez que le feu [1] de la pierre, dont j'ai parlé dans tous mes livres sous une forme allégorique et obscure, n'est extrait qu'avec l'huile, et cela à cause de son affinité avec la chaleur; car le feu est ce qui ressemble le plus à la chaleur de tout ce qui n'est pas feu proprement dit, ou qui n'appartient pas à la nature du feu. L'huile est opposée au feu, plus encore que ne l'est cette eau (de la teinture), car celle-ci contient une partie de la nature du feu. Si elle ne fournissait pas l'aliment des (teintures), elle serait pareille au feu; celui-ci n'aurait aucune action sur elle, et ce serait plutôt à elle d'exercer une action sur lui. Sachez cela. . . . . . . . Si les choses sont ainsi que nous venons de le dire. . . . . (l'élixir) ressemblera au feu.

Sachez que sa couleur est jaune comme celle de la perle. . . . . il se distingue de l'huile. Mais quand (l'élixir) est mis avec l'huile, il se mélange à elle et il affaiblit la couleur rouge de l'huile. . . . . Vous verrez ailleurs une opinion différente, en opposition avec celle que nous exprimons dans ce livre, au sujet du feu spécialement, et aussi avec ce que nous avons dit dans nos autres ouvrages. . . . . La voie que nous suivons ici est la voie que nous avons suivie dans nos autres ouvrages et dans tous nos livres; c'est la voie de la vérité, de la clarté et de la démonstration. Sachez qu'après ces quatre opuscules, je n'ai plus composé qu'un seul livre, condensant tout ce qui est relatif à l'opération de la grande question. Mes cinq cents ouvrages exposent les idées de mon maître (que les bénédictions de Dieu soient sur lui!) et ne contiennent rien de ce que je viens de dire, car je n'ai été, en les composant, qu'un simple éditeur et un copiste. J'ai vu, en effet, en multipliant le nombre de mes livres, en les allongeant et les remplissant de faits, que personne ne pourrait arriver à en dégager la vérité, à moins d'y consacrer toute sa vie, d'avoir une intelligence supérieure, d'y appliquer toute son étude, de veiller nuit et jour et de renoncer à fréquenter ses amis, se privant ainsi du bonheur complet. Comme j'avais eu à subir de terribles épreuves et des revers de fortune, j'ai fait vœu, si le Ciel m'en délivrait, d'éclaircir la grande question dans deux livres : l'un d'eux, intitulé *Les Quatre*

[1] Voir, pour le feu symbolique, Comarius, *Coll. des Alch. grecs*, trad., p. 279, 285, etc.

*Principes*, devait suffire à l'homme supérieur qui y trouverait un résumé, et l'aiderait à comprendre tout ce qui était dans mes autres ouvrages. J'en jure par mon maître, un tel livre est nécessaire pour l'étude de cette science, afin de permettre de saisir ce qui a été écrit à son sujet. Toutes mes connaissances sont réunies dans des livres peu volumineux et qui exposent d'une manière claire les principes; aussi peuvent-ils servir de base et de matériaux. Dieu m'ayant délivré de mes angoisses, je me suis mis à l'œuvre en composant ces quatre opuscules sur les quatre principes. Comme j'en parlais à mon maître et que je l'informais de mon vœu, il me dit : « Ô mon frère! le vœu que vous avez fait et l'intention que vous avez eue, c'eût été plutôt à moi qu'à vous de les mettre à exécution; mais c'est un honneur que je ne veux pas vous ravir. Faites donc ce que vous avez résolu, spécialement en ce qui touche cette grande question..... Appuyez-vous sur mon autorité, pour tout ce que vous voudrez, en vous servant de tous les livres écrits sur toutes les sciences, et gardez-vous de composer un autre ouvrage après celui-là; car après celui-là, il ne saurait y en avoir d'autres. »

Je me mis à l'œuvre et je commençai alors ces quatre opuscules. Ô mon frère! si vous avez compris........ et que vous n'ayez pas besoin que ma sincérité vous soit démontrée, c'est bien; mais s'il n'en est pas ainsi, cher lecteur, tout ce que vous découvrirez dans ces opuscules vous sera, j'en jure par mon maître, absolument inutile, à moins... (que vous ne compreniez) des choses incertaines et demeurées inconnues à mon maître et à moi.

Revenons maintenant au sujet que je traite....... et à l'extraction de l'huile. Sachez que son goût est extrêmement amer, et ne croyez pas qu'il s'agisse, j'en jure par mon maître, d'autre chose que du goût de ce qui est goûté et qui fait impression sur les luettes. En outre, si cette chose contient de la terre, elle ne peut plus être échauffée par l'action de la chaleur du feu. Elle se répand alors dans le récipient et s'étale. Lorsque l'agent secret l'atteint, elle entre en effervescence. Si vous n'agissez pas avec précaution, vous la détruisez, et il s'en échappe un esprit léger, que vous voyez se répandre dans le récipient, au moment où le feu devient intense. Ce qui s'échappe ainsi n'est pas l'esprit proprement dit; car si l'esprit s'était dégagé et que vous vouliez le mettre dans un autre récipient et le soumettre à un feu violent, il ne produirait plus le même effet. Mais si l'effervescence se produit au moment de l'échauffement, ce sera alors l'esprit que vous aurez certainement (fixé sur la pierre) et qui ne pourra plus s'en séparer.

Quant à elle, elle ne se vaporise que par le feu de la fusion. Sachez cela.

Maintenant que vous êtes parvenu au point que je viens de dire, je vais vous parler de l'extraction de l'élixir, au moyen de l'huile, par un procédé facile. Or le plus aisé de tous les procédés est celui que j'ai mentionné dans un grand nombre de mes livres, et qui consiste à mêler l'eau avec l'huile, à les agiter ensemble et à clarifier. La teinture se produit; on distille l'eau (pour en séparer) la teinture; la teinture reste pure, excellente et isolée, et alors on la combine avec les poids voulus.

Ce moyen, si facile en apparence, est une simple allégorie et non une réalité. En effet, l'eau peut se mélanger à l'huile qui contient la teinture, durant le cours de ces opérations qui sont particulièrement indiquées dans les ouvrages spéciaux; mais l'eau, mêlée à l'huile qui contient la teinture et qui n'est pas dégagée (à l'avance) des impuretés que l'eau doit séparer de l'huile, ne profite pas à la teinture. Celle-ci en retient les soufres, les résidus et les impuretés combustibles, susceptibles de corrompre tous les corps auxquels elles sont mélangées ; telle est la cause qui empêche la pierre généreuse de produire son effet. Sachez cela.

La façon de procéder est celle que je vais vous donner dans ces opuscules, sans l'indiquer en termes allégoriques. Prenez bien garde de manquer aux indications que je vais vous fournir et de pratiquer l'opération autrement. Quand on a trop de confiance en une chose, on suppose souvent des choses qui ne sont pas. En effet, les choses présentent des difficultés; si vous n'en surmontez qu'une partie, en vous écartant de la voie habituelle, sans vous inquiéter d'une difficulté, vous n'obtiendrez pas un produit excellent, mais il aura quelque chose en moins ou en plus. Si vous dépassez le but, sans avoir ménagé le broyage, la fusion et les modes de la cuisson, souvent il en résulte un produit qui ne peut alimenter la teinture..... et les accidents sont nombreux, à cause de la divergence et de l'opposition. Il en est de même de l'œuvre du verre et d'autres œuvres..... on manque la bonne voie, à cause d'une difficulté générale, ou même d'une difficulté partielle. Mais s'il n'y a aucune difficulté, ou seulement une difficulté partielle, en suivant une marche éloignée de la première, ou toute autre facile à pratiquer, on s'imagine, à cause de cette facilité, que la dissolution opérée sur une partie donnera le résultat cherché, ou du moins une portion. Il n'en est rien. Ce sera comme pour l'épaississement de l'arsenic, si on prolonge trop l'extraction de son humidité[1], tout est gâté : non parce que l'opération est mal conduite, ou parce qu'on obtient un autre produit, ou qu'on n'obtient rien du tout, mais parce que l'humidité brisera le récipient, et qu'on aura ainsi perdu sa peine. Il en est ainsi dans bon nombre d'opérations; aussi nous avons-vous recommandé dans beaucoup de nos livres de ne pas vous effrayer des choses importantes, et de ne pas dédaigner les petites choses. Tout ce qui est dit en cette place et tout ce que nous disons ici s'adresse uniquement au savant, non à l'ignorant. Le savant, en effet, peut se laisser détourner de la bonne voie et obtenir autre chose que ce qu'il cherche, par suite de la brièveté ou de la facilité qu'il rencontre; sachant bien que cela ne lui causera aucun dommage et ne l'éloignera pas du résultat auquel il tend. Il s'oblige à des choses viles, parce qu'il sait que l'objet important ne peut être achevé qu'en tenant compte de cette chose infime. Quant à celui qui est ignorant, il vaut mieux pour lui qu'il ne s'expose pas à exécuter une opération qu'il ignore; s'il le fait, il ne faut pas qu'il s'écarte, ni peu, ni beaucoup, des paroles du savant, pour suivre son idée personnelle, et qu'il s'imagine que peut-être il arrivera ainsi à son but. Le savant, en effet, est servi par une science dont il peut faire emploi pour se guider, tandis que l'ignorant n'est assuré d'avoir compris les paroles du savant, qu'autant qu'il est arrivé au but indiqué par le savant. Les choses sont exposées dans ce livre; de telle façon que si vous avez soin de l'étudier, à cause de l'insuffisance de votre science, vous saurez si l'opération de la pierre a atteint le but. Mais si vous ne vous servez pas du livre, vous verrez le dommage que vous causera l'infraction à nos principes, attendu que ce livre vous fait connaître la valeur exacte de cette infraction, ainsi que les diverses voies à suivre et le but auquel chacune d'elles doit vous conduire.

Maintenant que nous vous avons fait ces recommandations indispensables, nous allons parler de l'extraction de la teinture tirée de l'huile. Lorsque l'élixir sera extrait de l'huile, dans la préparation de la pierre, et qu'on y aura fixé la teinture, son extraction fournira un produit pur et exempt de tout résidu; voilà ce que nous disons. Vous prendrez pour mêler à l'huile une portion des eaux décrites dans nos livres, et que d'autres ont aussi décrites. Lorsque vous l'aurez prise, mettez-en trois parties avec une partie d'huile, agitez convenablement et fortement; le liquide s'épaissira, comme le fait

[1] Transformation du sulfure en acide arsénieux, par fusion et grillage?

l'huile d'olive cuite avec une eau alcaline. Aussi a-t-on dit : opérez comme les fabricants de savon. Sachez ceci et n'ayez pas le moindre doute à ce sujet. Si le liquide est fixé au moyen du feu, lorsque l'huile se sépare, s'épaissit, se solidifie et devient pareille à du terreau, elle subit une transformation, j'en jure par mon maître, dans sa consistance et sa blancheur. Ceci est une partie de l'extraction de l'huile de la pierre. Vous y mettez ensuite de la saumure, en employant pour le sel du sel marin rouge seulement : on nomme alors ce produit le lait de la Vierge immaculée. Ensuite l'eau contenue dans la teinture est séparée, ainsi que les résidus de l'huile. Faites à ce moment comme on fait pour le marc de savon; rassemblez le tout et mettez-le reposer dans un endroit abrité, durant trois jours. Tout le feu s'amassera à la surface de l'eau : le produit sera jaune et dépouillé de toutes ses impuretés, qui tomberont toutes à la partie inférieure du récipient, la partie la plus légère restant entre le feu et l'eau. Recueillez le feu à la surface de l'eau; car il surnagera, comme surnagent les pellicules de vert-de-gris à la surface du vinaigre, dans lequel on a dissous du vert-de-gris. Nous avons parlé de cela à propos de l'extraction de ce qui donne la force pour l'action. Nous avons alors voulu simplement présenter cette opération sous forme allégorique; mais ici tout est clair et précis : reconnaissez-en la valeur. Quand vous aurez cette eau, détruisez-la, car vous n'avez plus besoin de cette eau, ni du résidu qu'elle contient; c'est là une chose superflue.

Gardez-vous de montrer ce qui est dans ce livre à ceux qui n'en sont point dignes : c'est là, j'en jure par mon maître, une chose que je repousse; personne avant moi n'a fait mention de ceci, et personne après moi ne le fera..... Maintenant que nous sommes arrivé à ce point, nous terminerons cet opuscule (après lequel viendra celui) qui est le dernier des quatre compris parmi les cinq cents livres. Louange à Dieu, le maître des mondes! que Dieu répande ses bénédictions sur notre seigneur Mohammed!.....

## LE LIVRE DE LA TERRE DE LA PIERRE

Au nom du Dieu clément et miséricordieux!

Louange à Dieu, le maître des cieux, de la terre et de l'espace intermédiaire! Bénie soit la meilleure de ses créatures, Mohammed, son prophète, sa famille, et qu'Il leur accorde le salut!

On a vu exactement dans notre livre pourquoi on a besoin du présent opuscule, car c'est le principe et la base sur laquelle est édifiée la construction. Il en est de même pour la terre à l'égard des trois principes, car rien ne serait établi à son sujet................ Nous avons parlé à maintes reprises, dans nos livres sur les animaux, de l'opération de la terre et du blanchiment de la magnésie.............. Le meilleur résultat parmi ceux qu'ils contiennent, ô mon frère! c'est cette opération vraie, sans obscurités ni énigmes.............. car les paroles (de Dieu) indiquent la vérité évidente et la voie droite. N'y manquez pas et avec cela vous n'avez pas besoin................. Vous arriverez à blanchir la magnésie dont tous les philosophes ont voulu parler, si vous opérez comme Dieu l'a dit dans son livre éternel. Pénétrez-vous bien de ce qui est dans ce livre, vous comprendrez ainsi ce que nous avons voulu dire et vous n'échouerez pas. Ce n'est d'ailleurs là qu'un commentaire, pour ceux qui connaissent le sens de ses paroles. Sachez ceci. Parmi les paroles de celui dont le nom est glorifié, on trouve : « Tu verras la terre desséchée; puis lorsque nous y ferons descendre de l'eau, elle s'ébranlera, se gonflera et fera germer toute espèce de végétaux luxuriants [1]. » Voici toute l'opération de la terre et tous les indices qui en montrent les degrés apparents. Il n'y a aucun doute à cet égard; mais qui pourrait vous en donner, fût-il prophète par son intelligence, et doué d'une science claire? On ne peut rien dire de plus probant, de plus clair, de plus présent et de plus éloquent que ces paroles, lorsque l'on s'adresse à un savant dans cet ordre de choses. Ceux-là, seuls, ont besoin d'un commentaire, qui n'ont aucune expérience de la teinture des philosophes, ni de leur opération merveilleuse. Nous allons vous montrer cela et vous faire voir d'une manière claire et certaine les signes relatifs à cette terre; si bien que le sot n'aura pas besoin d'autres renseignements, à plus forte raison l'homme fin et éclairé.

Sachez que le traitement de la terre par l'eau se fait de deux manières; l'une consiste à griller la terre. On détermine son agitation et son gonflement, comme il a été dit, en y versant ensuite de l'eau : il faut que cette eau s'évapore et que la terre n'en retienne pas le poids, lorsqu'elle a été gonflée. On augmente ainsi sa quantité (c'est-à-dire son volume) et cela par l'action de la chaleur, comme vous le voyez chez tous les êtres vivants; la

---

[1] *Coran*, sourate XXII, verset 5.

quantité augmente ainsi d'une manière complète et dans l'ensemble, non par parties et par des accroissements locaux. D'autres disent que les gens qui ont émis cette opinion se sont trompés; les particules ne s'accroissent pas en nombre; elles ne font que s'écarter les unes des autres, surtout lorsque l'espace environnant le permet. Quant à la densité, ils ont dit qu'elle tend à s'accroître, si l'on met quelque chose de lourd par-dessus la terre; ou bien encore par l'effet du froid, de l'agglutination, de la contraction et du mouvement. La cause de la légèreté[1] est le contraire de tout cela. La chaleur que vous donnez à la terre n'en augmente nullement le poids, bien que son volume s'accroisse, ainsi que sa surface; mais sa densité diminue, par suite du manque de cohésion, ou de la désagrégation qui est une des causes de l'allégement. Il est donc impossible d'augmenter la densité de cette terre par une élévation de chaleur, ou de température. On a dit que la cause de l'augmentation de sa densité provenait du contraire de tout ceci. En effet, quand vous traitez la terre par le feu, le feu la désagrège par l'action de sa chaleur et l'attire à lui; il établit une séparation entre elle et les parties du froid. Car c'est l'une des caractéristiques du feu que de séparer les parties dissemblables et de réunir les parties semblables. Si donc, par la chaleur et la division, qui est une cause de légèreté, vous séparez l'humidité, il restera le chaud et le froid, qui est la cause de la lourdeur, et la densité s'augmentera. Ils ont dit que l'écartement des parties n'avait pour objet que.....; or ces parties, bien qu'écartées, augmentent la superficie......... D'autres disent que ceci est en partie vrai et en partie faux; la vérité serait donc atteinte en réunissant les deux opinions. En effet, le feu, s'il sépare les parties de la chaleur et les attire à lui, ne peut attirer (les parties de la terre?)............ ..... Certes, on a établi que cette terre était composée des quatre natures......... Le feu réunit les choses semblables et sépare les choses dissemblables; or, dans la terre, il y a une chaleur accidentelle et une cha-

---

[1] Dans tout ce passage règne une confusion continuelle entre l'accroissement du poids absolu du corps et l'accroissement de sa densité, désignée par le même mot que le poids. La légèreté, c'est-à-dire la diminution de densité, est confondue pareillement avec la diminution de poids. L'accroissement de la quantité de la matère et l'accroissement de son volume sont aussi désignés par les mêmes mots; ainsi que les phénomènes inverses, de leur côté. — Enfin les idées et les théories de l'auteur sur la chaleur réputée inhérente aux corps, opposée à la chaleur qui leur est communiquée par le feu, et aux propriétés analogues du froid, viennent accroître la complication et rendre toute traduction nette impossible : car il s'agit d'une métaphysique spéciale, différente de la nôtre et en opposition avec nos idées physiques actuelles.

leur naturelle....... Exposons le traitement d'amélioration et le traitement de corruption. Si la chaleur accidentelle qui se trouve dans les parties
de la terre est augmentée........ la terre se désagrège complètement, et
cela par suite de l'air qui écarte les parties destructibles. Telle est la cause
de la légèreté de la terre; elle devient plus légère par la perte des parties
que le feu fait disparaître; mais en même temps que le feu produit cet
effet, il agglomère les parties froides avec celles qui sont chaudes par nature et non par accident, et cette agglomération est stable. Le froid de la
terre apparaît à sa surface, à la suite de l'expulsion de sa chaleur interne
propre par la chaleur extérieure du feu. Sa chaleur propre est celle qui
est renfermée dans son intérieur. S'il n'en était pas ainsi, il serait impossible à la terre de faire pousser les plantes et de les faire sortir de son
sein, par l'effet de la décomposition et de l'humidité. Sachez ceci. Le froid
mélangé avec une nature fait apparaître la cohésion entre les parties semblables; tandis que l'air, au contraire, introduit entre les parties désagrégées, augmente la surface du corps, en en distendant les parties. Mais la
densité s'augmente par l'accroissement du froid et de la cohésion du corps
terreux. Voilà ce qu'ont dit les partisans de cette opinion, et les autres n'ont
pas pu les réfuter [1]......................................
..............................................

(1) Les derniers feuillets du manuscrit ont
été tellement usés sur les bords qu'il reste à
peine la moitié du texte des deux derniers

livres. Ces nombreuses lacunes en ont naturellement rendu la traduction très confuse et incertaine.

# ADDITIONS ET CORRECTIONS.

P. 8, l. 8. On lit dans ces traductions latines, sous le nom d'Avicenne, une lettre au roi Hasen, *De re recta* (*Th. ch.*, t. IV, p. 863), qui renferme des textes congénères, mais dont la rédaction semble avoir été remaniée et arrangée. On y trouve surtout (p. 883) un opuscule relatif à la formation des pierres et des montagnes, lequel renferme des vues remarquables sur la double production de celles-ci par soulèvement et par action de l'eau, ainsi que sur l'origine des fossiles. Il y est question d'un aérolithe ou pierre tombée du ciel (*apud Largeam*), dont un roi voulut se faire fabriquer des épées. Or ce récit figure également dans un ouvrage arabe qui porte le nom d'Avicenne et qui est intitulé : *La Guérison*. L'auteur y parle d'un aérolithe tombé dans le Djordjan, dont le sultan Mahmoud Ghizni voulut se faire fabriquer une épée, lui attribuant sans doute des propriétés merveilleuses. C'est l'exemple rare d'un texte arabe actuellement existant et qui figure dans les collections alchimiques latines du moyen âge. La concordance mérite donc d'être notée.

P. 16, dernière ligne. L'huile de vitriol, etc. Dans les textes qui suivent, il n'existe aucune mention précise relative à cette huile, identifiée depuis avec l'acide sulfurique. Tout au plus pourrait-on y rapporter un liquide obtenu en distillant la couperose (p. 205) et que l'on redistille avec du soufre; ce qui fournit une liqueur rouge, que l'auteur indique, en passant, comme l'un des agents employés pour la préparation de la rouille de cuivre. Cette préparation même est ajoutée à la suite d'un ouvrage de Djâber, avec lequel elle n'a aucun rapport : c'est une interpolation postérieure. En tout cas, on ne saurait voir dans une indication aussi confuse la découverte de l'acide sulfurique.

P. 20, l. 10. *Au lieu de :* des noms d'une chose, *lisez :* du nom des choses.

P. 32. Dans la liste des ouvrages de Djâber, donnée par le *Kitâb-al-Fihrist,* on ne trouve pas le titre d'un opuscule publié récemment en Angleterre et dont il est utile de dire quelques mots. Cet opuscule a pour titre : *The discovery of secrets,* attribué à Géber, avec traduction par Robert R. Steele, Londres, 1892. Le tout forme 4 pages de texte arabe et 2 pages d'anglais. Le texte est transcrit et imprimé d'une façon fort imparfaite; la traduction paraît abrégée. L'auteur y décrit en termes obscurs une recette pour blanchir le cuivre, et recommande de procéder à 700 distillations : « Je n'ai exposé cela dans aucun de mes livres, si ce n'est dans celui-ci; je vous ai dit l'opinion des philosophes, sans rien y ajouter ou retrancher. Quand la pierre devient verte, nous l'appelons *myrte;* quand elle revient à la couleur jaune, nous lui donnons le nom de *roseau indien*..... » Elle devient noire d'abord, puis verte, puis jaune, par une suite de grillages, etc. Puis il est question des cendres mentionnées dans les livres des philosophes. Il faut 900 distillations pour que la pierre arrive à une blancheur parfaite : « Vous pouvez alors vous en servir pour argenter le cuivre et le fer; vous pouvez aussi opérer sur le cristal fondu, sur les perles et beaucoup d'autres minéraux. »

Cette analyse montre que le petit traité dont il s'agit appartient à la même famille d'ouvrages que ceux que nous publions ici, sans présenter d'ailleurs d'intérêt spécial.

P. 103, l. 17. *Au lieu de :* il s'était dégagé, *lisez :* elle s'était dégagée.

P. 121, l. 11 en remontant. La lettre du philosophe aux mages de la Perse et leur réponse, rapportées dans le texte arabe attribué à Ostanès, se trouvent l'une et l'autre dans l'alchimie syriaque du manuscrit de Cambridge, sous le titre de : *Lettre de Pébéchius à Osron,* etc. Je les publie dans le volume relatif à l'alchimie syriaque.

# TABLE ANALYTIQUE DU TOME III.

## TRAITÉS D'ALCHIMIE ARABE.

Pages.

NOTICE..................................................................... 1

Rôle de l'alchimie en Orient. — Origines chaldéennes et persanes, leurs traces chez les Arabes................................................. 1

Les auteurs alchimiques arabes. — Les médecins.................... 1
Indications des polygraphes. — Ouvrages écrits jusqu'au temps des croisades. — Ouvrages modernes au Maroc.............................. 2

Le premier alchimiste musulman fut Khâled ben Yezld, élève du Syrien Marianos. — Djafer Eç-Çâdek.................................... 2

Djâber ben Hayyan (Géber). — Origine sabéenne, son zèle musulman. 2

Titres de ses ouvrages. — Sa réputation.............................. 3

Dzou'n Noun, Maslama, Ibn Bekhroun, Er-Râzi (Rasès)............ 3

Noms divers; Toghrayi, Amyal, El-Farabi, Ibn Sina (Avicenne). — Polémique élevée vers le XIV° siècle sur la réalité de l'alchimie........ 4

Ouvrages traduits en latin aux XII° et XIII° siècles. — Ouvrages pseudo-épigraphiques................................................... 5

Nécessité de publier les traités originaux écrits en arabe. — Leur connaissance change les idées courantes sur les connaissances chimiques des Arabes.................................................................. 5

On va publier quelques-uns des plus importants, ceux de Djâber spécialement. — Publication du texte par M. Houdas. — Traductions revisées. 6

Ouvrages tirés des manuscrits de Paris et de la bibliothèque de Leyde.. 7

Aucun ne se retrouve dans les traductions latines connues. — Le livre des Soixante-dix, seul, existe en latin................................. 8

Deux groupes de traités arabes vont être traduits: les uns continuent la tradition des Grecs, les autres sont des ouvrages de Djâber............ 8

I. *Le livre de Cratès.* — Analyse. — C'est l'ouvrage le plus voisin de la tradition grecque................................................... 9

II. *Le livre d'El-Habîb*................................................   12

III. *Le livre d'Ostanès.* — Origines persanes.......................   13

IV. *Extrait du ms. 1074 du supplément arabe de Paris.* — Le 1074 bis..   15

Les ouvrages arabes attribués à Djâber. — Son caractère légendaire. —
Ouvrages latins d'une époque postérieure et apocryphes...............   16

Les ouvrages arabes ont un caractère différent, congénère de ceux des
Byzantins du vii⁰ siècle. — Ils ont été écrits entre le ix⁰ et le xii⁰ siècle..   17

I.   *Le livre de la Royauté*.......................................   18

II.  *Le petit livre de la Miséricorde*.............................   18

III. *Le livre des Balances.* — Ce livre est peut-être le plus ancien parmi
les œuvres attribuées à Djâber. — Phrénologie; logique; les *Pourquoi*;
tableau cabalistique, etc............................................   19

IV.  *Le livre de la Miséricorde*..................................   20

V.   *Le livre de la Concentration.* — Théorie des qualités occultes......   21

VI.  *Le livre du Mercure oriental*................................   22

Relation entre les ouvrages de Djâber et certaines des théories et des
idées exposées dans les traductions arabico-latines. — Ces théories sont
analogues à celles des Byzantins, plus récentes que le livre de Cratès, très
éloignées des écrits du Pseudo-Géber latin...........................   23

Analyse de l'ouvrage d'Abou Bekr ibn Bechroun......................   24

Ces traités établissent la filiation exacte des faits et doctrines alchimiques, et ils font connaître l'œuvre des Arabes, jusqu'ici ignorée.......   25

Extrait du *Kitâb al-Fihrist.* — Dixième section sur les alchimistes.....   26

Le premier qui ait parlé de l'œuvre est Hermès.— Il n'y a pas de science,
d'après Er-Râzi, sans l'alchimie. — Elle a été révélée à Moïse et à Aaron;
Qaroun opérait en leur nom. — Les philosophes anciens ont écrit sur l'alchimie...............................................................   26

Hermès le Babylonien, gardien du temple de Mercure. — C'est un roi
d'Égypte, enterré dans les Pyramides................................   27

Liste de ses livres..................................................   28

Ostanès le Roumi; ses mille ouvrages. — Zosime. — Les clefs de
l'œuvre ou les soixante-dix épîtres...................................   28

Noms des philosophes qui ont parlé de l'œuvre et préparé l'élixir complet.................................................................   28

Khâled ben Yezid. — Sa générosité. — Ses livres....................   29

Titre des ouvrages composés par les sages...................... 3o

Histoire de Djâber ben Hayyân et liste de ses ouvrages. — Opinions diverses sur lui. — On l'a dit chiite, ou philosophe, ou alchimiste. — Sa
vie errante. — Selon certains, il était Barmécide. — Sa maison à Koufa,
trésor qu'on y trouva. — Certains disent que Djâber n'a jamais existé,
d'autres que la plupart de ses livres sont apocryphes.................. 3ı

Noms de ses disciples. — Liste de ses ouvrages sur l'œuvre. — Cent
douze ouvrages. — Le livre des Soixante-dix, etc. — Livres sur toutes
sortes de sujets........................................... 3ı

Dzou'n-Noun El-Misrî. — Er-Razî Mohammed ben Zakariya (Basès);
ses œuvres.................................................. 36

Ibn Ouahchiya, le Nabatéen; ses œuvres .......................... 37

El-Ikmîmî. — Abou Qirân. — Stephanos, le moine de Mossoul. — Es-
Saïh El-'Aloui. — Dobeïs, élève d'El-Kindi. — Ibn Soleïmân. — Ishaq
ben Noçaïr. — Ibn Ali El-'Azâqir — El-Khenchelil.................. 38

Alchimistes égyptiens. — Les pyramides étaient des laboratoires, etc... 4o

Préface d'un traité arabe du xv° siècle; ouvrages cités............. 4ı

Note sur le manucrit arabe n° 44o de la bibliothèque de Leyde, par
M. Houdas.................................................. 43

I. LE LIVRE DE CRATÈS........................................... 44

Formules musulmanes. — Fosathar. — L'émir demande à l'auteur
des extraits d'ouvrages utiles.................................. 44

Ce livre était conservé dans le sanctuaire du temple de Sérapis, à Alexandrie. — Séduction d'une femme qui a dérobé les livres au temps de
Constantin. — Le livre a été étudié au temps du christianisme........ 45

Contenu du livre. — Science universelle de l'auteur. — Vision. — Hermès Trismégiste et son livre................................... 46

Figure des sept cercles ou firmaments, avec signes alchimiques.... 47

La pierre philosophale et sa préparation symbolique............... 48

Quatre figures d'appareils..................................... 49

Les deux hommes : l'un songeant aux biens de ce monde, l'autre à la
vertu. — Noms énigmatiques donnés à la pierre par les philosophes : magnésie, électrum, androdamas, etc.; chacun d'eux ayant sa dénomination.
— Confusion résultante....................................... 5o

Traité sur l'eau de soufre. — Mots différents qui semblent dire les
mêmes choses. — Erreurs et difficultés, etc. — Préceptes............ 5ı

Axiomes des anciens. — L'âme, le corps et l'esprit du cuivre. — Les soufres et les arsenics. — Esprits tinctoriaux. — Les corps revivent et prennent l'état parfait. — Il faut que les corps unis aient une certaine ressemblance. — Soufre sec, ferment d'or, corail d'or, molybdochalque...          52

Nouvelle apparition de l'ange. — L'ouaraq ou ascm. — L'or et l'argent. — Le mercure, le poison igné, etc. — Teinture de l'or. — Ombre des corps. — Extraction de l'ombre du mercure ; sa volatilité. — Séparation des esprits et des corps et leur réunion. — Séparation des impuretés....          54

Les sept opérations. — Dénominations données pour l'élixir et ses couleurs successives. — Plomb, argent, cuivre, or, ferment d'or, or à l'épreuve, corail d'or, œuvre parfaite. — Influence du feu....................          56

Chose unique qui en produit dix. — Les laits. — Serment des philosophes.....................          57

Le maître de Démocrite l'a laissé dans le doute. — Ses recherches..          57

Effet produit à l'extérieur et à l'intérieur du cuivre. — Teinture fugace. — Toute combinaison formée de deux composants, l'homme et la femme.          58

Effets du plomb, de la litharge, de la céruse, du minium; ces quatre choses provenant d'une substance unique, le plomb...............          58

L'animal symbolique : le ver devient serpent, puis dragon..........          59

Transformations successives de la chose unique, dérivée du plomb. — Les choses et les couleurs. — Tous les mystères sont écartés. — Les quatre natures, les quatre couleurs............................          60

Le cuivre ne teint pas avant d'avoir été teint. — L'écrivain..........          61

Songe. — Le sanctuaire de Phta. — L'idole de Vénus. — Vases d'or faits avec le molybdochalque. — Plomb de Temnis le Sage : sa froideur essentielle...................................          61

Femmes qui entrent dans la demeure de Vénus et qui en sortent. — Leurs bijoux. — Vénus et son vase. — Son confident. — L'auteur battu par les gens de l'Inde....................          62

La fausse Vénus et son parfum.....................          63

Révélation de l'ange. — Le corps de la magnésie ou molybdochalque, le produit de la combinaison.....................          64

Les diverses sortes de feu. — Le nombre de jours. — L'or divin, la succession des couleurs, la durée de la combinaison.................          65

Paroles de Démocrite. — Le vinaigre des philosophes. — Les corps ne pénètrent pas les corps. — Le produit tinctorial................          66

Le mercure et le soufre des philosophes. — Questions diverses. — Assimilation entre la teinture et le sperme ........................... 67

Noms de la combinaison. — Opération efficace. — Les poids. — Difficulté du mélange. — La cendre et la combustion. — Dorure avec l'amalgame d'or............................................................. 69

Les quatre natures et éléments. — Les saisons.................. 71

Songe. — Combat sur les bords du Nil avec le dragon. — Œuf de crocodile. — Le dragon mis en pièces. — Ses couleurs .................... 73

Révélation. — Khaled envoie le livre à Fosathar.................. 75

II. LE LIVRE D'EL-HABIB............................................. 76

Les hommes qui atteignent le but et ceux qui le manquent. — L'agent est unique, mâle et femelle; le patient, multiple.................. 76

L'essence monte en l'air. — La chaleur du fer et celle des plantes. — Toute chose parfaite ne peut que décroître. — L'homme étant mis en pièces, l'âme a disparu. — Obscurité des philosophes ............... 76

Les vases nécessaires pour l'œuvre, la teinture, les éléments, l'âme, etc. — Ne forcez pas le feu au début. — Le développement du fœtus, le lait et le sang........................................................... 76

La fumée et les vapeurs. — La tête de l'homme, appareil de condensation. — Les natures transformées en cendres. — Dire d'Hermès. — Dire de Marie : les feuilles métalliques et la cire............................ 80

Les vents. — Teinture jaune. — Le soufre incombustible. — Cendres et esprit tinctorial.................................................... 81

Dire de Zosime : terre formée de deux corps et eau formée de deux natures. — Le corps de la magnésie. — Le mercure. — Feu modéré. — Nécessité d'arroser les corps.................................... 82

Marie enduisait les corps à l'extérieur pour ramollir. — Démocrite : sur les effets du feu, sur les poids du cuivre et de l'argent. — La cuisson.... 83

Dires de Pythagore, de Zosime. — La sélénite et sa formation mythique. — Nombre de jours, etc. — Tel est le secret du philosophe. — Fusion. 84
Dires de Marie et de Zosime. — L'eau de fer. — Dire d'Hermès : le mercure; les lames changées en cendre. — Mercure du cinabre. — Blanchiment............................................................. 86

Dire du roi Arès (Horus) : nécessité de cohober. — Dires de Marie : le soufre incombustible.................................................. 88

Dires d'Arès, de Marie, de Zosime, etc. — L'œuf, le glaive de feu, l'âme et le corps................................................... 89

Le serpent qui mange sa queue. — Les quatre parties de l'œuf...... 91

Le sperme et le sang, l'eau éternelle, préceptes divins. — La *harrsefla*. 92

Dires de Démocrite, d'Agathodémon. — Dire d'Hermès sur la chaux : les âmes et les esprits, les cendres, l'eau de soufre et l'eau éternelle.... 95

Dire d'Aristote : le miel, l'œuf......................... 96

Dires d'Archélaüs, de Gregorius, de Justinien, de Platon, d'Arès, de Marie......................... 97

L'œuvre est une faveur de Dieu..................... 99

Dire du Messie : le mâle rouge, le soufre dulcifié, l'opération des sables qui a enrichi les Égyptiens, le tamisage d'Hermès................. 100

Dire de Théophile : mercure tiré de l'arsenic. — Dires d'Agathodémon, Justinien, Hermès, Pythagore : les saisons, les choses fugaces, le serpent qui se mange la queue, etc........................ 101

Ostanès : les deux cuivres, etc., la teinture et les soufres, le cuivre et son ombre, le corps et l'âme, la teinture par le cuivre; — les clefs de Zosime, le poison bleu, le molybdochalque, cinabre, agent tinctorial; — les humides maîtrisés par les humides, la nature jouit de la nature; — l'eau de soufre, la décomposition, la semence et le sang, description de l'opération. 105

Dire de Démocrite : rôle de l'électrum, comment on fixe le mercure fugace, l'eau du mâle, l'élixir des cendres; partage du poison en deux parties; un peu de soufre brûle beaucoup de choses........................ 110

Dire de Démocrite sur les cendres. — Dire de Théosébie : l'or engendre l'or........................ 114

III. LE LIVRE D'OSTANÈS..................... 116

PREMIÈRE PARTIE. — Extrait du *Kitâb el-Foçoul*..................... 116

Des qualités de la pierre, ses noms, sa valeur; métaphores.......... 116

Dires d'Aristote : lieux où l'on trouve la pierre; elle est comparée à un lion dompté; noms de la pierre..................... 117

SECONDE PARTIE. — Extrait du livre du sage Ostanès..................... 119

Le songe. — Animal fantastique..................... 119

Inscription en sept langues : inscription égyptienne : le corps, l'esprit et l'âme, le feu et l'eau..................... 117

Inscription persane. — L'Égypte et la Perse. — Autorité d'un vieux livre. 121

Inscription indienne : l'urine d'éléphant. — Dires du Vieillard....... 122

IV. Extrait du ms. 1074 du supplément arabe........................ 124

Marqouch, roi d'Égypte. — Dires de Marianos, de Démocrite, d'Hermès. — Vers d'Ibn Amyal. — Dires de Djâber, Marie, Galien.............. 125

# ŒUVRES DE DJÂBER.

V. Le livre de la Royauté............................................ 126

Opération facile, les princes n'ayant pas de goût pour les opérations compliquées. — Le secret est prescrit............................ 127

Description abrégée de l'œuvre, l'imâm. — Voie lente et voie rapide. — Durée de l'opération, de 70 ans à 15 jours et même en un clin d'œil. ... 127

Il recommande encore le secret. — Opération royale.............. 128

L'élixir et ses effets. — Il déclare qu'il va parler avec clarté.......... 129

Explications vagues des anciens................................ 129

Gens qui ont obtenu l'élixir sans le savoir; ceux qui n'ont pu le reproduire; leur désespoir........................................... 130

Il y a trois balances, deux simples : celles de l'eau et du feu, et une composée. — La balance de l'eau et celle du feu en particulier........ 131

VI. Le petit livre de la Clémence.................................... 133

Les ouvrages antérieurs de Djâber. — Traités allégoriques en forme d'ouvrages médicaux, astronomiques, littéraires. — Sens figuré des mots. — Ouvrages sur les minéraux et drogues. — Les chercheurs ruinés et devenus faussaires.................................................. 133

Nécessité d'un ouvrage plus clair. — Tous les ouvrages de l'auteur sont obscurs et confus. — Nécessité d'un livre clair..................... 134

Songe allégorique : fleuve de miel et fleuve de vin. — L'auteur répète ce qu'il vient de dire. — Énoncé énigmatique de l'œuvre. — Préceptes vagues pour obtenir l'imâm........................................... 135

Le soleil (l'or) et la lune (l'argent) formés de froid, de chaleur, de sécheresse et d'humidité en proportion inégale. — L'élixir des deux couleurs correspondantes : le feu à trois degrés. — On conserve l'élixir dans un vase d'or, d'argent ou de cristal de roche. — Rien n'a été caché............ 137

VII. Le livre des Balances........................................... 139

Éloge de Dieu. — L'ange Gabriel propose à Adam le choix entre trois vertus : il choisit l'intelligence, inséparable des deux autres............ 139

Éloge de l'intelligence. — D'après Socrate, son siège est dans le cœur. 140

Pour d'autres, la tête est supérieure aux autres organes : trois compartiments dans le cerveau, sièges de l'imagination, de la mémoire, de la pensée. — Le chef doit être placé dans un point culminant............ 140

La logique d'Aristote et ses quatre livres. — La démonstration. — Quatre sortes de propositions relatives au fait, à la controverse, au sophisme, à la démonstration.................................... 141

Celui qui a une maladie de cœur ne perd pas l'intelligence, tandis que celui qui est malade du cerveau la perd........................ 142

La science occulte. — Les livres de l'auteur ne peuvent être compris que par les initiés......................................... 143

Livres de l'enseignement des anciens maîtres : Siafisus (Chéops), Démocrite, Sergius, etc........................................ 144

Aristote traite la question de la cause efficiente. — Résultats obtenus par ses disciples.................................................. 144

La science de la balance et la pierre philosophale. — Tradition confiée à un seul disciple. — L'auteur ne s'est pas engagé au secret, mais à ne livrer la science qu'aux philosophes. — Il faut répandre la vérité, comme l'ont fait les prophètes. — Les ignorants sont ennemis de la science. — Le goût de la science......................................................... 145

Quand les éléments sont en équilibre dans une chose, elle est inaltérable. — Le soleil et la lune ont deux éléments en équilibre. — Création du monde au moyen des quatre éléments. — Le monde supérieur et le monde inférieur. — L'équilibre des natures dans les êtres préserve ceux-ci des maladies.......................................................... 147

L'auteur a commenté le Pentateuque, l'Évangile, les Psaumes et les Cantiques.......................................................... 148

Création du premier être, composé de quatre éléments. — Les quatre humeurs : bile noire et jaune, pituite et sang. — Leur équilibre fait la santé. — Citation du Coran. — Science des propriétés des choses............ 149

Série de pourquoi bizarres. — Tableau magique d'Apollonius........ 150

Propriétés des animaux et des végétaux......................... 151

Préservation contre le feu grégeois............................ 153

Propriétés des pierres...................................... 153

Les sciences de la philosophie. — Les preuves................... 155

L'œuvre et les liquides. — La balance purpurine ou naturelle........ 156

D'après Ptolémée, les noms des personnes leur sont imposés par leur étoile............................................................ 156

Calcul du Djomal, d'après Stéphanus............................ 157

Importance de l'ouvrage de Djâber.............................. 157

Tableau de la perle gardée...................................... 158

Calcul de la proportion des éléments (chaleur, froid, sec, humide) d'une chose, d'après les lettres de son nom.............................. 158

On doit équilibrer les quantités des éléments par les mélanges........ 158

Pierre animale et pierre minérale............................... 162

VIII. Le livre de la Miséricorde.................................... 163

Les gens adonnés à la fabrication de l'or et de l'argent se partagent en dupeurs et dupés. — Objet de l'ouvrage présent. — Le médecin et les remèdes. — Celui qui connaît l'unité de Dieu et la création.......... 164

1re section. On connaît les choses par la constatation de leur existence et par l'induction, par les sens et l'intelligence..................... 164

2e section. Trois sortes de propositions......................... 165

3e section. Il faut savoir si une chose est vraie et susceptible d'être acquise, avec quoi on la fait, etc.................................. 165

4e section. On doit utiliser la science des médecins et celle des astrologues sur les influences sidérales............................... 166

5e section. La nature intime................................... 166

6e et 7e sections. L'âme et le corps.............................. 167

8e section. Le vivant et le mort................................. 167

9e section. L'œuf des philosophes............................... 167

10e section. L'homme engendre l'homme, et l'or engendre l'or....... 167

11e section. Œuvre unique et ses quatre éléments; elle est produite par sept choses.................................................. 168

12e section. Elle est produite par douze choses; le zodiaque......... 168

13e section. Une chose, une opération, un vase; il faut opérer sur les corps et les âmes.............................................. 168

14e section. Le corps et l'âme doivent être appropriés l'un à l'autre.... 169

15e section. Application de ce principe au mercure (âme) et aux corps qui lui conviennent.......................................... 169

16e section. Les esprits et les corps correspondants................ 170

*17ᵉ section.* Les sept minerais. — Choses vivantes (animales) et choses terreuses (minérales).................................... 170

*18ᵉ section.* Il faut des forces spirituelles et corporelles, douées d'affinité réciproque.......................................... 171

*19ᵉ section.* L'élixir et la thériaque ; transformation qui unifie......... 171

*20ᵉ section.* L'élixir, la fièvre et les métaux; symbolisme médical...... 172

*21ᵉ section.* Les choses fragiles et fugaces sont celles qui offrent le plus d'opposition; il faut les équilibrer; opposition et concordance.......... 172

*22ᵉ section.* Les choses les moins fragiles sont les mieux équilibrées; les choses offrant le plus d'opposition sont l'homme et les animaux; l'excès de l'une des natures produit la maladie et la mort...................... 173

*23ᵉ section.* Les oppositions sont faibles dans l'or, l'argent, l'améthyste, la perle, l'émeraude......................................... 173

*24ᵉ section.* Les mondes des cieux et des terres disparaîtront aussi par l'opposition des natures......................................... 173

*25ᵉ section.* Les quatre humeurs de l'homme; les quatre saisons....... 174

*26ᵉ section.* Travail des philosophes pour équilibrer les natures........ 174

*27ᵉ section.* Composition de l'élixir............................. 174

*28ᵉ section.* Forces connues seulement par l'intelligence; attraction de l'aimant exercée sur le fer...................................... 175

*29ᵉ section.* Les poisons agissent par leurs forces internes; de même les parfums agissent par des forces spirituelles au delà du rayon de leurs corps et sans que ces forces en changent le poids...................... 175

*30ᵉ section.* Aimant ayant perdu sa force sans changer de poids....... 175

*31ᵉ section.* Le corps n'a de force que par l'esprit qui peut sortir de lui. 176

*32ᵉ section.* Les choses les plus stables sont celles qui contiennent le plus de corps et le moins d'esprit et réciproquement; métaux et corps volatils.......................................................... 176

*33ᵉ section.* Dans le monde, les éléments sont toujours mélangés...... 176

*34ᵉ section.* L'œuvre s'exerce sur les animaux et les plantes par la puissance, non par l'acte, etc...................................... 177

*35ᵉ section.* On recherche les choses concentrées................... 177

*36ᵉ section.* Les choses animales sont les métaux; les choses terreuses sont vivantes (soufre, arsenic, etc.) ou mortes........................ 177

*37ᵉ section.* Opération animale, pratiquée avec les matières provenant des animaux; degrés de transformation; les métaux sont déjà créés dans leurs minerais............................................................ 178

*38ᵉ section.* Le reflet des métaux; opposition des caractères : certains corps sont vivants ou morts, suivant les autres corps mis en leur présence............................................................... 178

*39ᵉ section.* Éloge de Djâber.................................. 179

*40ᵉ section.* La matière concentrée et forte peut être assimilée à l'homme. 179

*41ᵉ section.* Le macrocosme et le microcosme...................... 179

*42ᵉ section.* L'œuvre est un troisième monde, d'après Platon......... 179

*43ᵉ section.* Les forces spirituelles sont les plus efficaces. — Aucun corps n'a de force sans le secours des esprits; ceux-ci agissent surtout quand ils sont unis à un corps vivant. — Action du feu.................... 180

*44ᵉ section.* Les esprits agissent surtout quand ils sont unis aux corps dont ils ont été tirés........................................... 180

*45ᵉ section.* Nécessité d'une combinaison formant un tout homogène; les élixirs rouge et blanc sont l'or et l'argent des philosophes, supérieurs aux métaux du vulgaire............................................. 180

*46ᵉ section.* Nom de l'élixir.................................. 181

*47ᵉ section.* Le remède ou médecine, à chaque degré de l'opération, reçoit le nom du métal auquel il ressemble............................. 181

*48ᵉ section.* Élixir appelé or, argent, poison igné.................. 181

*49ᵉ section.* Nécessité de la désagrégation...................... 181

*50ᵉ section.* Actions de l'élément sec et froid, humide et froid, chaud et humide, chaud et sec........................................... 182

*51ᵉ section.* Les esprits désagrègent les corps, et les corps fixent les esprits................................................................ 182

*52ᵉ section.* Les corps doivent être désagrégés avec les esprits convenables; ils les fixent, par suite d'une transformation réciproque, en produisant une substance intermédiaire.......................................... 182

*53ᵉ section.* Union de l'esprit et du corps non séparable par le feu..... 183

*54ᵉ section.* Teinture indestructible............................ 183

*55ᵉ section.* La fixation terreuse, celle du soufre avec la marcassite, la tutie, etc................................................... 183

*56ᵉ section.* Les soufres ou graisses combustibles..................... 183

*57ᵉ section.* Union intime du corps et de l'esprit, semblable à celle du Tigre et de l'Euphrate......................................... 184

*58ᵉ section.* Quantités désirées des teintures; le ferment de l'opération animale.............................................. 184

*59ᵉ section.* Voie unique..................................... 184

*60ᵉ section.* Opérations mal conduites........................... 185

*61ᵉ section.* Désagréger et fixer constituent une même opération...... 185

*62ᵉ section.* Il faut connaitre des procédés nombreux pour exécuter une opération exacte............................................. 185

*63ᵉ section.* L'œuvre comporte quatre chapitres................... 186

*64ᵉ section.* 1ᵉʳ chapitre : Ôtez les impuretés................... 186

*65ᵉ section.* 2ᵉ chapitre : Désagrégez les scories................. 186

*66ᵉ section.* 3ᵉ chapitre : Fixez les esprits avec les corps restés au fond de l'appareil................................................ 186

*67ᵉ section.* 4ᵉ chapitre : Nécessité de l'humidité pour la teinture...... 186

*68ᵉ section.* Résumé de l'opération; les quatre éléments et leur action réciproque............................................... 186

*69ᵉ section.* Les opérations terreuses et animales; emploi du mercure, du soufre, de l'arsenic, de l'alun des marchés; nécessité d'un corps métallique; teinture solide et teinture fugace.......................... 187

*70ᵉ section.* Moyens variés, voie unique......................... 187

*71ᵉ section.* L'union des âmes et des corps, comparée à la résurrection au jour du jugement dernier..................................... 188

*72ᵉ section.* L'élixir comparé à un peuple fort et uni, qui triomphe des hommes faibles et divisés....................................... 188

*73ᵉ section.* Les effets du feu................................. 189

*74ᵉ section.* L'élixir rouge et la couleur rouge interne de l'argent...... 189

*75ᵉ section.* La science véritable de l'œuvre est contenue dans ce livre.. 189

IX. LE LIVRE DE LA CONCENTRATION........................... 191

Une chose ne peut posséder plus de dix-sept forces. — Elles sont la somme de ses unités de chaud, de froid, de sec et d'humide. — Êtres actifs et passifs, agissant sur l'extérieur et sur l'intérieur................ 191

Qualités apparentes et occultes du plomb, de l'étain. — Le plomb, à l'extérieur, est intérieurement de l'or. — L'étain, à l'extérieur, est intérieurement de l'argent, et réciproquement pour l'or et pour l'argent........ 191

On compense la composition de chaque corps, en le complétant par la teinture. — Les éléments ou natures sont les mêmes dans les individus de divers genres. — Ces natures diffèrent par leur quantité............. 192

*Discours sur le corps, l'essence et l'accident*...................... 193

Dix éléments du monde, savoir : une essence et neuf accidents ou qualités. — 1° L'essence générale ou particielle; l'or et le travail industriel dans une bague. — 2° Le temps. — 3° Le lieu. — 4° La qualité. — 5° La quantité. — 6° La situation. — 7° La manière d'être. — 8° Le rapport. — 9° L'action. — 10° La passion. — Subdivision de chacun de ces éléments.......................................................... 193

*Discours sur l'union de l'essence avec les natures simples et composées*..... 196

L'essence est le support des accidents. — Tout ce qui existe possède l'une des dix choses précédentes. — L'analyse et la synthèse............... 196

*Discours sur les éléments de l'existence*........................ 198

Conditions de l'existence de l'animal. — Choses susceptibles d'être additionnées. — Les qualités ne s'accroissent pas par les substances, ni réciproquement. — Les choses s'assimilent leurs semblables. — Les choses universelles et les choses particulières........................... 199

Humidité fortifiée par le froid, ou par la chaleur. — De même pour la sécheresse............................................... 199

Conséquence des dix-sept forces. — Palance naturelle. — Les aliments. — Leur transformation......................................... 200

*Discours sur la transformation*.............................. 201

Propriétés des aliments. — Conditions de leur assimilation. — La digestion. — Action de l'estomac, du foie. — Formation du chyle, du sang, de l'urine, de la bile. — La deuxième digestion. — La troisième digestion : chaque organe prend ce qui lui convient. — Quatre organes fondamentaux............................................... 201

*Discours sur l'utérus*...................................... 203

Ses cinq compartiments. — Son action sur le sperme. — Le sexe des enfants. — Les quatre natures et leurs degrés. — Chaleur plus ou moins intense, etc............................................. 203

*Appendice.* Préparation de la rouille de cuivre artificielle............ 205

X. Le livre du mercure oriental, occidental, et du feu de la pierre......  207

    Le mercure de la pierre et le mercure minéral. — L'élixir animal.....  207

    Les esprits et les corps. — Le mercure oriental est un esprit et le mercure occidental est une âme; ce dernier est la teinture et le poison. — Difficulté du sujet...........................................................  208

    Obscurités relatives au mercure oriental, qui est l'âme de la pierre. — Désaccord sur ses qualités. — Diversité de noms. — On a dit qu'il est chaud et sec; chaud et humide; qu'il n'est ni chaud, ni sec, ni humide. — Personne n'a dit qu'il était froid......................................  209

    Il renferme les qualités du cuivre, du plomb, de l'étain, du mercure réunies dans l'or. — C'est le feu de la pierre, l'huile de la pierre. — Ses propriétés. — On ne peut l'isoler des corps............................  210

    *Traité sur le mercure occidental (eau divine, myrte mystique)*...........  213

    Eau divine, pierre animale, eau de la vie.........................  212

    L'élixir prend le feu de cette eau, à l'exception de l'élément humide, etc. — On distille sur des feuilles de myrte, non le myrte naturel, mais le mystique..................................................................  213

    La connaissance de la science de l'œuvre est supérieure à toutes les autres. — Noms divers donnés au myrte : les échelons d'or, l'oiseau vert. — Sa couleur verte, sa stabilité relative. — Sa tige et ses feuilles, ses racines.............................................................  214

    *Livre du feu de la pierre*....................................  216

    Substance de la teinture. — Ses noms............................  216

    On l'extrait avec l'huile. — Couleur de l'élixir. — Les cinq cents ouvrages de Djâber. — Conditions de leur étude.........................  217

    Extraction de l'huile. — Fixation de l'esprit. — Mélange avec l'eau. — Isolement de la teinture. — Allégories...............................  218

    Précautions à prendre pour réussir. — Le savant et l'ignorant........  219

    Opérer comme les fabricants de savon. — Extraction de l'huile de la pierre, etc.......................................................  221

    *Le Livre de la terre de la pierre*..............................  221

    Verset du Coran sur la terre desséchée, humectée, qui se gonfle et fait germer les végétaux. — Grillage suivi par l'humectation............  222

    Changements de volume et de densité produits par le froid et la chaleur, etc...........................................................  223

ADDITIONS ET CORRECTIONS. . . . . . . . . . . . . . . . . . . . . . . . . . . . . . . . . . . . . . . . . . 225

Opuscules d'Avicenne sur la formation des montagnes et sur les fossiles.
Aérolithe de Mahmoud Ghazni. . . . . . . . . . . . . . . . . . . . . . . . . . . . . . . . . . . 225

Huile de vitriol. . . . . . . . . . . . . . . . . . . . . . . . . . . . . . . . . . . . . . . . . . . . . 225

*The discovery of secrets* : analyse. . . . . . . . . . . . . . . . . . . . . . . . . . . . . . 226

Lettre du philosophe aux mages de la Perse. . . . . . . . . . . . . . . . . . . . . . 226

# INDEX ALPHABÉTIQUE DU TOME III.

## ALCHIMIE ARABE.

### A

Aaron, 27.

Abdallah ibn Amed ibn Hindi, 13.

Abou Abdallah Mohammed ben Aboul Abbas, etc., 41.

Abou Abdallah Mohammed ben Yahia, 4.

Abou Ali l'Indien, 14.

Abou Bekr ibn Yahia ibn Khâled El-Ghassâni, 14.

Abou Casba ben Temman El Irâqi, 4.

Abou Dja'far Mohammed ben Ali Ez-Chelemghâni, 40.

Abou 'Isa le Borgne, 29.

Abou'l Anbas Es-Symeri, 37.

Abou'l Hasan Ahmed, 40.

Abou'l Hasan ben Et-Teneh, 37.

Abou'l Hasan ibn El-Koufi, 37.

Abou Qirân, 29, [38].

Abou Saïd El-Misri, 36.

Abou Sebekteguin, 31.

Abyssinie, 124.

Accident (L'), 22.

Accouchement, 151, 154.
— Voir Femme.

Accouplement, 111.

Achmoun, 27.

Acide sulfurique, 205, 225.

Acidum pingue, 69.

Aconit, 152.

Adam, 19, 139.

Adamas, 74. — Voir Androdamas.

Adeptes, 155.

Adfar, 2.

Adrien, 30.

Aérite (pierre), 155.

Aérolithe, 8, 225.

Africain (Léon l'), 3.

Africanus, 28, 35.

Agathodémon, 12 28, 95, 102, 103, 106.

Agent tinctorial, 103, 108, 226.

Aimant, 21, 154.
— (Force de l'), 175.
— (agit à travers le soufre), 175.
— (son affaiblissement, sans perte de poids), 176.

Alambic, 10, 49, 97.

Albouni, 29.

Alchimie (sa réalité), 4.

Alexandre, 28, 30, 150.

Alexandrie, 28, 45, 46.

Al-Farali, 19.

Ali ben Ishaq, 34.

Ali ben Yaqthin, 34.

Aliments, 198, 200.

Almageste, 36.

Alphabets anciens; Égyptiens, 37.
— (Calculs fondés sur les).
— Voir Tableau magique, Apollonius.

Aludel, 49, 97, 103.

Alun, 160, 187.
— de roche, 154.

Ambre, 175.
— gris, 125.

Âme, 10, 20, 21, 22.
— de l'homme et âme des animaux, 171.
— et corps, 91, 103, 107, 188.
— et esprit, 96.
— esprit et corps, 52, 55,

77, 78, 120, 167, 169, 170.
Améthyste, 173.
Ammoniac (Sel), 49, 177, 205.
Amourès, 35.
Amyris (Huile d'), 153.
Andalousie, 15, 117.
Andréa, 30.
Androdamas, 50, 83. — Voir Adamas.
Angleterre, 226.
Animal (Règne), 25.
— symbolique, 59, 120, 123.
Animales (Choses) et terreuses, 177.
— (Opérations), 178.
Animaux (Vertus des), 150.
Anthos, 28.
Antidotes, 152.
Antimoine, 170.
Apollonius, 20, 36, 150.
Appareil, 10.
Archélaüs, 12, 16, 29, 97.
Arès ou Aros, 12, 16, 30, 83, 88, 89, 99. — Voir Horus.

Arès Elqiss, 29.
Argent, 9, 31, 47, 54, 66, 56, 66, 68, 83, 93, 105, 111, 113, 119, 125, 137, 158, 163, 170, 173, 174, 176, 177, 180, 187, 188, 191, 192, 199, 205.
— (teinture), 10, 67.
— naturel et philosophique, 11.
— des philosophes, 54, 181, 226.
Aristote, 12, 14, 15, 17, 19, 22, 23, 25, 27, 35, 36, 96, 117, 118, 140, 141, 144, 154.
— (Logique d'), 19.
— (Problèmes d'), 19.
Armée (Chef d'), 141.
Arminès, 28.
Arsenic, 9, 13, 48, 52, 65, 95, 100, 112, 114, 119, 170, 171, 176, 177, 178, 183, 187, 219.
— (eau), 112.
— (et le mâle), 113.

Arsenic rouge, 64.
Artis aurifera, 5.
— chemicæ principes, 5.
Asclepias, 16.
Asem, 11, 65, 84, 111.
Asfidous, 16.
Asperge, 152.
Asthos, 28.
Astres (culte), 3.
— (études), 46.
— (sciences), 9.
— (Sept), leur influence, 166.
Astrologie, 20.
Astronomes, 166.
Astronomie, 18.
Athènes, 45.
Athineh, 45.
Atsrib, 27.
Aubergine, 153.
Augmentation des choses, 199.
Aveline, 152.
Avicenne, 4, 5, 8, 20, 23, 70, 225. — Voir Ibn Sina.
Avorter, 154, 155.
Axiomes des philosophes, 10, 13, 166.

# B

Bâb Eç-Cham (Rue), 31.
Babel, 26.
Babylonie, 26, 27.
Babyloniens, 1, 3, 4.
Bague, 150.
— (chaton), 150-151.
Bain-marie, 10, 49.
Balance, 128, 129, 137, 139, 145, 155, 156, 199.

Balance de l'eau, du feu, 131, 132.
— purpurine, 156.
Balqis, 30.
Barkhis, 119.
Barmécides, 31, 32, 34.
Baroud, 155.
Batharsous, 73.
Baume, 193.
Beni El-Forat, 37.

Berâbi (pyramides), 40.
Bethranos, 30.
Bézoard, 154.
Bibliotheca chemica, 2, 5.
Bibliothèque de Paris, 5, 6, 7, 8, 13.
— de Leyde, 5, 6, 7, 13.
— ptolémaïque, 9.
Bijoux, 62.
Bilakhès, 30.

Bile, 12, 21, 78, 80, 174, 200.

Biles (Les), 149.

Blanc, rouge, *passim*.

Blanchir et rougir, 68.

Bois réduit en cendres, 71.

Borax, 113.

Bothour ben Nouh, 30.

Boulanger (Four de), 154.

Bouros, 28.

Briques, 153.

Byzantins, 17, 23.

# C

Ça, 27.

Cadi, 154.

Çadiq Mohammed, 4.

Çahifa (traité), 30.

Caire, 86, 99.

Calcaire, 69, 178.

Cantiques, 19, 148.

Carthame, 79, 186.

Cassié, 193.

Cause efficiente, 144.

Celse, 15, 119.

Cendres, 12, 70, 71, 79, 80, 81, 87, 88, 89, 95, 96, 104, 108, 110, 112, 113, 114.

Cent douze (Livre des), 34.

Céruse, 58, 89.

Cerveau, 141, 193, 203.

Cervelle, 178.

Chacal (Œil de), 151.

Chadjer, 117.

Chaldéens, 1.

Chaleur fugace du fer échauffé; chaleur fixée dans le poivre, 77.

Chaud. — *Voir* Froid.

Chaudière, 49, 104, 103, 151.

Chauve-souris, 151.

Chaux, 12, 48, 95.

— vive, 69.

Chéops, 144.

Chicorée, 152.

Chien, 151.

Chien (Dent canine de), 152.

Chinois, 40.

Chodsour (livre), 4, 41.

Choses animales et terreuses, 177.

Chrétien converti à l'islamisme, 3.

*Chryselectrum*, 19.

Chrysocolle, 114.

Chutes, 31, 32, 40.

Chymès, 12, 28, 29, 114.

Chypre, 105.

Cinabre, 60, 64, 67, 78, 79, 87, 108.

Cire, 80, 81, 153.

Clef (La), 103.

Clefs, 108, 113.

— (Dix), 113.

— de l'œuvre, 28.

Cléopâtre, 30.

Clou de fer, 153.

Cœur, 140, 203.

Cohobation, 87, 88.

Coït, 151.

Coliques, 50, 164.

Colombier, 152.

Comarius, 12, 17, 48, 52, 53, 55, 97, 169.

Combinaison, 199.

Composants (Trois), 115.

Condensation, 101.

— (Tête de l'homme, appareil de), 80.

Constantin le Grand, 9, 45.

Constipation, 164.

Contenant (Livre du), 13, 14.

Coran, 19, 149.

Cordon ombilical, 150.

Corps, 10, 20, 21, 22. — *Voir* Âme, Métaux.

— et esprits, 90, 176. — *Voir* Âme, Esprit.

Couleurs, 60.

Coupellation, 62.

Couperose, 205, 225.

Crabes, 251.

Cratès, 7, 9, 10, 11, 12, 23, 42, [44], 61, 63, 72, 74, 75, 78.

Cratès Essemaoui, 51.

Crible, 113.

— d'Hermès, 13, 101. — *Voir* Tamisage.

Cristal, 154, 226.

Cuivre, 9, 24, 25, 47, 48, 52, 55, 56, 58, 61, 64, 66, 80, 83, 90, 95, 97, 101, 105, 111, 119, 170, 172, 176, 177, 187, 188, 225, 226.

— blanchi, 11, 226.

— brûlé, 101.

— brun, 109.

— deux, 105.

— (Eau de), 69.

— (fleur), 112.

Cuivre (lame), 86.
— (oxychlorure), 205.
— (rouille), 205, 226.
— rouge et jaune, 172.

Cuivre (sa chaleur), 193.
— sans ombre, 209.
— (corps, âme, esprit), 10, 13, 106.

Cuivre (son ombre), 13, 106, 210.
— teint et tinctorial, 11, 13, 61, 106, 107.

## D

Delisle (L.), 6.
Déluge, 111.
Demanos, 28.
Démocrite, 9, 11, 12, 15, 19, 27, 28, 30, 35, 49, 51, 53, 57, 58, 62, 65, 68, 70, 83, 89, 93, 95, 106, 108, 110, 112, 113, 114, 124, 144.
Démons, 99.
— jaloux, 13.
Densité, 223.
Dent, 152. — Voir Chien.
— malade, 150.
Dépôt non restitué, 154.
Désagrégation, 181, 185.
Desaourès, 28.
Deux mots (Livre des), 30.
Dieu de la lune, 152.
Digestion des aliments, 22.
— (Tableau de la), 201.
Dilaos, 29.

Dioclétien, 101.
Dioscoride, 1, 8, 51, 100, 152.
Dioscorus, 30.
Discovery of secrets, 226.
Distillation, 100, 226.
Dix choses (Les), 57, 62, 64.
Dix clefs (Les), 113.
Dix éléments du monde, 193.
Dix-sept forces, 22, 191.
Djâber ben Hayyàn, 2, 3, 6, 7, 8, 14, 15, 16, 17 à 23, 25, 29, [31], 39, 40, 41, 125, 126, 133, 135, 139, 143, 163, 175, 179, 190, 191, 207, 225, 226.
— (liste de ses ouvrages), 32 à 36.
Dja'far ben Yahya, 31, 34.

Djafar ibn Mohammed ibn Amr El-Faresi, 14.
Djafar Eç-Çadeq, 2, 31, 129.
Djamaseb, 28, 31.
Djamhour, 14, 34.
Djébàl, 39.
Djeldeki, 4, 41.
Djomal (Calcul du), 157.
Djordjan, 225.
Dobéïs, 4, [39].
Dorure avec le mercure, 71.
Douze facteurs de l'œuvre, 21.
— signes du zodiaque, 21.
Dragon, 59, 120.
— (Lutte contre le), 72.
— sa femelle, ses couleurs, 73.
Drasthos, 28.
Dupeurs et dupés, 163.
Dzou'n Noun, 3, 16, 29, 41, [36], 38.

## E

Eau aérienne, 96.
— d'argent, 62, 112. — Voir Mercure.
— divine, 23, 78, 213.
— éternelle, 90, 91, 92, 93, 96, 100, 101, 112, 113.
— de soufre. — Voir Soufre.
— régale, 16.

Eau (ses transformations), 124.
Eau-de-vie, 213.
Écrivain (L'), 61.
Écrouelles, 151, 152.
Édesse, 30.
Égypte, Égyptiens, 15, 26, 40, 45, 117, 120, 182.
— (rois), 9.

Égyptiens (Trésors des), 13, 101.
El-Adkhîqi, 28.
El-'Alouï, 29.
El-'Anbats, 38.
El-'Azàqiri, 29.
Eldjami, 116.
Electrum, 50, 65, 74, 111.
Éléments, 97.

Éléments (Quatre), 12, 104, 107, 121, 147, 148. — Voir Quatre.
— des corps, 22.
— (transformation), 78.
Éléphant, 120.
— blanc, 122.
Éléphantiasis; 148, 151. — Voir Lèpre.
El-Faqithous, 37.
El-Farabi (Abou Nasr), 4.
El-Ghazzali, 4.
El-Habib, 7, 12, 23, 42, 76, 115.
El-Hasan ben Ali, 39.
El-Hasen ben Qodama, 29.
El-Hakim, 16.
El-Ikhmimi, 4, 32, [38].
El-'Irâqi, 41, 42.
Elixir, 24, 137, 171, 172, 174, 175, 180, 181, 183, 188, 205, etc.
— blanc et rouge, 180.

Élixir animal, 208. — Voir Pierre philosophale.
El-Kharaqi, 32.
El-Khenchelil, 4, [40].
El-Kindi, 4, 37, 39.
El-Melathis, 28.
El-Mokhtafi, 41.
El-Qaïrouâni, 42.
Émaux, 4, 40.
Émeraude, 152, 173.
Émèse (Auteur d'), 14.
Empire romain, 9.
Encyclopédies arabes, 1.
Enduits extérieurs, 13, 83.
Épée, 116, 225.
Épervier, 12.
Éphèse, 30.
Éphestelios, 45.
Épurge, 164.
Équilibre, 147, 148, 172, 173.
Er-Razi, 4, 26, 29, 32, [36]. — Voir Rasès.

Espagne, 2, 24.
Esprit, 10.
— tinctorial, 53.
Esprits et corps, 180, 182. — Voir Corps, Âme.
— et corps tirés d'eux, 170.
Es-Saih El-'Aloui, [39].
Es-Selmathis, 28.
Essence et accidents, 193.
Estomac, 201.
Étain, 9, 48, 64, 105, 119, 170, 172, 187, 210.
— est de l'argent à l'intérieur, 191, 192.
Étoile (indique les noms des hommes), 156.
Être (Premier) créé, 148, 149.
Euclide, 36, 198.
Eugenius, 30.
Euphrate, 184.
Évangile, 19, 148.
Évanouissement, 154.

## F

Faouania, 159, 160.
Fécondation, 68, 92.
Femme, 152, 153. — Voir Accouchement, Mâle.
— enceinte, 154.
— en couches, 150.
— nue, 150.
— séduite, 9.
Fer, 24, 64, 66, 103, 119, 154, 170, 175, 176, 177, 187.
— (argenture), 226.
— (Eau de), 50, 86.
— (union avec la chaleur), 77.

Feramis Es-Semaï, 30.
Ferment d'or. — Voir Or.
Fernaounès, 29.
Feu, 11, 153 et passim.
— grégeois, 153.
— moyen, 93.
— de la pierre, 23, 216.
— (variétés), 65.
Feuilles métalliques, 13, 80.
Feux (Livre des), 124.
Fiel, 178, 193. — Voir Bile.
Fiente, 151.
Fièvre, 71, 172.
— quarte, 150.
Figure d'homme, 155.

Figures d'appareils, [49].
Fiole, 10.
— à digestion, 49.
Firmaments, 9, 47.
— (Les sept), 47, 48.
Fleur de cuivre, 112.
— du sorbier, 153.
Fleuve (Eau du), 97, 99, 103.
— de miel, de vin, 135.
Flügel, 2.
Fœtus (son développement), 79.
Foie, 200, 202.
Force de l'aimant, 175.

Forces spirituelles et corpo-
rolles, 171.
Fosathar, 9, 44, 75.
Fossiles, 225.
Fourès. 29.
Fourneau à digestion, 10.

Fragilité, 172.
Froid et chaud, 24, 49, 61,
79, 93, 111, 137, 147,
149, 158, 159, 160,
161, 172, 174, 176,
182, 191, 193, 199,

203, 204, 210, 211,
223.
Fruits (Chute des), 151.
Fumée, 107.
— et vapeur, 80.
Furoncles, 153.

# G

Gabriel, 139.
Galien, 14, 15, 27, 125,
152.
Géber, 2, 5, [16], 23. —
Voir Djâber.
Génération, 12, 58, 79,
167.

Géométrie, 9.
Glaive de feu, 13, 91.
Gland, 164.
Goeje (De), 7.
Gomme, 69.
— alchimique, 62.
Graecus (Marcus), 124.

Graisses combustibles, 184.
Gregorius, 98.
Grêle, 150.
Grenades, 163.
Guérison (La), 225.
Guimauve, 153.
Gypse, 153.

# H

Hadès, 55.
Hadji Khalfa, 2.
Harabi, 29, 35.
Harchqal, 50.
Harqil = Marie, 50.
Harran, 3, 20.
Harrsella, 94, 95, 99.
Hasen, 225.
Hayyân, 175.
Hémorroïdes, 151.
Héraclius, 2, 14, 28, 30.
Hérisson, 151.
Hermès, 9, 12, 13, 14,
15, 16, 21, 26, [27],
46, 50, 74, 80, 87, 89,
95, 101, 102, 104, 107,

111, 114, 119, 123,
124, 179.
— (ses livres), [28].
Hibou, 151.
Hiérothée, 138.
Hindous, 122. — Voir Inde.
Hippocrate, 14.
Hirondelles, 154.
Homme (cause de sa mort),
173, 174.
— mis en pièces, 77.
Homogénéité, 198.
Horus, 9, 12, 16, 45, 83,
115. — Voir Arès, Aros,
Pébéchius.
Houdas, 6, 15, 17, 42.

Huile, 217, 218, 219, 220,
221.
— de vitriol, 225.
Humide (et sec), humidité
et sécheresse, 24, 49,
64, 66, 67, 69, 74, 79,
81, 82, 85, 88, 90, 91,
95, 104, 107, 108, 110,
112, 113, 114, 115, 137,
147, 149, 158, 159, 160,
161, 171, 172, 174, 176,
182, 184, 186, 191, 193,
199, 200, 203, 204, 210,
211, 220.
Hydropique, 154.
Hyène, 151.

# I

Ibn Ali El-'Azâqir, 4, [40].
Ibn Abou 'Arfa Ras, 41.

Ibn Abou Ya'qoub El-Ouar-
racq, 26.

Ibn Amyal Et-Temimi, 4,
16, 41, 124.

Ibn 'Atba El-Yemâni, 41.
Ibn Bechroun, 3, 24.
Ibn Beithar, 1.
Ibn El-Koufi, 37.
Ibn El-Moghreirebi, 4.
Ibn El-Mondziri, 41.
Ibn Hasan Ali, 4.
Ibn 'Iyâdh El-Misri, 32, 39.
Ibn Khaldoun, 2, 3, 4, 5, 24.
Ibn Khallikan, 2.
Ibn Ouahchiya, 4, 29, [37], 38, 41.

Ibn Sina, 4.
Ibn Soleïmân (Abou'l Abbâs Ahmed ben Mohammed), 4, [39].
Ibn Teimiya, 4.
Ikhmim, [38].
Imâm, 19, 127, 137.
Incombustible (Composé), 69, 70. — Voir Soufre.
Inde, Indiens, 28, 40, 62, 63, 117, 122. — Voir Hindous.
Indien (Roseau), 226.

Induction, 165.
Inscription en sept langues, 120.
Intelligence et son siège 140.
Intérieur et extérieur, 58.
Iosis, 54.
'Isa le Borgne (Abou), 29.
Ishaq ben Noçaïr, 4, [40].
Isis (Hathor), 9, 11, 45, 68, 115.
Israël, 143.
'Izz-Eddaula, 31.

**J**

Jaune (Or), 112.
Jaunisse, 154.

Jean d'Antioche, 101.
Jean l'Archiprêtre, 79.

Jument, 153.
Justinien, 2, 12, 98, 102.

**K**

Kahin Arta, 29.
Kasdanéens, 37.
Kermanos, patrice de Rome, 30.
Kernam, 155.

Kérotakis, 49, 65.
Khaled ben Yezid, 2, 11, 13, 16, [29], 42, 44, 75.
Khathif, 29, 34.

Khorasan, 14, 32.
Kitâb-al-Fihrist, 2, 3, 8, 17, 26, 226.
Kitâb-el-Foçoul, 7, 25, 116.
Koufa, 3, 31.

**L**

Laboratoire, 31.
Lame, 87, 108.
Lames métalliques, 65.
Latins, 2.
Laurier, 152.
Leclerc, 1.
Légèreté, 223.
Léon l'Africain, 3.

Lèpre, 148.
Lézard, 153.
Lin blanchi, 86, 99.
Lion, 15, 119, 150.
Liqueur d'or. — Voir Or.
Litharge, 56, 58, 59, 113.
Livre des Cent douze, 34.
— des Cinq cents, 36.

Livre des Feux, 124.
— de la Sagesse, 157.
— des Soixante-dix, 3, 8.
Livres sacrés, 9.
Logique, 9, 141, 142.
Lune, 119.
— (Dieu de la), 152.
Lurgeam, 225.

# M

Macrocosme et microcosme, 21, 178.

Mages, 226.

Maghis, 30.

Magie, 37, 38.

Magnésie, 25, 50, 94, 106, 107, 170.

— (Corps de la), 12, 59, 64, 78, 87.

Mahmoud Ghazni, 225.

Maladies du cerveau, 142.

— du cœur, 143.

Mâle et femelle, 12, 76, 79, 109.

Mâle des philosophes, 115.

Mâle rouge, 100.

Mançour ben Ahmed, 34.

Marbre, 153.

Marcassite, 74, 80, 153, 170, 178, 183, 187.

Marcos (Le roi), 15.

Marcus, Marqouch, Marqounès, 16.

Marcus Græcus, 124.

Marianos, 2, 5, 11, 15, 124. — Voir Morienus.

Mariba, 30.

Marie, 12, 13, 15, 16, 30, 35, 40, 54, 80, 81, 83, 86, 88, 89, 90, 94, 100, 104, 105, 125.

Marmite, 10.

Maroc, 2.

Marqouch, 124.

Marqounès, 29.

Mars, 119.

Maslama ben Ahmed, 3, 24.

Matière (La) est comme l'homme, 179.

Médecine, 49, 54.

Médecins, 1, 18, 164, 166.

Médine, 32.

Mehdarès, 29.

Mélange des éléments, 176.

Melinos, 28.

Membrane du fœtus, 153.

Memphis, 27.

Menstrues, 150.

Mercure, 9, 11, 55, 59, 62, 64, 65, 67, 71, 78, 79, 82, 87, 88, 114, 119, 167, 169, 170, 171, 172, 176, 177, 187, 192, 193, 210.

— assimilé à l'âme, 21.

— (Densité du), 27.

— fugace, 112.

— minéral, 207.

— oriental, [207].

— oriental, occidental, minéral, 22.

— tiré de l'arsenic, 13, 102.

— tiré du cinabre, 89.

— vivant, 178.

Mercures (Les deux), 208.

Meslemios, 144.

Mesothios, 29.

Messie, 199.

Métaux (Les sept), 21.

Meyer, 69.

Michel (Saint), 38.

Microcosme et macrocosme, 21, 178.

Miel (Fleuve de), 135.

— dans la mer, 177.

Minerais vivants, 170.

Minium, 58, 59, 64.

Mithriaques (Mystères), 15.

Mohammed, 9.

— ben Ibrahim, 42.

— ben Ishâq En Nedim, 26, 27, 29, 35, 40.

— ben Yezid, 39.

Moïse, 27.

Molybdochalque, 10, 54, 59, 61, 64, 65, 78, 94, 108, 109.

Mondes des cieux et des terres (leur fin), 173.

Monnaie (Fausse), 18.

Montagnes (Formation des), 225.

Morienus, 5. — Voir Marianos.

Mortier d'or, 31.

Mosnad, 37.

Mossoul, 4, 38, 39.

Mousa le Sage, 41.

Mouyanès, 29.

Musc, 125, 175.

Myrte, 32, 226.

— mystique, 23, 212, 214, 215, 226.

Myrtes (tiges), 153.

# N

Nabatéens, 4, 37.
Nadirès, 30.
Nature cachée, 13.
— intime, 166, 167.
Nazaréen, 30.
Neith, 45.
Nicéphore, 30.
Nielle (Pierre de), 154.

Nil, 72.
Niladès, 28.
Nitrate d'argent, 17.
Nitrique (Acide), 16.
Noçaïr (Ishaq ben), 4, [40].
Noisette, 152.
Noix de galle, 153, 164.
Nombre de jours, 85.

Nomenclatures, 10.
Noms des nouveau-nés, 156.
Nosathar, 9, 44. — Voir Fosathar.
Numériques (Combinaisons). — Voir Djomal.
Nummus, 54.
Nutrition, 22.

# O

Occident, 5, 6.
Occultes (Qualités), 22, 191, 192.
Ocre, 115.
Odorat, 152.
Œuf, 12, 15, 21, 91, 92, 97, 100, 103.
— (quatre parties), 104.
— (coquille), 170.
— philosophique, 74, 167.
— rouge et œuf blanc, 154.
Œuvre (L'), ses caractères, 165.
— par la puissance et par l'acte, 177.
Oiseau qui couve, 90.
Olympiodore, 21, 51, 52, 59, 60, 77, 79, 92, 99, 107, 113, 114, 179.
Ombre, 69, 87. — Voir Cuivre.
— des corps, 11, 155.
Omeyyade, 2.

Onyx, 154.
Opération royale, 126, 128.
Opoponax, 152.
Opposition, 172, 173.
Or, 9, 18, 24, 31, 47, 50, 54, 56, 61, 65, 66, 87, 97, 105, 109, 110, 111, 119, 125, 137, 163, 170, 173, 174, 176, 177, 180, 187, 188, 191, 192, 199, 210.
— blanc, 11, 65.
— (ceinture), 63.
— (corail, ferment, liqueur), 10, 53, 56, 64, 66, 71, 89, 96, 111, 112.
— des philosophes, 55, 181.
— fait avec le plomb, 22.
— jaune, rouge, 112.
— (minerai), 101.
— naturel et philosophique, 11.

Or (semence), 69, 96.
— (teinture), 10.
— (vases), 61.
— (vient de l'or), 115.
Orient, 1.
Origène, 119.
Os, 193.
— d'âne, 150.
— d'homme, 150.
Osiris, 45.
Osron, 226.
Ostanès, 1, 7, 9, 10, 13, 14, 15, [28], 44, 68, 105, 116, 119, 226.
— (son livre, ses traductions), 13.
Othsious, 68.
Ouaraq, 54.
Ouilada, 67.
Ouroboros (Serpent), 13, 74. — Voir Serpent.
Oxychlorure de cuivre, 205.
Ozza, 50, 56.

## P

Panodorus, 101.

Parfums, 63, 175.

— (Forces spirituelles des), 175.

Parturition, 153.

Pébéchius, 12, 226.

Pehlvi, 14.

Peintres, 49.

Pentateuque, 19, 148, 149, 154.

Perfection, 77.

Perles, 128, 187, 173, 226.

Perle (Tableau de la) gardée, 158.

Perse, Persans, 1, 14, 15, 40, 117, 119, 121, 132, 182, 226.

Peur, 154.

Phare (Le), 46.

Philosophe (Le), 13.

Phrénologie, 19.

Phta, 11, 61.

Phtisie, 151.

Pierre philosophale, 10, 13, 15, 20, 24, 48, 116, 118, 145, 226.

— animale et minérale, 20, 162.

— (Feu de la), 216.

Pierres (Formation des), 225.

Pierres (propriétés), 153.

— (variétés), 153.

Pierre tombée du ciel, 225.

Pigeons, 152.

Pituite, 172, 174.

Plantes (Vertus des), 152.

Platane, 151.

Platon, 12, 14, 21, 23, 27, 38, 35, 79, 96, 99, 140, 179, 199.

Pline, 102, 150.

Plomb, 11, 25, 56, 58, 59, 60, 62, 64, 66, 83, 94, 102, 103, 119, 170, 172, 176, 177, 187, 210.

— blanc et noir, 59.

— (couleurs dérivées), 59.

— noir, 181.

— (est de l'or à l'intérieur), 191, 192.

— (principe unique), 59.

— de Temnis, 61.

Poids cachés, secrets, 69, 110.

Poison, 10, 89, 94, 97, 113, 109, 110, 174, 208.

Poison igné, 54, 66, 67, 102, 181.

— de serpent, 92.

Poisons, 154, 175.

Poivre, 77.

Polysulfure alcalin, 66.

Pou, 151.

Pourceaux, 157.

Pourpre, 25.

Procope (Saint), 101.

Production des sexes, 204.

Prophètes, 13, 114, 143, 146, 157.

Propositions, 142.

Propositions (Trois), 165.

Propriétés internes et externes, 192.

Propriétés des choses déduites des lettres de leur nom, 159.

Psaumes, 19, 148.

Ptolémaïques (Bibliothèques), 9.

Ptolémée, 20, 156.

Pyramides, 27. — Voir Berabi.

— (laboratoires), 40.

Pyrite, 81, 94.

Pythagore, 12, 20, 27, 35, 84, 103, 140, 153, 193.

## Q

Qaroun, 27.

Qéban, 30.

Qifth, 27.

Qiràn (Abou), 29, [38].

Qosathar, 44. — Voir Fosathar.

Qouiri, 30.

Quartes, 158, 160, 162.

Quartier de l'or, 31.

Quatre corps, 64.

— humeurs de l'homme, 174.

Quatre natures et couleurs, 60.

— natures et éléments, 71, 171, 174, 210.

— saisons, 71, 174.

Quintes, 158, 160, 162.

## R

Rasès, 4, 14, 23. — *Voir* Er-Razi.
Rate, 200.
*Re Rectâ (De)*, 225.
Réalgar, 100.
Reflet des métaux, 178.
Règnes (Les trois), 178.
Reins, 151, 202.
Remède ou médecine, 181.
— *Voir* Médecine.
Remèdes, 164.

Renard, 152.
Représentations figurées, 10.
Résurrection, 188.
Rhumatisme, 151.
Rieu (Du), 7.
Risourès, 45.
Robert R. Steele, 226.
Romains, 101.
Romanus, 14.
Rome, 45.

Rose (Feuilles de), 151.
— (Huile de), 95.
Roseau, 152.
Rosinus, 5, 11.
Rouille, 22, 47, 48, 53, 56, [58], 66, 95, 102, 105, 106.
— de cuivre, [205], 225.
Rouïous, fils de Platon, 96.
Rousem, ou Rosimus, ou Roustem, 16, 29, 108.

## S

Saba, 125.
— (Roi de), 15.
Sabéen, 3, 201.
Sabéisme, 4.
Safendja, 124.
Safran, 153, 154.
Sagesse (Livre de la), 157.
Saïd, 124.
Saisons et végétation, 72.
Salem ben Forouh, 29.
Salib, 142.
Salive, 158, 178.
Salpêtre, 155.
Sanctuaires, 9.
Sang, 12, 21, 149, 174, 178, 193, 200, 202.
— et sperme, 92.
Santé, 148.
— et maladie, 173.
Saourès, 29.
Saqras, 30.
Sassanides, 1, 14.
Saturne, 119.
Scammonée, 164.

Scarabée, 151.
Scories, 186.
Scorpions, 150, 152.
Sécheresse. — *Voir* Humidité.
Sedjada, 29.
Sefidès, 29.
Sel, 115, 153, 170, 187.
— (Fleur de), 89.
Sélénite, 64, 85, 98.
Semos, 30.
Senior, 14.
Sens (Les cinq), 165.
Sept cercles et firmaments, 9, [47].
— choses produisent l'œuvre, 168.
— frères sages, 30.
— langues, 120.
— lettres, 67.
— portes, métaux, 15, 119.
Seqnas, 30.
Serapeum, 46.

Sérapis, 9, 45, 46.
Sergius, 19, 30, 31, 144, 145.
Serment des philosophes, 57.
Serpent, 46, 59, 91, 92, 100, 119, 152.
— (Piqûre de), 151.
— qui se mange la queue, 104.
Sexes (Production des), 204.
Siafisos, 144.
Signes alchimiques, 9, 15, [47].
Sinope (Terre de), 153.
Siqila, 151.
Socrate, 16, 20, 35, 153.
Soie, 125.
Soif (du corps), 80.
Soixante-dix (livres, chapitres), 34, 127, 128.
— épîtres, 28. — *Voir* Livre.

Soleil, 119.
— et lune, 137, 147.
Sophar, 1.
Sophé, 144.
Sorbier (fleur), 153.
Soufre, 56, 63, 65, 67, 78, 80, 87, 90, 91, 94, 100, 105, 113, 119, 170, 171, 175, 176, 177, 178, 183, 184, 187, 193, 205, 216, 225.
— (Eau de), 10, 12, 69, 94, 96, [109], 110.
— incombustible, 10, 12,
53, 81, 88, 97, 106, 108, 110, 111.
Soufre dulcifié, 101.
— fixé, 69.
— rouge, 30, 38, 64, 209.
— rouge (livre), 30.
Soufres (Les deux), 68.
Souphis, 144.
Sperme, 193, 203, 208.
— et aliments, 198.
Spirituelles (Choses), 175.
— Voir Esprit.
Stabilité des choses, 176.
Steele (Robert), 226.
Stephanus, 17, 18, 20, 21, 28, 29, 30, 52, 78, 80, 157, 168.
— (moine de Mossoul), 4, [38].
Subdivisions, 158.
Sulfureux, 106, 107, 112.
Sulfurique (Acide), 205, 225.
Symboles magiques, 9.
Synésius, 12, 29, 30, 51, 52, 68, 105, 113, 182.
Synthèse, 148.
Syrie, Syriens, 1, 2, 9, 10, 11, 20, 26, 45.

### T

Tableau cabalistique, 20.
— de la digestion, 201.
— magique, 20, 150.
Talc, 119, 153, 169, 178, 183, 187, 193.
Tamisage, 101, 103. — Voir Crible.
Teinture, 13, 24, 57, 67, 81, 84, 94, 98, 106, 107, 110, 111, 113, 184, 186 et passim. — Voir Or, Argent, Cuivre, Élixir, Pierre philosophale.
— fugace, 187.
— (n'augmente pas le poids des corps), 66.
Temnis le Sage, 61.
Terre de Sinope, 153.
— (Opération de la), 222.
Testicule, 203.
Tête, 140.
Tétrasomie, 12, 82, 106.
— Voir Éléments (Quatre) et Quatre.
Theatrum chemicum, 12, 15, 25, 225.
Théodore, 69, 70, 109.
Théophile, 30, 102.
Théosebie, 12, 15, 114, 124.
Thériaque, 171.
Thouir, 28.
Tigre (fleuve), 184.
Tinctorial (Esprit, Agent), 103, 104, 108, 226.
Tiraq, 119.
Toghrayi, 4.
Tortue, 151.
Toth, 9, 27, 28.
Toulaq, 119.
Tousa, 3.
Traductions latines, 5, 11, 13.
Tsebet, 124.
Tsemoud, 30.
Tumeur à l'aine, 153.
Tumeurs, 154.
Turba philosophorum, 5, 11, 13, 23.
Tutie, 78, 119, 170, 183.

### U

Un, deux, trois, quatre, 91.
Unique (Chose, Œuvre),
57, 58, 60, 64, 65, 76, 104, 114, 168, 169.
Urine, 128, 202.
Utérus, 22, [203].
— et sperme, 68, 92, 109, 204.

## V

Vapeur, 80.
Vases convenables, 77.
Vautour, 120.
Végétation, 72.
Vendange d'Hermès, 28.
Vents, 81, 111.
Vénus, 11.

Vénus (idole), 61, 62, 63.
Ver, 59.
Vermillon, 79.
Verres, 4, 18, 40, 154, 169, 187.
Vert-de-gris, 205.
Vinaigre, 104, 108, 110,

119, 154, 160, 205.
Vinaigre des philosophes, 66.
Vipères, 151, 152.
Vitriol, 115, 153.
— (huile), 16, 225.
Vivant et mort, 167.
Voleur, 152.

## Y

Yahia ibn Khâled El-Ghas-sâni. *Voir* Abou-Bekr.

Yahya ben Khâled ben Bar-mek, 29.

Yezîd (Khâled ben), 2, 11, 13, 16, [29], 42, 44, 75.

## Z

Zodiaque (Signes du), 166, 168.
Zosime, 10, 12, 13, 14,

16, [28], 29, 30, 41, 55, 69, 70, 74, 78, 80, 82, 84, 85, 86, 90,

91, 97, 100, 107, 108, 109, 112, 119, 124.
Zotenberg, 16.

هــذه

رسائــل مــهــمّــة

فى العلوم الكيمياويّة والصنعيّة

لجــابــر بــن حـيّــان

وغيــرة مـن لحكمآء والفـلاسـفـة

هـذه

# رسائـل مهمّة
# في العلوم الكيمياوية والصنعية
## لجابـر بـن حيّـان
### وغيره من الحكمآء والفلاسفة

طبعت تحت نظر العالم العلّامة الشهير

## السيد برطلو
احد اعضاء السينات وجامع العلوم الرياضية والطبيعيّة

وقد اعتنى بطبعها ونقلها الى اللغة الفرنساوية

## الشيخ هوداس
المدرس بمدرسة الالسن الشرقيّة

# باريــز
## بالمطبعـة الدوليـة
سنة ١٨٩٣

# كتاب قراطس الحكيم [1]

بسم الله الرحمن الرحيم اللّهمّ اهدنا برحمتك

الحمد لله وله المنّة وصلّى الله سيّدنا محمّد النبيّ وآله هذا
فسطار [2] مصر اوّل من دعا له با ة ثمّ قال قد بلغني انّ الامير
يذكر انّه بلغه اتّى لم يزل يّ بالعمل واتّى قد جمعت
ما لم يجمع احد مثله من اهل ما دنا واذكر من ذلك انّ الامر
متّبعًا للحكمة ومتّبع كتب الحكمآ كما بلغه من كتبه وجمعت فيها
واتّا مسُلته آيّاى ان اطرفه ما هو اهله منها فلم يكن
ليطلبها [3] الّا منه واتّه محتّة [4] امره على ما كان من النّاس
الّا وجب علينا فى ابتغاء مصالحته لطيفة فلم يرض للحكمآء الّا
قليلًا ما هم والّا كثروا الوصايا ان لا عند غير اهله ولا يظنّ
بها على اهلها وقد بعثت اليك لو وقف عليه الاوّلون [5] من
كتبى من الحكمة لمتّوا به لانّ للحكماء لم يضعوا مثله ولا بدّلوا

---

(1) Dans les divers textes qu vont
suivre, on trouvera un certain nor re de
fautes grammaticales que je me is abs-
tenu de corriger et même de not Il m'a
paru imprudent de chercher à c tinguer
parmi ces incorrections, celles étaient
le fait du scribe de celles qu ont été
intentionnelles de la part de l'auteur.

(2) A la place du ف on pourrait lire
comme première lettre un ن ou un ت. Ce
même nom se retrouve à la fin du traité
et cette fois il est accompagné de l'article.

(3) On pourrait lire : لم يمكن له طلبها

(4) Lecture douteuse.

اتيت هيكل سراوندين شكرا[1] لا اله الآ الله لخلايق الله وجد فى
خزانة الملك كتاباً واضحًا لا تعمية فيه ولا غناآء فى الصنعة المرتفعة
التى خص الله بها اهل الاحكام والرجا لما قبلها[2] لم يضع انور
منه ولا اوضح من قبلى ولا يضعه من بعدى وعلمت علمًا يقينًا اتى
نقلت كتابى ودفنته فى منارة هيكل سراوندين لم يقدر عليه الآ
من اذن الله له فيه وخصه به فبينما انا اصلّى واطلب الى خالقى
ان يدبّ عتّى لحيّة المنسابة فى قلوب الادميّين ويعيننى على ما
عزمت عليه من وضع كتابى اذ عرج بروحى فاذا انا فى الهوآء اسلك
مع الشمس والقمر واذا فى يدى معحف يسمّى مذهب الظلمة
ومنوّر الضوء وفيه صور سبع سموات وصورة الكوكبين المنيرين
العظيمين والخمس المتحيّرة تجرى جريًا مخالفًا فيها وبدور كلّ سمآء
كتاب بنجم واذا رجل شبح اجمل الرجال جالسًا على منبر عليه
ثياب بياض وبيده لوح منبر فيه كتاب وبين يديه انية عجيبة
كانت من اعجب ما رايت فسالت عن الشبح فقيل لى هذا
هرمس المثلث بالنعمة والمعحف الذى بيده معحف ممّا رايت
مملوّ معانى اسراره التى كتمها عن العباد فاحفظ ما رايت وادع ما
تقرأ وتسمع وصف ذلك لبنى طباعكم بعدك لا تعدو وما تنومر اذ
نويت او عزمت على ايضاح الاشيآء رحمةً لهم ورأفةً بهم فكان اوّلًا
على هذه الصورة الاول مدوّرة وحولها هكذى مكتوب وجدت
نسخة اخرى فيها دوائر مكتوب حواليها فنقلت على لحاشية ما

من الحكمة مثل الذى بدلوا منه فكان مضنوّتا به مسرورًا به فما
وصلت اليه للجماعة ولا اكثر للخاصّة فى رضى للخلفآء حتّى طهرت
النصرانية وكان من حديثه وامره اتّه كان يسمّى كـنـز الكنوز وكان
مصحفه من كتب كنوز للحكمآء كانت تكنـز لالهتهم وكان اعظم
الهتهم صنمًا كان بالاسكندريّة يدعا بهذا[١] وكان بالاسكندريّة فى
لبيب يتبع للحكمآء وكان يقال له ريسورس[٢] وكان من اصبح الناس
وجهًا واقومهم قامةً واتمّهم عقلاً فتلطّف لجارية من خدم راس
الكهّان فى هيكل سرافيل يقال له الينده[٣] وكان هذا الكاهن يقال له
افسطليوس حتّى استهواها وتزوّجها واظهرت له الكتب وبصيرها من
اسرار للحكمآء فلمّا بلغهم قسطنطين الكبير برومية سرقت كـتـب
سراويدين[٤] وهذا الكتاب الذى بعثت به اليك معها وهربت
معه فرّا جميعًا حتّى طهرت البصرانية بالشام ومصر فهذه قصّته
ثمّ لم تنزل الملوك تطنب فى هذا الكتاب الى ان جاءت دولة العرب
قال وقد وصل الىّ وبعثنا اليك بالمصحف وامرت به على غيم
تبديل ولقد اردت ان ادعو له بالمترجم فطلبا ثمّ ذكرت ما هو
افصح بالروميّة والعربيّة فى بع الكلام وتاليفه فتركت وايبدت بروح
القدس حتّى بلغتكه وتبلغه ثمّ بدا فقال ۞ بسم الله الرحمن
الرحيم قد فوحت من النلر من النجوم ومساحة ارتفاع الارض
واتضاعها واختلاف الطبيع وعلم كلّ فقد وتصاريف كلّ منطق

---

(١) Ou ‏بهذا.‏ — (٢) Ms. ‏ريسورس.‏ — (٣) Les points-diacritiques sont incertains. —
(٤) Ms. ‏سراويدين.‏

حدّة الحجر الذى ليس بالحجر ولا على طباع الحجارة وهو حجر يولد فى
كلّ سنة معدنه رؤوس الجبال ۞

الحجر وهو جزاز اجوف [1] مدفون فى الرمل وفى حجارة الجبال كلّها
والالوان والبحار والشجر وفى النبات والمياه وما شاكلها خذه ان
عرفته فاصنع منه كلسًا ونفسًا وجسدًا وروحًا وفرّق بينهما
واجعل كلّ واحد فى انائه المعلوم المعروف ومزّج الالوان كما تمزج
المزوّقسون الاسود والابيض والاصفر والاحمر وكما تمزّج الاطبّاء
اخلاطهم الرطب واليابس والسخن والبارد واللين واليابس حتّى
يجعلون منها الاخلاط المعتدلة الموافقة للاجساد وذلك بالسوزن
المعلوم الذى به يأتلف الاشيآء المتعادلة وتجتمع الطبايع المتفرّقة
قد ضربت لكم مثلها واعلمت لكم على تحقيقها واهلمت اسرارها
واوجزت ما طواه الاوّلون فلا تعد صفة ما فى المصحف الذى يدعا

_____

كان مكتوبًا وكانت سبع دوائر رايت فى فلك الاوّل وهكذا فى الثانى
والثالث الى السابع وتحتها حروف معجمة فنقلتها

ادخلته على الناس فكانت ملكًا من المليكة اجابنى فقال صدقت
ذلك صنع للحكمآء وما وضعت فى كتبها لان بعضهم سمى المغنيسيا
باسمه ثمّ وضع اخر كتابًا اخر سماها بحجر فلوذينوس الاكبر
واخر سماها بالاندرداموس الاكبر واخر سماها بشقل واخر
سماها بحجر مآء الحديد واخر سماها عزّى (١) مآء الذهب فليس
احد من جميع للحكمآء رضى بان يقتدى بما وضع صاحبه فى
الاسمآء فى التدبير وان كان الشئ والطريق والامر واحد ولكنهم
اختلفوا فى الاسمآء فاشتق كلّ امر مبلغ علمه اسمآء خالف
فيها اصحابه فزاد ذلك الباسًا وكذلك صنعوا فى التدبير والالوان
والاوزان لحيروا الناس بعدهم حتى شككوهم وبحد جلّهم ان
يكون هذا الامر حقًّا فسألته اهذا الامر الذى افسد على
الناس وادخلهم فى للحطأ فقال لى هذا المصحف فى يدك فاقرأه
بحد ما اعلمتك فقرأت عليه رسالة مآء الكبرية وانا لا اشكّ بانّى
اعرف معنى ما اقرأ فقلت له اترى هذا واقع فقال معاذ الله بل
قد اصابوا ما وضعوا ولم يقولوا الّا حقًّا ولكنّهم سمّوا اسمآء
ضارعوا بها للحق فمنهم من سمّاها بطعمها وطبايعها ومنافعها وترك
ما ورآء ذلك واعلم يا قراطس السماوى اتّه ليس احد من للحكمآء
الّا قد اجهد نفسه ليظهر للحق لكن شدّة ما راته الظهار هذا
الامر للجهلة ادخله فى الاكتشار حتّى قال ما ينبغى وما لا
ينبغى فلذلك صارت كتبهم فى ايدى للجهلة لعبًا يتضاحكون

مذهب الظلمة ومنوّر الضوء ثم كانت هـذه الصور مدوّرة الى
الطول

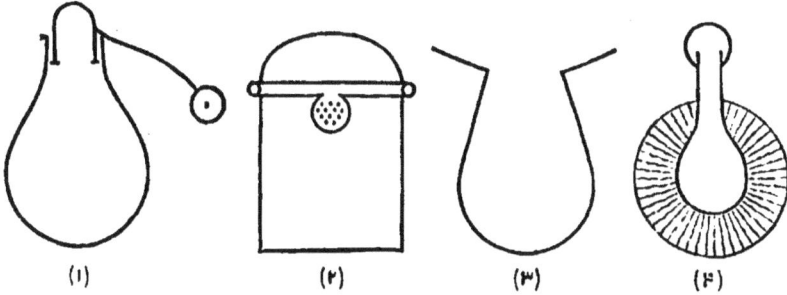

(١)       (٢)       (٣)       (٤)

فلمّا فرغت من النظر فى هـذه الصور ومعرفة اسرارها اكثبت [1]
على قراءة ما فى المصحف الذى بيده فاذا بصفة رجلين احدهما همّته
الدنيا وسرورها والاخر همّته الصلاح والحكمة والعافية والخير [2]
برسالة دين على حدّته كلّ واحد منهما يظنّ انّه على الصواب
من دينه وكان اسم احدهما طاطا من الحكمآء وهو الرجل الصالح
الروحانى والاخر لم يعرف اسمه فتشاجرا بينهما فى قول فقال
الروحانى هل تستطيع اى منى [3] ان تعرف بنفسك معرفة نافذة
فاذا انت عرفتها حقّ معرفتها وما الذى يصلحها كنت حريّا ان
تعرف الاسمآء التى اشتقّتها للحكمآء فليست به اسمآء للحقّ فلمّا
قرأت هذا فى ذلك الكتاب ضربت باحـدى يـدىّ على الاخـرى
فقلت يا لهذه الاسمآء المشبهة باسمآء للحقّ كم من خطأ وبلاّة قـد

---

(1) Ms. اكتبت. — (2) Entre ce mot et le suivant il y a un blanc qui permet de supposer l'omission d'un mot. — (3) Peut-être اىّ بى.

الضعيف الذى لا فطنة له اخذ ارواحًا ضعيفة ليس لها
صبر على النار ولا قوّة فيها فاذا دبّروها اكلتها النار فصارت
شيئًا لا يضع فيه ويزيده ذلك عمّا مع عمايـة لانّه ينبغى له ان
يقتدى ما قال القدمآء اجعـل الاجسـاد لا اجسـاد واعـلم ان
للنحاس نفس وروح وجسد كالانسان ولا تضع فى كتابك ايضًا
كبريت يابسة وزرانيج وما شاكلها فانها كلّها لا خير فيها وانت
تعلم ذلك لانّ النار تاكلها وتحرقها وانّه لا نفع فيها فامّا كبريتنا
التى ينبغى ان تضعها فى كتابك فهى كبريتة لا تحترق ولا تقدر
النار على اكلها ولكنّها يأبـق من النار فلـذلـك زعم الاوّلـون وقال
الابيق الروح الصابغ مع الدخان وله ايضًا انّ المآء المرتّب لا يتمّ
الّا بشبهه من لخلط هذا كله على لـفـظ الكـتـاب وانّ تلـك الارواح
الصابغة ان أبقت من شدّة النار عند تبيّض الاجسـاد فينبغى
ان يزاد عليها من تلك الارواح الصابغة مثل الذى أبـق منها فان
ذلك ستحييها باذن الله ويصلحها ويردّها الى افضل حالانها التى
تطلب منها فبهت منها تعجّبًا فاماد على قوله فقال اكتب كتابك
على ما اخبرتك به واعلم انّى معك وغير مفارقك حتّى انّ السّدى
نويت فيه الثواب من الله عزّ وجلّ ثمّ قال اعـلم انّ التركيب انّما
يكون من الاجساد التى نوافق بعضها بعضًا فى الالوان والـطـعـم
ثمّ تداب حتّى تختلط وتصير مآء مختلطًا واحدًا واسمه حينئذ
مآء كبرية التى لا شرّ فيه فهذا السّرّ الظاهر ومن هذا تكون الكبرية
اليابسة التى تسمّيها لحكمآء صدى وتمير الذهب وذهب بسل

بها ويلقونها سأامةً وملالةً وغمًّا وحقًّا عـن معرفة لحـق فـقـلت
كـيف لا يتـجـر من قرأ هذه اكنتب والمصاحف وهو يجد اسمآء
متشابهة فى القول مختلفة فى العمل فيتحيّر منها حين لا يدرى
ايّها اقصد وايّها اصوب لحاجته قال ساخبرك من اين جآء الخطأ
والسأامة والملالة يا بنّي لانّ الناس انّما ها رجلان فـرجـل همّتـه
للحكمة وطلب العلم وتعليم معرفة الطبايع وتاليفها ومـنافعـها
ومضارّها وليست همّته آلا اكنتب والبحث عـنـها واعمـال رايـه
ونفسه وبدنه فى تعليمها ما صّ له منها حمد الله وائى عـلـيـه
وما اشكل عليه طلب علمه ورغـب فـيه وادرك همّتـه وقـضـا
بهمّته ۞ وامّا الرجل الاخر فهمّته بـطنـه لا يلـوى فى دنـيـا
ولا آخرة وما لا يزيد آلا عمى وجهالة باكنتب وحقًّا لـذلـك ان
يثقل ويزاد عليه ثقلاً فقلت صدقت واصبت وقـلـت فان
رايت ان تاذن لى فاعرض ما اردت ان اصنعه من هذه الصنعة
المكرمة لمن بعدى فافعل قال هات فعرضت عليه ذلك فـتبسّم
وقال ما احسن ما نويت ولكن نفسك لم تـوافقك عـلى ايضاح
لحق مع اكثار القول وما فى اكبرية المسكينة [1] فـقـلـت له
مُرّى بامر انتهى اليه فقال اكتب خذ النحاس والذى يشبـه
النحاس متّبّن طويين غير مدبّرين وخذ الزاووق والذى يشبـه
الزاووق ابيضين ايضًا طويين غير مدبّرين فلا يسّب ذلك لمن
بعدك اتّها ارواح اذا لم تسمّها باسمائـها فاذا قـرأَهـا الانسان

ليس شيء منها الّا له ظلّ وسواد واتما علاها ذلك من المعادن الّتى كانت فيها واعلم انّ للزاووق سواد وظلّ كما للاجساد سواد وظلّ فينبغى ان يخرج سواده وظلّه كما اخرج ظلّ الاجساد وسوادها فسألته كيف لنا باخراج ظلّ الـزاووق فقال اذا اختلط بالاجساد ابيض فقلت له وكيف ذلك وقد ذكرت للـحـكـمـاء الـزاووق شىء وحده يبيّض النحاس فقال اتما ينبغى ان يقولون انّ الزاووق يبيّض لانّ الاجساد قويّة على النار لا تأبق منها ولكن يخرج زاووق يأبق من النار فاذا خرج من النار ابق فاسلم تلك الاجساد فى النار فاذا اعيد اليها واختلط بها صار صديقًا لانّه انام معها وانّ الارواح اذا اصابها وهج النار أبقت من اجسادها فصارت تلـك الاجـسـاد ميّتة لا ارواح فيها قد أبقت منها فاذا ردّت الارواح الى الاجساد صارت حيّة فلذلك قال الاوّلون للنحاس جسد ونفس مـع انّ من الناس من عمد الى الروح فدبّرها ليصيّرها جسدًا قويّا صابغًا مقاتلًا للنار فعجب لهؤلآء السقـوم السولاصاحـه [1] حـيـن ارادوا ان يصيّروا الارواح اجسادًا بغير اجساد ولم ير احد من البرّيّة نفسًا تثبت الّا فى جسد ولا لجسد قوامًا الّا بنفس لانّ لجسد من غير روح لا يتحرّك ولا يفرح [2] ولا يتزوّج واعلم علمًا بقينًا انّ الاجساد كلّها وسخًا وانّ وهج تلك الاجساد الثلثة لا يخـرج حـتّى يختلط معـهـا للابق فيغسل بالنار فيذهب سوادها وانّ الـنـار اذا احسـن

---

[1] Ms. المولاصاحيه. — [2] Il y a ici un blanc qui peut faire supposer l'absence d'un mot.

وذهب فرفير واتما يكون ذلك عند اختلاطهم وكونها شيئًا واحدًا
فعند ذلك يسمّى خيرًا كثير الاسماء فاكتب هذه الاشياء
حتى تبلغ ابار نحاس الذى فيه السرّ كلّه مع انى ارى لك ان
لا تكتب هذه التراكيب الكثيرة فى شىء من كتابك لمن بعدك لانّ
العمل كلّه اتما هو فى ابار نحاس فلمّا فهمنى هذا من قوله عنّى
فرجعت الى نفسى وصرت كالمستيقظ من نومه متفجّعًا رصينًا قد
غلبنى شدّة امرين احدهما دفعه ايّاى عن وضع كتابى على ما كنت
عزمت عليه والاخر انّه لم يتمّ قوله حتّى توارى عنّى ثمّ سألت
خالد لخالدين ان يؤيّدنى بذلك الملك حتى افرغ من هذا اذ حال
بينى وبين ايضاح الاشياء واطلب الصيام والصلوة والنصب حتّى
ظهر لى ايضًا فقال اعلم انّا اذا ذكرنا ورق الناضة انّا لا نريد
الّا ورقنا وذهبنا فاذا اختلطت الاشياء فى الآء وبيّضت فانّا
نسميها عند ذلك ورقًا واذا احمارّت سميناها ذهبًا واذا زيد فيها
كبريّة ودبّرت نسميها حينئذ حمير الذهب وما شاكل هذه
الاسماء واكتب حد المعادن باوزانها واخلطها بالزاووق ودبّرها
حتّى تصير سمًّا ناريًّا وهذا الذى نسمّيه ابار النحاس فاذا احترقت
الاجساد وكبتت سمينا كبريّة يابسة وعند ذلك يصير الذهب
صدق ويصبغ الورق ذهبًا ولسنا نعنى ورق السعامّة ولكن ورق
تركيب للحكماء الذى سمّيناه ورقًا فاذا اعمدنا عليه بسقيّد السمّ
صبغ الذهب وليس بذهب العامّة ولكن تركيبنا الذى احمارّ
نسميناه ذهبًا وان اخبرك بالاوزان فى المستانف فامّا الاجساد فاتّه

تقدير وقودها احسنت غسل الاجساد وتنقيتها لانّه هو الـذى
يغسلها وينقيها ويتطيبها ويعذبها ويبيضها ويحـمّـرها ولكنـه
ينبغى ان تبيّن كم من مرّة يعاد الزاووق فى الاجساد فقلت له فقل
دام صلاحك فقال انّ القدماء قالوا انّ الرصاص بالكبريـة فهـذه
التشويـة الاولى وقال شوّه مع الزاووق فـهـذه التشويـة الـثـانيـة
وقالوا اردد الصفايح فى المرق لتخرج وتخها فـهـذه الثلاثـة وقالوا
اخفق الزيبق فهذه الرابعة وقالوا احقوا بالعسل ولحلا فـهـذه
لخامسة وقال احقوا المرتك بالعسل فهذه السادسة وقالوا احـق
عزى الذهب ببول العجل فهذه السابعة قال وانا ارى ان ترّدد
الاجساد فى المرق فان زادها دخول المرق فيها ومكثها فيـه جـودة
وارتفاع صبغ فينبغى ان تطلب لخير حيث كان فقـد اوضحت ما
كنت اتخوّف ان لا يدركه فهم احد ولا معرفته ولا فطنتـه
واتّما ما وضع الاوّلون من الاسماء الـتى سمّوها من نحـاس او ورق
او لحمة او ابار نحاس او ذهب او زهر ذهب او ذهب فرفر فاتّـا
هذه كلّها اسماء ابتدعوها الاوّلون للاكسير فسمّوا كل لـون ظهـر
لهم من الاكسير فى درجته باسم من هذه الاسماء حتّى انتهوا الى
اخره مع اتّه كان زبد فى المخلط من الرطوبة نفس لونه وكلّما تغيّر
لونه غيّروا اسمه وزاد فى صبغه فلذلك تسمّى اوابد كتب لحكماء
رصاصًا فاذا طبخ واخرج سواده سمّى ورقًا فاذا صُدّى سمّى نحـاسًا
واذا صبّت عليه الرطوبة بعد التصديـة وبعـد خروج السواد عن
تلك التصديـة وظهور الصفريّـة فاسمه حينـئـذ ذهب ۞ واذا

اعيدت عليه رابعة سمّيناه تخير الذهب واذا اعيدت عليه
خامسة سمّى ذهب لسد[1] واذا اعيدت عليه سادسة تسمّى
ذهب فرفر واذا اعيدت عليه السابعة تسمّى تامًّا نافذًا صابغًا
قال فهذه الاسمآء كلّها انّما تكون بالنار ملاكها وبها تدبّر فهذه
الطبايع التى لا ارفع منها فى الاصباغ ولا اقوى وكلّ شىء سواها
فيه ضلالة ولو علم الناس قوّة تخير الطبيعة لعلموا انّ الشىء
الواحد فعلت العشرة الاسمآء التى وصفها الاوّلون فقلت فبيّن
لى هذا الشىء الواحد الذى فعلت العشرة قال افعل اعلم انّ
العشرة التى تقهر فى العشرة الاسمآء التى وصفها دومقراط ووضع
لكلّ واحد منها تدابيرا وامّا الواحد الذى يغلبها فقد أبت
لحكمآء ان تسمّيه باسمه ولوسمّوه لم ينتفع به لانّهم لم يبيّنوا
أمركب هو ام بسيط فمن يريد ان ينفع من[2] طباعه من بعده
فليبيّن تركيبه كيف ركّب ولِمَ سمّى بعد التركيب باسم واحد
كما سمّى الالبان باسم واحد وفيه الطبايع الاربع التى بها قوام
جسده ونفسه وقد سمّى باسم واحد وطبيعية واحدة وعلى
هذا فعلت لحكمآء وذلك انّهم خلطوا اشياءهم فركّبوها فلمّا
اختلطت وصارت شيئًا واحدًا سمّوها باسم واحد وزعمت انّهم
تحالفوا ان لا يوضحوا هذا السرّ لاحد الّا من كان منهم فقلت
وان كانوا تحالفوا ان لا يبيّنوا ذلك فِلِمَ يلوموا الناس على

---

سوء الفهم والتقصير فى اصابة هذا العلم وعلى دخولهم فى

طلب هذا الامر على غير معرفة به فقال الم اخبرك ان معلّم

دومقراط لم يعلّمه تركيب الاشيآء وتركه فيها متحيّرًا وانّه لم

يزل يقرأ الكتب ويحصص عنها ويكثر النجارب والاختبار والابتلاء [1]

للعمل حتّى اصاب الطريق المستقيم وانّه فيما وصفه لم يصيبه

شيئًا قطّ كان اشدّ عليه من المزاج حتّى اختلطت الاشيآء فقال

له دع عنك فصنعة [2] اوشىء وجد فى صفة المطلوب واقتصر فى

قولك واطرح عنك الاكثار والاطناب فيما لا منفعة فيه فقال

بيّض العمل من ظاهر النحاس وكذلك تبيّض داخله وكا

تصدّى ظاهره كذلك تصدّى باطنه وكا يأتى امر ظاهره فكذلك

تابق [3] من باطنه فقلت فان كان تابق من داخله وباطنه وانا

اداريه على ان ينوّر الاشيآء ويوضحها اذ حال بيسى وبين ما

كنت عزمت عليه من ذلك ما عسى ان ينتفع من طالبه

فقال اتما اعلمتك اتّه يبيّض ويصدى ثمّ يأبق بعد التبييض

والتصديمة فينبغى ان تعلم ان الطالب كلّه اتّما هو يصدى المركب

ثمّ يابق لانّ للحاجة ليس الّا فى التصدية فاذا ادركت فهى اوّل

للجرم صبغ الابق لانّ المركب هو مركّبان اثنان كلّ واحد منهما

مركّب مثل الرجل والامراة مركّبة فاذا اجتمعا وتزاوجا اخرج الله

من بينهما ولدًا وذلك للشهوة التى جعل الله بينهما فلزم بعضها

[1] Ms. الابتلى. — [2] Ms. فصنعه. — [3] Le manuscrit donne : تالق ici et six mots plus loin. — [4] Ms. الشهوة.

بعضًا وفرح بعضهم بلقآء بعض فهذا علم الواحد وتبيانه فقلت له
قد اوضحت لعمرى الواحد وبيّنته حتّى زعمت انّه سمّى بالواحد
وهو من اشيآء شتّى والله مركّب والله كلّما دبّر انقلب من لـون الى
لون لانّ الرصاص ليست له قوّة المرتك ولا يعمل بـعمـل المـرتـك
و[1] يقوى المرتك على ان يـعـمـل عـمـل الاسـفـيـداج ولا يـقـوى
الاسفيداج ان يـعـمـل عمـل السيلقون فانّ هذه الاربعة الاشيآء
وان كان اصلها من شىء واحد من الابار والله ليس منها من لـون
الآ وله طبيعـة على حدّة وقوّة على حدتها ولطافة قد افادته من
النار فمن كان من اهل الذكآء واصابة الرأى فهو يعرف مـعـنـى
قولى معرفةً نافذة فامّا الجهلة فيكذبون به لانّهم لم يبلغ فهمهم
معرفة ما وضعنا لمجدوا للحقّ وزعموا انّ الدودة لا تكون حـيّـة
وانّ الحيّة لا تكون تنينًا وقد علمت انّ دابّة للحكمآء الّتى دبّـروهـا
من الاشيآء شىء يكون دودة ويكون حيّة ويكون تنينًا وذلك
لانّه يكون فى اوّل التدبير ابيض كالورق صلب كالذهب ومـرّة
احمر كالسيلقون واسود كالظلمة فعجبًا لمن يكذّب اثيره[2] مدّان
تـكـتـب فى كتابك هذا اورى شبيه بكتاب الاوّلين فى الـتـعـمـيـة
والبعد كيف لا يذهب الى هولاء الذين يعملون من الـرصـاص
المرتك والاسفيداج والسيرقون فيعرفون تحقيق قولنا لانّهم
عملوا من شىء واحد الوانًا شتّى فصارت لها اسمآء مختلفة وهى من

---

[1] Il faut probablement ajouter ل. — [2] La lecture de ce mot et des deux mots suivants est absolument incertaine.

شىء واحد وكذلك تبيننا[1] كلّما زيد فى تلك حدث له لونًا
فسميناه باسم واحد حتى ننتهى الى اخر اسمائه التى يسمى بها
حين تخلط وى اوّل ولادته يسمّى ابار نحاس وجسد مغنيسيا ثمّ
يسمّى بعد ذلك ابار وربّما سمّى ابار اسود وايضًا ابار البيض فهذا
الواحد هو الابار الذى قال الاوّلون انّه يغلب العشرة وهو من
ذلك الاصل الواحد المركّب الذى سمّيناه ابار فقلت من قولك
انّها الروح الصالح ما ينبغى ان يستخرج من ذلك الابار السوانا ام
اشياء فقال ينبغى ان تستخرج منه اشياء والسوانا تسمّى الاوّلون
باسماء الاشياء وذلك انّا نسمّى قنبار وليس بقنبار واشباهه
من الاسماء العشرة التى اعلمتك ان الواحد[2] يغلبها ليست
بعشرة الّا فى الاسماء وذلك انّ تلك العشرة كلّما افادت
لونًا اشتققنا له اسمًا وامّا اعسلها واحد وهو الابار الذى
اعلمتك من اشياء شتّى خلطت و زوّجت فامسك بعضها بعضًا
وصارت شيئًا واحدًا لان الطبيعة اخذت شبههها كالعدو
ظفرت بعدو ردّه قويًّا غير ابق فامسك و امسك فهذا الشىء
الواحد الذى[3] ذكرت امره قد فرقته للحكماء فى تدابير كثيرة
والوان كثيرة لم تتّفق مع ذلك فى الاشياء ولا فى الالوان ولا فى
التدابير لانّ منهم من سمّاه باسماء الاجساد الشداد ومنهم من
سمّاه باسماء المياه كلّها فقد القيت عنك مرونته[4] ما كنت عزمت

عليه من ايضاح هذا الامر ولخصت ما لبسوا واصرفت من سرّ
هذا الكتاب بعون الله من الاستعمال لما تحيّروا[1] بلخص عن طلب
ما وضعوا بيسير من القول ان يفهموا فقلت له فبيّن امر من هذا
الواحد الذى سمّيته رصاصًا وماء وهو ماء مركّب فيه ولِمَ سمّى
واحد بعد التركيب واتمم احسانك ان رتعتنى[2] عنه واحببت
الاقرار با.....[3] وحسن الثناء عليك من الغامرين[4] ومنّ عليهم
من الله عليك بالمخبر[5] فاوضح فقال ان فى ذلك الرصاص الطبايع
الاربع التى تشبه الدنيا وفيها السرّ المطلوب المتهالك عليه الناس
وهذه الاربع الطبايع فيها الالوان مختلفة منها بيض ومنها حمر
ومنها صميت[6] وبعضها طبايع يغلب بعضها بعضًا فاذا اختلطت
وصارت شيئًا واحدًا ابيض يعلوه سواد ويبسجن فى جسوف ذلك
الابيض الذى قد علاه شىء من سواد هذه الالوان سمّيناه رصاصًا
ابيضًا وزجاجًا اسود واعلم علمًا يقينًا مع علمك ويقينك ان الاولين
لم يسموا شمسًا وقد دخلت فى تركيبهم ولانّ هذه وان كانت
الزهرة لا تصبغ حتى تصبغ فاذا صبغت ولا شمس خلا الاحـد
دخل فى مركبهم وهو الذى ينشئ[7] اصحابه ويمسكهم وان لونه
يظهر على الـوائـد ولا يسمّوا الكاتب الا وقد دخل فى تركيبهم
والكاتب هو ان قبض كلّ شىء وهو الذى يحى الاجساد ويظهر

(1) Ce mot et le suivant sont incertains.    (4) Mot douteux.

(2) Il semble qu'il y ait : رتعتنى.    (5) Ms. بالمخبر.

(3) Un blanc pouvant contenir deux    (6) Lecture incertaine.

mots.    (7) Ms. ينشد.

3

IMPRIMERIE NATIONALE.

ALCHIMIE. — III, 1ʳᵉ partie.

الالوان وانا امر من احبّ من ثقاتى واخوانى واهل خاصّتى ان
يقنعوا بهذا الكاتب اته لم تجتزئ على ما لخّص لك واحد من
الاوّلين فبينا انا اكلّمه واساله ان يزيدنى فى كتابى هذا تلخيصًا
وتبيينًا اذ غلبتنى عينى بعد غيبوبة الشمس فرايت فيما يـرى
النابه اتى فى سمآء اخرى وفلك اخر ولكن اريد محراب افطوس
وهو من الوان النار فلمّا دخلت المحراب من بابه الشرقىّ فرايت فى
السموات انية كثيرة من ذهب لم ار سجدها احد الّا صنم الزهرة
وهو الصنم الذى كانوا يصلّون له فى ذلك المحراب فقلت من هذا
الذى عمل هذه الاية فقال الصنم عمله رصاص بحاس الحكيم
واعلم يا قراطس المرء الكثير الشهوات اته ليس على جناح ولا اثر
ان اعلمتك انّ رصاص تمنيس للحكم عمل ذلك الاية الثر[1] ما ذكرت
فقال نعم اكمّه انّ للحكمآء قد كتمته جهدها وان كنت قد ابديت
اليك لانه بارد جدًّا فانّ الاجساد تستحيى فيها لتقاتل عنها النار
وبه تجهد الاجساد وتتسبّك فقلت لفلك الزهرة اى احد خالقك
فهذه الطبيعة المفردة بحيى الاجساد فى حوز حدها[2] وتقاتل
النار عنها أو الصمغة قالت لى نعم هو الصمغة وليست بصمغة
العامّة ولكنها صمغة بركية[3] فانلة فقلت للزهرة وانا اريـد ان
اخبها لمن بعدى عن هذا السرّ كيف تقولين هذا فى الـرصاص
واكتب كلّها تامرنا ان نصيّرها دخانًا فقالت اما فهمت قول ديمقراط

(1) Il faut sans doute lire : اكتم. — (2) Ms. حوز حدها ou حوز حدها. — (3) Peut-
être : تركية.

اذ امر فى كتابه ان رجا[1] ما يطلب ولو لا هذا لكان ما قال ان الرصاص
نسبه [2] وامتحنه بالمرق فلا تكذبه ثم قالت ان اردت ان ازيدك فى
قولى فاخرج من باب القبلة الذى دخلت فيه وادخل بيتى
فخرجت من باب القبلة فلقيت نسوة ذات عدد بعضهنّ يدخلن فى
بيت الزهرة وبعضهنّ يخرجن منه وفيهنّ من يشترى حلى
النساء ومنهنّ من يبيع ومنهنّ من يصوغ للحلى فكأنّى ارى انّى فى
مجمع سوق كثير اهله فانا اعجب لكثرة ذلك للحلى الذى يباع
ويشترى وكان اكثر ذلك للحلى جبائر الوانًا فرفر خلط نقد [3]
مركّب فيه الحجارة باعمال فلمّا حكمت ورايت مع ذلك للحلى حقاق
النساء مختلف الوانها مركّبة بالذهب والحجارة وخواتم كثيرة
مركّبة بالحجارة واللؤلؤ فلمّا رايت هذا كلّه توجّهت الى بيت الزهرة
فدخلته فاذا محل [4] فلكه قطع الصفة عنه واذا الزهرة فى وسط
المحراب بجمال لا يوصف وعليها كثير من الحلى لم ترعينى مثله وعلى
راسها الكليل من درّ ابيض وفى يدها رزينة [5] فبقى ينبعث من فم
ذلك الرزينة ماء ورق فادمت النظر وادمنت القلب لتعجّبى ما
ارى فاذا عن يمين الزهرة كاهن الهند يسارّها فى اذنها فسألت فى
السرّ من هذا السارى الزهرة فقال هذا انّ وزيرها الذى يريد
ان يشاركها فى عيد [6] فرحها فدنوت منه لافهم بعض ما يسارّبه
الزهرة فالتفت الىّ ناطبًا بين عينيه باسرًا فى وجهى فاهوى الىّ

---

[1] Ms. رجها.

[2] Ms. لسبه.

[3] Peut-être : معد.

[4] Ms. محلى.

[5] Ms. رزينه ou وزينه.

[6] Lecture incertaine.

ان اجمع من هذا المحراب فلمّا هممت بذلك شغلـنى رجـال من
الهند ليس منهم احد الّا قد هيّأ لى نشابة يريد ان يـرمينـى
بها ثمّ دنا الىّ بعضهم فدفعنى دفعة فاخرجنى من المحراب وقال لا
وحقّ الزهرة لا أدَعك تكتب ما قد رايت، فى هـذا المحـراب من
هذه الصفة اذ نويت اظهار ما كتمنا وتسلّط علىّ فضربنى ابـرج
الضرب كأنّه فى أثر ضربه استيقظت فـزعًا فى خـبـرى [1] من الم
ضربه وانا رصين القلب من ثمّه ووجعه فغلبتنى عينى ايضًا من
شدّة الغمّ فنمت فكان لقينى ما كنت هاربًا منه خائفًا له واجـه
المحى وحب وبلزم [2] وى شبيهة بالزهرة فى حسنها واصدقاؤها
يسمّونها الزهرة وباسم الزهرة وليس ذلك باسمها للحقّ ولكن لحبّ
الزهرة ايّاها سمّوها باسمها ذلك وتلك التى تسمّى باسم الـزهـرة فى
طبيعتها رجراجـة وبها يجمع الله بين الخير والخيرة قال وزعموا انّ
للجسد الذى خرج منه ذلك للحى الذى رايت به يعذب وبه
يمسا [3] وفيه يعفن واله يصل الى ذلك للجسد من الـرطوبـة
واليبس دواب من العذاب فبينما انا كذلك اذ سطعت لى رايحة
لا ادرى من اين اجدها اذ لجأتنى امراة مسرورة قـد غـلـبـها
النحك قراطيس احلف لى بحقّ الزهرة ان انا الممأتك من ايـن
تأتيك هذه الرايحـة الطيّبة لتكتمه فقلت لها نعم وحقّ الضربة
التى ضربتنى الزهرة لاكتمنّ عنك لخلّت من حقوِها زنّار من ذهب

---

(1) Ms. حدرى. — (2) Les quatre mots qui précèdent ne me paraissent pas susceptibles de donner un sens se rattachant au sujet. — (3) On يمشا.

فيه ججرانِ احدهما ابيض والاخر احمر مكتوب فى ذلك الجريـن
كبريتتين[1] وليس بكبريتتين فقالت لى خذ هذا الزّتار وسقّه من
الشراب حتّى يعيش ويخرج من طبيعته ورايحته التى تجدهـا
تخرج من هذا الزّتار فهذا لمن عقـل وفهم فاستيقظت وانا فى
مكانى ذلك من السمآء واذا الملك الذى وعدنى ان لا يفارقنى حتّى
اقرّ هذا الباب وتبيانه وايضاحه فقال لى ارجع الى ما كنت
فيه والمل ما نوبت من تلخيص كتابك وتفسير اماريص الاوّلين
واوابدتهم فقلت له قل فقال انّ التركيب الابيض هـو جسـد
المغنيسيا هو من اشيآء متراوبة كان قد صار مركـبنـا واحـدًا
وسمّبًا[2] واحدًا وسمّى باسم واحد وهو ايضًا الـذى تـسـمّى
الاوّلون ابار سحاس فاذا دبّر سمّى بالعشرة الاسمآء التى اشتقّت له
من الوابه التى تظهر فيه فى التدبير فى جسد المغنيسيا الـذى
احـذ[3] فيه الزاووق الاربعة الاجسـاد وهـو الـزاووق والارض
البلجية[4] والارض المصقولة بالاجساد الاربعة وبزاق القـمـر ولكن
سبك فصار جسد مغنيسيا فينبغى ان يقلب الرصاص اسـود
فيظهر عند ذلك الالوان العشرة من الالوان غير اّنا لسنا نعـنـى
بجميع ما وضعنا من الاسمآء اّلا الابار سحاس لانّه هـو صابـغ كّل
جسد من الاجساد التى دخلت فى التركيب والتـركيب كلّـه
تركيبان احدهما رطب والاخر يابس فاذا طبخنا صارا واحـدًا
فسمّى خير كثير الاسمآء واذا احمر سمّى زهر ذهب وخمير ذهب

[1] Ms. البلجيه. — [2] Ms. احمد. — [3] شيئا Peut-être. — [4] Ms. كمر ثدين.

كثر[1] وسمّى سيريقون وكبريت جمراء وزرنيج احمر فامّا ما دام بنا
فانّه يسمّى ابار نحاس وسبيكة وصفيحة وقد اظهرت اسماء
النيّة واسماء المطبوخة وفرقت لك ما بينهما بقدر ما عُمل من
اظهار ذلك ۞ ينبغى الان ايضًا ان ابيّن مقادير النار وعدد ايّامها
واختلاف النار فى الزيادة للوقود فى كلّ درجة لعلّ[2] يغلب من
اكرم بهذا الباب وحُصّ به المسكنة التى لا دواء لها الّا هذه
الصنعة الرفيعة فمراتب النار كثيرة نار يسارة[3] ورماد وجمر
ولهب دانٍ ولهب وسط ولهب شديد وامّا ما بين هذه المقادير
من مراتب النار فالتجربة دليلة تجليها وامّا الايّام فانّ ابار نحاس
الذى فيه السرّ كلّه فانّه يكون فى يوم او بعض يوم وسأذكر
الايّام الذى يكون فيها تمام السمّ والاكسير فى المستانف فى
موضعها فاعلم علمًا يقينًا انّه ان جعل فى التركيب ذهب[4] خالص
خرج الصبغ احمر خالصًا وانّه ان جعل ذهب ابيض خرج
الصبغ واضحًا ايضًا فلذلك يوجد فى كنوز للحكمآء الذهب المرتفع
والذهب الواضح وذلك لتفاضل ما ادخلوا فى تركيبهم مع انّ
الطبايع اذا اختلطت وصارت ابار نحاس خرجت فى طبايعها
الاولى وصارت طبيعة واحدة وجنسًا واحدًا فاذا صار كذلك
جعل فى اناء من زجاج لينظر الى المآء كيف يشربه المركّب
ولينظر الى اختلاف الوان المركّب فى كلّ درجة حتى يأتى لونه الى

الجمرة الكريهة فهذا فى الاكسير قال فامّا ما قالت للحكمآء اجبل(١) فان
قالوه مرارًا فانّما ينبغى ان يكون ذلك مرّةً واحدةً فاذا اردت ان
تفرق صدق ذلك المـمارى فلتنتظر كيف قال دومـقـراط فانّـه قـد
بـدأ بقوله من اسفـل الى فوق ورجع فاخـذ من فـوق الى اسفـل
اذ قال اجعل للحديد والرصاص والابار من اجل النحاس ونحاس
من اجل الـورق وورقًا ونحاسًا ورصاصًا وحديدًا فـقـد بيّن بقـوله
هذا اتّما قال يجعل مرّة واحدة فلا يشكّ انّ الذهب لا يصلّ الّا
الابار والنحاس وينفع فى للحلّ المعروف عند للحكمآء حتّى يصير كلّه
صدى فهذا الصدا الذى عنت للحكمآء بجعلها اذ قالت اجعل
ذهبًا فيكون لين(٢) واجعل ذهبًا نعبد(٣) فيكون ذهب فرفـر
وهذه كلّها ٭ اسمآء الاجساد باعيانها اتّما ينبغى ان يجعل فيه للحلّ
لانّه هو الذى يأتى بهذه الالوان منه واتّما ما ذكرت للحكمآء من
ذوات الاسمآء فانّما عنوا به الاجساد الشداد والمرق واتّما يجـعـل
مرّة حتّى يكون صدى فاذا كان صدى جعل عليه للحلّ فاظهر
تلك الالوان التى ذكرت آنفًا غير انّه ينبغى ان يسمّى واحدًا وان
يعفن يومًا فيذهب ماؤه ويجفّ ثمّ يسقى ويجعـل فى انائه ثمّ
يطبخ حتّى تجىء منفعته فيكون اوّل درجـة كالمغـرة الـصـفـراء
والثانية كالمغرة الحراء والثالثة كالزعفران اليابـس المـدقـوق
فيجعل على ورق العامّة وقد يدخل المركّب الرطب واليابـس

---

ويكون روحًا فامّا الاجساد فليست تدخل فى الاجساد ولا
تقدر على ان تصبغها ولكن الذى يصبغها هو السمّ النارى
الهوائ المتحن فى الاجساد وهو الذى يشرب بدخوله فى
لجسد فامّا الاجساد فانّها غليظة لا تقدر على ان تنفذ
ولا تتحن فى جسد ولذلك لا يزيد الصبغ فى وزن لجسد
شيئًا لانّه يصبغه روح لا وزن له فن النـاس مـن اذا
القى السمّ على القمر تركه ساعةً وبعضهم ساعتين
وبعضهم ثلثًا وبعضهم اربعًا فانّما يترك السمّ كلّ امرء على قـدر
معرفته بقوّته حتّى يتداخل السمّ فى الورق فيصبغه وينسفه [١]
الورق فهذا الصبغ الذى سمّى ولادة وحياة وصبغًا وذلك انّ
السمّ اذا تشبّث بالروح الصابغ الذى هو الصل [٢] صار روحًا من
الاجساد المركّبة التى كانت معه فلمّا دخلت فى جسد الورق لحىّ
عاشت بظهور لونها لناظرها فلذلك وضعت السبعة الاحرف
وبيّنت انّ فيها خمسة احرف منه لا اصوات لها فلمّا دخلت فى
الجسد احيته وماشت حين صبغته مع انها ربّما تفاضل الصبغ
فى الالوان والجودة وانّما يكون ذلك من حسـن التـدبـيـر وادامة
التحن والطبخ وكثرة الغسل فها قد اعلنت علم السـمّ وكيف
يدتبر وكيف يصبغ ويُركّب ويركّب [٣] الناظر فى هذا الكتاب كاته
فيه براى العين ان فهم واوضحت اشياء سمّتها للحكمآء لتلبس
بها على العامّة فقلت وانا اجاوله على تفسير حلّ [٤] ما وصفت

---

[٤] Sie dans le ms. — [٣] Ms. يركب. — [٢] On الصل. — [١] On ينسقه.

‏للحكماء ،ن اوابدتهم ليعرف فضل كتابي على جميع الكتب اذ متعنى‏
‏مصرع الاشياء وتبيانها وما قالت للحكماء انّ الاجساد بالاجساد [1]‏
‏يصبغ قال الصدى انّما يكون من الكماريت فقال بيّن ذلك لانّ‏
‏التركيب كلّه يصير انّاليّا رطبًا وانّاليّا يابسًا فامّا الانّالى الرطب‏
‏واختلاط النحاس بالنحاس والزاووق بالاجساد والانّالى اليابس‏
‏وطبخها الان [2] حتّى يجفّ ويذهب الرطوبة وينتقل من البياض‏
‏الى الجمرة فهذا الذى سمّته للحكماء زاووقًا وكبرية فكيف يكون‏
‏الصبغ ثابتًا مقاتلًا للنار وقد سمّته للحكماء ابقًا هوائيًّا فقال ذلك‏
‏انّ الاجساد الثابتة تسبّكت بالاوابق فحالت بينها وبين الاباق‏
‏الى الهواء فقلت فا بال للحكماء سمّت التركيب اطسسيوس قال‏
‏لان حجر اطسيوس يولد فى كلّ سنة وله الوان مختلفة يتحوّل‏
‏من لون الى لون فى كلّ شهر فلذلك سمّوا به تركيبهم [3] حجر‏
‏اطسيوس لانّه يتحوّل فى كلّ درجة من التدبير من لون الى لون‏
‏فقلت فا بال الذى يغير [4] التركيب لم تسمّيه للحكماء ابيضًا ولا‏
‏احمرًا فقال ذلك انّ الصبغ اذا وقع فى التركيب غيّره فاذا طبخ‏
‏الطبخة الاولى بيّضه واذا طبخ الثانية حمّره فلذلك لم يسمّوه فى‏
‏التبيّض ولا فى التحمير لانّ التركيبين الاوّلين الاصفر والاحمر هما‏
‏اللذان يلزمان الاصباغ فا بال الكبريتين الاخريتن قلت فا بال‏
‏الكبريتين الاخرتين فقال الكبريتين الاخرتين ليستا كبريتين الّا بالاسم ولو كانتا كبريتين‏
‏لم تختلط بالاجساد ولكنهما سمّيا كبريتين لانهما عملتا عملًا‏

---

(1) Ms. ‏بلاجساد‏. — (2) Ce mot est très douteux. — (3) Ms. ‏كبهم‏. — (4) Ms. ‏نغير‏.

كثيرًا فكبرنا لذلك فقلت ولِمَ قالت للحكمآء الطبيعة بالطبيعة تفرح قال اتما عنوا بذلك الكبريتتين الاخرتين.....[١] ليستا بكبريتتين الّا فى الاسم فقلت فِلمَ قالت للحكمآء انّ الثابت هو الذى يحبس وانّ الطبيعة متهايًا لعدوّ فقال هذا ايضًا قالوا فى الكبريتتين.....[٢] ليستا بكبريتتين الّا فى الاسم فقلت فا بال ذلك الشىء الذى يمسك الصبغ ويقاتل النار الذى خلط بن التركيب يغبا[٣] عن العين فلا يرى حتّى يلقى على ورق العامّد وبعد التمام فيظهر ويُرى فقال كا تقع النطفة فى الرحم فلا تُرى والرحم يمسك النطفة والدم فيطبخ ذلك نار المعدة حتّى تاخذ النطفة صورة لجسد ولوده وهذا كلّه يتم فى الرحم لا يُرى ولا يُدْرَى كيف هو حتّى يتمّه خالق النفوس فيخرج فيُرى فكذلك الشىء الذى سالت عنه فقلت فا بال للحكمآء سمّت تركيبهم صدى ومآء كبرية وصمغة فقال زرع ذهب وصدى نحاس ومآء نحاس وسمًّا عسليًّا وسمًّا طيّب الطعام وسمّوه باسمآء الذكران والاناث وباسمآء لا ذكر ولا انثى فقال ذلك لانّ فى تركيبهم هذه الاشيآء كلّها فان سمّوه مآء نحاس فذلك لانّ النحاس صار مآء وان سمّوه زرع ذهب فذلك لانّهم زرعوا فيه الذهب وان سمّوه صمغة قاتلة فقد صدقوا لانّه بعد احتراق الاجساد وهدمها يصير المركّب الى صلاح وروح صابغة وان سمّوه باسمآء الذكران والاناث واسمآء لا ذكران ولا اناث فقد

صدقوا لانّ فيه ذكران واناث فاذا اختلطت الـذكـران
والاناث صارت لا ذكـران ولا اناث وذلك حـين يسـمى سبـيكـة
وصفيحة فقلت لِمَ سمّوا المركّب كلسًا فقال لانّ الكلـس كان حجـرّا
يابسًا باردًا فلمّا طبخ كشف روح النار واحييتـه فى جوفه فقلت
فما الذى يقال له التصدية والتقليب واذهاب الظلّ ويصير
المركّب غير محترق فقال هذه الاسمآء كلّها انما عنى بها التركـيب
عند التبيّض فقلت اىّ التدابير امسك من تدابير الحـكمـآء
فقال تدابير الحكمآء تدابيرهم كلّها واحد وافضلها الذى بمسـك
به الكبريت ثمّ بحجّرة وكلّه ينبغى قبل هذا ان تـعرف الاوزان
فانّ بها ملاك ذلك التدبير الواحد الذى امرت به قوامه وتمامه
لانّها سترت الاوزان وفرقتها فنهم من وضعه مفرقًا[1] وملبـسًا
ومنهم من لم يعرض له بذكر صيانةً وسترًا له فقلت وكيـف
لمن بعدنا ايّها الروح الصالح بعلم هذا الوزن فقال ينـبـغى ان
ينظروا الى ما لم يسمّ له وزنًا ان يجعلوه بالسوية فقلت ما هـذا
الذى ينبغى ان يوزن وما الذى ينبغى ان لا يوزن فقـال ينبغى
ان يجعل ابار بحاس بالسواء والذى يطلب فيجعل مثله سواء
والكبرية يوزن ذلك كلّه فقلت لِمَ شكا دومقراط للحكيم المراج اذ
قال انا لم تكن شدّة كانت اشةّ علينا من تمزيج الطبايع وتاليفها
حتّى اختلطت فقال صدق دومقراط أوَمَا علمت انّ العـمـل كلّـه
انما هو لمعرفة الاشيآء ثمّ بعد ذلك تعرف كيفيّة التمزيج باوزانـه

التى هى ملاكه وتمام عمله لانّه ينبغى للحكيم ان يعلم قبل كل
شىء وقبل ان يضع يده فى هذه الصنعة الكريمة أيكون أم لا
ومن اىّ شىء يكون وكيف يكون فقلت فما بال للحكمآء قال [1] قال
صيّروا التركيب غير محترق وكلّهم يامر بحرقه حرقاً يصير منه كما
هباء قال صدقت للحكمآء فيما قالت وامرت لانّ الاكسسير اذا
احترق وصيّر هباء وخلط بالرطوبة وصار مثل العسل وطبخ حتّى
يجف واعيدت عليه الرطوبة فصنع ذلك به مرارًا فى الخلط
والطبخ حتّى استكمل حرقه فلم يبق [2] فى التركيب شيئًا الّا
احترق وصار رمادًا فانّ النار لا يقدر على احراق ذلك الرماد
ايضًا بعد ذلك وكذلك للحطب لا تزال النار بحرقه حتّى يصير
رمادًا فاذا صار رمادًا كفّت النار عنه ولم تقدر على احراقه
ونظير ذلك ايضًا مقايسة من التركيب انّ الحمّى اذا هاجت
فى الانسان لم تفارقه حتّى تحرق الفضول الذى فى جسده التى
منها هاجت تلك الحمّى فاذا اكلت ذلك الفضول فارقت فلذلك
امرت للحكمآء بحرق التركيب حتّى لا تجد له محسّة قال فقلت فلمّ
قالت للحكمآء الغم خمير الذهب واخلاطه بالزاووق حتّى يصير
شيئًا واحدًا فانّ للحكمآء قد اتّفقت بهذا القول على الالغام
وما بال الصبّاغ الذين يذهبون [3] السلاح اذا الغوا الذهب
بالزاووق صار ابيض وطبيعته فى العين ابيض ولكنّه اذا دبّر

---

وطبخ مع الخلط كان احمر كما يقهر الزاووق اخلاطه فيبيّضها ويظهر
عليها فكذلك اذا دبرت كلها ظهرت حمرتها على الزاووق وقهرته
حتى لا يعرف البياض ولا يرا فقلت كيف تغلب هذه الاربعة
طبايع بعضها بعضًا وكيف تمزج بعضها ببعض حتى تخرج منها
للخلايق فقال افهم انّه يختلط غلط تلك الاربعة بعضها ببعض
ولكن انّما يختلط اللطيف منها بلطيفها فاذا اختلطا ودخـل
احدهما فى الاخر فهى تغلبه اللطيف من اللطيف وليس الغليظ
فى الغليظ وذلك انّ التراب والماء غليظان والنار والهواء لطيفان
فاللطيفان يرقّان الغليظين حتى يصيّرها لطيفين فيخرج الله منهما
للخلايق البرايا وذلك بالطبخ واستنشاق الهواء وكذلك هذا فيـه
غليظان ولطيفان فاللطيفان اللذان دخلا فى المركّب ممـا اللــذان
يلطّفان الغليظين الذين دخلا فى المركّب وكا انّ السـنـة اربعة
فصول كلّ فصل منها له مـزاج على حدّته فاوّلها الشتآء والبرودة
والثانى الصيف[1] والثالث القيظ والرابع للخريف فامّا الشـتـآء
والبرودة فهو الذى يسمى[2] الارض وما وقع منها مـن زرع حتّى
يخرج اوّل نباتها وامّا الفصل الثانى الذى هـو الصيف فـيـغـذو
النبات والزرع نعمته وطيبة مزاجه ولـو انّ القيظ ادرك النبات
بشدّة شمسه احترق ذلك النبات وفسد ولكن الربيع عدّله بلتّين
مزاجه حتّى قوّى النبات وتهيا[3] فلمّا اصابه وجح القيظ اخرج ثمره

(1) Il faut sans doute lire : الربيع, bien que plus loin on retrouve le mot الصيف.

(2) Cette lecture étant certaine, il y a peut-être une erreur du copiste.

(3) Ce mot est en partie mangé par les vers.

وانتجها واصلحها ولو دام القيظ على ذلك النبات وتلك الثمار بحموته لاحرق تلك الثمار وافسدها ولكنّه ادرك تلك الثمار الفصل الرابع الخريف لبّن مزاج الهوآء فيه فاصلحه ولوّنه حتّى طاب طعمه وانتفع به اهله فلذلك ينبغي ان يدبّر المركّب وان يكون مقادير النار على هذا الامر وهذه المقايسة التي وضعتها الحكماء امثالاً فانا امران لا تحتقر شيئًا من كتبهم ولا امثالهم فاتهم لم يضعوا شيئًا منها الّا في حقّ فغلبتني عيني وتراكبت على الهموم فنمت فرايت كانّي على شاطئ النيل على صخرة مشرفة واذا انا بشابّ جسيم يقاتل التنين فوثب الشابّ الى التنين فاقبل عليه التنين فنفخ عليه وصفر متصدّرًا رافعًا راسه اليه فاستغاث بي الفتى واشار الىّ انْ اعبر النهر الىّ فوثبت وثبةً فاذا انا عنده فاخذت خزام[١] حديد فرقبت الى التنين اطلبه فتحوّل الىّ فنفخ علىّ نفخة ردّني بها الى خلفي من غير ان اكون صرعت ثمّ كرّرت عليه الثانية فلمّا رانى الفتى كرّ على التنين وبيدى ذلك الخزام للحديد فقال الفتى قف يا قراطس فاتّك لست تكفيه قتل التنين فوقفت فقلت شانك وشانه فاخذ الفتى ماءً فالقاه على التنين فتساقط راسه وخرّ متخذلاً ثمّ قال الفتى للتنين نفع ما يلتمس منك ثمّ اخذ السرّ فعصره بيده عصرًا شديدًا فخرجت منه بيضة تمساح فظننت انّ تلك البيضة وزين[٢] فقلت للفتى لقد ظلمت الوزين حين اخذت بيضتها ٠٠

<hr>

[١] Ms. حرام. — [٢] Lecture incertaine.

نحتها فقال لى الفتى انها ليست بيضة وزينة انّما فى بيضة تمساح
وانّ هذه البيضة لم تعفن ولم تمسا ولم تجرقها الدم ولم يتغيّر
ويصير صدى ينتفع به ولكن رويدك يطبخ المعدة الطعام
الذى فيها فيخرج من لطيف ذلك الطعام الاربع طبايع البلغم
والدم والمرّتين ولكن فقال حتّى اريك..... (١) ان يكون ذلك اى
تنين قلنا مكانه..... (٢) فاذا انا بحضرة من المسطروس (٣) قد يبسها
الشمس بحموتها حتّى صدعتها من شدّة حرارتها فاذا فى صدوع
تلك العضرة التنين وامراته واذا هما كبيران قائمتان (٤) لا يقدران
من الكبر ان يتحرّكا من مكانهم وكان التنين قد بدا جميلا ربه
على ذلك بعض الزمن فلمّا راى التنين تخوّف ان اكون انّما
جئت لاصيده لخرج من مكانه فدخل بعض تلك الصدوع
هاربًا من الفتى بيدى (٥) فاراني حربة وبدا لى بريق فهبتها فقال
لى الفتى انظر الى هذا التنين الذى قد تملّك ضعفًا كيف قد
صار تنينًا (٦) جديدًا غضًّا لاقتلنّه بهذه الحربة فقلت له لمّ لا
تاخذ عينيه الواقد تبين اذ كان ضعيفًا هرمًا قبل ان يعود شابأ
فقال لى انّه لا ينبغى ان ناخذ عينيه الّا بعد اخذنا امراته
وظننت حين سمعت هذا من قوله انّه يريد ان يقاتل تنينًا

---

(١) Peut-être : قتلى.

(٢) Il y a deux mots à demi effacés.

(٣) Sans points diacritiques dans l'original.

(٤) Mot à moitié effacé et par suite incertain.

(٥) Ces trois derniers mots sont à peu près illisibles.

(٦) Bien qu'il n'y ait pas de blanc, il doit y avoir ici une omission d'un ou de plusieurs mots.

(٧) Lecture incertaine.

اخرى التى سوى ذلك التنين فتركت ان اساله لما رايت به من
الغبا[١] فاخذ ذلك التنين فقطعه قطعًا قطعًا بتلك الحربة فاذا فى
تلك القطع الوان شتى فاخذ يضيف الى كل لون منها ما يشبهه
فاطلت الفكر فيما يصنع فاذا تلك الالوان يشبه الوان عملنا
منها ما يشبه لون الماس والقلوذيانوس ومنها ما يشبه
المرقشيثا للحديدى المحتاج الى روحها ومنها ما يشبه القدميا
الرماديّة وفيها ما يشبه المغرة الصفراء ومنها ما يشبه القنبار
الاحمر فلمّا اضاف كل لون الى ما يشاكله من الوانه عمد الى
بيضة التمساح[٢] فكسرها ففرق بين الحمرة والبياض والرطوبة
ثم تنقى[٣] البياض بالبياض والحمرة بالحمرة فبينما الفتى مشتغل
بعمله هذا اذ وثب التنين حيًّا فصفر علينا فلو لا اتّى القيت
عليه من الماء للحىّ فسقط راسه عن جسده لاهلكنا فلمّا راى
الفتى ما صنع التنين اشتدّ غضبه واقسم بالله ليدعنّ ذلك
التنين وهو رميم فاخذ يرقيه برق رفيعة حتّى صار التنين كلّه
رميمًا ثمّ اخذ ذلك الرميم فجعله فى انية لم يعصره عصرًا
شديدًا ثمّ اخرج ماء فيه من سمّ وكان كلّما اخرج شيئًا من ذلك
السمّ اعرض بوجهه لئلّا يدخل شيئًا منه فى ماخره فلمّا فرغ
الفتى منه قال احفظ يا قراطس ما رايت وضعه فى كتابك لمن
بعدك فانّ الذى رايتنى افعل من قتل هذا التنين هو سمّ

هرمس المثلث بالنعمة [1] الذى كتمه فى كتابه وكره اظهاره للجهلة
واعلم انى انا الذى تجلى [2] لك فى السماء اذ عرج بك واتلك ان لم
تحفظ عنى ما رايتنى عملت قتلتك قبل [3] هذا السرّ مع اتلك
عبرت فى كتابك صفة ما رايت واردت اظهار السرّ عايس [4] هذا
التنين الذى صيّرته رميمًا وظهرت له السوان وفيه نحسّا [5]
لروحك وفرق بين جسدك وروحك فمن شدّة هول ما تواعدنى
وتعجب ما رايت وتقدّم الىّ فى سيره بقيت مرعوبًا فقلت
ان الله عزّ وجلّ اوحى الىّ بالكفّ لما اظهرت من الاسرار اذ لم يقدر
احد من الاوّلين على مثل ذلك فمن اصاب كتابى هذا فليتّق
خالق النفوس عليه ويفرع [6] له فقد اصاب ومن لم يصبه ولم
يعرف صاحبه فقد وقع فى الهلاك والحسرة والحزن فلمّا قرأ خالد
بن يزيد الكتاب كتب الى الفسطار يعلمه ان قد بعث اليه
بكتاب كان مقرونًا فى خزانة الكنوز مع كتاب قراطس ويعلمه انّ
هذا الكتاب موجزًا قليلاً فانّ فيه منافع كثيرة ودليل على كثير
من سرّ الحكمة ۞

تمّ كتاب قراطس الحكيم بحمد الله وعونه

---

[1] Ce mot est presque entièrement effacé; par suite la lecture en est douteuse.

[2] Ms. تجلى.

[3] Ms. قبل.

[4] Ou غاير.

[5] Ms. وفيه نحسا. Il semble qu'il y ait ici une omission dans le texte.

[6] Ou يفزع.

# كتاب الحبيب

بسم الله الرحمن الرحيم الحمد لله على ما انعم اللهمّ اهدِ قلوبنا هذا كتاب الحبيب الذى اوصى به ابنه واكثر وصيّته فى كلّ ضرب من الادب

قال له يا بنّى اتّى وجدت الناس احد رجلين امّا مصيب او مخط فالمصيب واحد متفق والخطأ كثير مختلف والخطأ والتدبير الهوآء وهو الامل فى الصنعة وسبيل عملها ولمّا رايت الله تبارك وتعالى للخالق واحد والمخلوقين كثيرين علمنا انّ الصنعة من شىء واحد وجنس واحد ونظرت فاذا للخلق كلّه فاعل ومـفـعـول واذا الفاعل واحد ابدًا حيث ما كان والمفعول به شىء كثير فعلمت انّ الواحد الماخوذ فى هذا العمل يكون منه شيئان ذكر وانثى فالذكر فرد حيث ما كان والاناث شتّى وعلامة الذكر اتّه يعطى من نسبه قوّة وحرًّا وعلامة الانثى اتّها تاخـذ من غـيـرهـا ولا تعطى من نفسها قوّة ولا حرًّا فالفاعل واحد ولولا الحـرّ لم تكن حركة وللحركة فى الفضل فلذلك صار الى العمل من الحرارة والّا هو من الحرّ فاعلم انّ للجوهر هو من الصاعد الى العـلـوّ واتّـه لا رج له ولكّنه يسكن فى الارحام على قدرها وقدر مكثه فيها كالحديدة

تدخل النار فتسخن فيها فاذا بردت صعدت النار الى العلو
وتركت للحديدة كذلك كلّ جوهر اتّما تقبل كلّ شيء على قدر ما
فيه منه ويتركه على قدر ما فيه من مخالفته والفلفل فاتّما
يتروّا[1] من الحرارة فلم يتركها مثل للحديدة لانّ الحرّ فى النبات
ينشو قليلًا قليلًا فافهم يا بنى واعلم انّ المعادن ثمانية لا خير فيها
لاتها قد بلغت منتهاها فليس لها زيادة اتّما ينقص الشىء بعد
التمام لانّ ما كان من غسل الاوساخ فقط يغيره واعلم ايضًا فاتّك
لا تقدر ان تاخذ انسانًا تامّا فتدقّه فى قدرك بنفسه وروحه
وجسده فان اخذت بعضه من عظم او لحم او دم او شعرا او
سائر اعضائه فليس فى عضو منه روح ولا نفس لاته اذا انفصل
ذهبت[2] الروح التى هى ضياؤه وبقى فى يدك ميّت مظلم لا نور
له ولا ضياء فاعمل .....[3] حتّى تعرف الذى يجلو ويغسل
الاوساخ من الاجساد وسأنبّه لك ان شاء الله فابدا يا بنى
فاعرف من اىّ شىء تعمل ثمّ كيف تعمل ثمّ اعمل ما تعلم يسهلك
ان قسمته واعلم يا بنى انّ الحكماء قد لبّسوا على الناس واكثروا
وليس ذلك بخل بهم[4] ولكن حرف الاثر من فساد الدنيا لما قد
فسّرته لك وبالله الذى صمت وصلّيت لابيّنن لك ما ستروه
مكشوفًا ظاهرًا فى هذه السبعة الابواب التى اكثروا فيها القول
فافهم فاوّل الابواب الادنية التى تنبغى قالوا انها صلابة وقدر وقرعة

5.

وقابلة وبرمة ولخامسة ى التى تتمّ بها العمل كلّه ويجعل الـصـبـغ
ماء وبريقًا ولونًا حسنًا ويكون له بمنزلة الـروح لجسد الكبريت ى
النار والشاذنة هو الهواء والمغنيسيا ى الارض والزيبق هو المآء
والروح هو المآء الالهىّ الذى يجرى به كلّ مرّبا وينبت كلّ نبات
ويطلع كلّ مورق ثمّ ألّف بين هذه الطبايع الاربـعـة واحسن
نزويجها فاتها من شئ واحد كانت وفى كلّ واحد مـنـهـا قـوّة لان
بتحوّل يصير اخرى الارض تصير مآء والمآء يصير هـواء والـهـواء
يصير نارًا والنار تصير ارضًا اجعل بعضها ى تدبيرك الى بـعـض
حتّى تصير الارض مآء والمآء هواء والهواء نارًا فيتمّ لك الـعـمـل ان
شآء الله ولا تكثر من الكبريت فتحرق دواءك فانّ المرّة اذا غلبت
على لجسد احرقته حتّى يسود لونه ولا تكثر من الزيبق فيبرد
دواءك ولا ينطبخ فانّ البلغم اذا غلبت على لجسد بـردتـه
وافسدته واجعل تركيبك الادوية بوزن وكيل اتها على قـدر
تركيب العالم ومزاجه واخلاطه فانّ الطبايع كلّها تقوى وتفرح
باتصال اشكالها وتتفتّت وتضعف بلقآء خلانها اياها واعلم انّ
الروح قوام لجسد فانّ الزرع اذا اسقيته بقدر نبت وصلح وان
اكثرت عليه غرق وان اقللت عليه عطش واحترق وان اضرّت
النار بعض .....[1] فنزل قليلاً فلا تتركـكـد وتـرفضه فان صبغ
العصفر كلّه يحتاج الى الـقـلى وهـو اشـدّ لـلـعـمـل [2] وانّ الـقـلى

[1] Il manque un mot complètement effacé.

[2] On ne voit plus que la dernière lettre de ce mot rétabli par conjecture.

المبيض هو ملاك العقاقير والشاذنة المحبّبة اذا مضت القلى
الذى هو رماد للحكماء ثمّ زاوجه[1] حمرته قال الزيبق لا تشتّ
عليه النار فى اوّل التدبير فيفرّ لكن اذا عقدته صبر لك على
النار واصبر ما يكون اذا زاوجته بالكبريت فامتزج برده ورطوبته
بحرارة الكبريت ويبسه زاوج[2] الذكر بالانثى وازوج الرطب
باليابس والحارّ بالبارد فيخرج من بينهم للجنين التامّ فانّ للجنين
تتمّ صورته فى اربعين ليلة وفى ثمانين يتحرّك ويقبل الغذاء واعلم
انّ للجنين يتغذّا فى بطن امّه بالحرارة اللينة التى لا تحرق افراطها
ولا يقصر به تقصيرها واتما يقبل الغذاء من سرّته وليس يقبل
من الغذاء الّا الدم الصافى لانّ جسده لا يقبل النقل[3] لضعفه
واذا وُلد بعد تسعة اشهر ينبغى اللبن الذى يخرج من ثدى
امّه وذلك اللبن الذى يتغذّا به بعد ما وُلد هو الدم الذى
كان يتغذّى به لمّا كان جنينًا ولكن لمّا احضرت الولادة سهل
الذى كان مدبّر لجسد سبيل الدم الذى كان للتدبير فاذا
وصل الدم الى الثديين قبله ولطفه فصيّره لبنًا يغذّى به
الصبى فيعود فيصير فيه دمًا كما كان فى امّه قبل ان يصير فى
الثدى دمًا فكذلك صنعتنا تدبيرها كتدبير النطفة والحيض
الى ان يكون صبيًا كاملًا فاعلم ذلك قال افلاطون اجفا ذات خلا[4]
حتّى يجرى قوّة الكلّ فيه اعلموا اتّه لا بجسده شىء بعد الله الّا

---

[1] Il faudrait sans doute زاوجته.

[2] Ce mot et le précédent sont à moitié
effacés.

[3] Ms. النقل. Peut-être النقل الثقل.

[4] La lecture de ce mot et celle des
deux précédents est très douteuse.

النار وعطش للجسد فكلام فى غير موضع يدلّ بالاشارة انّ وزن المآء مثل ربع وزن للجسد وينبغى ان يكون كما يحلّ امثال للجسد كذلك يعقد بثلثة امثال المآء ۞ وقال اخر ما لكم ان تطعموا القير[١] بمرّة ولكن قليلاً وقال اطبخوه والتجوا عليه من المآء قليلاً قليلاً واتركوه حتّى يشرب ويصير المآء تراباً فقال اخر كما انّ دخان الارض وبخار المآء يصعدان فى الهوآء ثمّ ينحدران الى الارض فيخرج منهما المآء فكذلك ينبغى ان تكون انية عملك واسعة لتصعد الدخان والبخار ولتنزل الى اسفل الانآء كما يخرج الذى تطلب وكما انّ بخار المآء ودخان الارض لا يصعدان الى الهوآء الّا من تعفين الارض فكذلك ما فى الانآء ان لم يعفن ويتم[٢] على من يصعد الدخان والبخار وان تصاعدا لم يرجعا وكذلك راس الانسان كالجمجمة وقال هرمس ان رايت الطبايع قد صارت رماداً فاعلم انك نعم ما دبّرت فان وجدته بوربطس فاطبخه حتّى يصير رماداً واشدد نارك حتّى يشرب الربع الذى جعلت من الدوآء الكبير[٣] فيكون جسدًا مرتفعًا واعلم انّ النحاس المحرق هو الذى ينشف[٤] القير وقال حرقيل نككت[٥] الورق واجمعهنّ جميعًا واطبخهنّ حتّى يصرن[٦] كلّهنّ قيرًا مذابًا مثل المآء ثمّ احقّ حتّى يكون النحاس محرقًا لا تطعمه القير مرّة واحدة ولكن قليلاً

(١) Ms. القير.

(٢) Ms. ثمّ.

(٣) Ce mot complètement effacé est ré-tabli par conjecture.

(٤) Ms. ينسف.

(٥) Ms. نكت.

(٦) Influencé par le texte qu'il traduisait, l'auteur s'est servi à tort du pluriel féminin.

قليلاً وانظر اليد كل ثلثة ايّام وامسح ما حول الآنآء بخرقة بقيّة
حتى ينحدر القير كلّه الى اسفل الآنآء ثمّ سقّه بمثل نصف
التسقية الاولى من القير حتّى يتمّ فان اردت ان يشرب سريعًا
فسقّه قليلاً قليلاً وكلّما سخن فى النار وفيه نداوة تغيّر لونه حتى
يفرفر ويكون كربر محترق وقال سقّه ستّة ستّة مرارا او سبعة فان
احببت ان لا يشقّ عليك فسقّه قليلاً قليلاً قدر ما يشرب
واطبخ فاته فى ايّام قليلة ينشق معه ويكون كربر مشرق
وهكذا فاصنع حتّى يشرب الستّة كلّها قال واعلم انّ ريح الشمال
اذا هبّت وكثرت الرطوبة لما تقوى الارض على شرب المآء ولكن اذا
هبّت الريح القبليّة وكانت الرطوبة معتدلة فحينئذ يلقح النخل
ويجود الثمرة وان رايت الرياح الستّة تهبّ بمرّة كان الطوفان
فهذا هو المفتاح لمن يعقل وقال كلّما نشف فسقّه بقيّة القير
قدر ما يشرب واجعله فى هذه النار حتّى تنفذ بقيّة الرطوبة على
انّ للجسد الربع فى التحليل والمآء الربع فى العقد وهذا الحساب
يتمّ العشرة ثمّ تكون النار خفيفة معتدلة قالت مريم خذ
الذى دبّرته حتّى صار صدى فاجعل عليه من السمّ قدر ما
يشرب واشوه ستّة ايّام وقالت خذ بقيّة المآء وسقِ به الصدى
على قدر راى العين فانا اظنّ ان طبخ حتّى يجفّ وينسحق بعد
التسقية اكثر تخرجه فتجد الصدى قد صار زعفرانًا وقالت ما بال
الحكمآء سمّوا هذا الصبغ كبريتًا لا يحترق قال لانّ النار احرقته حتّى
صيّرته رمادًا حتّى لم يبق فيه بلّه ثمّ جفّت عنه والذى

استخرج من هذا الرماد فهو قوّة عملنا وملاكه بقدر الله عزّ
وجلّ وكلام موكّد [1] فى غير موضع يدلّ على انّ الرماد اذا صبّ
عليه الماّء وطبخ بنار ليّنة جدًّا حتى يسخن [2] الروح الصابغ فى
الماّء ثمّ يرفع الماّء فى الابيق بنار ليّنة ايضًا قال ريسموس لا
بدّ لك من ارض من جسدين وماّء من طبيعتين تسقى به
تلك الارض فاذا خالطها الماّء ...... [3] فلا بدّ لذلك
الطين من شمس تنشّفه حتى يصير جمرًا ولا بدّ لذلك الحجر
من تكليسه ولا بدّ لذلك التكليس من استخراج سرّه الذى
هو نفسه وهو صبغه الذى طلبته للحكماّء فاحتفظ بهذه الاربع
طبايع ودع الاكثار وقال ينبغى اوّل ما تخلط الاشياّء ان تخلطها
على رماد سخن لتكون اجساد المغنيسيا احياّء غير ميّتة ولا
تحرقه لانّها اذا كانت احياّء اختلط الزيبق بها سريعًا وان
انت اكثرتَ حرقها لفظها [4] الزيبق ولم يكد يختلط بها الّا
بعد مشقّة وشدّة حمية النار تهلك الزهر [5] وقال انفخوا عليه
من الماّء حتى ينداّ [6] ولا ييبس فى انائه وسقّوه قليلاً قليلاً حتّى
لا يبقى من الماّء شىء وقال ان اردتَ الطبخ وجفّفته وردّدتَ
قهرت النار السمّ على الدخول حرق للجسد فقال ريسموس اعلم انّ
للجسد ان ترك على النار بغير حلّ احترق وفسد قال انّ

---

[1] Lecture peu certaine.
[2] Ms. يسخن qu'on pourrait lire يسجن.
[3] Il y a deux ou trois mots complètement effacés.

[4] Ms. لعطها. Ce mot pourrait aussi
être lu de la façon suivante : لفظها.
[5] Ms. الزهر.
[6] Ms. ابندا.

الاكسير اذا احترق وصار هباء وخلط بالرطوبة وصارت مثـل
العسل وطبخ حتى يجف وفُعل به ذلك مرارًا صار رمادًا لا تحرقه
النار وقال ارس فى قول ديمقراط ان مارية كانت تلطخ الطبايـع من
خارج وتمسحها فيعرض[1] السمّ فى داخلها ان ذلك الطباخ هـو
حلّ الاجساد قبل ان يسخن بالنار فلا ادرى ارادتها بحلّ بمعنـى
يقع[2] فى الانبيق بسخن يعنى استثنى واتما اراد ان يسخــن
وهو محلول ايّامًا ثمّ ليرفع الماء فى الانبيق والتجربـة بـذلـك
وقد ذكر غيره[3] واحد التعفين ثمّ يرفع الماء فانظر فى هـذا
التعفين ما هو وفى رفع الماء اىّ وقت هـو على الله قـد قال وقـد
امرَنا للحكيم باعادة الماء عليه ثانية حتى يصير مرقًا وعنـد ذلـك
ينبغى ان ترفعه بالايادى[4] الانبوب وقد قال فى موضع احر فكيف
تحمرونه قال بألين نار تقدرون عليها ولا تدعون البخار تصعد حتى
يرضيكم لونه وقال مراطيس فى كتاب الصور قد ينـقـلـب حجر
الماس هاهنا ويتغيّر بالنار ويكون للجسد لا جسد والـضعـيـف
على النار لا ضعيف هذا يدلّ على ان الحجر تكلس قبل المزاج لانّه
حارّ يابس المزاج ويدلّ قوله ان لم تكن الصناعة كلها عجيبــت[5]
حتى قاربت نار النشارة[6] وزبل للحيل ومائقها لانّه فيها يـكـون
العقد والاصلاب اى للحيوة[7] كامر النـاريـن للتنفية ولرفع الماء

[1] Ms. فيعرص.

[2] Ms. نقع.

[3] Il faut sans doute lire حير واحد.

[4] Ms. بالابادى.

[5] Lecture incertaine.

[6] Le ms. semble porter انتشارة qui ne donne aucun sens.

[7] Mot en partie rongé par les vers.

بالسمّ واجعلوه فى انائه وسدّوا راس الآنآء وايّاك ان تـكـثـروا
الرطوبة او تجعلوه يابسًا اخلطوه خلط العجين واعلموا اتـكـم ان
اكثرتـم ماء العجين استرخا فى التنّور وان يبسقوه لـم يلتصق
فى التنّور ولم يكن فيه خير ولم يصحّ ولكن آمركم باحكام عجـنـه
ثمّ اجعلوه فى انائه ثمّ طيّنوا فم الآنآء الداخل والخارج واوقد [1]
عليه اللحم ثمّ افتحوه بعد ايّام تجدوا الصفائح قـد اذابـت
وتجدوا فى غطا الآنآء مثل الشذر الصغار لانّ للحلّ اذا اوقد عليه
رفا الى فوق لانّ طبيعته روحانيّة فهو يصعد الى الهوآء فـلـذلك
امرتكم ان تمسكوها برفق وانا آمركم ايضًا ان لا [2] تكثروا الطبخ
والغسل حتّى يجمد ويتلّون من النار وينقلب طبيعته لانّ
ه [ ] الطبخ والاذابة اخر [3] طبيعة القنبار واعلموا ايضًا انّ هـذا
الطبخ الكثير يذهب ثلث وزن المآء ويصيّر النطفة ربحًا فى روح
القنبار الثانى [4] واعلم انّه ليس شىء ارفع ولا اصبغ من زبد البحر
فامّا بصاق القمر فانّه يجتمع اذا امتلأ القـمـر من نـور شـعـاع
الشمس فى ليلة البرد عمود [5] من حول الشمس فعند ذلك تجتمع
النّدى لذلك الريح المغيّرة كلّما طالت الايّام اشتـدّت حـرارة
الشمس وهى التى تصلحه وتجحده حتّى تصيّره قسوّيًا عـلـى قـتـال
الـنـار الارضيّة فيقوى بها بعد ضعفه فامّا عـدد الايّام فـقـد

---

[1] Il faut sans doute lire اوقدوا.

[2] Ce mot ainsi que le précédent sont effacés.

[3] Mot rongé par les vers et rétabli par conjecture.

[4] Ms. الثانى.

[5] Peut-être : جحود ; mais ni l'un ni l'autre de ces deux mots ne donne un sens satisfaisant, car il faudrait un second verbe dans cette phrase.

6.

واعرف موقعها وقال فى الوزن ايضًا خذ من النحاس الخالص ما

شئت ومن القمر الخالص مثل ربع الجسد والنحاس فأذِبْهُ بـه

وقال خذ الرصاص المركّب فاجعلوه فى الآنآء واحفظوه عند الطبخ

لئلّا يفرّا لانّ احدهما ابق فان افترقا يعدّ[١] له حكم الخطا فاشوه

بنار ليّنة وايّاكم تنفذوه حتى يختلطا ويصير شيئًا واحدًا فى

اللون ويعلوها السواد ومهما ادمتم طبخه غلط وايّاكم والملالة

حتى ينشف للجسد الرطوبة والزيبق يصير جمرًا ورقيًّا فاذا

رايتموه كذلك فاعلموا انّه قد الىّ نطفته وقد لغ وبـدا يجتمع

خلقه فاحفقه واخرج سواده بالطبخ كما دخل بالطبخ فاذا نجّ

فانجه بالمآء حتى ينطبخ الماء معه ويتمشا[٢] ويصير كلّه هبآء واعلم

انّك اذا رايت سقيته ثمّ جففته اتممت ما قالـوا لانّ هـذا

الطبخ يخرج ويتبيّن الالوان ٭ وقال اخرا اذا تمّ تدبيره فلـطّفوا

حرارته بالمآء وليّنوا النار عند الاذابة وشدّوها عند التـسقيـة

حتى يظهر جميع الالوان وقال ديناسورس ان وجدت فى غطا الانآء

شىء فهو من القرمز فاطبخ حتى لا يطلع فى غطا القدر شىء بـعد

شىء ان عايته[٣] التكليس ارفع المآء وقال ريسموس اعـلم ان كلّـما

سقيته وشوّيته كان خيرًا له فاطبخه حتى يرضيك لـوده وايّاك ان

تسقيه حتى يجفّ فكلّما جفّ فانجّى عليه وسقيه حتى ينفد

مآءك وقال آمركم ان تاخذوا للحديد فتجعلوه صفائح ثمّ احلطوه

---

وهو المآء وقالت المركّب الذى وضع للحكيم فى اخر كتابه من
المآء لم يجعل له وزنًا قال لكنّه قد قال اجعل فيه قدر ما يشرب
واطبخ صفيحة النحاس حتّى يرضيك لونها وهاهنا يـتـبـيّـن انّ
المآء ليس يوزن ولكنّه كلّا سمّى المركّب كان احسن واجود
لصبغه قال فاما اناى[1] لم ار اذ عمل بالصنعة ان لا تعمل الّا قليلًا
حتّى تعرف وجه العمل قالت وما وجه العمل قال احكام المـزاج
حتّى يصير ترابًا ثمّ يسمّى حتّى لا يبقى من المآء للخالد شيئًا الّا جار
فى المركّب واعملى ولا تملّى وقال ريسموس خذوا مآء حديدًا ولا
تظنّوا انّه عنى حديد العامة ولكنّه عنى بذلك تمويه للجسد
ثمّ تدبّره ،حتّى يصير مرنّا وطلى فاذا صيّرتموه كذلك فهو للحديد
الذى امرناكم باخذه لانّه كان شيئًا جاسيًا وبعد يصير مآء
فلا تطبخوه وحده فيهلك روحه الصابغ فى النار لانّه ليس معه
ما يلزمه ويقويه على الصبر على حرارة النار ثمّ قال بعد كلام
كثير قد اعلمناكم انّه ان ابرد هلك صبغه فى النار وان خلط
معه ما يلزمه ويقوى به على النار استخرجتم ثمرته قد بحّ
بكثرة الشهادات انّ الاذابة فى نار زيبل وان عقد الزيبق فى
جسد المغنيسيا فى نار رماد سخن وان تحذر الاحتراق ورفع المآء
حتّى لا يبقى فى الجسد رطوبة بنار وسط ثمّ لا يترك بعد ذلك فى
النار بغير رطوبة والّا احرقت النار لونه قال هرمس ينبغى ان لا
تجعل فى الآء الّا هاتين الطبيعتين تدبّرها فى اوّل امرك بالقنبار

ذكروا اربعين يومًا وثمانين يومًا وماية وثمانين يومًا وماية يوم
وماية وخمسين يومًا واشهره ان عدد تسعة اشهر وزعم قوم انّه
لا يتمّ العمل فى اقلّ من سنة والاسطيوس يولّد كلّ سنة وقال
ريسموس اذا اردت ان تطبخى المركّب فاغدّى زجاجة بغطاها
ثمّ اجعليد فيها ثمّ اطبخيه حتى لا تخرج الاثاليّة الرطبة من
اليابسة ثمّ اخلطى واطبخى الرطب باليابس حتّى تأخذ الاثاليّة
اليابسة الروح من المآء الرطب ويأخذ المآء الرطب من الاثاليّة
اليابسة نفسًا فلا تزالى ترددين الرطب على اليابس وتطبخيه
حتّى يصير روحًا صابغًا هذا سرّ لحكمآء الذى فرقوه فى الكتب
وستروه وقد تمّمت لك الاسمآء الكبرية فى اسم واحد وطريق
واحد وجمعت ما فرقت لحكمآء فى التدابير الكثيرة فعليك بما
آمرك به فان اطعتنى صرت الى غاية الدنيا واعلم ان هذه
الدنيا التى اكثرت فيها لحكمآء فانّما هى اسم واحد وطريقة
واحدة والله ما وصفنا[1] لك الّا حقًّا فدعى عمل الكتاب
وافعلى ما آمرك به فلا ابلاك الله بحرق ولا كسر قال اتكم ان
دبرتموه الف مرّة ولم تذيبوه فليس بمستنق ابدًا ولذلك
امرتكم ان تذيبوه حتّى يصير مآء جاريًا ثمّ تخلوه بعد ذلك
فى انية جديدة حتى يصير رملاً ولذلك ما امرتكم ان تبالغوا
فى تنقيته وامرتكم ان تضعوه فى البحر والشمس فان لم تفهموا
فانظروا كيف يبيّض اهل مصر الكتان فى الشمس والندى

[1] وضعنا On.

مرَّةً فعند ذلك فارفعه بذات الثدى مرارًا وقال فكـم اردّد المآء
على الرماد قال اربع مرّات قال لبحى ذلك المآء ما فى الرماد من الـروح
وقال اطبخه فى الاوّل بغير مجمجة ثمّ بالمجمجة قال فينبغى ان تطبخـوه
حتى يختلط ويصير شيئًا واحدًا حتى يستخرج الرطوبة ما فى ذلك
الرماد من روح واعلموا اتكم كلّما احكم الرماد والمآء بالـنـار كان
اشّد لاخذ الصدى من الرماد وكلّا رددنّر المآء على الـتـفـل كان
آخــذ لصبغه وارفع لثفله فـردّدوه سبـع مـرّات حـتّى تاخـذ
الرطوبة لطيف هذه الاجساد الّتى فى الرماد يابسًا ميّتًا والنفس
فيه قالت يقول للحكيم ما كلم والاشيآء الكثيرة الطبيعة واحدة وقال
صدق وانا اعلمك انّ لجسد واحد وانك ان تدبّرى ذلك لجسد
حتى تصيّريه مآء ثمّ تجمّديه فلست على شىء فلا تبعى (١) لـفسك الا
ترى كيف قال للحكيم اقلب الطبيعة واستخرج الروح الكـامن فى
جوف ذلك لجسد قالت وكيف القلب قال اهـدى لجـسـد
وصيّريه مآء واستخرجى ما فيه فقالت بعد كلام كثير وكيف سمّاه
فى اوّل الامر مآء ابيض ثمّ سمّاه هاهنا كبريتة لا تحترق قال الم
تسمعى (٢) قبلها انّ الزيبق ابيض يبيّض كلّ شىء ويـذيـبـه هذا فى
اوّل العمل فلتّا انعقد جسده صيّر لجسدين نرارًا احمرًا ابقّا وما (٣)
للنار جسد وحينئذ سمّاه كبريتة لا تحترق وذلك انّ معـه
لجسد لا تحترق ثمّ لم يعرف ما قـد اذهـب سعـيـه باطلاً ه قال

---

حتّى ينشف لجسد الرطوبة الثغليّة ويصير حجرًا واحدًا
ويدخل معها غريبًا[1] وقال اتّك تاخذ هذا الزيبق مع اخلاطه
فتجعله فى انآء وتوقد تحته بنار ليّنة حتّى تزاوج بعضها بعضًا
فاذا رايت الصفائح قد صارت رمادًا فاعلم اتّك نعم ما خلطت
وزوّجت فان اردت ان تعلم اتّك على صواب من عملك ورايت
لجسد قد انذاب وصار مآء فاعمل ولا تملّ فاتّك على صواب من
عملك وقال انّ صنعة الذهب ان يكون من الزيبق الذى من
القنبار وانا اخبرك اتّه اتّما عنى من الزيبق الذى من القنبار
الزيبق الذى يخرج من الاجساد قلت اسمّى[2] ذلك الزيبق
زيبق من قنبار ولكنّه اسمّيه كبريت فلا تظنّ اتّه اتّما صعد مثل
ما يصعد من الابيق ولكن اعلمك انّ المآء يابق من حرّ النـار
فيصعد الى غطا الانآء فانظر ما وجدته يصعد منـه فاجمعه ثمّ
اعده الى الاجساد التى هرب منها قبل ......[3] معهـا ويصيـر
لها صديقًا[4] ...... فال فاذا وجدت الابق تردّده الى الذى ابـق
منه فهذا هو التبييض الذى اعلمناك مرارًا هو الـذى يخـرج
ظلّ الاجساد وسوادها ويصيّرها بيـضّـا وقال خـذوا الجـبر اذا
اتم عرفتموه فكلّسوه بالرفـق حتّى تسجـنـوا فيـه المـآء
وتردّوه الى اصله الى المآء بالخلّ وقال ارس الملك آمرك ان تعيـد
فيه المآء حتّى يصير مـرقا بعد ان كان رمادًا يابسًا واطبخه فاذا صار

(1) Ms. عربا.

(2) Il semble qu'il faille ajouter لا devant
ce mot.

(3) Il y a un blanc dans l'original.

(4) Entre ce mot et le suivant il y a
un blanc de près d'un centimètre.

وهو الصبغ الكبير وقالت ان الرماد كلما سقيته فترة يجف ومرّة
يرطب حتّى يصير فيه لونه الذى يُطلَب ۞ وقال هـرمـس اذا
اذابت الطبايع فصارت ماء فنعم ما مـزجت فاذا صارت رمادًا
فاعمل ولا تمل فاتك على صواب وقال ريسموس ينبغى ان تحرقوا
النحاس بنار مثل حضانة الطير وليكن النحاس فى رطوبته لئلّا
يحترق روحه الصابغ وليكن اناؤه مسدودًا من جـوانبه لـتـردّد
حمرة النار فى الاناء فينهدم قليلًا قليلًا بالطبخ وكلما احترق منه شىء
احتبا[١] فى الرطوبة من اجل هذا قالت ماربة صيروا الاجساد لا
اجساد لانّ كلّ جسد ينحلّ مع الروح فيصير ماء بيضة[٢] روحًا
وكلّ روح يتحوّل ويتكوّن مع الاجساد يصير ذهبى اللون صابغًا
باقيًا لا يحترق فمن استطاع منكم ان يجمّر هـذا الـروح بجــسـد
ينحلّ معه ويستخرج طبيعته الرفيعة المكجنة فى جوفه بتدبير
رفيق وصبره على طول طبخه صبغ كلّ جسـد ومن اجله قال
ريسموس انّ النحاس بعد ما يرطب برطوبته ويحق بمائـه وطبخ
بالمركبة بالكبرية ويوخذ منه اثاليّة صبغ كلّ جسـد قال ريسموس
انّى لم آمركم ان تخلطوا وتتحقوا باطلًا ولكن لكى اراجعكم لجسـد
فى الطبخ فوصلت حمرة النار الى عمور جسده عفنته وهـدمتـه
واستخرجت منه روحه المكجن فيه واحرقت غليظه وافنتـه
فلذلك ينقص الاعشاب لانّا انّما ناخذ طبيعتها الصابغ قال ومن
الناس من يفزع اذا راى الاجساد والروح لا تحترق ولا تهلك

(١) Ms. احتبا. — (٢) Ms. بيصة.

الملك ارس فهل قال احد من الحكمآء قولاً صادقًا فى الظاهر قال لا ولكن
ديمقراط قال قولاً مختصرًا ملتبسًا قال خذ من المركّب الذى وصفت
فى اخر كتابى جزء من تخمير الذهب الذى هو زهر الـذهـب
صدر[1] احوال جزوا واطبخه فى شىء من نار زبل واجعل فيها دى[2]
قال اراء جعل لِشىء ممّا ذكر وزنًا الّا للمركّب الاخر وتخمير الـذهـب
فامّا المآء فلم يضع له وزنًا ولكنّه قال قـدر ما يـشـرب ثمّ قال اطبـخ
صفحة الورق حتّى يرضيك لونها وفى هـذا بيـان انّ المآء لا يـوزن
ولكن كلّما شرب المركّب فاسقه فاته كلّما شرب حسن لـونـه قال
فكيف تامرنى ان اسقيه من المآء وتنزعم انّ لا وزن له والمآء مركّب
وقد ركّب فى اوّل الامر فقد قلت لى هـذا اتّه من عـرف
التركيب فقد اصاب قد لبّست علىّ فقل لحقّ قالت ماربة خذوا
من زهر الملح اليابس الـذى يبسته فى الـشـمس فاخـلـطـه بالمـلـح
واطبخه فيصير احمر وقالت اجعل فيه من السمّ قدر ما تعم اتّه
يقوى على شربه وسدّ ثم الآء وسقّه كذلك مرارًا فيكون ذهبًا
وقالت ضعه فى الشمس حتّى يشرب ويجفّ ثمّ سقّـه قـدر راى
العين بقدر زيّه من غير سرف واتركه فى الشمس حتّى يـنـسـحـق
ويصير مثل الرماد وكلّما ادذاب فاسقحقه فى الـشـمس حتّى يجـفّ
فاسقه قدر ما يرطب الارض واجعله فى الآء وانعم تـغـطـيـتـه
واطبخه حتّى تذهب رطوبته واجعله فى مكان سخن حتّى يبيس

---

[1] Ce mot et le suivant ne m'ont donné aucune lecture satisfaisante. — [2] Ms. لى
ou بى répété deux fois.

ولكنه بحيث تغيب فى غور الجسد بعد ما يعمل عمله النافع واعلم انه لا يبقى فى النار شىء من النحاس وجسده قد اخذ لطيف الاشياء وطعمها وليس شىء يبقى له وزن غيره فقال اعلم ان الاصل فى الاكسير رطب قال ريسموس واعلموا انّ العمل انّما هو طريق واحد فيه تدبيرانِ اثنان وذلك تحليل المركّب الذى هو كلّ شىء حتى يقطر ثمّ ييبس ذلك المحلول حتى يصيرارمّا فى الشمس وامّا من نار ليّنة حتى تذهب رطوبة المآء للخالد والتجربة تعلّمك فاعرف النار وتدبيرها الذى به يصلح العمل وقال اعلم اتّك ان شددت النار على الطبايع للحارّة الناريّة احرقها ولذلك قال الحكيم انّ قليلاً من الكبرية تحرق كثيرًا ۞ وزعم انّ الشىء الكثير هو الاجساد الشداد وقال اعلموا انّ كثرة السحق والطبخ والترديد بالمآء هو الذى يقوى السمّ على الدخول فى جوف الجسد واعلموا اتّه بعد ما يحقّ السمّ فينبغى لكم ان تسقوه رطوبة المآء للخالد وتجفّفوا وتشدّدوا ناركم وتتمّوا عملكم على ما وصفت لكم ان شآء الله قالت فصف البيضة التى لها عشرة الف اسم بلونها امّا جوفها الداخل لحمرة رطبة ظاهرة وعلى البياض بياض اخر واحد البياضين اقوى من الاخر فانى ارطب كلّ شىء فى البيضة قال بلى فيها اليابس والرطب ولذلك امروا ان يذبح بسيف من نار وان يصبّ خلاً صادقًا ثمّ تفرق بين نفسها وجسدها بكثرة الطبخ حتى يصير النفس من الملح وبحمر للجسد مثل النار وبعد ذلك فان اردت ان تتمى العمل فاخلطى للجسد مع النفس واطبخيه ثمانين

يومًا حتّى يتمّ للجسد ويصبغ مع النفس ويكون احمر كالعرفير فمن هذا سرّ للحكمآء من الواحد اثنين ومن الاثنين ثلثة ومن ثلثة اربعة وازيدك ان صيّرت الارض هوآء والهوآء نارًا بلغت الغاية قال فما فهمت اخر قولك وكيف افرق بين النفس والجسد ابين نفس البيضة وجسدها قال امّا بيضة للحكمآء فقد اعلمتك اتّه لا يتّخذ منها صبغ دون ان تنطبخ فى ٥ ع والظلّ ثمانين يومًا فيمشى[1] كلّ غليظ وبعد ذلك تصير الارض مآء والمآء هوآء والهوآء نارًا فتجتمع هذه الاشيآء على شىء واحد متجانة فى ارواحها لا ترى الّا واحدًا منهنّ واعلم ان الارض لن تنزول ولا تستطيع ان تابق ولكـن اذا صارت مآء وفارقها غلظها استخرج المآء روحها فاجتتـه ولـذلـك حذّرتك الاباق قال فما زىّ هذه الاشيآء الاوابق قال نعم فلذلك اختارت للحكمآء الاوابق على الذى لا يابق قالت فهل لهذا الابق اسم يعرف به قال قد سمّى التنين الذى ياكل ذنبه لانّ البيضة قسمت على اربعة اجزآء فلمّا اختلطت صارت شيئًا واحدًا كنحو طبايع الدنيا الاربع قالت وكيف ياكل ذنبه قال لاتّه ادخـل معـه سمّه الذى هو مثله فاكله فاصاره مآء ثمّ صار الذى اكل التـنـين جسدًا فقال اعلى انّ دم الطمث لا يستنقى حتّى يغسـل بنطفة الرجل وذلك رحم المراة اشتهت نطفة الرجل لانّ النطفة اذا واقعت الرحم غيّرت دم الطمث وصيّرته رغوة بيضآء فنه يكون لحم المولود واتّما يفرح دم الطمث بالنطفة لاتّها كانت دمًا قبـل

كان منها لون لا يتغيّر ابدًا وقال اعلى المآء يصلح الـخـرق
للصدى لخذى بقيّة المآء فسقِ به الصدى على قـدر
راى العين واعلم انّه ان طبع ونـقـع وجُفّف بعد التسقيـة
وجدت الصدى قد صار زعفرانًا فاجعليه فى انائه وانشقيه بالمآء
لخالد واعلم انّك كلّما سقيته وشوّيته كان خيرًا له فاطبخيه حتّى
يرضيك لونه وايّاك ان تسقيه حتّى يجفّ فكلّما جفّ فسقّيه
حتّى ينفذ ماؤك[1] فاتركيه مكانه اربعين يومًا فيكـون سمًّا نائمًا
وهو الصبغ الروحانىّ الذى لا جسد له الغمام فى لجسد اذا النّى
عليه اختلط به اختلاط المآء بالمآء وقال ايّاك وان يـدعـوك لخرص
على ان تحرق ما بيدك فتندمى فعليك بالـصـبـر وايّاك والـتـجـر
فاعلم انّك كلّما رفقت واحسنت الطبخ ازداد الاكسير تنوبيجًا[2]
وكان اصبر له وابلغ فى احكام عمله وايّاك والتجر فكونى من النار
على حذر قال اجعلها ممتزجة لا حارّة فتهلك الـزهـرة ولا يصنع
شيئًا ولا باردة فلا ينضج الاكسير فان لم ينضج لم يظهر الوانه ولم
يقو على صبغ فلتكن نارك ممتزجة واعلم انّ الطبيعة ستعلمك
مقدار النار ان كان لك فطنة لانّ النار الممتزجة الموافقة لـكـلّ
نور ودرجة وصبغ حتّى يتمّ لك ما تريد ان شآء الله قال واعلم
انّ كلّ طبيعة حارّة فانّما ينبغى ان تطبخ بـنـار لـيّـنـة قال[3] ان
شددت النار على الطبايع لحارّة النارية احرقـتـها ولـذلك قال
لخكيم ان قلّت لان الكبريت يحرق شيئًا كثيرًا قال واعلم انّ

ذلك فلمّا لقى الدم الدم ناق احدهما الى صاحبه واختلطا فكما

علمنا ...... [١] معرفة اختلاط النطفة بالدم فكذلك علمنا ان ناخذ

هذه الطبايع فنؤلفها وندبّرها حتّى يستخرج منها الصبغ

فانظرى اذا اردت ان تجعلى النطفة فى الدم فاجعليه فى جوف

الجتام ليصل اليها بخونة الجتام ورطوبته فيتغيّر لون الدم

ويبيض ولولا الرطوبة والسخونة ما استرخا الدم ولا تغيّر لونه

ولا ترطّب ولا انحلّ وهلكت النطفة ولم يكن لها قوّة البتّة قال

ينبغى [٢] لكم ان تعرفوا قوّة الماء للخالد لا تتحد فى [٣] الخلط فى كلّ

تدبير لانّ قوّته دم روحانى واتّه اذا سحق مع الجسد الذى

اعلمتكم صيّر ذلك للجسد روحًا لاتّه يخلط معه ويكونان شيئًا

واحدًا فالجسد يجسد الروح والروح يصيّر للجسد روحًا فيكون

للجسد الذى صار منه روحانيًّا مصبوغًا كالدم وكلّ ذات نفس فلها

دم فاحفظوا لله حفظكم الله فانتّى عن بدو هذا العمل

قال بدوه استرخاء الورق وتغييره وانحلاله وتسويده وورق

العامّة اعنى عامّة للحكماء خذ المشوية نقيّة منخولة واخلطى بها

الملح الممرّ [٤] بقدر راى العين واتحقيقه بخلّ صادق حتّى يصير

كغلظ العسل ثمّ اسبكى فيه ورقنا فيغيّر لونه فافعل به

ذلك حتّى يسود وذكر كلام كثير فى غير موضع فوجب انّ

السواد فى الاتحلال وقال ديمقراط اذا أُخذ الطالب الهارب

ويخلط بالذى له واستخفى واطبخى واعلى انه ان لم ييبس جدًا لم
يختلط قالت واعلى انّ الذى يسخن[1] مع الصدى فهو اخر كل
شىء يخلط وهو المرارات ومع البيض وما شاكلها وهاهنا ينبغى
ان يقال هذه الكلمة انّ الاجساد التى تنفى[2] من النار نعم ما
يعمل عملها من غير نار وقوله وهو الذى يحفظ الاجساد ويجعلها
غير متشققة ليس يريد التشقق ولكن يقول تجعل[3] الاوابق
غير اوابق من النار من الغمام وللحرسفلى لانّ الاجساد ان
صبغته صبغت والذى يصبغ الاجساد هو الماء لخالد السرّ
العظيم وهو الذى يخرج الالوان قال ديمقراط من بيّض النحاس
فليصدّيه ويذهب تصدية الصدى وامّا الكبرية التى لا
تحترق فاذا صارت رمادًا صارت كبرية لا تحترق وفى ذلك قال
اغاديمون بعد تصدية النحاس وسكن[4] سحقه وسواده وعند
اخراجه وبياضه يكون حمرة مرتفعة فاعلى انّ المركّب لا يحترق
ولا يجفّ الّا بالرطوبات لذلك امرت للحكماء ان يجفّف ويرطّب
حتّى يكون رمادًا غير محترق وحتّى يصير هباء لا محسّة له ولا
نفس ولذلك قال اغاديمون فى تدبير الزرنيج الذى ذهبت نفسه
فلا تنطّى انّه حىّ قال هذا فى المركّب اذ قال يذهب عنده انّه اعنى
اذهاب نفسه التى و روحه الصابغة ولكن اعنى قوّته ورطوبته
ولينه الذى كان فيه حتّى يصيّره رمادًا غير محترق لانّ ذلك
الرماد له طبيعة صابغة يظهر كيانه فى الجسد لحىّ اذا دخل

---

[1] Ou يسخن. — [2] Ms. تبقى. — [3] Lecture peu certaine. — [4] Ms. سلن.

رصاصنا اذا خلط باخلاطه فصار ثقلاً شعوريًا[1] سمّيناه بوربيطس
وابار نحاس وعند ذلك ينبغى ان يخلط فيه الزيبق حتّى يصير
ملغمًا ثمّ يجعل فى انآئه ثمّ يطبخ فمن اجل هـذا قال للحكيم
اطبخيه بمآء الكبرية وبالمآء النفى واعلمى انّ ذلك المآء سريع
الاباق واشدّ اباقه عند خلطه وعند الطبخ وعند التبييض
وعند التحمير واشدّ اباقه اذا خلط باخلاطه وعلى ذلك فانّه
يجهد ويختلط باصحابه ويجمعها حتّى يصيّرها شيئًا واحدًا ويحصلها
كلّ فى جوفه فاذا طبخ عمل عمله كلّه فترك[2] فيها صبغه ثمّ يابق
وانا اقول انّه ليس يابق ولكنه يثبت[3] ثمّ يصبغ لانّ ماربة
قالت انّه حيث ما دخل صبغ فان كان لا بدّ من موافقة للحكمآء
على انّه يابق فانّى اقول انّ الذى يابق منه انّما هو عليـه كلّه
وتبقى لطيفة روحه للصابغ مع اخلاطه التى خُلط بها فكذلك
سمّته حرسفلى اللطيف الصبغ لانّه لزمه فلم يابق منه وعنـد
ذلك سمّته صدى ثمّ ينبغى ان يجعل عليه بقـيّة السـمّ ثمّ
تدبّره حتّى يتمّ تلقيه على ورق العامّة عامّة للحكمآء فيصبغـه
واعلم انّه لا يقدر ان يصبغ شيئًا من الاجساد غير جسده الذى
هو كلّ جسد فيصبغه صبغًا غير ابق ثمّ تجعل فيه بقيّة السمّ
ليشتدّ صبغه ويتغيّر كتغيّر الطعام فى المعدة وتخرج من لطيفه
لبن هوائى وذلك الّا لمن عدّل المركّب وقال اخفى المغنيسيا
بالنطرون والخلّ واطبخيها حتّى يجفّ واخفقيه ببقـيّة السـمّ

قال لاينبغى ان يرّوعك ان ترى الاجساد قد صارت ارمدة لانها
تؤول الى الصباغ صابغة رفيعة قوّته شديدة ويخرج من ولادة
جديدة غضّة طريّة كمواليد المخلوقين والزرع والشجر وكذلك
ايضًا الاجساد الصابغة يفيد[1] روحًا اذا ى احترقت بنار ليّنة
وصارت رمادًا روحانيًا واتما افادت تلك الروح من النار والهواء كما
يستنشق الراس الروح من الهواء كما ان ى النار والهواء قالت
فقوله دبّره على راى العين ويبسه فتجد السمّ قد صار زعفرانًا
قالت فالماء الهوائّ والماء النيلىّ والماء الكبريتىّ قال هذا كلّه هو
الماء لمخالد وهو الماء الزهرىّ قالت مزرع[2] الذهب وزرع
الذهب وتخمير الذهب قال هذا كلّه ما الكبريتة وقال
ارسطاطاليس لروديوس[3] بن افلاطون اقبل قولى[4] وخذ
البيضة فرق بينها وبين روحها ودبّرها بماء البحر وحرارة الشمس
والائال واقسم ذلك على اجزائه فاذا عزلت الهواء عن الماء والماء
عن النار والنار عن التراب لمخذ النحاس افرق فاشققه برطوبة
الشىء ودبّره حتّى يبيض فاذا بيّضت النحاس فدبّره بماء
الكبريت حتّى بجمر فاذا احمرّ الملح فاجعله ى بيت حار حتّى يصير
ذهبًا لمحلّه[5] ى رفع الماء فاذا طلعت الماء فيبسه واجعله على الورق
فاته يكون ذهبًا كريًما وقال فقولهم حتّى يكون الكبرية غير محرقة
فكيف قال انّ كباريت الاشياء اذا طبخت مع الرطوبة صيّرتها

---

[1] Ou بقيد.

[2] Ms. بزرع ou مزرع, la première lettre
étant mal formée.

[3] Peut-être لروديوس.

[4] Ms. قول.

[5] Ms. لمحله.

8

IMPRIMERIE NATIONALE.

ALCHIMIE. — III, 1re partie.

فيه ولذلك قال هرمس الكلس الذى لم تطف فاغسله سبع
مرّات بدهن الورد لانّ الكلس اذا غسل سبع مرّات بدهن الورد
تبع[1] الاجساد اليابسة المحترقة واعلم انّ المركّب اذا احترق
فى اوّل مرّة ثمّ رددته سبع مرّات فانّما تردّده ليبلغ للحرق الـذى
يصيّره رمادًا حتّى يصير لا محسّة له وليدخل لطيف الرطوبـة
فى جوف لطيف الرماد قد اخبرتك بقول هرمس فى الكلس الذى
هوكثير الاسماء ولكن ينبغى ان اصنع لك فى الكلس الـذى هـو
الرماد بقدر مبلغ رأى وذلك انّ الرماد بعد ما يموت يحتـاج الى
النار فى تسويد الاثالية عليه حتّى يعيد منها نفسًا وروحـًا
صابغًا لانّ الرطوبات هى أنفُس فاذا سمعت للحكماء سمّوا الانفـس
والارواح فانّما عنوا بها الرطوبات وهى الغمام الرطب الاسود للجـوف
فهذا الذى يصبغ الرماد بعد موته لانّ الرماد صار صدى شبه
الاثالية وهو الذى يصيّر خمير الذهب روحانـيًـا واعـلـى انّ
المركّب اذا صار رمادًا محترقًا لا نفس فيه فانّه جسد يستقـلّ
اكثره ولا يصبغ ومن اجل هذا قال هرمس اذا رايتم الاجساد
قد صارت رمادًا فاعلموا انّكم نعم ما مزجتم فانّ لهذا الرماد قـوّة
عظيمة وكما انّ للحطب اذا احترق وصار رمادًا لم تقدر النـار عـلى
احراق ذلك الرماد فكذلك الاجساد المركّبة اذا احترقت فصارت
ارمدة لم تقدر النار عـلى احراقها واذا صـارت ارمـدة صـارت
اصباغًا صابغة تصبغ العظم والزجاج والجلود واشباه ذلك فلذلك

الزجاج كلّه بخرًا[1] ثمّ تفتّتيه واعلى اتّك ان لم تصيّرى الزجاج
كلّه بخرًا قبل ان تفتّته فقد بقى منه شىء لم ينضج واتّه ان صار
كلّه بخرًا قبل تفتيته خرج منه ما تطلبين فاصنعى ذلك به مرارًا
قال غرغورس[2] انّ النحاس اذا خلط بمائه ودبّر حتى يصير مآء ثمّ
اجمد صار بخرًا برّاقًا[3] له تلالى كتلالى الرخام فدبّره حتى يصير احمر
لاتّه ان طبخ حتى ينهدم ويصير ترابًا كان احمر اقتل ثمّ فوفر
فاذا رايتموه قد وقع فى الانهدام فصار ترابًا وعلاه شىء من
حمرة فكرّروا عليه التدبير فاتّكم ان مزجتم بقدر حسن اسرعت
الدخول فى جسده واسرعت اذابته واجماده وهدمه وتفتيته
ثمّ لم يبط عليكم الحمرة وان مزجتم بغير قدر جآء
الابطا وسوء الظنّ ولتكن ناركم عند الاذابة نارًا ليّنة فاذا صار
ترابًا فشدّوا النار وسقوه حتّى يظهر الله تبارك وتعالى لكم الالوان
وقال لقوّة المآء اذا دخل فى هذا الجسد ثمّ صيّره هبآء وقال
يوسطس اطبخ المركّب حتى يذهب الطبخ سواده واطبخه ايضًا
حتّى يجمد فاذا جمد فلا ينبغى لكم ان تذيبوه ولكن فتّتوه مثل
صمغة كانت يابسة ففتّتت واعلموا اتّه ربّما جمد بعضه وبقى بعضه
فاذا رايتموه كذلك فلا تتركنّ من طبخه حتّى يصير بصاق القمر
ترابًا على لون المغرة واعلم انهما اذا جعلا فى النار فاتّه مكانه
يذاب ويصير المآء واذا اطلم[4] طبخه بالنار زمانًا كثيرًا جمد وصار

---

[1] Ms. ترابًا. — [2] Ou غوغورس. — [3] A la rigueur on pourrait lire بخرا. Ms. — [4] Ms.
اطلم.

8.

كبريتة عير مكرقة وذلك ان الثفل اذا صار رمادًا سمّـوه كبريتة
والنار لا تقدر على احراق الرماد قالت فلمِ سمّوا السمّ عسـلاً قال
لان هذا المآء اذا اختلط بالاجساد اخذ طبيعتها كما يأخذ المآء
طعم العسل اذا خلط به وقال انا قائل فى البيضة لخذوا المولود
وايّاكم ان تدخلوا معه غيره وفرقوه قبل واستخرجوا الرطوبة
بالانية ذات الانبوب حتى لا يخرج منه بخـار ويبقى الثفل الـذى
اسفل الانآء اسود ليس فيه نفس بتّة فعليكم بالذى بقى اسفل
وهو الرماد فاجعلوا ذلك الرماد فى صلابة واغسلوه بمآء البحـر
الابيض حتى يذهب عنه سواد النحاس واغسلوا البـحر[1] بمآء
البحر مرارًا كثيرة حتى يصير المآء كالبول او كالنـدى وايّاكم
والملالة من كثرة الغسل حتى تذهب عنه ارضيّته وتأخذ النـار
السواد الذى فيه وتصفوا[2] الرطوبة وتستنقى فعند ذلك يظهر
لكم اللون الكريم وقال ارشلاوس اخلطوا نحـاسـنـا بالـزيـبـق
واطبخوها بنار ليّنة حتى يـنـذابا وايّاكم وشـدّة النـار وقال
زوسيموس[3] خذى الزجاج واوقدى عليه وقودًا ليّنًا فاذا تكوّن
تكوّن اسود فرفرفلا تفتّتيه[4] بمرّة والّا خرج غير جسد خامرته[5]
وايّاك ان تحركيه واعلمى انّك ان تركتيه حتى ينهدم من تلـقـآء
نفسه[6] كأن الذى يخرج منه ابيض حسن فاتركيه حتى يصيـر

---

(1) Il faut sans doute lire ici البحر ou
peut-être الرماد.

(3) Ms. بصفوا.

(5) Ms. زوسمموس.

(1) Ms. بعسه.

(2) Lecture douteuse.

(6) La fin de ce mot a été rongée par
les vers.

يشكّ للشياطين حسدًا فربّما وسوسوا لمن قد اشرف على هذه
الصنعة فاراد الرحمان فيها فوهموه هذا شيء لا يكون وربّما عظّموا
عليه النفقات وخوّفوه العدم وما ابتلى به غيره ليصرّفوه
عن طلب هذه الموهبة الكريمة الواصلة باهلها الى نعم الآخرة
لانّه امر عظيم من الله به على عباده وانّما آمرك ان تعتصمى
بوصيتى ولا تسامى من قراءة الكتب ولا تتجرى من التدبير
واصبرى وانتظرى تمام الصبغ ولا تدعى كثرة التضرّع الى الله
جلّ اسمه ان يتمّمه لك واحذّرك النار عند التدبير فانّها عدوّ
الماء حتّى يقع الصلح بينهما كما قال سيدنا المسيح للحكماء حين اتوه
ليختبروا [1] علمه بعلمهم فقال عجبًا لكم ايّها الحكماء كيف اصلحتم بين
الماء والنار صلح عملك باذن الله عزّ وجلّ فاعملى ولا تملّى ولا
تتجرى واصبرى والحّى على قراءة الكتب والتفهّم لها
واسترشدى الله يرشدك قالت فابمئنّى لى ما حلّ وسمّى
وعنده [2] قال امّا البيضة التى اتخذها للحكماء فقد اعلمتك من
اشياء شتّى وان احدًا لا يستطيع ان يتّخذ منها صبغًا دون ان
يطبخها فى الشمس والظلّ ثمانين يومًا فيتمشّى كلّ غليظ ويعفن
فعند ذلك تصير الارض ماءً والماء هواءً والهواء نارًا فتجتمع هذه
الاشياء له شيء واحد مستجنّة فيه يفيد [3] القوّة والصبغ
قالت فافتنى عن قولك خذ الذكر الذى يبيض بجهرته وعلموا [4]

---

[1] Peut-être ليختبروا.

[2] Il semble qu'il doive y avoir ici
quelque lacune.

[3] Ou يفيد.

[4] Le passage qui commence à ce mot
et finit à la ligne suivante à امّا est en marge.

حجرًا وبعد ذلك تقدّمت ذلك الحجر فى وسط البحر فاذا نقيت [١]
شمسه لجسد سراج وحريته [٢] بعد ان تجعل فيه من ماء البحر
وتطبخه حتى يصير الماء لون اسود ويصير شيئًا واحدًا قال
افلاطن خذ للرسفلى فاجعلوا معها شجعًا كثيرًا لان بينهما
قرابة وانركوها فى الطبع زمانًا كثيرًا حتى يجمد ويصير حجرًا
ويفتت بعد ذلك ويصير عقودًا وكلّما سقيتموه فاطبخوه حتى
يصير رملًا فيتيبّس يمس الغخار فهذا الواحد الذى يذاب فى
الواحد وكلّما احرقتموه كان ارفع له ولصبغه اته كلّما شرب واحرق
كان اجود له وابقى قال واعلموا اتكم ان دبّرتموه السف مرّة ولم
تذيبوه ليس يستنفى ابدًا وكذلك امرتكم ان تحسنوا تنقية
الرمل وتبالغوا فيه وآمركم ان تضعوه فى للحرّ والشمس فان لم
تفهمى قولى فانظرى كيف يبيّض اهل مصر الكتان بالشمس
والندى وهو الماء وقال ارس ان كباريت الاشياء اذا طبخت مع
الرطوبة صيّرتها الكبرية غير كحرقة وذلك ان الثفل لمّا صار رمادًا
سمّوه كبرية والنار لا يقوى على احراق الرماد قالت فابتُنى عن
هذا الذى لا يزال يعرض لى من سوء الطنّ والشكّ فى هـذه
الصنعة عند ما ارى من اختلاف للحكمآء فى الاسمآء والتدابير
والتراكيب والاوزان قال ان للحكمآء لم تطب انفسهم بوضع هـذا
الامر ظاهرًا واتّما اختلفوا على عمد ليلبّسوا على ذى الراى حتى

---

(1) Ms. نقيت. — (2) Je n'ai trouvé aucune lecture satisfaisante pour ce mot et le
mot précédent.

رايت ان اعلمك كلمة واحدة وهي ملاك عملـك قالت ما هي قال
اعلمى اتك ان لم تموّه الاشيآء كلها فى اوّل الطبح من غيـر تخـودة
حتى يصير كل شىء مآء فاتك لم تصيبى وجه العمل وهذا العمـل
سماه هرمس الخل لاته قال ان لم تمحّلوا الطبايع فقد اخطاتم
لانّ خفيف روحانىّ قد احترق وتمشى فاته يـرتفـع فـوق وكل
ثقيل فهو يقع اسفل وقد ينبغى لك قبل كل شىء ان تهـدى
غليظ الجسد قبل ذلك احراقًا رفيعًا بألْيَن نار تجحديها علـى مثـل
حضانة الطير حتى تحضنه وتخرج ما فيه لتمامه ثرّ ينبغى لـك
ان لا تدعيه بغير رطوبة لئلّا يحترق ازهار اصمـاغ الاجسـاد
وينبغى لك ان تطين الآنآء لئلّا تخرج الرطـوبـة من حـرّ النـار
ولذلك قال توفيـل احفظ الزيبق الذى من القلـقنـت والسـمّ
النارىّ الذى يذيب كل شىء وقال فامّا سِوَى حـرق للحكمآء فهو
فساد وتلف فان احرقت حرق للحكمآء قبل الصبغ واللون وان
اكثرت ناره اكثرت حرق[1] احمار لانّ ترابه من تراب اهل الغرفير
فلا تعتزّى[2] بلون الرصاص الذى تغسله فاتـه ان اشتـدّت ناره
احمر قبل اوانه وقبل ان يصل اليه السـمّ البـاقى وان فـعلـت
ذلك اخطأت بالتدبير وامّا المآء فلا تبالين قليلًا كان او كثيـرًا اذا
اصبت التدبير وقال اغاديمون ثرّ اعدّ غسله بالمآء فى نار ليّنـة
فاحرق واغسل يصير كل مآء قالت فافتنى عن مسـئـلة بطسـمـوس
هرمس حين قال ايّها المعّم اتا قد صنعنا هـذا الآنآء شئـت مـراز

منه راس الدنيا قال الذكر هو الاصهب واما الخالد هو الكبرية
الاولى فاذا خُلطا وطبخا صارا ماء ثمّ صارا حجرًا ثمّ صارا ترابًا
وعند ذلك ينبغى ان تسقيه فاذا سمعت فى الكتب ذكر احمر فهو
هذا قالت وما هذا الذكر الاحمر قال انّ التنين⁽¹⁾ الكبير من
الذكر وحده وتكون الحمرة والصبغ والتمام بماءه قالت ومتى
ذلك قال اذا طبخ للخالد صيّر لماء للخالد الذكر ورقًا ثمّ صار ذهبًا
قد بيّنت لك ايّها المراة تبييض الذكر وتحميره فافهمى وله اعن
ورق العامة وذهبهم فاعلى ذلك قالت فافتنى عن الكبرية الليّنة
التى زعمت اتها لا تقدر على تبييض النحاس وحدها قال اجل
وابيّنك اتها لا تقدر على احراق النحاس وحدها الّا ان تكون
تلك الكبرية مركّبة فعند ذلك تحرقه فاذا احرقته الكباريت
ذهبت الكباريت وبقى النحاس وحده فاعلى انّ تلك الكبرية
المركّبة ليست بقادرة على احراق⁽²⁾ النحاس الّا فى ايّام كثيرة فايّاك
والملالة وعليك بالصبر فانّ الكباريت ليست بمفارقة النحاس حتّى
تصيّره ماء جاريًا ولذلك ينبغى لهذا السرّ ان يكتم كما وصفته
الحكماء فى كتبهم لانّ هذا الترديد الذى وصفت لك هو
تدبير الرمل الذى اصاب فيه المصريّون الكنوز التى لا عدد لها
فاحسنى حفظك الله حفظ هذه المسئلة قال ثمّ اجعليه فى
القُدُر التى تستخرج بها البخار فان وجدت فى غطا القدر شيئًا
فهو من قوّة القهر فاطبخيه حتّى يطلع فى الغطا شىء وقال قد

فاته اذا اشتدّت عليه النار يفرّ حتّى يدخل فى كلّ جسد وحجر
حتّى لا يبقى منه وزن درهم وزن واحد ولو كان وزنه ماية رطل فقال
امون[1] انّه لا بدّ لنا فى عملنا هذا من هذه القدر والاثال فالقدر
لاصعاد المآء والاثال لاصعاد الكباريت والاجساد وعلمنا انّه لا بدّ
لنا منها لتمام العمل مثل الذكر والانثى وقال اغاديمون اعلموا
انا لم نضع كثرة السحق والطبخ باطلا فاطبخيه طبخًا رفيقًا قبل ان
تطلعيه لانّه بالطبخ اللّين ياخذ الروح الصابغة الشبيهة به وبلّين
النار تسخن الارواح الصابغة فى الروح الرطب فلو اطلعت عليها
النار الطلوع الى الهوآء حتّى تصير روحًا لاجسد لها ونفسًا
اخرجت من الاجساد المركّبة وقال انّما تستخرج تلك الروح بلّين
النار يشبه حضانة الطير فاعمل ولا تملّ واصبر تصب حاجتك
ان شآء اللّه قال واعلمى انّ الحكمآء قد وصفت فى العمل اصنافًا
كثيرة فى مقادير النار فنهم من قال اطبخه بالخلّ والمآء اليابس فاتهم
لم يضعوا له اسمآء كثيرة مثل ما وضعوا فى الرطب الّا انّهم قالوا
ينبغى ان يزاد عليه من الرطوبة فى الصيف فامّا فى الشتآء فانقصوا
من الرطوبة كما ذكرت ماربة ارواحها لا ترى الّا فى واحد منهنّ
واعلمى انّ الارض لم تكن تنزول ولا تستطيع ان تابق كتّها لمّا
صارت مآء ومارثها عليظها استخرج المآء روحها فاجنته فصار
ابقًا فلذلك حذّرت الحكمآء اهل هذه الصنعة اباق ما فى

(1) Il faut peut-être ajouter عاد entre la première et la deuxième lettre et lire
الغاديمون.

قبل ان يتزوّج كلّه قال هرمس نعم قال وانا اقول لك ايضًا نعم لانه لا يضع فيه ما بقى حتّى يصير الغليظ[1] كلّه رميمًا مفتّتًا ولا يملّ من دخل فى هذه الصنعة ان يحرق النحاس ولا يستبطىء اوّل احراقه فانّه لا يحرق قليلاً قليلاً فى الطبخ حتّى يصير صدى ثمّ يطبخ بعد ذلك طبخًا بالغًا حتّى يضعفن النحاس المحرق مع الصبغة والدهن الذين كانا خلطا به قالت فافتى عن قول التلاميذ انا قد علمنا ما وصفت لنا فى المفتاح شت مرار حتّى تزوّجت الطبايع ولزم بعضها بعضًا واتا نفهم ما وصفت من امر الخل فى اوّل العمل قال قد بيّنت لك قبل هذا وذلك اتّهم طبخوه بعد تزويجه فلمّا طال عليهم الامر ظنّوا اتّهم على خطا فرفضوه ولذلك كتمت للحكماء وقت العمل فى كلّ تدبير وقال احذرى اذا خلطت البيضة فى اوّل التدبير ان تحرقوها فانّه ليس كلّ بيضة ينحلّ فاذا انت حلّيتها فاغسلها بماء البحر ثمّ يذهب كلّه فاحسنى التصفية مرارًا كثيرة واعلمى اتّك ان خلطت للحارّ مع البارد والرطب مع اليابس فانت انت لانّ الواحد صابغ والاخر مصبوغ وقال فيثاغورس ترجّعت الروح الى الجسد فلزمت جسمها الذى احلّت منه فانعقدا جميعًا فى طول الزمان ما جلى[2] فالهمى الله اتّه لا بدّ لنا فى عملنا من القدر الذى تحبس فيه الاشياء وتردّدها بتلك التصعيدة حتّى تجعل النفس الغارّة تطبيعه معها عملها عليه بالرفق ليدخل فيه اسرع من كلّ شىء

[1] Ms. العلط. — [2] Ms. جلى.

ظاهرة فى المنظر فكذلك قهر باطنه فى المخبر فالت فكيف يـقهـر
الضعيف القوىّ قال انّه وان كان ضعيفًا فى المنظر فانّه قـوىّ فى
التجربة وهو اقوى من الذى تريّنه قويّا فالت فايّهما اقـوى عـلـى
النار فال الصابر عليها هو القوىّ من راى العين والاخر فهو الابق
الذى هو الضعيف من راى العين القوىّ فى المخبر وليـسـت
قوّته على النار الّا بالاخر الذى لا يابق وانّه ينتقل بالتدبير فهو
عند درجة يختصّ باسم من هذه الاسماء فاعلى انّـه ان صُـدّى
خارجه فسيصدّى داخله وان يبيض الغمام خارج الـنـحـاس
فبيض داخله غـيـر ذى شكّ فالت فافتنى عن قولك انّ اسطادس
ذكـر النحاس والحديد والرصاص والقصدير والـورق وجـعـل
لكلّ شىء منها تدبيرًا على حدّته وزعم انّهم يكونون فى التدبير
ذهبًا فال هذا محال باطل كلّه فلا يصدق بـه الّا جاهـل وانّما
وضعه اسطادس ليلبّس به على لجهـلة وانا اعلمـك انّ هـذه
الاجساد التى ذكـرت ليست بنا لها حاجة وانّ الـذى نـريد
جسد واحد الذى فيه الصبغ الواحد غير انّ هـذا لجـسـد
لا يصبغ حـتى يُصبغ فاذا صُبغ صبغ ولهذا فال ديمقراط انّكم ان
اصبتم التركيب صبغتم كلّ جسد باذن الله فكلّ جسد فى الاربعة
اجساد والاربعة اجساد فى لجسد الواحد الـذى يصبغ قـبـل
ذلك فاذا صُبغ صبغ فاعلى انّ ديمقراط زعم انّ العمل لا يحتاج الى
اكثر من طبخين طبخ فى الابيض وطبخ فى الاحمر فالت لـقـد
خالف للحكمآء فال فلهذا من اختصاره فالت فقولك انّ الاربعـة

ايديهم ۞ قالت فارى هذه الاشياء اوابق قال نعم ولذلك
اختارت للحكمآء الاوابق على التى لا تابق قالت وهل لهذا الابق
اسم يعرف به قال ما اكثر اسماءه قالت فسم لى بعضها قال هو
التنين الذى ياكل ذنبه لان البيضة قسمت على اربعة اجزآء
فلمّا دبّرت واختلطت صارت شيئًا واحدًا كنحو من طبايع
الدنيا الاربع قالت ياكل ذنبه فكيف قال ادخل معه شبهه
الذى هو مثله فاكله فاصاره مآء ثمّ صار الذى اكل التنين
جسدًا قالت فافتنى عن قولك لا تنافى[1] حرق الاجساد قد اعلمتك
انّ هرمس قال احرقوا الاجساد حرقًا بالغًا حتّى تخرج انفسها
وتصير رمادًا فاذا رايت الطبايع قد صارت رمادًا فاعلى انّك نعم
ما مزجت فقد ينبغى ان تحرق هذه الطبايع حتّى تستخرج
رطوبتها وتحترق الاجساد فلذلك تلك الاجساد يفيد[2] الارواح
من النار والهوآء كما انّ للخلايق يتحوّلون من طبيعة الى طبيعة
فهذا الموت وهذا العيش وكذلك النحاس يحترق بالكبريتة
ويتحوّل من طبيعة الى طبيعة حتّى يتمّ الله منه هذا الذى
تطلبين فلذلك ماريّة قالت انّ النحاس اذا احرق بالكبريتة وردّ
عليه النطرون مرارًا صار خيرمّا كان وقال اذا احد الطالب
الابق بطلت الاباقة قال ومتى يكون ذلك قال فى التركيب الاخير
وقال لوانّ من دخل فى هذه الصنعة عرف انّها طبايع ثمّ خلطها
بما يهدمها لم يخط لانّ الذى يخلط به يقهره كلّه بلوده وكا قهر

(1) Lecture douteuse. — (2) Ou يفيد.

دخل فيه وامرتك ان تحبسى الارض فى جوف الـهـوآء قالـت
وكيف اقدر على ذلك قال اذا اخـذت لـطـيـف الارض وهـو
الدخان فاختلطا بالهوآء احتبس فى جوف الهوآء ولهذا امرتك
ان تخلطى للحارّ بالرطب واليابس بالبارد فانّ الطبيعة تـغـلـب
الطبيعة و تمسك وتفرح فلا تحقرى هذه الاشيآء فانّ الانسـان
اذا عرف حقر وقال ينبغى ان يكون المصبوغ مثل الذى يصبغ
به مرّتين قالت قوله انّ النحاس لا يصبغ حتّى يصبغ فاذا صُـبـغ
صبغ قال وهل يقدر احد عـلـى ان يصبغ الغليظ بالغليظ قالـت
انت اعلم قال اما اعلمتك انّ الجسد لا يقدر ان يصبغ نفسه دون
ان يستخرج منه روحًا الكامن فى جوفه فيصير جسدًا بغير نفس
طبيعة روحانيّة ويذهب عنه الغليظ من الارض فاذا صار لطيفًا
روحانيًّا مثل(١) الصبغ وانغمس فى الجسد فصبغ قالت وكيـف
يصبغ قال اذا اردت جسد المغنيسيا استخرجت صبغـه فصار
صابغًا وهو معنى قوله انّ النحاس لا يصبغ حتّى يُصبَع واذا صُبغ
صبغ فاعلى ذلك واعملى بد ان شآء الله وقال افهم قول الحكيـم
اتى لم تقصكم شيئًا الّا الغمام ورفع المآء فانّه موضوع فى كـتـب
الحكمآء من غير جسد وقد اوضحه اشمّاس اذ قال انّما يـكـون
السخن والحرق والتمليح والغسل والتبييض فى رفع المآء واعـلـى
ان رفع لا ينبغى ان يكون الّا بالالجام(٢) ابدًا ولكن انّما يـكـون
واللجام فى اوّل للخلط وقد وصفت ذلك فى للحاجة وبيّنته حـتّى

اجساد تصبغ لم تصبغ انّ الكباريت تدخل ثمّ تـذهـب قال
فاعلم انّ صبغ الاجساد التى يخرج بها فى النبات هـو روح جديد
صابغ فامّا الكباريت تدخن فتذهب ولا يبقى الآ طعم الـنـحـاس
وحده وهو روحه قالت ولمَّ بقى روح النحاس من بـيـنـهـا قال لانّ
النحاس طبيعته ليست لغيره لانّه اذا اختلط بكباريت وزوّج
بها امسكها وامسكته قالت فكيف يمسكها وتمـسـكـه قال امّا
امسـاكـه ايّاها فانّه جالوا[1] بينها وبين الابق وامّا امساكـهـا
ايّاه فاذهابها ظلّ النحاس فلا يرى فى التدبير قالت احسنت فـا
الذى دعا افادهمون الى ان جعل للنحاس تدبيرًا وللـمـغـنـيـسـيا
تدبيرًا وللصدى تدبيرًا قال انّ النحاس والمغنيسيا والـصـدى
هو شىء واحد ولكنّه جعل لها تدابير كثيرة ليقتصر من دخـل
فى هذا العمل على تدبير واحد لجعل كثرة التدابير فى تطويل
الايّام وليست تدابير كثيرة اتّما هى تدبير واحد يحتاج الى ايّام
كثيرة قالت فانتى عن الابق الرطب وعن اليابس الحـار قال
آمرك ان تضعين[2] منها واحدًا لانّ الكباريت تمسك الـرطـوبـة
برطوبة مثلها والبارد والحارّ يضاربها والريح من البخار تحـبـس
والنفس تستخرج والبيضة فيها نفس وجسد الاطسيوس
والكلس، قالت فانتى عن تصييرك الارض ماءً قد عرفته فما قولك
الماء نارًا والنار هواءً قال امرتك ان تدخلى النار فى الماء حـتّى
يسخن فيه لتذهبى ببرودته ولـتـزيده النار قوّةً على احـراق ما

---

[1] Lecture incertaine. — [2] Il faudrait تضعى.

ليّنة مثل حضان البيض وقال الروح التى تستخرج بهذه النار
اللّينة و الروح الذى يصبغ وهو الذى يقاتـل النار وعنـد
ذلك تصلح الطبيعة الصفيحة التى لم تعفن وتنغمس فيها فحينئذ
تمسك الاصباغ بعضها ببعض ولا تابق ولا تفترق ابدًا لانها دبّرت
بنار ليّنة جدًا وهو الذى يسمى مآء الكبرية النقى ونحاس سمرة[1]
وهو السمّ الذى هو الذكر والانثى وهـو جميع المطلوب وهو
الـذى يصبغ الابيـض ابيض ويزيد الامر حمرةً قال اعـلـى انّ
الطبايع اذا احلّت عملت كل شىء قالت فاعلمنى ما هـذا الاحلال
وما الذى يكون منه قال قد قال لك لحكيم اتـركـيـه اسفـل
واسبكيه فيكون ذهبًا قالت وما السبك قال ان تطبخى المـركّـب
حتى يصير سمًا فان انت اصبت هذا فقد اصبت الطبيعة التى
وضعت فى كتب لحكمآء وتصديق ذلك قول لحكيم الطبيـعـة
بالطبيعة تفرح وتمسك وتغلب لانّ الاجساد اذا احـتـلـطـت
ستميناه ابار نحاس وجمعنا بياض وجمعنا بخار[2] واتما يكون ذلك فى
التعفين لانّ مآء الكبرية هو الصابغ والمصبوغ هو الذى فيه كل
جسد وهذا مآء الكبرية له من الاسمآء ما لا تخصها وفـيـه
الرطوبات واليبوسات كلّها وهو الذى صُبغ فى الطبيع حتى صار
اصفر وزعم انّ التعفين حين تظهر الاصباغ وتثبت بنار ليّنة
مثل لحمّام ولحضانة وشمس الشتآء صارت لذلك وصارت مثل
النطفة فى الرحم كيف تعفن فى الرطوبة والسخونة ولـذلك فى

اعلمتك انّ تركيب التبييض على حدّته فاذا قلت لك فى التحميم
انّ للحكيم قال اجعل شيئًا من كبرية لا تحترق لينغمس السمّ فى
جوفه وقلت فى التبييض صيّرى السمّ ابيض رخاميًا وانظرى
فى التخن [1] والطبخ الى هذا اللون فاعلمى اتّك على غير طريق
للحقّ واتّما ينبغى ان يكون هذا اللون فى الاثاليّة التى تصعد من
الاناء ومن للحكماء من سمّاه ابار نحاس ومنهم من سمّاه صابغ كلّ
شىء واخرون سمّوه قنبارًا وهذا اخر الكلام اخر الرسالة السابعة من
الرسائل العشر مفاتيح وهو سمته [2] يقول فى بعض كتبه فهذا
للحرق الذى تريد احراقه ويطلع الذى تريد من اطلاعه حتّى
تسيله الى القابلة فقد بيّن انّ فى الغمام ورفع الماء جميع
التدبير لمن فهم وللحرم [3] كثيرًا فالت يا روسم [1] قد اعلمتنى علم
الرطوبات فاعلمى علم الشديدات قال ما فهمت ما قلت لك حين
قلت لك القى الصفيحة فى الحلّ فالصفيحة ى بعض الشديدتيّن
فالت فكيف اعلم انّ الشديدات تصير غمامًا وتلصق به قال قول
للحكيم عقّنه [5] حتّى تهلك الاشياء وتصير رميمًا فاتّك ان عقّنت
الاشياء حتّى تصير رميمًا وتهلك كان الصبغ غير ممتج [6] والطبيعة
غمّاسة فى لجسد ولذلك قال ديمقراطا انّ الرطوبات تعلم الطبايع
فتال النار يعنى بذلك التعفين فينبغى ان نستخرج الروح بنار

---

[1] Ou السحق.

[2] Peut-être سمعته, bien que la lecture du manuscrit ne soit pas douteuse.

[3] Sic.

[1] On peut lire روسم.

[5] Il faudrait عقّنيه si la lecture est
bonne.

[6] Peut-être faudrait-il lire ممتزج.

التعفين ايّام كثيرة حتى يصبغ ويخرج منه زرع ينبغى ان تـتـرك المركّب فى الرطوبة والسخونة فى الذهب فـيـنـبـغـى ان تـحـلّ الطبايع وتخرج وتغيّر وتردّد حـتّى يظهر الصبغ الـذى تطلبين بنار ليّنة ورفق وصبر واعلمى انّ السمّ ما دام فى الحـرارة والظلمة والتعفين فليس له لون فاذا خرج من التعفين ظهر له لونه وهو زرع كلّ شىء فيثبت عن طبيعته فافهمى ذلك قال وان لم تـرفـقى وتملّقى [١] هذه الطبيعة بألين نار تقدرين عليها وتعقّنيها فيها حتى تصير دمًا فيتغذى ذلك الصبغ لم يخرج اللون فقد وضعت لك هذا التعفين فى الف مكان ارادةً ان تفهمى فافهـمى قال بـعـد كلام كثير امّا من جرّب وعمل بـصـبـر فـسيـعـرف من ايـن ياتيه الخطا فاذا عرف للخطا حذره واعـلـمـى اتّـه لا يـنـبـغى لـك ان تـحـقّـقى [٢] الـورق حتّى يستسرى وتاخـذى اصبـاغـه كلّـهـا قالـت فـهـذه الاصبـاغ كلّـهـا ما فى قال السواد فاذا نتر كان ذهبًا لحينئذ بجـدّيـد واتمّيه قال فينبغى لك اوّل طبخه ان تكون النار ليّنة حتّى بعتاد النار ويصطلحما ثرّ شدّ النار قليلًا قال احلطى الاثاليّة المستخرجة من الرماد بالكبريـة الّتى لا تحترق واطبخيه ايّامًا حتّى ييبس وتذهب الـرطـوبـة ولا يكون بعد ذلك جسدًا ولكن تنقعه [٣] بالحلّ فيكون اكسـيرًا فسقيه واطبخيه بمرق فم الاثاليّة يذهب للحلّ واطبخيه خمسين يومًا لتجديه قد نتر ومثل هذا كثير لم اكتبه يدلّ على طبع

دابر زمانًا حتّى يلزم لجسد الرطوبة فلا يابس ويظهر لون كريه
وكلام كثير يدلّ على ذلك يتّسع فى هذا المعنى بنار ليّنة وطبخ
دابر حتّى ينشف للجسد الرطوبة قال قد اعلمتك انّ الجسد
الذى يخلط فى المركّب الاخر الذى اجد ماء الكبرية وماء الكبرية
فى جمرته وصيّرته صدى فلتكن فى اوّل البدو قليلًا قـلـيـلًا
فاشرب الماء فشدّى النار وانظرى ان تخالطيه ببقيّة السمّ بعد
ما تطبخينه وذكر الوزن ثلثة من الماء وواحد من الجسد وسمّاه
وزن العلا ئية[1] وقال دعيه عن حقّى وزن السرّ الذى كـتـمـوه
فانّ فيه السرّ الاكبر كلّه قال[2] فافتى[3] عن ذلك السرّ قال هو قول
ديمقراطا اذ قال خذ من المركّب الذى وصفت فى اخر كتابى جزءًا
ومن تخمير الذهب الذى هو زهر الذهب وذهب فرفر جزءًا
واطبخيه بشىء من نار زبل قالت ما ارى هاهنا وزنًا الّا انّه قال
تخمير الذهب والمركّب الذى وضع فى كتابه ومرّة الماء يجعل له
وزنًا فقد بيّن انّ الماء ليس يوزن ولكنّه كلّما شرب ونشف سمّى
التركيب كان احسن له واجود لصبغه وقال اعلمى ايّتها المراة
السائلة عن مقدار السخونة التى كان صلاح صبغ بحاسنا ونقل[4]
غذاه وتمامه انّ الحمّام اذا كان هو وماؤه معتدلين لا حارّ ولا بارد
صلح لجسد وترتّا لحمه والّا اضرّ به الافراط والاعتدال اصلح الامور
قال فاخبرى عن قول التلاميذ لهرمس اتّا لم تلق شدّة اشدّ من

[1] Ms. العلاذيه. — [2] Il faut sans doute قالت. — [3] Lecture incertaine. — [4] Ms. بقل.

تزويج الطبايع حتّى ازدوجت طبايع الشمس والقمر قال صدقوا
وذلك لانّه لمّا اختلطت الاجساد بالاوابق ثبتت الطبايع كما
يثبت الميّت فى قبره واعلم انّه ان كثرت ريح الشمال وهبّت
بمرّة[1] كثرت الرطوبة على الارض ولم تقو على شرب المآء لكن اذا
هبّت الريح القبليّة وكان الريح بمرّة وجاء الطوفان فهذا
المفتاح لم يقفل عمّن[2] يعرف وجه الهدى قالت فافتنى عن
قولك انّ الصابغ والمصبوغ صار صبغًا واحدًا قال امّا الصابغ فهو
المآء وامّا المصبوغ فهى الارض اجتمعا صارا صبغًا واحدًا قال فما
اراد بقوله خذ الزيبق من الزربيج والزربيج فاعقده قال امرنا ان
تذيبهما حتّى يصيرا مآء ثمّ امرنا باجماده ليس يجسد جسدًا
قالت فاراه ينبغى ان يجمد قال صدقت قال امرنا باذابتها ثمّ امرنا
ان يجمد بعد الاذابة قالت فافتنى عن الكبريّة التى لا تحترق قال
اذا يبس للجسد والمياه فصارت اجسادًا والمياه فى الآاء كلّها شيئًا
واحدًا حينئذ سمّاها كبريّة لا تحترق قالت فكيف لا تحترق
وانت تزعم انّها تنهدم وتموت قال امّا الجسد الاوّل فليس يحترق
ولكنّه ان انهدم فقد علم صاحبه مثال[3] النار والصبر عليها والمياه
فى الآاء وترك الاباق قالت يا روسم كيف لى ان اعقد السزيبق
الرجراج قال قد اعلمتك انّ ذلك بجمرة النار يكون والصبر على
طبخه قالت فقول للحكيم خذ الذكر واجعله صفايح واخلطه
بالرطوبة التى فى المآء للخالد واطبخه بنار ليّنة حتّى تنحلّ الصفايح

وتصير مآء ثمّ تنشف الصفايح الرطوبة التى حلّت لجسد نال
هذا الذى سمّته للحكمآء مآء الذكر فامتخيه ولا تمّلى حتّى
تشرب الصفايح الرطوبة ويظهر الرمل فيصير يابسًا بعد ذلك
فسقّى المآء الارض حتّى ينفذ المآء كلّه ويصير المآء كلّه ترابًا ومآء
فيه ترابًا فاذا بلغت هذا لحدّ فاتركه يعفن فى آنائه فى نار ليّنة
ايّامًا كثيرةً حتّى تستخرج النار الوادة التى قالت للحكمآء فاذا
فعلت ذلك اصبت حدًّا صالحًا وراحة لا تصحب معها ولا شقا
قالت يقول للحكيم خذوا زهر النحاس الذى صار سمًّا احمر فسقّوا
به السمّ على قدر راى العين قال هو النحاس هو المآء الورق الذى
دبّر فصار المآء لخالد وامر ان يسقّى به الاكسير فيصير ذهبًا
مصبوغًا ثمّ تسقيه الاسه[1] فيصير ذهبًا اقزل وثمّ[2] يكون ذهبًا
فرفر ثمّ تسقيه ايضًا فيصير اكسيرًا غمّاسًا فى الاجساد صابغًا
لها فلا تزالين تصنعين كذلك حتّى ينفذ المآء ثمّ يترك اربعين
يومًا فى الطبخ وتصير تلك الرطوبة كبريّة وتصير الاجساد رمادا
لا يحترق قالت فلعلّ هذا الذى قال للحكيم رماد لحطب الابيض
قال نعم يعنى به دخان الطبايع وهذا الذى قال ديمقراط
الكباريت بالكباريت تمسك فيكون بها عمل كثير فاعلمى انّك وان
اجتهدت على تلك الاصباغ فلست تقادر[3] على ان تخرجى منها
صبغًا الّا من تلك الارمدة قال اذا رايت الاثاليّة قد طلعت فى
الراس فشّدى النار حتّى تطلع النار البقيّة[4] وعند ذلك

---

[1] Lecture incertaine. — [2] Ms. ثم. — [3] On pourrait lire تقادرة. — [4] Lecture douteuse.

10.

تستننى مخذى ذلك الورق والمخلط[1] بالمرتك المطلع بالاثاليّة فرّدديه مﻤﻤ يصير مرقًا فهذا الصبغ الاوّل وقال قسّمى السمّ قسمين فقالت ما معنى ذلك قال احرق الجسد بالقسم الاوّل وعـقّـنـيـه بالقسم الثانى فقد بيّن انّ الحرق هو الحلّ بالمحلل وقال فى المسئلة الاولى من العشر المفاتيح واخبرك باتّحاد[2] من قولى اتّهم على كثير تدابيرهم لا يحتاجون من ذلك الّا الى تدبير واحد واتّهـا كـلّـها واحد واتّه ان اختلفت الاسمآء والوصف فيه فاتّما هو تدبير واحد واتّك ان فهمته لم تحتاجى الى ما بقى من تلك التدابيـر والاشيآء وقال فى الرسالة الاولى من العشر ايضًا اعـلـمـى انّ كلّ طبيعة حارّة فينبغى لها ان تطبخ بنار ليّنة لاتّك ان شددت النار على الطبايع للحارّة الناريّة احرقتها ولذلك قال للحكيم انّ قليلًا من الكبريت يحرق شيئًا كثيرًا واكثر الكثير الذى عـنـاه ﻲ الاجساد الشدايد التى ادخلت معها ولهـذا اعـلـك انّ المـآء المركّب واتّه هو الذى سمّاه للحكيم سرًّا ظاهرًا واعـلـى انّ هـذا السرّ هو المركّبان احدهما تركيب الاجساد والاخر تركيب المآء وهما اللذان يحتاج اليهما .....[3] ينفعكم السـنـدامـه فاذا جـد فاتّياكم ان يكون يابسًا من غير رطوبة وآلّا اهلكته النار بحرارتها ولكن ليكن جافًا[4] برطوبته فاستجنت الطبيعـة فى جـوفـه فسمّيناه تنكارًا[5] لمجرته فادخلوا عليه من المآء للخالد حـتّى يجـف

---

[1] Ou الخلط.

[2] Ms. باتّحاد.

[3] Blanc d'un centimètre et demi, in-

suffisant pour contenir les mots manquants.

[4] Ms. حافا.

[5] Ou تنكارا.

ويظهر منه اللون الذى تطلبون بحرارة النار وعطش للجسد
واعلموا انكم ان خلطتم معه الزيبق المدبر الذى يخرج من
التنكار والذكر فى اول التدبير يفتّت سريعًا وهان عليكم
سحقه فدعوا طبخه حتّى يصير ماءً ثمّ اطبخوه حتّى يشرب ماءه
كلّه فاذا صار كلّه ترابًا فسقوه الرطوبة حتّى ينفذ ماؤه كلّه واطبخوه
حتّى يصير صدى هذا يدلّ على انّه اراد بالتفتيت التمويه
ويدلّ على انّ الاحراق التمويه ايضًا ويدلّ ايضًا على ان شربه
الماء يريد بقية ما بين[1] فى الجسد بطبخ حتّى لا يرتفع بخار بنار
غير محرقة اشدّ من نار التغشية فانظر فى هذا حتّى يصحّ ان شاء
الله قال يقطوس وانا آمركم ان تدبّروا الجمر حتّى يصير رمادًا
فما اعظم خطر ذلك الرماد واشدّ قوّته ولولا انّه صار رمادًا لما كان
له قوّة على ان يمسك الارواح ولهذا اخرج هرمس الرماد وزعم انّ
الرماد اذا مات يلزم الارواح ولهذا مدح هرمس الرماد وزعم انّ
الرماد اذا مات امسك الارواح وانا آمركم بتدبير هذا الرماد فى
الطبخ وتسقيته سبع مرار وادامة الطبخ حتّى تستخرجوا منه
الالوان وبهذا التدبير يطيب ذلك الرماد ويعذب ويجود
ولا ترى هدوًا فيه فما كان للابيآء والكهنة الذين اعطوا مفاتيح
هذه الصنعة مثل الّا الرماد فعليكم به فانّ السرّ كلّه فيه الا ترون
انّ الحكمآء كلّهم قالوا السواد ثمّ البياض ثمّ الحمرة وانا اعلمكم انّ
الحمرة انما كانت وظهرت من ذلك الرماد الرفيع وقد قال الحكيم ما

---

(1) Lecture incertaine; peut-être تابيق au lieu de ما بين.

لكم وللاشياء الكثير والشىء الذى يكون منه هذا العمل واحد
قالت ثيوسابية اخبرت عن قول شيماس للحكيم ان الشىء
واحد الذى يكون به كلّما تطلبون فان لم يكن فيه مثل ما
تطلب فلست مصيبًا شيئًا ممّا تطلب قال قد بيّن لك انّ من دخل
فى الصنعة اتّما يطلب ان يصيّر الاشياء ذهبًا فان لم تجعل
الذهب فى الذهب فلست فى شىء قال وما الذى ينتفع به
انّ الذهب من الذهب قال لانّه يخرج من القليل الكثير قالت
لو عرف هذا اهل الدنيا لكثر ذهبهم قال فقد اعلمتك انّه قالت
فى يدى منه شىء قال لجمالتك[١] بتدبيرك اشباهه التى يخلطها من
اقاربه المؤتلفة غير المختلفة قالت فافتنى عن ذكر للحكمآء مزاج
الهواء قال اتّما وضعوه قياس التركيب قالت وكيف ذلك قال لانّه
ان لم يكن الرطبين اللطيفين فاتك مصلح بينهما هلكا وهربا من
النار ولم يقويا على كثرة الطبخ وان لم يقويا على كثرة الطبخ لم
يخرج منهما شىء ينتفع به واعلمى انّ كلّ شىء من الاشياء فن
الاصل فى الثلث التى فيهنّ السورين والتجبيرة[٢] والمغرة

نجز كتاب لحبيب بحمد اللّه وعونه نفعنا اللّه
به ولسايركلامهم امين نقل من نسخة سقيمة
جدًّا معحفة على ما وجد وللحمد للّه وحده وصلوته
على سيدنا محمد

(١) Ms. لجمالك. — (٢) Ms. التجبيرة.

# كتاب اسطانس

**» من كتاب الفصول لاسطانس الحكيم**

قال الحكيم اوّل ما ينبغي للطالب ان يعرف الحجر الذي تنافس فيه الاوّلون وباعوا كتمه بذباب السيف وامتنعوا من تسميته او ان يذكروه بالاسم الذي تذكره به العامّة وترهوه في غيب الرمز حتّى قصرت دونه الاذهان الثاقبة وانقطعت عن ادراكه الالباب الذكيّة وتحيّرت في وصفه القلوب والافئدة الّا من كشف الله تعالى عن بصيرته ففهمه وعلمه وممّا وصفوه به ان قالوا هو الماء السيّال هو الماء الجالد(١) ﻫ النار الاجاجة ﻫ النار الجامدة ﻫ الارض(٢) الميّتة ﻫ الحجر الصلد ﻫ الحجر الليّن هو الفرار هو الثابت هو الجواد هو المهزوم هو الهازم هو المقاتل للنار هو القاتل بالنار هو المقتول ظلمًا هو المأخوذ قسرًا(٣) هو الغالي الثمين هو الرخيص الهين هو العزّ(٤) الشامخ هو الهوان الدون ما اعزّه لمن عرفه وما اجلّه لمن دبّره وما احقره عند من جهله وما اهونه على(٥)

---

(١) Ms. de Leyde الجامد.

(٢) Ms. de Leyde ajoute العامدة والارض.

(٢) الموجود يسرًا Ms. de Leyde.

(٤) Ms. de Leyde الغر.

(٥) Ms. de Leyde لمن.

اتممت

من لم يعرفه ينادى فى كلّ يوم بكلّ ارض يا معشر الطالبين خذونى
فاقتلونى ثمّ بعد القتل احرقونى فانّى احيا بعد ذلك كلّه فامشى كلّ
من قتلنى واحرقنى وان ادنانى من النار حيًّا ابيت[1] الصبر عليها
ولو صعّدنى بكلّ تصعيد وقيّدنى بكلّ تقييد واعجبًا[2] كيف
اصبر حيًّا على الاذى والله لا صبرت حتّى اسلى سمّا بميتنى لحينئذٍ
لا ادرى ما صنعت النار فى جرمى فهذا دابه فى كلّ صباح وفى كلّ
مساء فايم ادتم معشر الطالبين من مقاله ان تتوهمون انّ لسان
المقال[3] حقّ ولسان لحال باطل وقد ذكر جمهور الفلاسفة انّ
لسان لحال احجّ[4] من لسان المقال وهذا الحجر ينادیكم فلا تسمعونه
ويدعوكم فلا تجيبونه فواعجبًا[5] من صمم غشى اذانكم وران غمّ
قلوبكم الا ترون انّه مقاتل للنار فليس شىء اعدى منه فيها اذا
جعل بها سمعت له صلصلة كما يفعل المآء المعقود يزيد[6] بسبرده
الثلج واعلم ايّها الطالب انّه مآء ابيض[7] احتفر بارض الهند ومآء
اسود احتفر بارض الشجر ومآء احمر[8] براق احتفر بارض الاندلس
هو مآء يقتبس من خشب بنار اجاجة هو نار تقدح من اجار
بديار الفرس فى شجرة تنبت بقرون للجبال هو غلام ولد بمصر هو
امير خرج من الاندلس لا يريد الّا معادات الطالبين فقتل منهم
الروسآء وصيّر بعضهم امرًا اعيا علاجه العلمآء ما ارى له سلاحًا

---

[1] Ms. de Leyde اتيت من.
[2] Ms. de Leyde واعجباه.
[3] Ms. de Leyde المثال.
[4] Ms. de Leyde انجح.
[5] Ms. de Leyde فواعجباه.

[6] Ms. de Leyde omet يزيد et écrit ببرد au lieu de بسبرده.
[7] Ms. de Leyde ajoute ان dans cette phrase et dans les suivantes devant احتفر.
[8] Ms. de Leyde احمر.

اكثر من الصبر ولا جوادًا غير العلم ولا ترسًا سوى الـفـهم فاذا
تحتَّى له الطالب بهذه الثلثة سباء وقتله فعاد له بـعـد الـقـتـل
حيًّا[1] اختلع من الامارة وولّاه رفيع العزّ ونال مراده وبـغـيـتـد
تحسبك من هذا التبيين ولقد سمعت ارسطاطاليس يقول ما
للطالبين يجيذون عن الحجر واتّه لمعلوم موصوف موجود ممكن
فقلت ما من صفته وايجاده وامكانه فقال امّا صفته فكالبرق فى
ليلة ظلمآء فكيف[2] لا تعلم بياض بدا فى سواد[3] لا يشقّ الفراق على
من عهد البين ولا يشتبه الليل لذى عينين وامّا ايجاده فجر ممكن
فى الدور والحوانيت والاسواق والطرق والمزابل والمـسـاجـد
والحمّامات والقرى والمدائن والبرّ والبحر وامّا امكانه فجر مصفد
فى حجر وحجر مركّب فى حجر وحجر مطبق فى حجر وحجر كامن فى حجر
بكت عليه الفلاسفة فلمّا غمرته دموعها زال سواده وانجلت
دهمته وبدا كاللؤلؤ المكنون فحينئذٍ امن[4] صاحبه وسخر طالبه قال
لحكيم بيّن ارسطاطاليس فى هذه المقالة حالة الحجر الـذى من
صفته اتّه أسد رُبّى فى غابة ثمّ اراد رجل من الناس ركوبه مسرجًا
ملجمًا فعالج ذلك فاعياه فلم يكن له بدّ ان يتحيّل بالحيل الرفيقة
حتّى لحقه فى الصفايد الوثيقة فاسرجه والجمه ثمّ ادّبه بسـيـاط
اوجعته ضربًا ثمّ خلّاه من قيوده فحذا به حذو الـذليـل كاتّه ما
شرد يومًا قط فالحجر هو الاسد والقيود ى المدبّرات اعنى الاشيآء

[1] Ms. de Leyde ajoute ici وحينئذ et
اختلع après له.

[2] Ms. de Leyde ajoute حى.

[3] Ms. de Leyde ajoute ى سواد بدا
بياض.

[4] Ms. de Leyde فتن.

التى اذكرها فى هذا الفصل الذى يتلو هذا الفصل الذى انا
فيه والسياط فى النار فاين انت ايّها الطالب من هـذه الصـفـة
المبيّنة ۞ وانّ من صفته ما قال للحكيم ما بال الناس ينبّئون بالجبر
ولا يدبّرونه[1] ويلبّسونه ولا يدبّرونه ويصنعون منـه المراهم
المحرقة لجرب الابدان ولا يدبّرونه ويبطئونه باقدامهم ولا ياخذونه
قال حكيم اخر لقد عشت منذ اربعين سنة ليس منها يوم الّا
ارى فيه الجبر صباحًا ومسآءً حتّى خشيت ان لا يخـطـيـه احـد
فزدت فى رمز كنت رمزته اوّلًا فزدته تعـمـيـةً مخافة ان تبدو السريرة ۞
واعلم انّ القوم اكثروا فى كتبهم[2] من اسمآئه وها انا اذكـر
ايسرها واعرض عن اكثرها[3] اعنى ما لم يطر صيـتـه فى العـالـم
فسمّوه اسدًا وسمّوه تنينًا وسمّوه حيّة وسمّوه عقربًا وسمّوه[4]
مآءً وسمّوه نارًا وسمّوه سيّالًا وسمّوه معقودًا وسمّوه محلولًا وسمّوه خلّا
وسمّوه ملحًا وسمّوه كلبًا وسمّوه عطاردًا وسمّوه زيبقًا وسمّوه ذئبًا
وسمّوه غلامًا وسمّوه جارية وسمّوه غزالًا وسمّوه جوادًا وسمّوه ذئبًا[5]
وسمّوه نمرًا وسمّوه قردًا وسمّوه كبريتًا وسمّوه زرنيخًا وسمّوه توتيًا
ومرتكًا وحديدًا ونحاسًا ورصاصًا وقزديرًا وذهبًا وفضّةً وطلـقًا
وطولقًا وطرآقًا وطريًا[6] وابكمًا وظالمًا ومطاوعًا ومغنيسيا وزجاجًا
وياقوتًا وسمّوه[7] مرجانًا وصدفًا ودمعًا وقلبًا ولسانًا ويدًا ورجلًا

<hr>

(1) Ms. de Leyde ajoute : ويدفنونه مع
موتاهم.

(2) Ce mot et le précédent manquent
dans le ms. Leyde.

(3) Ms. de Leyde ذكرها.

(4) Manque dans le ms. de Leyde.

(5) Ms. de Leyde ذربًا.

(6) Ms. de Leyde ajoute وناطقًا.

(7) Ms. de Leyde ajoute بـادرًا ومهاةً
ومامًا و.

وراسًا ووجهًا وشحمًا وروحًا ونفسًا وزبتًا وكحلاً وسمّوه بولاً وعظمًا
وعرنًا وسمّوه زحلاً وبرخيسًا ومريخًا وشمسًا وقمرًا (١) ۞

بسم الله الرحمن الرحيم

قال الحكيم اسطادس التى افهمنا الله تعالى وبصرناها انى لمّا رايت
هذا العمل وقع حبّه فى قلبى وداخلنى مع ذلك هتّم ذهب بنوم
عينى وامتنع متّى طعمى وشرابى حتّى نحل جسمى وتغيّر لونى فلمّا
رايت ذلك من امرى اقبلت على الصلوة والصيام ودعوت الله
تعالى ان يفرّج عتّى الذى قد داخل قلبى من الغمّ والهمّ وان
يجعل لى من امرى الذى قد التبست به مخرجًا ۞ فبينما انا نائم
على فراشى اذ اتانى آتٍ فى المنام فقال لى قم فافهم الـذى اريـك
فانطلقت معه فاذا انا بسبعة ابواب لم ار شبيهًا لها حسنًا واذا هو
يقول فى هذه خزائن هذا العلم الذى طلبت ۞ فقلت له جزئت
خيرًا اهدنى للدخول الى هذه الابيات التى تزعم اتّها خـزائـن
العلم ۞ فقال كـيف تستطيع الدخول ولا تقدر على مفاتيـج تلك
الابواب ولكن انطلق حتّى اريك مفاتيج تلك الابواب فانطلقت
معه فاذا انا بدابّة لم ار شبيهًا فى الدوابّ لها جناح نسر وراس
فيل وذنب تنين واذا الدابّة ياكل بعضها بعضًا فلمّا رايتـهـا

---

(١) L'énumération arrêtée ici dans le ms. de Paris se poursuit durant trois lignes
encore dans le ms. de Leyde.

۱۱.

اشتدّ فزعى وتغيّرت لونى فلمّا ان راى ذلك من امرى قال انطلــق
ايها الرجل الى هذه الدابّة فقل بسم اللّه العظيم اعطنى مفتاح
ابواب الحكمة ۞ فلمّا انطلقت اليها على وجل ومهابة فــقـلــت
لها ذلك فدفعت الىّ مفتاح تلك الابواب فافتتحتها حتّى انتهيت
الى اخرها بابًا فاذا انا فيه بلوح مقابلى بهىّ المنظر فيه من كلّ لون
ولا يستطاع النظر اليه من شدّة بريقه فاذا اللوح مكتوب بسبعة
السن اوّل تلك الالسن مصرىّ فلمّا قرات ذلك اللوح اذا هو يقول
فى اوّله ساضرب لك مثلًا للجسد والنفس والروح فتدبّره بــراى
وعقل وليكن منك على بال فانّك تهتدى به الى كلّ عمد وتدرك
به كلّ خفى ۞ انّما مثل للجسد والروح والنفس كمــثــل الـسـراج
والزيت والفتيلة فكما لا تصلح الفتيلة فى الـسـراج الّا بالــزيــت
كذلك لا تصلح النفس فى الجسد الّا بالروح وانّما نفس للجسد الدم
وروح للجسد الريح التى تختلف بين الــدم والقلب الى اسـفــل
للجسد فقد تعلم انّه هو اللحم والعظم والعصب ۞ واعلم انّك ان
سكنت النفس وحدها للجسد ولم تدخل عليها الروح لم يكن
للجسد ضوء وكان للجسد كانّ عليه ظلمة ۞ فاذا ادخلت عليه الروح
رقّ للجسد وصفا وحسن لونه فافقه هذا الذى وصفنا لك فانّه
جسيم من الامور ولا يهتدى للعلم للحى الذى وصفنا الّا من عرف
هذا الباب الا ترى انّ النار ذات ضوء وشعاع واشراق فاذا الـقى
عليها الماء ذهب بضوءها واشراقها وصارت ظلمة بعد ضوء وان
اخذت النار والماء بالتدبير الذى وصفنا فى كتابنا هذا فاحكمت

عملهما كالذى اربتك امتزجا واصطلحا حتّى لا يضطرّ واحـد منهما صاحبه وازداد عند اجتماعهما ضوءًا وشعاعًا واضعفـا عـلى الذى كانا عليه اوّل مرة فهاكذا ينبغى لك ان تـبـدا وبـهـذا بدا من كان قبلنا لان اوّل الطبايع الاولى اتّما كانت نارًا ومآءً فـلـمّا ازدوجت النار والمآء واصطلحا نبتت منهما اجسـاد واشجـار واجار كثيرة فينبغى لك ان تقيس العلم الاخـر بالـعـلـم الاوّل فكما تسمع اتّه صنع وعمل فكذلك فاصنع واعمل ۞ فهـذا الـذى ذكرت لك من القول هو الذى قرات فى اوّل اللوح وكان بالمصريّـة مكتوبًا ۞

ثمّ كان بعده كتاب فارسىّ فيه فقه وعلم كثير فهذا الذى اقول لكم الآن هو الذى بدا لى من كتابه واحصيت من علمه اتّه قال امّا مصر فذات فضل على المدائن والكور وذلك لما قد اعطى الله تعالى اهلها من الحكمة والعلم بجميع الاشيآء ۞ وامّا فارس فاليها يحـتـاج اهـل مصر واهل الافاق كلّهم ولا يصلح شىء من اعمالهم الّا بالذى يخـرج من فارس الا ترى اتّه ليس احد من الفلاسفة الذين كانت همّتهم فى هذا العلم الّا وقد بعث الى اهل فارس فاتّخذهم اخوةً وسالـهـم ان يبعثوا اليه الذى يخرجه من ارضهم ولا يوجد فى غير بـلادهـم الم تسمع ببعض الفلاسفة اذ كتب الى مجـوس اهـل فارس اتّى اصبت كتابًا من كتب للحكمآء الاوّلين بقلم فارس لا استطيع القراءة له فابعثوا الىّ من حكمائهم بحكيم يقرأ لى كتابى الذى اصبت فانّ لكم عندى ان فعلتم ذلك يدًا حسنةً وانا شـاكـر لـكـم ابـدًا

الشيء اليسير كيف يعمل للخير الكثير عند هذا انتهى الكتاب
الهندي ۞ فامّا ما سوى ذلك من الكتب فانّها قد كانت درست
من طول مكثها فى ذلك اللوح فلم يستطع ان ينتج منـه الّا هـذه
الثلاثة الابواب وذلك انّها كانت فى اوّله فسلمت فبينما انا اتـرّدد
فيما اشكل علّى من ذلك اللوح اذ سمعت صوتًا فظيعًا يـنـادى ان
اخرج ايّها الرجل قبل ان تغلق الابواب فانّه قد حان زمانـهـا
الذى تغلق فيه فخرجت منها وانا خائف ان يحال بيـنـى وبين
الخروج فلمّا ان خرجت من جميع الابواب اذا انا بـشـيـخ لم ارله فى
الحسن شبيهًا واذا هو يقول ادن الّي ايّها الرجل المشرب قـلـبـه
حبّ هذا العلم فلافهمتّك كثيرًا ممّا قد اشكل عليك ولابيّنت لـك
الذى خفى عنك ۞ فدنوت منه فاخذ بيدى ثمّ رفـع يـده الى
السمآء فحلف لى بالٰه السمآء انّ العلم كلّه لمعك وانّ سراير حكمتنا
جميعًا لفيك ففكرت فى الذى قال لى فاذا قـولـه ورايـه صـدق فاذا
هو لم يكتمنى من مخزون علمه شيئًا فحمدت الله الذى ابدا لى ذلك
واظهرنى على خفيات العلم فبينما انا كذلك اذا الـدابّـة ذات
الثلاثة الاشكال التى ياكل بعضها بعضًا تنادى باعلا صوتها انّ جميع
العلم لا يكمل الّا بى وانّ مفتاح خزائن العلم عندى فن اراد تمـام
العلم كالذى ينبغى فليعرف لى حقّى ولا يجهل شيئًا ممّا قالت فيه
الحكمآء فلمّا ان سمع الشيخ صوتها قال لى انطلق ايّها الرجل اليها
فاعطها عقلًا مكان عقلك ونفسًا مكان نفسك وحياةً مكان حياتك
فانّها حينئذٍ تطيع امرك وتواتيك على جميع حوايجـك فـتفكّرت

ما بقيت فعجّلوا عليّ بالذى سالتكم قبل ان تفنى حياتى فاصير
ميّتًا لا احتاج الى شيء من العلم ۞ فكتب اليه حكمآء اهل فارس
اتّه لمّا وصل الينا كتابك كثر فرحنا بالذى كتبت الينا بـه
وعجّلنا اليك مع ذلك للحكيم الذى سالت ليقرأ لك كتابك ويظهر
لك ما خفى عليك منه لانّا راينا ذلك لك علينا حقًّا واجبًا فانظر
اذا اتممت كتابك كالذى ينبغى فعجّل الينا نسخة ذلك الكتاب لانّ
اباءنا الاوّلين هم الذين وضعوا ذلك الكتاب فليكن لنا فيه معكم
نصيب فاتّه كذلك ينبغى والسلام ۞ هذا كلّ الذى قرات ممّا كان
فى ذلك اللوح من الكتاب الفارسىّ ۞ ثمّ قرأت بعد ذلك كتابًا هنديًّا
وهو الذى اقول لكم الآن ۞ قالوا نحن الآخذون بالـفـضـل فى
تدبير الدهر اذا الناس قليل عددهم رضى بالهم وارضـنـا اشـدّ
الارضين كلّها قوّة وذلك لقرب الشمس من سمت رؤسنا ولما ينالها
لنا من سخونتها فلذلك اشتدّت قوّة طبيعة ارضـنـا فـنحـن لـولا
ما نحتاج اليه من ارض فارس لاكملنا العمل كلّه بالذى يخرج من
ارضنا وبحرنا ۞ قد ارسل الينا حكيم من الحكمآء ان ابعثـوا الىّ من
بول الفيل الابيض الذكر الذى يكون فى ادنا ارضكـم فاتّـه
كذلك يقال انّ ذلك البول شفآء لكثير من الاسقام فلمّا اتانا رسوله
بعثنا اليه بالذى سالنا نحمد الله حين وصل اليه وشكره وفضل
ذلك البول على جميع الادوية علم من منافعه ثمّ اثنى عليها بالـذى
راى منه فقال انّى لم اشركه مع خـلـط من الاخـلاط الّا زاد ذلـك
للخلط قوّةً ومنفعةً وكتب الى الناس ان اعجبوا ايّها الـنـاس من

ان كيف اعطيها عقلاً مكان عقلى ونفسًا مكان نفسى وحيـاةً
مكان حياتى فقال لى الشيخ خذ الجسد الذى يشاكل جسدك
فانزع الذى امرتك منه فادفعه اليها ففعلت الذى امرنى بـه
فادركت العمل كلّه تامًّا كالذى وصفه هرمس ۞

## EXTRAIT DU MANUSCRIT 1074
### DU SUPPLÉMENT ARABE.

(Fol. 142 v°.)

قال مرقوش ملك مصر ابن ثبت ملك للجيش حين ساله سفاجا ملك
الصعيد عن اكسير فقال له ما فى الدنيا بضاعة اكثر منـه
وهو اكثر من كلّ شىء على وجه الارض وهو عند الغنى والفقير
والمسافر والمقيم ولولاه لمات للخلق اجمعين قال مرياش الـراهـب
لخاله اقه الزم الاشيآء لعـحّتك ولولاه مت وقال للحكيم ذومسقراط
للملكة ائوسابية اذا دخلت يدك فى جيبك فامسكى عليك فاتـك
فى للخسران فانّ هذه الصنعة لا يشترى سرّها بـثمن ابـدًا فاتّاك
ان تضّرى شيئًا من العقاقير وقال سيدنا هرمس عليـه الـسـلام
فى المآء سرّ عظيم لاقه يصير فى الزيتون زيتًا وفى البطم سمعًا وفى
النخل بلحًا وفى كلّ شىء مثله فالذى هذا سرّه وفعله يغفل عنـه
فلمّا عرفوا هذا السرّ المصون كتموه اشةّ الكتمان ورمزوه اشةّ
الرموز وسمّوه بكلّ عقار ومعدن ونبات وحيوان كما قال ابن اميـل
فى نونيّته ۞

وسمّـوه بـاسمـآء كـثـيـرة ۞ فانسدت الضمايـر والظنونـا
وقالـوا كـلّ شىّ هـو هـذا ۞ بما فى الارض ذاك يـلـقـبـونـا
وسرّ الله فـيـه مـسـتـكـن ۞ نهى عن كشفه ألاقـدمونـا

وقال الاستاذ جابر فى كتاب الدرّة المكنونة والحكمة المظنونة انّ الجهّال لو ماينوا عجز الحكماء لحلفوا بالله ألا يكون منه ذهبًا ولا فضّة ولو علموا انّه اصلهما وهما منه لوقفوا عند ذلك وسلّموا الينا ولكـن حال بيننا وبينهم الجهل وقال صاحب الشذور فى شرحه لديوانه تالله لو سمّوه باسمه الذى تعرفه به العامّة لكذّب به اهل الجهل ولشكّ به اهل العقل وقالت مارية الحكيمة بنت سبا الملك ستر عظيم حقير يداس بالارجل ولكن تلك للحقارة كرامة من الله تعـالى له حتّى لا تعرفه السفهاء ويكون منسيًا وقال جلينوس انّ الحكمـة اقتضت ان يخلق اعزّ الاشياء من احقر الاشياء فانظر الى احسـن الملابس فى الدنيا وهو الحرير من الدودة وكذلك احسن ماكـول الطعام وهو الشهد من ذبابة والمسك من حيوان وكذلك العنبـر من سمكة والدرّ من صدفة وكذلك هذا الشىء من احقر الاشيـاء عند الجهّال فقط ۞

# كتاب الملك

وهو الثامن من الكتب الخمس مائة تأليف الشيخ أبي موسى
جابر بن حيّان الصوفيّ رحمه الله
بسم الله الرحمن الرحيم

الحمد لله القدير الرؤوف الرحيم وصلى الله على محمّد وآله وسلّم
افضل التسليم اما بعد فانّ هذا الكتاب خاصّةً من كتبنا خصصناه
من التدابير بنوعين احدهما خفّة العمل وسهولته لانّ الاعمال
الخشنة لا تنشط الملوك اليها ولا يقدرون عليها والثاني العمل
الجوانيّ الذى كان للحكمآء لا يعملونه الّا الملوك ولهذا سمّينا كتابنا
هذا كتاب الملك فنبيّن يا اخى ما نقوله فى هذا الكتاب فانّ الامر
فيه سهل جدًّا ان فطنت وحقّ سيّدى واعلم انّ التدبير الملوكيّ
هو الذى لا يصلح الّا للملوك لسهولته وقربه وسرعة عمله وجودة
صبغه فبالله يا اخى لا تجعلنّك سهولته على ان تفشيه وتبديه
لاحد من اقربائك واهلك وولدك البررة فضلًا عمّن خالفهم فوالله
يا اخى انّك ان خالفتنى لتندمنّ حيث لا تنفعك الندامة وما من
احد يجد الامر العظيم سهل المأخذ قريب المطلب الّا بذله حتّى
يخرج عن يده ولذلك لا يبقى مال الميراث الّا مع العقلآء الفضلآء

المجربين واذا كان الامر على هذا يا اخى فا ظنّك بما لا يفنى ولا ينفذ
ابدًا ولو تعلّمه جميع البشر لانّ كلّ من تعلّمه فانه يحرص على الظنّ
به وكتمانه ايّاه عن غيره بالطبع لا بالتكليف وليس قول القدمآء
اتا لو ابدينا هذه الصنعة لفسد العالم وعُمِلت كما يعمل الزجاج
فى الاسواق بشىء وذلك انّ هذه الصنعة لا بدّ لها من الجريــن
اللذين هما قاعدتها واذا كان لا بدّ منهـمـا فكثـرا او قـلّا فالحرص
عليهما يحمل على المنافسة فيهما والضنّ بهما فاعلم ذلك واتّما ارادت
الحكمآء ان تودس منها للجهال فلايتعرّضون لها فاحذريا اخى وايّاك
ان فهمت ما ذكره فى هذا الكتاب من التدبير العجيب السريع
الذى هو وحق سيّدى بغير تقطير ولا تطهير ولا حلّ ولا عقد
ويخرج منه الباب الاعظم على حقّه وصدقه فاعلم ذلك واعمل بـه
تصب الطريق اليه سهلًا ان شآء الله تعالى واعلم يا اخى انّ المآء اذا
مازجه الصبغ والدهن وامتزجت امتزاجًا تامًّا حتّى يحمر المآء
ويجهد ويصير كانّه حبّ المرجان فاذا كان كذلك وصار منتفضًا فى
ذوبه ومتشمّعًا فى سرعته طائرًا فى الاجساد كلّها فاذا كان الامر على
ما قلناه فذلك هو الامام ولناخذ فى التدبير فنقول انّ التدبير
الاطول هو تدبير اصحاب الصنعة وهو الطريق الذى لا خطا فيه
لمن عرفه وقد ذكرناه على جميع وجوهه القريبة والبعيدة فى
السبعين وفى الكتاب المتحد بنفسه فانه وحق سيّدى من الكتـب
الجليلة النافعة فى هذا المعنى واتّما الطريق الاقرب وهو طريق
الميزان فى الجملة غير انّ طريق الميزان وان كان هوالاقرب فى الجملة

فاته متفاوت ايضًا وذلك انّ طريق التدبير هو الاطول فى الجملة
وقد تفاوت حتى صار اطوله فى نيف وسبعين سنة على ما حكيناه
لك فى الكتاب المعروف بتدبير الحكمآء القدمآء وفى كتبنا السبعين
ايضًا عند ذكرنا اطول التدابير والاقرب منه فى خمسة عشر يومًا
فانظر يا اخى كم بين اثنين وسبعين سنة وبين خمسة عشر يومًا من
التفاوت كذلك وحق سيّدى تفاوت الميزان فانّ اطوله فى تسعة
ايّام واقصره فى اقلّ من طرفة العين وان كان لا بدّ من الزمان لجمع
العقاقير ودقّها وضم بعضها الى بعض وسبكها الى ان تقبل الجماير
وتنقلب اعيانها دفعةً واحدةً فاعلم ذلك ووالله وحق سيّدى ما
ذكرت لك من هذا التدبير الّا ما عملته بيدى لخرج لى على ما
وصفته لك فى هذا الزمان القريب فايّاك ثمّ ايّاك ان فطنت له
وظفرت به ان تعلم همالك بما عملت يمينك فوالله لئن لم تقبل
وجملك احجابك به وفرط سرورك بسرويسته الى المفاخرة بحكمآء
الصنعة او للتحدّث به لاهل المودّة والخاصّة والمساراة لجاحدى
هذه الموهبة العظيمة لتستعجلنّ مضرّةً لا نفع بعدها ولتجنينّ
على نفسك يا مسكين جناية لا تستقيلها اخر الدهر فاقبل هذه
النصيحة فقد قيل

فلا تفش سرّك آلا اليك ۞ فان لكلّ نصيح نصيحا

واذا كانت منزلة هذا التدبير هذه المنزلة فانما نسميه تدبيرًا
على الامر العامّى الشائع لا على الطريق الخاصّى الموازينى لتحقيق ان

يسمّى التدبير الملوكى وان ترغب فيه الملوك لخفّته وسرعته وبلوغ
المراد به فاتّه لا يمنع من تدبير المملكة ولا يقطع عن سياسة الجند
والرعية ولاته ايضًا يجمع مع سرعة الكون اته لا يخرج عند الآ الجوانّ
للحق الذى هو غاية المراد من غير ان يمدّ بالوسايط وهذا امر محال
فى البرهان ولكن يا اخى قد شاهدناه وما نقدر على دفع الحسّ عن
انفسنا واتّى لمتحيّر فيه متعجّب منه واعلم انّ هذا الخارج اتّما هو
اكسير الاكاسير كلها وخميرة الجاير يقلب اعيادها فى مثل الزمان
الذى انقلب هو فيه لا فى مثل الزمان الذى جمعت فيه عقاقيره
وسبكت لاته اذا خرج صار اسرع ذوبًا من الشمع فساعةً يصيبه
حمى النار يخطف البصر حركته وغوصه فى الجسد المعدّلة واضآءة
للجسد به باسرع من رجع الطرف فوالله وحق سيّدى صلوات الله
عليه ما ذكرت هذا فى شىء من كتبى الآ فى كتابى المفرد الذى
سمّيته كتاب الموازين وذكرته هناك ذكرًا لا يصل اليه
ابدًا احد ولا يشعر به بشر ولا يعلم اتّى ارومه من وصل
اليه بالتدبير وعرفه بالمشاهدة الآ فى لفظة واحدة فعسى
ان يعرفه بها من شاهده ووصل اليه وهو قولى الآن يسعدك
الله برويّة الامام فامّا من لا يصل اليه فلا سبيل له الى علم ما
اوردته هناك وقد ذكرته هاهنا وحق سيّدى
جعفر بن محمّد الصادق عليه افضل التحيّة والسلام ذكرًا
مصرحًا مكشوفًا بلا رمز ولا لغز ولا تمثيل له بغيره كا جرت عادة
جميع الحكمآء ومادن معهم فى ساير كتبى واتّما فعلت ذلك ليسعلم

سيّدى عليه السلام انى لم اثمّ ولم ابخل ولم ارمز فعساه ان
يخلصنى من وهج هذا العالم وانظر يا اخى ما اعطيتك وبما ذا قد
مننت عليك واعلم انّ القدماء ما ذكروه فى شىء من كتبهم
راسًا على هذا الوجه الذى ذكرته لك ولا اوهموا انّ اليـد
طريقًا بل ما سمّوا باسمه ولا اجروا له ذكرًا فضلًا عن ان يوهموا
طريقًا اليه او يدلّوا عليه الآ انّ منهم من قد وصف غـيره
ببعض صفاته فى جملة الصفات التى لا تلتقى به كقولهم الـبـرق
الخاطف وحدقة العين والغالب والمغلوب والله وحقّ سيّدى
لو تركتك مع عقلك فى هذه الكلمات اليسيرة مع انى قد نبّهتك
على انّ المذكور منها قد وصف غيره بصفته لما قدرت عـلى
استخراجها مع هذا الافصاح والتصريح ابدًا الآ ان تكون قـد
شاهدت الامر وعرفته عيانًا فاذا مرّت بك صفته عرفته وقد يخرج
وحقّ سيّدى لكثير من الناس بالاتّفاق ويحصل فى ايديهم على
غايه ما يكون من الفضيلة فلا يعرفونه فيضيّعونه وقد يعرفونه
بعد ما يفسدونه فيجتهدون فى اعادته ثانيةً فلا يقدرون عليه الى
ان يموتوا بحسرته وهذا وحقّ سيّدى قد اصاب جماعةً كنـت
اعرفهم من فضلآء من ينظر فى هذا العلم وفلاسفتهم لجلّة ممّن قـد
وصل الى عمل الاكسير بالتدبير وممّن وصل الى اكثره فاتّما
الواصل اليه فكان طول عمره كالمولّه الباهت الذى لا يـقـدر ان
يصرف نفسه عن الفكرة فيما رأى ولا يدرى كيف الوجه فيه
واتّما الذى لم يصل اليه منهم لمنهم من الحسدة لشدّة فرحه به

وترك الرمز فاعرف هذا واعلم انّ جميع ما فى هذه الكتب يجرى
مجراه فى الصدق وعدم الرمز وذكر الشىء نفسه دون مثاله
فاعلم ذلك واعلم يا اخى انّ المآء اتما قيل له ميزان من حيث كان
مظهرًا لـزيادة الطبايع كلّها من نقصانها اظهارًا بيّنًا اصدق وحقّ
سيّدى من اظهار ميزان الصنجات لزيادة الذهب والـفـضّـة من
نقصانهما وليس كذلك ميزان النار فاعرف الفرق بينهما فانّه
عجيب ولهذه العلّة احتاج ميزان المآء الى ميزان النار ولم يحتج
ميزان النار الى ميزان المآء بكلّ وجه وميزان النار قد ذكرناه
ايضًا فى كتبنا كلّها مرموزًا رمزًا قريبًا لا كما ذكرنا مـيـزان المـآء
وذلك لانّ ميزان النار صعب جدًّا خطير فلخطره وكثرة وقوع
للخطاء من حذّاق هذه الصنعة فيه لم يحتج الى رمز بعيد اذ كان
لا يظفر به الّا من بلغ اقصى غايات الصنعة ومن هـذه صـفـتـه
فليس يعوزه نيله اذا راه وادمن عليه واحتمل مضض للخطا وتحرّز
من امثال ما يخطى فيه فالاسف على من هذه صورتنه جهل ونعوذ
بالله ان نكون جهلآء واعلم انّ ميزان النار وحده ربّما خرج فيه
هذا الشىء على غاية ما يكون من الكمال وفى اكثر الامر فانّه لا
يظهر به وحده الّا فى صورته دون فعله فاذا جمـع بـين ميـزان
المآء وميزان النار كان لا محالة خارجًا على الامر الاكـبـر الّا ان
يخطىء مدبّره وكلّ هذا يكون فى اقلّ من طرفة العين فاعلم ذلك
وقد عرفت ما اشرنا اليه من الميزان فى كتـاب الموازيـن المـفـرد
القائم بنفسه وما نذكره هاهنا فهو بخلاف ذلك فى ظاهره

ثمّ رام ان يعيده فلم يقدر عليه فعاجلته الحسرة فات بعد يسير
ومنهم من بقى طول عمره حزينًا يجرب ويعيد تلك الطريقة ولا
يخرج له مثل رويته وربّما خرج له مثله فى المنظر مخالفًا له فى
الفعل وهذا وحقّ سيّدى ابدًا يخرج ولقد رايته بعينى
اكثر من الف مرّة وخروجه يكون على تفاوت فى قرب الفعل
وبعده ومناسبته ومباينته فاعلم ذلك وابن امرك بحسبه وانا
اريك عمله وميزانه فاستعمل الوصيّة تظفر بالامنية ان شآء الله
قد علمت انّ الموازين العظام ثلاثة على ما بيّتاه فى كثير من
كتبنا الموازينيّة فيزانان منها بسيطان وهما ميزانا المآء والنار
وميزان مركّب من هذين وهذا الشىء يخرج وحقّ سيّدى
بهما جميعًا الّا اتّه خطر جدًّا فى الموضعين كليهما الّا اتّه فى ميزان
النار اعظم خطرًا وانا اريك كيف عمل ذلك فيهما جميعًا واحتم
عند ذلك الكتاب ان شآء الله تعالى فاقول انّ ميزان المآء لاخطر فى
اوّله اصلاً وهو وحقّ سيّدى من المعجزات وقد ذكرته فى كتاب
التجميع وغيره من كتبى ذكرًا لا يصل اليه وحقّ سيّدى
احد من بالر الله وستعلم اتّه كذلك اذا قراته فى هذا الكتاب
وتعرف قدر النعمة عليك وبُعْد ما بين الموضعين وذلك اتّى ذكرت
هناك وفى غيره من الكتب الموازينيّة عمل ميزان المآء وقسمته
وتعديل كقائله وما جرى ذلك المجرى ممّا لا تسبة بينه وبين
ما الامر عليه فى نفسه وذكرته هاهنا على وجهه اذ كان
العهد علّى ماخوذًا فى هذه الكتب بخلاف كتبى كلّها فى المصدق

# كتاب الرحمة الصغير لجابر

بسم الله الرحمن الرحيم

قال جابر بن حيّان رحمه الله تعالى قال سيّدى رضى الله عـنـه
يا جابر فقلت لبّيك يا سيّدى فقال هذه الكتب التى صنفتها
جميعها وذكرت فيها الصنعة وفصّلتها فصولاً وذكرت فيها من
المذاهب وآراء الناس وذكرت الابواب وخصصت كلّ كتاب منها
بعمل مخصوص وفرّقت التدابير فيها فمنها ما هو على طريق المثال
الذى لا حقيقة لظاهره ومنها ما هو على طريق مداواة الامراض
التى لا يفهمها الّا عالم واصل ومنها ما هو على طريقة النجوم من
المناظرات والمقابلات واستوعبت الصنعة فى علم الفلك وبعيد ان
يخلص منها شيء الّا الواصل غير محتاج الى كتبك ومنها ما هو
بطريق للحروف التى تارةً تثبت حقائقها وتارةً تفسد وهذا علم
قد الدرس وباد اهله وما بقى احد بعدك يفهم له حقيقة ومنها
ايضًا ما هو موضوع على لحواص ثمّ يقصد ذلك بالقياس والتخمين
الذى لا يبعد ان تتساوى فيه انت وغيرك ثمّ وضعت كتبًا
كثيرة فى المعادن والعقاقير لتحيّر الطلّاب وتتّبعوا الاموال
وتنفروا ودعتهم لمحاجلة الى ضرب الرويسول وعمل الزرنـل

لاته مفتضخ منكشف كما أُمرنا به والغرض يا اخى فيه هو تخليص
جواهر الحجر باعيانها دون دهاناته المفسدة له المانعة كلّ المنع من
الانتفاع به والتى من اجلها احتبج الى التدابير الطوال والقصار
فانّ جوهر الحقّ يا اخى اذا كان خالصًا من هذه الدهانات المفسدة
فهو بذاته صابغ ولولا انّه كذلك لما امكن بالتدبير ان يجعل
صابغًا هذا يقدر الامارة [١] والذهب النقى المصفّى النورانىّ الممازج
الغير المشتغل وامانك الله تعالى على ذلك ثمّ والحمد لله تعالى
وحده وصلّى الله على سيّدنا محمّد وآله وصحبه وسلّم ۞

---

[1] La lecture de ce mot et du précédent est incertaine.

للجواب فنسأل من بيده تصاريف الارزاق ان يبلغه كل مستحـق
مؤمن وان يحرمه كل كافر وجاحـد بحـق محمـد وآله ثم اني نمت
ليلتي تلك فرايت في نومي كاني قائم في وسط بساتين ورياض وعن
يميني نهر من عسل ممزوج بلبن وعن يساري نهر من خمر وقائـل
ينادي في سري يا جابر نادِ اصحابك الى هذا النهر الـذي عن
يمينك ليشربوا منه وامنعهم من هذا الذي عن يسارك وحـرّم
عليهم شربه فقلت له من المخاطب انت فقال نور قلبك الصافي
المضيء فانتبهت لوقتي وفكري يجول في وضع هـذا الكتاب فلمّا
اصبحت مضيت الى سيّدي وانا مسرور بالمنام واعلمته به فـقال
احمد الله واشكره الذي نوّر قلبك وبدنك الى فعل الخير اخرج
من عندي في ساعتك هذه واقصد ما نُدِيت اليه واستعن بالله
في ذلك اعلموا اخواني رضى الله عنكم انه قـد تـفـدّم لي في هـذا
العمل السهل القريب عدّة كتب ذكرته فيها بـرمـز قـريـب
يفهمه من له رياضة جيّدة بقراءة كتبى واغراضى فيها لاني لم
ارمزه رمزًا بعيدًا كما رمزته غيره من الاعمال الـتي لـهـا تـدابـيـر
بوسايط وهي اعمال لا يدخل على من يدبّرها اذا علم الوسايط فساد
وهي طرق شتّى فنها ما تدبيره بعد التركيب وتـولـيـد الالـوان
بالوسايط قبل وبعد وبعد ومنها ما تدبيره بعد تـولـيـد الالـوان بـلا
وسايط ثمّ بالوسايط ولهذه الاعمال طرق شتّى للحكمآء فيها
اختيارات ومذاهب واختصارات وامّا هذه الطريقة الـتي نحـن
واضعها في هذا الكتاب فهي اوضح ممّا تـفـدّم وهي طريقة الـنار

ودعاهم الفقر والحاجة الى النصب على ارباب الاموال وغيرهم
كل ذلك من قبلك وقبل ما وضعت فى كتبك والآن يا جابر استغفر
الله العظيم وارشدهم الى عمل قريب سهل تكفر به ما تقدّم لك
واوضح فما يأخذه الّا من قسم الله له فيه برزق فقلت يا سيّدى
اشرع على اىّ الابواب اذكر فقال ما رايت لك باًبا تامًّا مفردًا الّا
مرموزًا مدغمًا فى جميع كتبك متلوّقًا فيها فقلت قد ذكرته فى
السبعين واشرت اليه فى كتاب النظم وفى كتاب الملك من الجنس
ماية وفى كتاب صفة الكون وفى كتب كثيرة من الماية فقال صحيح ما
ذكرته من ذلك فى اكثر كتبك وهو فى الجل العشرين
مذكور غير اتّه مدغم مخلط بغيره لا يفهمه الّا الواصل والواصل
مستغنٍ عن ذلك ولكن بحياتى يا جابر افرد فيه كتاباً بليغًا بلا رمز
واختصر كثرة الكلام ولا تفسد الكلام بما تضيف اليه كعادتك فاذا
تمّ فاعرضه علىّ فقلت السمع والطاعة ثمّ ابتدات ووضعت هذا
الكتاب وسمّيته بكتاب الرحمة الصغير رجآءً من الله الثواب ورحمت
به احوالى الفقرآء الصالحين الذين قد انفقوا اموالهم واتعبوا
اجسامهم ونسبتهم ابنآء جنسهم الى الزهل من غير حقّ ۞
وحقّ سيّدى انّ فيه توليد الالوان بغير تعفين ولا غسل
ولا طهارة ولا تبييض جسد لا بغسل ولا بحرق النار ويخرج
منه وحقّ سيّدى الباب كما ذكرت لك فى كتاب الملك وغيره
على اوفى ما يكون وهذا الباب مذكور فى البتراسيّات الّا اتّه
اكتسب بالتركيب والموازين الصحيحة وترتيب العمل اسم

غريبًا وترفق باخذه فهو عمدة المزاج المولّد وهو الموصل الاصباغ الى الثوب فاذا اخرجت منه ذلك تقدّم فيه فاذهب منه حرميّته وتجسّدَه فاته لا يمازج اللطايف حتى يكون لطيفًا مثلها والّا يقع التباين والانفصال افهم هذا الفصل فاته عمدة اعمالنا جميعها جواديّها وبرّانيّها فاذا انت يا اخى ما يجب طهارتك وهما التركيبان الشريفان الفاضلان الصابغان والنار الصافية الجوريّة والدهن النقى المضىء النورانّى الممازج الغير المشتعل واعانك الله تعالى على ذلك فقد ادركت المنى ووصلت الى كنوز الارض فاطمة فابتد بتركيبها على الازواج فى ذواتها الباردة الرطبة بالحارّ الرطب ثمّ تثبت بالحارّ اليابس فاذا فعلت ذلك فذلك الذى هو الامام الذى اذكره ابدًا فى اكثر كتبى وهو قولى الّا ان يسعدنى الله بروية الامام ثمّ تقدّم الى التركيب ان كان تركيبك بالجمرة فاقصد الى ما ذكرته لك فى كتاب الميزان المفرد عند قولى فيه انّ الله سبحانه لمّا خلق النيّرين عدّل طبايعهما الّا طبيعتين زاد فيها ونقص امّا الشمس فاته نقص من باردها ورطبها وزاد فى حرارتها ويبسها وفى الغالبة فاردة البارد واليابس فكان لها بهذه الغلبة والفعل والتاثير فى كلّ شىء وامّا القمر فاته زاد فيه من البارد الرطب وهو الغلبة ونقص فيه من الحارّ اليابس المقارن الى البارد اليابس فكان لها التاثير فى كلّ شىء بالغلبة فاذا اقت الاكسير من لون احدهما بهذا الميزان فهو وحقّ سيّدى الميزان الطبيعّى فى كلّ الاعمال بعيدها ومتوسطها وقريبها فاسبكه

وحدها بلا داخل يدخل عليها من اولها الى اخرها وفي تدبير الزيبق الغبيط والميزان عمدتها وبالميزان تقوم للخاصية والكمال فهو برآئ جوائ وليس فيه توليد الوان ولا يمة بالوسايط فبالله عليك ايها الواصل وبحق معبودك ان فهمته اكتمه غاية الكتمان الّا عن مستحقه وايّاك ثمّ ايّاك ان علّمك الله سهولة ماخذه ان تبديه ولا تذكره ولا تذاكر فيه فيعاقبك الديّان وربّما احرمته بالاسباب الربّانيّة التي تجازى بها عند [1] بذلك له فاعلم يا اخي اتّه يجب عليك ان تعتمد قولي فيما اقوله وذلك ان تاخذ هذه المادّة المعمول منها من اشخاص طريّة نقيّة من الاوساخ والادناس ولا تاخذ منها الّا للجوهر الصافي النقي كالبيضة التي توخذ منها الصفرة ويرفض ما سواها وتكون من حيوان في ابتدآء نشوء فاتّه اصلح في التدبير وايسر في التفصيل عند هروبه من النار عند تدبيرك له بها وقت التفصيل واحترز من عدوّك فاتّه ان ظفر بك قتلك وان ظفرت به عشت وامنت من العدوّ واعتمد على قول للحكيم النار تزيد الصالح صلاحًا والفاسد فسادًا فما افتخرت للحكمآء بكثرة العقاقير واتّما افتخرت بجودة التدابير فعليك بالرفق والتانّي وترك العجلة واقتفآء اثر الطبيعة فيما تريده من كلّ شيء طبيعيّ فاعتمد عليه فاذا وقعت منه بما تحبّ كما تحبّ فالتخلّف منه غير معتدٍ به وله فادٍ بفديه بنفسه وبليه في الجنس والسنّ فاذا وصلت السيه فاخرج منه ما كان

---

# كتاب الموازين الصغير تاليف جابر بن حيّان الازديّ الطوسيّ الصوفيّ رحمه الله

——≈⊷≈——

الحمد لله ربّ العالمين وصلوته على نبيّه محمّد وعلى آله وسلّم
تسليمًا لو ذهبنا نصيفُ فضل الله تعالى علينا واحسانه لدينا لم
يبلغ ذلك بوصف ولم نحصّه بلفظ فمن ذلك اته عزّ وعلى لمّا خلق
الثلاثة الاوائل التى لا رابع لها وهى الحيوان والنبات والحجر وجعل
اشرف الثلثة للحيوان ثمّ جعل اشرف للحيوان الانسان الناطق
العاقل المامور المنهى المخاطب الموّدب الذى جعل فيه للجوهرة
النفيسة والعلّة القريبة منه وذلك العقل الذى شرّفه الله
عزّ وجلّ وعظّمه فقال بك احد وبك اعطى ولك الثواب وعليك
العقاب ولمّا اهبط الله ادم عليه السلام الى الارض اتحفه بثلث
تحف على يد جبريل عليه السلام فقال له الاهك يقريك السلام
ويقول لك قد انفذت اليك ثلاث خلال للحيآء والعقل والدين
فاختر واحدة منهنّ وتحل عن اثنتين فقال قد اخترت العقل
فقال جبريل للحيآء والدين ارتفعا فقالا لا نفعل قال ولمَ اعصيتما
قالا لا وكنّا أمرنا ان لا نفارق العقل حيث كان ولو لم يكن من

كما ذكرت لك فى كتبى وهو قولى اسبك المعتدل المتجانس بالنار التى لها ثلاث مراتب وهى نار الابتداء ونار التوسّط ونار الغاية التى تقوم بها الاكسير على الذوب والجمود يذوب كالشمع ويجمد بالهواء ويغوص ويسرى سريان السمّ والطرح تابع للتدبير ان كانت مادّتك جيّدة كما ذكرت لك ولا يجوز ان يكون فى هذا التدبير السريع الّا من المادّة المذكورة ويكون ايضًا تدبيرك محكمًا جيّدًا نظيفًا فى الغاية فواحده على الف الف فان كان تدبيرك مع جودة المادّة فيه تقصير فبحسب ذلك يكون التقصير فاحفظ هذا الاكسير فى وعاء بلور او ذهب او فضّة فانّ الزجاج لا يوبن عليه الكسر واستعن فى جميع امورك تسعد وترشد فوحّق سيّدى وخالقى ما كتمتك من هذا الباب شيئًا ولا حرفًا وقد بسطت غاية البسط بما لم يتسر عليه غيرى ابدًا لا متقدّم ولا متاخّر بعدى فاعلم ما عملته معك ومع كلّ طالب واجعل جزاى منك الرحم والدعاء والاستغفار واجعل لى فى اكسيرك نصيبًا تخرجه عنى لوجه الله تعالى للفقراء والمساكين والله خليفى عليك وهو حسبى ونعم الوكيل تمّ الكتاب ۞

فضيلة العقل الّا ما قال رسول الله صلّى الله عليه وسلّم لا تعبدنّ
لمن ليست له عقدة عقل وقال صلّى الله عليه وسلّم العقل معيار
الانسان فمن كان فيه ارجح كان افضل ولو ذهبنا نذكر الكثير من
فضايله لأطلنا الكتاب الّا انّا لم نزل ان نعول عليه كما ذكرته
الفلاسفة وانّ سقراط وساير من يتلمذ له والى وقتنا هذا زعموا
انّ العقل فى القلب لانّه ملك للجوارح وهو لحافظ المؤدى الى
الدماغ ما تعلّم [١] الانسان ولولاه ما فطن الدماغ ...... اليه
و..... [٢] ذلك قالوا انّ الملك حقّه ان يكون فى وسط معسكره
فيقرب عليه طروف فيعلم غالبهما ويلمّ شعثهما ويقيم اودّهما ومتى
كان فى طرف معسكره بعُد عليه تلافيه وحفظه ومشاورته وبعُد
الصور منه ونال عنه وقال اصحاب افلاطون وارسطاطاليس
وفيثاغورس وساير للحكمآء الى وقتنا هذا انّ ارفع ما فى الانسان
واشرفه واعظمه واعلاه فرأسه لاجتماع لحواس المستنفع بها فيه فمنه
يبصر وناهيك بفعل البصر على ساير للجوارح ومنه يسمع واعجب
تصوره السمع وعظم منفعته وفيه ياكل ويشرب فيصل الى لجسم
والقلب من المواد بذلك ما يضبطه ويمسكه وما يسعد ذلك
من اللذّة الموجودة من الطعام والشراب فوجب ان يكون
لهذه الادلّة افضل من ساير الاعضآء ثمّ نظرنا فاذا هذه
الآلات يمدّها بما فيها من ساير ما وصفنا من الدماغ بعروق

---

متصلة دقاق وغلاظ واعصاب منتسجة بينهما وبينه ثمّ قالوا ان
البيوت الثلثة الموجودة بالعيان فى دماغ الانسان يحجز بين كلّ
بيت وصاحبه حاضر فالذى يلى المقدّم ممّا يلى الجبين يتخايل
ويودى الى العينين ما يخايله فراء والبيت الثانى الذى فى وسط
الراس للذكر يحة به القلب فيذكر الاشياء البعيدة والعهود
القديمة والبيت الثالث الذى يتّصل بموخر الراس الفكر يحة
بما يتفكّر فيه الانسان فان فسد بيت المقدّم لم يتخيّل وان فسد
الذى فى الوسط لم يتذكّر وان فسد الذى فى الموخر لم يتفكّر
وعارضوا القوم الذين قالوا انّ حقّ الملك ان يكون فى وسط
معسكره بان قالوا انّ الملك حقّه ان يكون فى ارفع موضع من
المواضع ليستشرف منه على ساير معسكره يمنه ويسره وتجاهه
وخلفه فلا يستّ عليه منه شىء ولا يزول عن عيانه منه مراد
فاجادوا الصفات قولًا وقياسًا واخبارًا والطاقا فقلنا للفريقين انّ
ارسطاطاليس كان قد سبق لها تاليف الكتاب المعروف بالمنطق[1]
كان معروفًا وكان له فيه حسن التاليف لجعله اربعة كتب اسماؤها
قاطاغورياس وباريرمنياس وانولوطيقا وطوبيقا وجعل المدخل
اليه ايساغوجى حتّى انّه انّى فيه بكتاب البرهان فسمى اليه ولم
تكن الفلاسفة ذكرت فيه برهانًا لحينئذ بجدت له الفلاسفة
لانّه اخترعه فكان اوّل ما دلّ فيه انّ البرهان برهانان برهان يدلّ
بنفسه لا يحتاج الى دلالة تبرهن عليه مثل النهار وضوءه

[1] Mot à demi effacé; lecture douteuse.

ولا يحتاج الى برهان لانّ ضوءه قد برهن عليه وكذلك الليـل فى
ظلمته ونور الشمس مبرهن عليها طلوعها وحياة الانسان تبرهـن
عليها حركته والشتآء يبرهن عليه ببرده والصيف بحرّه وغيـر
ذلك يحتاج الى البرهان ممّا ليس معه برهانه لانّ المقدّمات اربعة
مقدّمة خطبيّة ومقدّمة جدليّة ومقدّمة سوفسطائيّة ومقدّمة
برهانيّة فمتى اتّصلت البرهانيّة باحدى الثلثة كان المعنى لاحـق
باحسن المقدّمتين وقد شرحت فى كتابى هـذا الـذى شرحـت
فيه من علم المنطق ما لا يعرف معناه ما لو قراته كنت منطقيًّا لانّ
الفيلسوف ائ بـه ...... [١] بجملاً الّا انّى اذكـر عـرضـه فى المقـدّمات
عنده [٢] لخطبيّة كلام بليغ ليس يعدو [٥] بتبيين صاحبه بـلاغـتـه
والجدليّة كمثلها تزيين [٤] بصاحبها بحّته والسوفسطائيّة تـبـيّـن
عن جهل اصحابها بطرحهم لحقايق منها واذا اتّصلت البرهانيّة
باحد الثلثة فسدت بـمجاورتـهـا ما لا منـفـعـة بـه فاذا قامت
البرهانيّة بنفسها كانت افضل الاشيآء الثلثة الـقـوابـين [٥] الـتى
لا رابع لها وهو واجب وممكن وممتنع فالواجب هو البـرهـانّ
والممكن هو ما اتّصلت البرهانيّة فيه بالحدود [٦] الثلثة فيجوز ان
يكون ويجوز ان لا يكون فالممتنع ممتنع بالبرهان وسمّته الفلاسفة
سالبًا ومثـالـه ممتنـع ان يحـرق المآء وممتنـع ان يـرطـب النـار

فوجب بواجب لازم انّ كلّ كلام لا برهـان له دعـوى والـدعـاوى
يجوز عليها للحقّ والباطل فمن وجدنا معه البـرهـان قلنـا له انّ
قولك صحيح فى موضع العقل وعلّه ومسكنه وكان اصحاب القلب
الذين بداوا الكلام فيه ...... (١) انّ البرهان عليهـم فلم يجـدوه
باكثر ممّا مضى من كلامهم فـيه وكان ما اتـوا بـه دعـوى اذا لـم
يبرهنوا عنه وسالنا اصحاب الدماغ عن البرهان فوجدناه معهـم
بان قالوا ترى العليل من دماغه يتنوّع من انواع الاوجاع فتبطل
عقله بمثل الماليخوليا والتحشّف والتستّح وبخار السـود للحارّة
فثبت ببرهانهم فوجدت العقل فى الدماغ ولا تجـد العليل من
قلبه بالغمّ اوغيره من السورم لا يـزول عـقـله وانا ابرهـن عـلى ما
احتاج ذكره فى هذا الكتاب من علم الموازين وجابر بن حيّـان
يشهد انّ لا اله الّا الله وحده لا شريك له وانّ محمّدًا عبده وصفيّه
ونبيّه وهويستغفر الله من اظهار السـرّ الاعظم والعلم المكتّم
الذى يجب على ساير الفلاسفة ان لا يتلقّطون به ولا بمـا هـو
دونه بمايـة الف طبقة بلفظة واحدة فضلًا عن وصف ما كشفته
منه وابضاح مبهم طرايقه حتّى لو اراد عالم من العلمآء ان يغير
اشكاله بسواها ما قدر على ذلك ولو لا انّى علمت انّ اهل الدنيا
ليس احد منهم يقف على ما انتيت به الّا اخواننا المذكورين
فى كتاب الادلّة ومن جالسهم ممّن صفى ذهنه ودقّ فـهـمـه ووفـر
عقله وكثر حلمه وقرع (٢) لفسه وكثرت دراسته فقد طال عـلتّى كـم

(١) Le mot est complètement effacé. — (٢) Ms. قرع.

ارتّد فى ساير كتبى ادرسوا الدراسة تورث الدراية فمن فعل ما
امره بد راى فى كلّ درسة ما لم يره فى التى قبلها فامّا الباقون
شخفيف [١] الراى المختلف [٢] الناقص الضعيف لحوار القلب اذا
اشرف على كتبى نظر فيها صفحًا ورمى بها يمينًا وشمالاً وسبّ وزنّا [٣]
وقال رمى بنا جابر بن حيّان فى المير كاته واجب لحق علينا
ولوكان كذلك لما جاز ان اعطيه علم الدنيا والاخرة فلاىّ سبب
يجوز لنا ذلك وقد امرنا ان لا نعلمه الّا وعاد السفل اتبـاع كلّ
ناعق قتلته الانبيآء فى بنى اسرائيل ومكروهم فلو اجتمع منهم
عدد الثرى واكثر من ذلك كثيرًا ولوكان بعضهم لبعض ظهيرًا
لما علموا عرضى فيما قلبت ولا اليسير من الكثير مما ذكرت فكذلك
لم اسف ان اعلم اخواننا كما علمنا من قبلنا وانا ابرهن بالاشيآء
التى تعمل بطبايعها التى لم تفصل ولم تتحلّل ولم تعقد ليكون
ذلك برهانًا على كون الشىء بنفسه صحيحًا عاجلاً قريبًا من وقته
فلو لم تعلم كتابى هذا الّا موضع البرهان على ما ذكرت كان علمًا
كافيًا عطيمًا شافيًا فضلاً عن تقريب الطريق الابعد والمنهاج
الاصعب الذى عمله شيافيسوس فى اربعة وعشرين سنة
وعمله دومقراط فى عشرين سنة وعمله بعده فيا حرحمس فى
خمسة عشر سنة وعمله بعده مسلميوس فى اثى عشر سنة ولم
نزل تختصر قصتنه وتقصر مدّتنه درجة درجة بعد درجة لا

[١] Ce mot placé dans l'interligne remplace le mot دوى qui était sur la ligne. — [٢] On Ms. ربنا. — [٣] المنخلب.

يستعظمون تعبهم به ولا طول مدّتهم فى عمله لما يرون من لطف
حكم الله تعالى وعلى عبد الله [1] تفصيله ووقت تجميعه وتطويس
الوانه وفرافير اصباغه وتبرهينهم فى رياض انوار علمهم بعظيم
منفعته فانّ الذى يبلغ اليد لم يحرم نصيبًا من الدنيا والاخرة
يتنعم بالحلال فى الدنيا كيف يشآء ويقدّم الى اخرته ما
يرفعه بها الى اعلى الدرجات كما يزالوا كذلك الى عهد
ارسطاطاليس واجتماعه مع التلامذة على باب الملك وقلّة فكرة
الملك فى منفعتهم فقال لهم ارسطاطاليس علمنا نفع ما فى ايديهم
جهلناهم ولم يعلموا نفع ما فى ايدينا لجهلوا حقّنا وتفرّقوا عن باب
الملك الى تدابيرهم فاجتمعوا بعد حول واحد كلّ واحد منهم
قد اصاب على حدّته علمًا وعمل هذا ما لم يعمله هذا فعجب
الفلاسفة منهم وفضلوم وفضلوا اذهابهم [2] فيه وعلم الميزان
مكتوم عندهم وفى ايديهم وهم يعملون ويعملون بالصنعة ليروا
لطايف الله عزّ وجلّ فى امرها اذا احمرّ وابيضها اذا ابيضّ
واصفرها اذا اصفرّ ثمّ جمعت بمآء حاز وقيل بمآء فاتر ومآء
التعديل ومآء السمّ ومآء التحليل ومآء التجميع وما التقريب [3]
وماء التشميع فاذا قام جحرًا نوريريًّا شعاعيًّا نوميزيًّا جوهريًّا يخطف
الابصار ويذوب كذوب الشمع ويقاوم النيران لا يهرب منها ولا
يروع جسمه عنها فلقد يفعل الله تعالى ما يحسب باذن الله عزّ

[1] Il y a, dans l'interligne, une correction qui semble être عبد placé au-dessus de الله à demi effacé.

[2] Ms ادهابهم qu'on pourrait aussi lire ادهابهم.

[3] Ms. التقرير.

وجلّ قال واحد ...... (١) من الله اليك ولا تبغ الـفـسـاد فى الارض
والزم هذا ما الزم الـزم هـذه الـصنـاعـة خـاصّـة ولـو
احسنت الى اهل الدنيا فا تبقى فقير لما افتقرت طوبًا لك وحسن
مآب ودرجع الى تمام الكلام الاوّل لم يـزل عـلم الـمـوازيـن مـن عـنـد
جرجس (٢) يوصى به عالم العالم عند موته بـعـد ان يـعـاهـده
عليه الا يذكره ولا يذاكر به الّا حكيمًا مثـله فـقـط سـوى
ساير الناس الى ان انتهى ذلك الى اوائى واحتاجت الـوصيّـة الّى
فى زمانى لمّا لم يوجد لها سواى اذ كنت بـقيّـة الـقـوم الـذيـن
تقدّمونى فطلب متى المعاهدة على ستره حتّى لا يسمع بذكره
فامتنعت من قبول الوصيّة مع المعاهدة ثمّ دفعت الـضـرورة
بعلم (٣) خازن الوصيّة الى ان سلّمها الّى لما لم يجد لها مسـتـحـقًّـا
غيرى فسالى عن امتناى عن معاهدتـه فـعـرفـتـه اتى خـلـقـت
سـجـًا وخلق القوم اثغًا فان تركتى وراى اظهرت بعضًا وحبأت
بعضًا ورمزت وسترت فـرزوق ومحروم فقال لى تستجيز ان تجى الى
علم لاهوىّ ما سمع الناس ولا ظنّوا ان يقعوا بمثله ولا يكون والى
طريق سلك فى اربعة وعشرين سنة واوّلهم فتطلعهم عـلى سـرّه
حتّى تسلك فى سبعة ايّام ولو اردت دونها فى ثـلـثـة ايّام للكيـس
التحرير والفهم البصير ولو قلت دون ذلك فى سبع سـاعـات ولـو
كان دونها فى ثلث ساعات ولو قلت دونها حتّى يكون بمثل طبيبك

---

(١) Deux mots effacés. — (٢) Ms. جرجس, correction marginale. — (٣) الضرورة qui
est en marge doit sans doute faire supprimer ce mot.

القدر الذى ياكل منها لوقتك فعرفته انى ...... [1] من ان يعلمه غير
الحكمآء والذين لا استحلّ ولا استحيز نفع امثالهم شيئًا قدرت
عليه وافضى فهمى اليه فدفع الى الوصيّة فان كنت ذلك الرجل
الذى هذا وصفه واخوانا الذين ابات بعلامتهم فى كتاب
الادلّة ودرّسم ليلًا ونهارًا وفتشهم تفتيش للحكمآء الـذين لا
يفجرون ولا يملّون ولا يقولون قد انغلق علينا فتخلّيه وبعد
وهنا منه فنقضيه وانتم الذين اذا درّسم علمتم علم الاوّلين والاخرين
وملكتم ملك ملوك العالمين وتبلغتم [2] مبلغ كرام النبيّين فانعموا
فى الدنيا باللذّات وفى الاخرة بالحساب وما زالوا للحكمآء من قبل
مكذّبون وكذلك الانبيآء عليهم السلام ما زالوا يدفعون لاتهم
لما خلوا بما جهله الناس انكروه واذا جاز هذا عليهم من اصاغر
الناس واراذلهم فاحرى ان يجوز على ومتى عمل العامل حقًّا لم
يضرّه قول قايل هو باطل فاعدآء للحكمآء كثير وكذلك جاء المثل
من عمل شيئًا ماداه واعدآء ما جهلوا كثير وكيف لا يعادى ما
لا يبلغه فهمه ولا يتّصل به روبته ويضعف عنه مخبروه وهو
حقيق بمعاداته لا يبغى ان يلام عليه فامّا من اذا قرااه [3] فكانّه
يراه واستطابه لقرآنته وانهمك على درسه ومكتبته لبلوغ فايلة سرّه
وان يدرى جميع ما تحتويه ويفرق جميع ما فيه فيجب ان يحبّه
وواضعه فايلة المحبّة ويتلّمّذ له فى حياته وبعد مماته ويكثر به

---

[1] Deux mots surchargés et rendus illisibles. — [2] Il semble qu'il y ait مبلغتم. —
[3] Telle est l'orthographe du manuscrit.

الرحم عليه ويهدى معروفه اليه اوصلك الله ان كنت مستحقًّا
ولا احرمك واعطاك ولا منعك وقد كنت كرّرت فى كتابى المسمّى
كتاب العالم العلوىّ والعالم السفلىّ انّ الطبايع الاربعة
القديمة اذا اعتدلت حتّى لا يكون جزوٌ واحد منها يزيد ولا
ينقص فيكون بالسوآء فى ميزان السحاب جآء من ذلك ما لا يفسد
ابدًا ويصلح كلّما فسد بما بجاسده او يقرب منه وقد اتيت فى كتابى
المسمّى كتاب الشمس والقمر اتهما لا اعتدلت طبايعهما الّا
طبيعتين ارانا الله عزّ وجلّ بهما علامتين فنقص منهما وزاد فيهما
المخالف بينهما ووجب بالبرهان انّ ما اعتدلت منه ثلث طبايع
وزاد الرابعة كان خالدًا ايضًا لاتّا وجدنا العالم العلوىّ اعتدلت
طبايعه وطالت مدّته وبعُد الفساد منه فامّا النـيـران فانّ الله
تعالى لمّا خلق الاشيآء كلّها من العناصر الاربع التى ﻫ النـار والمآء
والهوآء والارض خرجت العناصر من الاستـقـسـسات[1] الاربعة من
العوالم القديمة التى ﻫ للحرارة والبرودة والرطوبة واليبوسة
فلمّا تزاوجت صارت من ذلك النار[2] جزوٌان حرارة[3] ويبوسة والمآء
جزوٌان برودة ورطوبة والـهـوآء جزوٌان حـرارة ورطوبة والارض
جزوٌان برودة ويبوسة ثمّ خـلـق عـزّ وجلّ من ذلك العالمين
العلوىّ والسفلى لما اعتدلت طبايعه فصار باقيًا عـلـى الـزمان لا
تحرقه النيران ولا تصدّيه مياه الغدران وهو الذهب للخـالـص
الذى طبخته الطبيعة فنفت ادراءه[4] بغير عقاقير ولا تـفـصيل

ولا تطهير وقد ذكرت لك ان كان لك بصر وقلب التعديل في
البابين العظيمين علمًا وعملاً ومثلت لك للحاجة الى اعتدال
الطبيعة في باب الصناعة وقلّت للحاجة اليها في غيرها لتعلم انّ
تعديل الطبايع واجب في علم الموازين في الصنعة للعاملين وان
قرب هذا وبعُد هذا فالسبيل فيهما بمنزلة واحدة وذكرت
المياه وذكرت التعديل والتجميع والتفريق والتشميع وان
كان لك نظير فقد اريتك وان كنت اعمى فليس عليّ لوم وقد
قلت في كتاب التجميع واتا لو استطعنا ان ناخذ رجلًا فنفصله
ونعدّل طبايعه ونردّه خلقًا جديدًا لعاد لا يموت ابدًا واعرف
مائلة[1] عوضى في هذا الايراد الم اقل لك انّ دواءنا يحتاج الى
تعديل الطبيعة فعدّلوه حتى لا يتحوّل ابدًا ولا يفسد ولا يتغير
ولا يدخل تحت التلاشى[2] ويبرى الاكمه والابرص والمفلوج
والمجذوم باذن الله عزّ وجلّ وان لم تعلم ذلك لا علمت ولا علم معك
وانا اقيم البرهان على ما ذكرته من للحاجة الى تعديل الطبيعة
لعمى لك ورجمى لك اذ كنت لا تبصر على الدراية وتحبتها لا يفوتك
وفيك طبع روحانى من طبايع للحكمآء الا اتك جامد فقدت حرارة
النار والهوآء وركنك برودة الارض والمآء واما ساير العالم الكثيف
فتنفر قلوبهم من كتبى ويفزعون منها ومن قراءتها ويصدفون
عنها وللحمد لله كثيرًا وفي كتابي الذى فسّرت فيه التوراة
حتى يقرا باللغة كما يقراها اهل اللغة العبرانيّة واتى قرات بمعونة

<hr>

(١) Ms. مايله. — (٢) Il y a en marge : طهورة من خرج الذى ابنه ولا هو لا.

المعين التورية والانجيل والزبور والمزامير فيكون ما وجدته فى
التورية برهانًا على تعديل الطبيعة لما يراد بقاؤه وفقد فساده
والحاجة الى ذكر للخلقة الاولى لترى منها عملك وتعلم برد الروح
من حرارة النفس وحرارة الروح من برد النفس وبرد الارض
والهواء وتعلم موقع دواك ان شآء الله تعالى وفى التوراة انّى حـين
خلقت للخلق اى ادم ركّبت جسده فى اربعة اشياء ثمّ جعلتها
وزائلة فى قلده (١) حار وبارد ورطب ويابس لانّى جعلتـه من تـراب
ومآء ونفس وروح فاليبوسة من قبل التراب والرطوبـة من قبـل
المآء ولحرارة من قبل النفس والبرودة من قبل الروح ثمّ جعلت
للجسد فى هذا للخلق الاوّل اربعة انواع لا يقوم للجسد الّا بها ولا
تقوم واحدة منها الّا بالاخرى المرّة السـوداء والمرّة الصفـرآء
والبلغم والدم ثمّ جعلت مسكن اليبوسة فى المرّة السـودآء
ومسكن للحرارة فى المرّة الصفرآء ومسكن الـرطوبـة فى الـدم
ومسكن البرودة فى البلغم فاتى جسد اعتدلت فيه هذه الطبايع
لم يزد ولم ينقص وجبت صحّته ابدًا وان زادت واحدة مـنـهـنّ
عليهنّ او نقصت واحدة منهنّ عنهنّ ملى (٢) كلّهنّ عليها وعلوها (٣)
لحينئذٍ جآء السقم ووجب عليه الموت وقد اظهـرت فى النـار
حرارته وبرودته ورطوبته ويبوسته ومن اين تبقا اذا اعتـدلت
ومن اين تفسد اذا اختلفت فمن ابصر وجده فى التـوراة وراه فى
جوامع كثيرة والّا لهوكما نال الله عزّ وجلّ فانها لا تعبى الابصار

ولكن تعمى القلوب التى فى الصدور وها انا اشرح من علـم خـواصّ
الاشيآء التى تعمل الاعمال بطبايعها ما لـو رحـل بطلبه الى البـلاد
البعيدة السحيقة لما عنف طالبه ولا عنت المسافر عليه اذ كان لم
يخرج الى الناس الّا من قبلى ولا ابتُا به سواى واجعله برهانًا على ما
ذكرت من امر الطبايع وافعالها العظام فينبغى ان تستره ايّهـا
الحكيم اذا وفع اليك ولا تدفعه لمن لعلّه لا يستحقّه لاتّه مكشوف
وهـو طريـق عجيب ولوكان مرموزًا مخبوًّا لا يقف عليه الّا مثلـك
ايّها العالم لهان علىّ اذاعته ولم يضرّنى اشاعتـه وانا اتى بـذلك
فى الاوايل الثلثة وخواصّها اعنى للحيوان والنبـات والاجار ولـو
قيل لمن يردّ على العلمآء علومهم ويعيبهم ويكذّبهم ۞

لِمّ اذا لبست المراة النفسا ثياب رجل ثمّ لبسها الرجل من غير
ان يغسلها......(١) عنه حمّى الربع افزعت الحمّى من ثياب المراة ام لاىّ
علّة واذا علّق عظم الابسان الميّت على ضرس وجع برى ولم يهرب
النمر من جمجمة الابسان ولم قال اظهورسقس انّ عظم الابسان اذا
علّق على صاحب حمّى الربع نفعه ولـم اذا تجـرّدت المراة للحايض
والقت نفسها على ظهرها لم تقربها السباع انتهاب السـباع مـن
المراة للحايض ولم اذا فعلت ذلك تلقّآء السحاب الذى فيـه البـرد
حازبها وتنكبها(٢) فالمراة التى فعلت هذا اجزعت السحابة من هذا
ولم قال الاسكندر يوجد شيء من سرّة الصبى المولود حين يولد كما
يقطع ويوضع تحت فصّ حاتم لمن لبسه امن من القولنج المبتّمة

---

افزع منه فا العلّة فيه ولم اذا احذت خرقة حايض اوّل ما تحيض
المراة فربطت على رجل المتقرّس[1] بريت ولم بصاق الانسان لجايع
جدًّا والعطشان جدًّا يقتل العقارب واكثر الهوامّ ولم ان
خرجت المراة مكشوفة وجعلت وجهها تحت السحاب لم يمطر
وهو صحيح ۞ وهذه الصورة التى عددها ثلثة طولاً وعرضًا وقطرها
خمسة عشر من كل جهة وبليينوس زعم انّها من عقد السحروى تسعة

| ٦ | ٤ | ٢ |
|---|---|---|
| ٣ | ٥ | ٧ |
| ٨ | ١ | ٦ |

بيوت وهذه صورتها فاذا كتبت هذه الصورة على خرقتين لم
يصبهما الماء ووضعتها تحت رجل المراة التى قد عسر عليها ولادتها
ولدت ولم اذا ذبحت البومة بقيت احدى عينيها مفتوحة
والاخرى مغمضة فيجعلان تحت فصّ خاتمين فمن لبس فصّ خاتم
العين المفتوحة سهر ومن لبس خاتم العين المغمضة نام ولمّ لخفاش
يفزع من ورق الدلب ولا يقربه البتّة اولمّ نهش لحيّة ينفعه اكل
السرطان ولمّ السلحفاة اذا عمل من ظهرها مكبّة ووضعت على
راس قدر لم تغل واذا علّقت رجل السرطان على حلق الانسان
لم يعرض له لخنازير ما دامت عليه واذا علّقت عين السرطان على
شجرة لم تسقط ثمرتها ولم لجعل اذا دفن فى السورد ذهبت عنه

(١) Ms. المتلرس.

حركته واذا اعيد الى الروث تحرّك ورجعت اليه نفسه ولم لحم
القنفذ نافع من الجذام والسلّ والتشنّج ولوجع الكلى يجفّف
ويشرب ويوكل مشويًا ومطبوخًا ولحـوم الافاعى اذا طبخت
واكلت نفعت من الجذام ولم شحم الاسد متى تمتّح به احد من
السباع ومن جلس على جلده ذهبت عنه البواسير ولـم عـين
الذيب ان علّقت على صبى لم يفزع وان دفن الذيب فى قرية لم
تقربها الذياب ولم اذا علّقت قطعة من فرج الضبعة على
الانسان كان محبوبًا الى الناس ومن كان معه لسان الضبع لم
يوذِه الكلاب ولم اذا اخذ قراد من أذن كلب اليسرى وعلّق على
صاحب الحتى الربع برئ ولم ذكر الكلب اذا جُفّف وعلّق على
فخذ رجل اكثر الجماع ولم اذا حمل السان معه ناب كلب لم
تنبح عليه الكلاب وبه يسرق الاحبّاء ولم ان احـذ الجر الـذى
يعضّه الكلب اذا رمى به وطرح فى برج حمام طيّرهنّ وان طرح فى
شراب اثار السد[1] وولد العحب[2] ولم ان علّقت احدى كليتى
الثعلب على العنق الذى فيه للخنازير برئ وقيل دم الارنب
اذا طلى به الكلف ذهب واذا علّق رجله على امراة لم تحمل ما
دام عليها ولم قال جالينوس من قتل الافعى البلوطيّة الراس بطل
منه حسّ الشمّ وقال ان علّق راس الافعى على من به خنازير برئ
وقال اظهورسقـس ناب الافـعى الاسبق ان علّق عـلى فخذ امراة

---

منعت للحبل وان ضربت للحيّة بقصبة مرضت مرضًا شديدًا
وان ثنيت لها برئت واذا رات الافاعى الزمرد الفايق سالت
اعينها وبخاصّة البلوطيّة الراس ۞ وها انا اذكر بعضها من
النبات وغيره ومن قرا كتابى هذا راى فيه علمًا عظيمًا محتاج اليه
منتفع به من النبات المسمّى البيش والقماشير والرند وما اشبهه
كلّ ذلك يقتل لوقته وقد ذكرت فى كتاب السموم علاجاتها
فمن قرا كتابى هذا راى من قدرة الله تعالى شيئًا حسنًا وارجع
الى خواصّ النبات اذ كنت ذكرت خواصّ للحيوان لِمَ ..... [1]
الماكولة التى تسمّى للجلّوز اذا كانت فى يد انسان لم يقربه
العقارب ومن شدّ فى عضده بندقة لم يلسعه العقرب وان
علّقت على عضد الملسوع هدى ضربانه اترى العقرب فزعت من
البندق لولا علّة فى طبعها واصل الهليون اذا علّق على الضرس
الوجع نفعه ولِمَ الهندبا اذا راى الناظر القمر وكاد وحلف بالله
القمر انّه لا ياكل الهندبا الشهر كلّه سلم من وجع الضرس الشهر
كلّه الذى حلف به ولم الوزغ لا يدخل بيتًا فيه الزعفران ولم
الزعفران اذا عجن مثل للجوزة وعُلّق على المراة او الفرس التى قد
ولدت بعد الولادة اخرج المسيمة والعفص غير مثقوب اذا شدّ
فى التكة او فى العضد ابطل الدماميل ومآء الباذنجان اذا صبّ
على الاملاح والزاجات خا..... [2] ولم تردد فنا ولا غيره ولِمَ ورد
الغبيرا اذا كان فى يد رجل واشمّته امراة تبعته واتته ولو فى

---

الطريق ولم الطلق والخطمى والمغرة اذا طلى به جسد الانسان لم
تعمل فيه النار وهو اجود ما استعمله النقّاطون لابدانهم وان
اخذت حلقة من قضيب آس مطوى وادخل فيه خنصر الرجل
الذى فى اربيّته ورم سكن ولم دهن البلسان اذا غمس فيه
مسمار حديد واشعل اشتعلت فيه النار۞ وها انا ابتدى
بخواصّ الاحجار على راى سقراط وفيثاغورس انّ فيها منافع كثيرة
قد ذكرتها ودللت عليها وهى اربعة وعشرون نوعًا ثمانية الانواع
انا اذكرها ولحقها وهى حجر متحجّر غير منحمق غير ذايب
المرقشيثا حجر غير منحمق ذايب الاجساد الذايبة حجر متحجّر
منحمق غير ذايب الرخام والاجر حجر متحجّر منحمق ذايب
الارواح الطيّارة حجر غير متحجّر غير منحمق غير ذايب الجصّ
والتراب حجر غير متحجّر غير منحمق ذايب الاسفنجات[1] حجر غير
متحجّر منحمق غير ذايب الشمع حجر متحجّر منحمق ذايب ذهب
المعدن قال ارسطاطاليس اتّه اذا ربط سيقيلا على بطن صاحب
الاستسقاء نشف منه الماّء وذلك اتّه يوزن بعد ربطه بيوم
فيوجد زايدًا على وزنه الاوّل وهو الحجر المذكور فى التوراة وحجر
المغناطيس يجذب الحديد بطبعه من بعيد ولِمَ الفادرهزّ[2]
يفرّق بين الاورام ويعمل فى السموم ولِمَ بالين جبل يسيل منه ماء
فاذا صار فى الارض جمد وهو الشبّ الماني ولقد اودع رجل رجلاً
وديعةً فنعه منها فدعاه الى شريح القاضى فاعترف بها فقال لم لا

(1) Ms. الاسمجات. — (2) Lecture incertaine.

16

ALCHIMIE. — III, 1re partie.

IMPRIMERIE NATIONALE.

توديها عليه فقال بابا امية هو حجر اذا راته لحامل السقت ولدها
واذا طرح فى الخلّ غلى واذا وضع على تنّور للخبّاز برد فسكتت
القاضى ولم يقبل رُدّه عليه ولمّ البلور يذوب كالزجاج ومن علّقه
على راسه لم يتفرّع ولَمّ يرى فى منامه شرًّا وان علّق على امراة
حامل حفظ للجنين وان النعم يحقد ودخ نحو السراج اشتعلت
فيه النار العظيمة ولا يحرق شيئًا ممّا مرّ عليه واذا ا ..... [١] جحم
اليرقان فصقّر اولاد للخطّاف بزعفران وردّها الى الوكر فى اوّل مرّة
يفرج فتمضى امّها وتحتها حجر اليرقان وتلقيه عليهنّ فتبيض
لخذه وعلّقه على من به يرقان يبرا باذن الله تعالى ويوجد فى
اعشاشهنّ حجران ابيضان او ابيض واحمر فى اوّل بطن والاحمر ان
علّق على من يفرع ابراه والابيض ان علّق على مصروع افاق ولم
يصرع وان لقّ للجرع على شعر امراة قد ضربها الطلق ولدت
وان وضع بالقرب منها دفع وجع الارحام والبرود نافع لنفث
الدم واسهاله اذا لبسه الانسان وقال بعض الفلاسفة انّه ينفع
من الصرع وحجر العهات [٢] وهو الحجر الذى فى جوفه حجر متحرّك
اذا علّق على لحامل اسقطت واذا وقع البول فى النورة بطل عملها
ولم يخلق شيئًا وببلاد كرمان جبل من اتخذ منه حجرًا وشقّه
وجد فى جوفه صورة انسان إمّا قابر وإمّا جالس فان يحقّ ذلك
الحجر وجبل [٣] بالمآء وترك ساعةً حتّى يجفّ ثمّ شقّ وجد ذلك فيه
افترى هذه الافعال والاعاجيب قصد الطبيعة حاش لله تعالى

[١] Mot en partie effacé. — [٢] Ms. العهان. — [٣] Lecture douteuse.

ان يكون الامر كذلك ولكن تعلموا فتعلموا ولم تتدربوا بالحكم
وتبلغوا بدراسته العلوم فصار قليل الاشياء تنفر عنه افهامهم ﴿
وانا استانف ذكر الموازين ان شاء الله عزّ وجلّ وكلّ شيء من
كلامى ممّا تقدّم من علوم الفلسفة التى ما زلت مذ كنت حدثًا
العب بها لعبًا واعرف غوامضها واركب صعبها فتنقلب لى فطنة
وتذعن لى بسمعة واردت بما ألفته(١) فى صدر كتابى هذا من ايراد
موضع العقل ومعظم منفعته فان كنت واثقًا من نفسك بكثرة
جربه فيك ورزقت معه الصبر والفراسة والتيقظ والدراية.
فلعلّك ان تكون صاحبه ان شاء الله تعالى سبحانه فان لم تثق
بنفسك بذلك فلا ترمِ نفسك فمن عرف نفسه واعان على طريق
حتفه ببحثك فيما لا يبلغ اليه فهمك ولا تستخرج غوامضها
برويتك ثمّ اتى اريتك البرهان عليه وعلّمتك غاية البرهان فيه وفى
غيره حتّى تنزول عنك للحديعة بالدعاوى البليغة فلا يمرّ بعد
ذلك قول الّا طلبت عليه برهانًا بالالفاظ والعيان فتى لم
يخرج لك ذلك اقت ذلك كلّما سمعته مقام السالب لا الواجب لانّ
الدعاوى يجوز عليها الباطل كما يجوز عليها الحق وى الى الباطل
اقرب لبعد البرهان منها ثمّ دليلك على الصناعة وسمّيت لك
مياهها الموجودة فى كتبى مبدّدة ومجموعة لك فى هذا الكتاب واريتك
الوائها وافعالها بكلام لم يجتمع لى فى كتاب غير هذا الكتاب رحمةً
لك وتفضيلاً ثمّ عليك برهنت على الاشياء الفاعلة بخواصّها وما

(١) Ms. للعبه.

فيها من المنافع للابدان ودفع الاعلال ما يعظم مقداره ويجـل
خطره ولم يجتمع فى وقت من الاوقات وزمان من الازمان ما اجتمع
فى هذا الكتاب وما بلغت الى غرضى فيه اذ كان الموضوع على اسمه
كتاب الموازين وانا ابدا بذلك واشرح منه ما لا يخفى على ذوى
الالباب من العجب العجّاب وبالله سبحانه استعين على رقمه وهو حسبى
ونعم الوكيل ۞ ثمّ ابتدى فى ميزان فرفيرى فتركت كتابته
وجآء الى الميزان الطبيعى فقال اعلم ان غرض الفلاسفة كلّهـم فى
الميزان الطبيعى وان يعملوا به ما فى ساير الاوايل الثلثة الـتى ۤ
للحيوان والنبات والاحجار من الطبايع الاربع التى ۤ للحرارة
والبرودة والرطوبة واليبوسة فيقدرون بحسابهم الموضوع
الذى انا اشرحه لك بعد هذا كم فى الانسان وساير للحيوان
وغيره من ذلك وكيف توافقها التغاير ، برهنوا عليها بان قالوا ان
بطلميوس العالى للحكم قال فى كتاب المواليد ان المولـود لا يجـوز
ان يسمّى الّا بالاسم الذى ثبوته[1] اوجبه نجمه لا بتخيّـر ابيـه
وامّه فتى اتفق ان يتخيّر خلاف ما ينبغى اجعـل له لقبًا ما
اوجبه طالعه فوجب برهانهم ان الاسمآء واقعـة بالاضطرار
على اصحابها فلّما سمع اصطفانوس للحكيم ذلك قال لاجعـلـنّ
الاسمآء اشكالاً تورينى ما فيها من الطبيعة فعمل حساب الجمل
الذى اصله

ابجـد هـوز حطى كلـمـن سعفص قرشت ثخذ ضظغ

(1) Lecture incertaine.

وما سمعت بهذين الشكلين الذين بهما استوعب حروف ا ب ت ث
حتى لـم يبق منها شيء الّا من جـهــتى ودرسى واثارى[1] وانا ابدا
بمعونة الله عزّ وجلّ باظهار الاشكال الموضوعـة عـلى الاخـتـيـار
الذى به شرّف الله تعالى هـذا الكـتـاب الـذى لـو قـلـت انى لم
اصنّف مثله كتاباً لصدقت لثلث خلال اجتمعت فيه احداها انّه
لا يحتاج الى غيره فيكون معاوناً له والثانية انى كشفت عنده ما لم
اكشف فى غيره من كتبى من غوامض السـرايـر الـتى كـشـفـت
الانبيآء عليهم السلام للاوليآء والثالثة انى فهمتك فـيـه اعـمـالاً
وعلوماً فلسفيّة لم تخرج الى الناس فى كـتـبى المجتمعة ولا المتفرّقة
فان كشفت لك عن بصرك وادمت القراة ودرسـت بلغت الغاية
التى ليس فوقها نهاية وان غطى على قلبك فليس عـلىّ لانّ الـذى
يلزمنى اوريك واوثقك على المحجّة وليس علىّ ان لا تـرى وامّا بـعـد
فانّى كلّما سيقت[2] فطروق قدام ما يجىى فى هـذا الـوقـت والله الله[3]
فى كتمانه والتحـرّز من اذاعته الى غير اهله فقد جآء فى كـتـاب
الحكمة لا تعلقوا جواهركم فى اعناق خنازيركم ولا تعطوا الحكمة
غير اهلها فتظلموها ولا تمنعوها اهلها فتظلموهم وهى امانـة فى عنقك
ان تطلع على سرّ كتابى هذا غيرك الّا من قام مقامك عنـد نـفـسـك
والله تعالى يوفّقك ويسدّدك فى هذه الاشكال والمـراتـب ان شـآء
الله قال الفيلسوف الروابع والخوامس تدقّ فلا تبالى ان لا تدخلها

⁽¹⁾ Ms. اناری. — ⁽²⁾ Peut-être faut-il lire : كلّ ما سيقت. — ⁽³⁾ Ce mot est répété ainsi
dans le ms.

واليبوسة رجعت الى الاسم الذى اوجبه طالعه فى وقت ولادته
ثم نظرت ما فى حروفه من المراتب والدرج والدقايق والثوانى
والثوالث والروابع والخوامس فاتك تعلم كم فيه من الحرارة
والبرودة واليبوسة والرطوبة فان جاءك اسم على اكثر من
اربعة احرف او اقل منها فترجع مافاك الله تعالى بالزايد الى اصل
حروفه فيخرج لك ما فيه ان شاء الله فكانا نجى الى عقار اسمه
فاواينا وهو خارج من الاربعة احرف فاردنا ان نعلم كم فيه من
الطبايع فقلنا آى فوجدنا شكلها ثالثة حرارة ثم وجدنا آ فكان
شكلها مرتبتين من حرارة لان الالف اذا كان فى الثانى صارت
مرتبتين واذا كانت فى الثالث صارت ثلثة وكذلك فى الرابع اربع
مراتب وفى الخامس خمس مراتب وكل للحروف تجرى هذا المجرى
اين كانت من الاسم تضاعف على قدر خطها من القسط الا ان
تكون فى اوله فلا يضاعف قد والله تعالى كشفت لك ما يعزّ على
الفلاسفة ان تخرجه الى احد ونرجع الى الفاواينا وقد خرج لنا
بالف ثالثة حرارة والالف مرتبتى حرارة لاتها فى ثانى للحروف
والواو فى ثالث حروف الاسم ثلثة درج برودة والالف اربع مراتب
حرارة لاتها فى رابع للحروف والنون فى خامس للحروف خمس ثوانى
برودة والياء فى سادس للحروف ست دقايق برودة والالف سابع
للحروف سبع مراتب حرارة فوجب ان يكون الفاواينا اشة
حرارة اذ كان فيه منها ثلثة عشر مرتبة وثالثة حرارة ومنه من
البرودة ثلث درج وست دقايق وخمس ثوانى برودة وقال للحكيم اذا

فى العمل والحساب وقال غيره لو بلغت الى الثامنة والتاسعة
والعاشرة لما وجب ان يطرح منها شىء وبرهنوا على ذلك بان قالوا
انّ حساب المال اذا وجب ان يكون بالف او ماية او ما شئت ثمّ

| الخمسة | الرابعة | الثالثة | الثانية | الطبايع |
|---|---|---|---|---|
| د | ج | ب | ا | مريّخه |
| ح | ز | و | ه | درجه |
| ل | ك | ى | ط | دقيقه |
| ع | س | ن | م | ثانيه |
| ر | ق | ص | ف | ثالثه |
| خ | ث | ت | ص | الرابعه |
| غ | ظ | ض | د | خامسه |

*وهذا جدول للجوهر المكنون والسرّ المرزون المحصول فى علم الوزن لجابر رحمة الله عليه*

طرحت منه نصف واحد او ربع واحد لم يجـزان تقـول الـف
وماية حتّى تقول غير كذى فتنقص ذلك منه بالوزن الصنجة لانّ
له موضعًا من الوزن لا يتمّ الّا به والّا كان ناقصًا فتى اردت عـلم ما فى
الشىء من طبايعه وكم فيه من الحرارة والبـرودة والـرطـوبـة

لم يكن فى لحروف رطوبة ولا يبوسة فاعلم انّ المنفـعـلـيـن ومـا
اليبوسة والرطوبة من عمل الفاعلين ومـا لحرارة والبرودة لانّ من
شان النـاران تيبّس كلّ شىء ومن شان المآء ان يرطّب كلّ شىء فاذا
فقد بهما من لحروف فصيّر مثل نصف لحرارة يبوسة ومثل نصف
البرودة رطوبة وان لم يكن لحروف فى الاسم صـورة لانّ من شـان
لحرارة ان تتبعها اليبوسة ولا تفارقها اين كانـت وفى اىّ جـسـم
حلّت وكذلك الرطوبة تتبع البرودة ولا تـفـارقـها عـلـى هـذا
السبيل فوجب ان يكون فى الفاواينا ثلثة عشر مرتبة وثـالـثـة
حرارة  وفيه من البرودة ثلث درج وسـتّ دقـايـق وخـمـس ثـوانٍ
فوجب ان يكـون فيه من اليبوسة سـتّ مـراتـب وخـمـس درج
ثالثة [1] وخمس روابع وفيه من الرطوبة درجة وثمان دقايق وثانيتين
وخمس ثوالث واتّما بدات  بهذا لحرف الطويل الذى لا يكون فى
الاسمآء اطول منه ليهون عليك ما يقلّ حروفه واقلّ ما فى الاشيآء
ما كان على حرفين مثل خلّ وشبّ وما اشبه ذلك فيكون فى لخلّ
دقيقة ورابعة رطوبة فوجب ان يكون فيه دقيقتين ورابعـتـين
بزودة ولمّا لم نجد فيه حرفًا لحرارة علمنا انّ البرودة اغلب عـلـيـه
لانّ الرطوبة لا تكون الّا مع البرودة ولا بدّ ان يكون فيـه حـرارة
فتجعلها نصف البرودة فوجب ان يكون فيه من لحرارة دقيقة
ورابعة ووجب ان تكون اليبوسة مثل نصف لحرارة فتـكـون
خمس ثوانٍ وخمس خوامس وهذا اقرّ [2] تعلـيـمـك لـتـرى من ايـن

---

(1) Mot presque entièrement effacé. — (2) Mot à demi rongé par les vers.

حسبت اعلم انّ المرتبة عشر درج والـدرجـة عـشـر دقـايـق
والدقيقة عشر ثوانى والثانية عشر ثوالث والثالثة عشر روابع
والرابعة عشر خوامس فانظر بارك الله تعـالى علـيـك الى هـذا
الحساب فضعه موضعه وان جآءك اسم لعقّار من العقاقير المشهورة
بنهاية الحرارة ولم تجد فيه من حروف الحرارة شيئًا فاعلمه وصيّر
كلّ مرتبة من البرودة مرتبتين من الحرارة وكلّ مرتبة من الرطوبة
مرتبتين من اليبوسة وكـذلـك الـدرج والـدقـايـق والـثـوانى
والثوالث و الروابع والخوامس وكـذلك ان جآءك اسم لعقّار فى
نهاية البرودة وليس فيه من حروف البرد شىء فانظر كم فيه من
حروف الحرارة فاضعفها من البرودة فانّها مختفية فيه وان لم تظهر
وكذلك الرطوبة تجعل ضعف اليبوسة تعمل هـذا فى كلّ الحروف
لعقلك ونميّز كيف عملك فانّ كلّ جسد فى العـالم من الاوايـل
الثلثة لا بدّ فيه من الحرارة والبرودة واليبوسة والـرطـوبـة فـتى
كانت الحرارة اغلب عليه كانت اليبوسة معها اغلب لاتّها منـها
ومتى كانت البرودة اغلب عليه كانت الرطوبة معها اغلب عليه
لانّها منها ومتى جآءك اسم لعقّار لا تعلم أبارد هو أم حارّ ووجدت
فيه حروف البرودة فاجعل حذاء البرودة مثلها من الحرارة ولا
تضعفها وكذلك فاجعل الرطوبة بحذاها مثلها من اليبوسة وانّما
لم اضعف لك ذلك لانّه لمّا لم يسبقه بغلبة احد النوعين عليه
وجب ان تكون حرارته كبرودته ورطوبته كيبوسته وقـد والله
العظيم سبحانه علّمتك وكشفت لك بغير رمز ولا ستر فان كانت

قريحتك حادّة فسعى الى العقاقير فتزن كلّ واحد فاذا وزنته
فاثبته في روزنامج يكون بين يديك فاذا جئت الى عقّار فيه اجزآء
من الحرارة طلبت له عقّارًا يكون فيه اجزاء من البرودة بوزنها فان
لم يمكنك ذلك الّا في عقّار او عقّارين او ثلثة واربعة والى مايـة
حتى يعتدل الفاعلان فيصير مراتبهما ودرجهما ودقايقهما
وثوانيهما بمنزلة واحدة ولا يزيد واحد منها على الآخر وكذلك
اليبوسة والرطوبة اذا اعتدلا في العقاقير التي جمعتها فنـح لـك
من مثلك فركّب قدرك فاطبخ المتجانس المعتدل بالنار القريبة [1]
اليسيرة يدخل بعضه في بعض ويعشق بعضه بعضًا ويذوب
فينحلّ ويجتمع فينعقد عقدًا لا تزايل فيه وقد بلغت الى الغاية
التي وصفتها للحكمآء وكتمتها ورفعتها على طول الزمان وانا اشكـله
اشكالاً لتعرفه ان شآء الله فافهم ذلك

| | | | | | | | | | | | |
|---|---|---|---|---|---|---|---|---|---|---|---|
| ١١١١ | ب ب ب ب | ج ج ج ج | جح | ددد د | د دد د | ووو | ززز | ححح | طاط | ىى | كك | لّل |
| مم | ض ض | ظاظ | عع | س س | س س | نق | ص ص | قق | رز | شش | ت ت | ت ت | ث ث | خخ | ذذ |
| | | ش ض | ظاظ | غغ | | | | | | | |

وهذا هو الصبغ الثاني النـافـذ فهذا ايضًا واحد وهـو اثنـين
فاكلّ منها اثنين ارض وماء وهي اربعة وهي في ذاتها مركّبة منها وفيها
من طبيعتها لا من غيرها فاذا حصلت هذين الجنسين من هـذا
الحجر الحيواني فقد احكمت التدبير [2] وهو الاكبر والاصعب

[1] Peut-être القرينة. — [2] Lecture incertaine.

فترفعهما وتصونهما من الغبار والهوآء الى وقت الحاجة ثمّ تاخذ
فى تدبير الحجر المعدنى الذى لا بدّ منه ولا غنا للكلّ عنه فيه النمام
والكمال ومن غيره لا يتمّ شىء جيّد ابدًا فتاخذه وتدبّره كما ينبغى
له وتضيفه الى الحيوانى المدبّر كما ينبغى له فيكون ذلك التركيب
الاوّل والثالث من الاوّل ان شآء الله تعالى

# كتاب الرحمة لابى موسى جابر بن حيان الاموى الازدى الصوفىّ رحمه الله

بسم الله الرحمن الرحيم قال ابو عبد الله محمد بن يحيى قال ابو موسى
جابر رحمه الله انى رايت الناس قـد انهمكوا فى طـلـب صنـاعـة
الذهب والفضّة بجهل وعسف ورايتهم منهم صنـف خـادع
وخُدعوا فرحمت الفريقين جميعًا لاتلافهم ما رزقهم الله عزّ وجلّ من
المال فى غير موضعه ولتعب ابدانهم فى الباطل وتشاغلـهـم عن
طلب وجوه المعاش المعروفة الجميلة وعن الزود للمعاد الذى اليـه
تصير العباد وعليه يعدمون واليه محتاجون ورحمت المخدوعين
لاتلافهم انفسهم واملاكهم ايّامًا وتعبهم دينهم وامانـتـهـم
بغرض يسير من الدنيا فهم اسوء حـالة وانا لـهم اشـدّ رحمةً فى
ارشادهم وكفّهم عن ذلك حسنة رجا الـثـواب من الله عـزّ وجلّ
والاجر اتّه ولىّ كلّ نعمة وواهب كلّ حكمة فرايت ان اضع كـتـابًا
مفصّلاً مبينًا لا يصل اليه احد من المخدوعـين وله ادنى عـقـل الّا
طرح عـن نفسه الغضب فتاملّه وظهر عليه نفعه البتّة وصرف
رايه عن الجهل والخطا واحرز ماله من الجزع والتكلّف وغير[1] سبيل

<hr>

[1] La première page de cet opuscule a été refaite par une personne autre que le
copiste du reste du ms.; il me semble que ce mot a été mal lu par ce second scribe.

لحق ان شآء الله تعالى وكان مثله كمثل الطبيب العارف بالادوية
وطبايعها وخواصّها الذى لو اناه عشرة الف نفس دوآء ثمّ
اجتهدوا[1] باختلظ ما يكون من الايمان على انّ الـذى جاوا بـه
حقّ قـد علموه وجرّبوه ثمّ وصفوه له فاذا هم يزعمون اتّهم يطلقون
بطن المحصور القوىّ من القولنج بالعفص والبلّوط وتشور السرّمان
وما اشبه ذلك ويعقلون بطن المبطون بالسقمونيا والشبـرم
وما اشبه ذلك كانوا عنده كاذبين نايلين بالباطل لحـقـيـقـة
باطل ما جاوا به واجتهدوا فى الايمـان عليه ولا ازدادوا بكثرة
ايمانهم عنده الّا تكذيبًا ومقتًا وكان هو فى ذلك المقام كالعالم
الـذى عـرف ربّـه بالتوحيد وبجميع صفاتـه الـتى وصف بـها
نفسه ووصف بها نبيّه صلوات الله عـليـه وسلامـه وعـرف
ابتداء هـذا لخلق وآخره ونفاذ ما ينفذ منه وبقآء ما يـبـقـى
منه وعرف المعاد الـذى تصير اليه العبـاد وعـرف الثـواب
والعقاب فاذا اشكل عليه شىء من الاشيآء طرحه عن نـفـسـه
ولـم يبق فى حيرة الضلالة متيقّن القـلب فـلا يـلـزمـه اسم
للجهل ولا يصير لاخـذ من اولائك لخـادعين وفى قلبه مثـقـال ذرّة
من الايمان بالله عزّ وجلّ والمعاد اليه وله ادنا ..... [2] عـقـل الّا
كـفّ نفسه عن طريق الباطل واخذ طريق للحقّ ورجآء ان
يدرك من الصنعة بالحقّ ..... [3] اسهل وايسر مـنـه بالـبـاطـل

---

[1]. Ms. اجتهد. — [2] Partie rongée par les vers; il manque un mot. — [3] Partie
rongée par les vers; il manque un mot.

فاتهم انّما دعاهم الى الخدع والمكر لانّهم لا يدركون هـذا الـعـلـم حين صعب واشبه عليهـم ..... [1] فاذا راوا طريقةً واضحةً واعلامًا منيرةً تركوا الباطل واخذوا فى طريق الحـقّ ۞ فـصـل واعلم انّ معرفة الاشياء على وجهين وجود وقياس فالوجود ما ادركته حواسّك للحمس التى ۿ السمع والبصر والذوق واللمس والشمّ والقياس ما ادركته بعقلك لاتّك تقيسه بما ادركته حواسّك حتّى تقف صورته مثالاً لا متوقّمًا فالعقل يدرك الاشياء الروحانيّة الباطنة التى لا تدركها للحواسّ وللحواسّ تدرك الاشياء للجسمانيّة الماديّة وللحواسّ آلات النفس والنفس وللحواسّ آلات العقل ۞ فصل وعناصر الكلام ثلثة معروفة كقول القايل النـار حارّة والشمس مضيئة وما اشبه ذلك ومنكر كقـول الـقـايـل الشمس مظلمة والنار باردة وموقوف كقـول الـقـايـل مات فـلان ووُلد لفلان ولد وما اشبه ذلك فليس شىء من الكلام الّا وهو داخل فى هذه الثلثة الاوجه فاعلم ذلك علمًا يقينًا ۞ فصل فاذا تاقت نفسك ايّها العاقل الى هـذه الصنعة فاعلم اوّلاً هـل ۿ حقّ ام لا تكون وتظفر بها ام لا حتّى تكون من علم ذلك عـلـى يقين لا يدخله شكّ البتّة بوجه من الوجوه فاذا تحقّق علمها عندك بالعيان ان كنت ذا عـقـل او بالقياس الـذى يـعـدل العيان فاعلم من اىّ شىء ينبغى لها ان تكون امن الجمراّم من النبات ام من للحيوان لّحمذ اقربها واشبهها بالمطلوب ثمّ تعلم من

[1] Partie rongée par les vers; il manque un mot ou deux.

اىّ شىء ينبغى لها ان تكون أمنْ شىء واحد مفرد لا اختلاف
فيه وذلك غير موجود فى العالم امن شيئيْن متّـفـقـين ام من
شيئيْن مركّبين مختلفين امن اشيآء مركّبة مختلفة ام من اشيآء
متّفقة وينبغى ان تعلم ان كان هذا التركيب شيئـًا ركّـبـتـه
الطبيعة ام هو شىء ركّبته الفلاسفة ثرّ تعلم باىّ تدبير ينبغى
لها ان تكون ايطبخ وحدء وهو التصعيد ام بتصعيد وتعفين
معًا ثرّ تعلم لاىّ شىء سواد هـذا الصبغ لقلب تامّ ام لـغـيـر
تامّ فاذا كنت من علم هذا كلّه على يقين لا شكّ فيه فـلا يثقلنْ
عليك تعب بدنك وانفاق مالك ولا تترك حوايجك فاتـك محـمود
حينئـذ عند ذوى الحجا اولى الفهم والنها واقض حوايجك الـتى
لا بدّ منها ثرّ اقبل على الاشتغال بامـور الـصـنـعـة و.....[1]
ولا تنفق منها الّا من فضل مالـك واستعنْ بالله وبـتـقـواه فى
الباطن. والظاهر على ما تريد منها.....[2] جهدك ثرّ اقبل عـلى
قراءة كتبها واستعن بذوى الالباب من اهلها فانّ الكتب اقفال
ومفاتيحها صدور الرجال ۞ فصل واستعن بما وصف اهل الطبّ
من طبايع الاحجار والنبات والحيوان وافعالها وبـما وصف اهـل
الـجـوم من طبايعها وافعالها ونجـرّب[3] فى الاحجار وخـواصّـهـا
وقسمتها على الكواكب والبروج وعلى اجسام للحيوان الناطق
وغيره وما لكلّ واحد من الكواكب السبعة التى فى الشـمـس

والقمر وزحل والمشترى والمريخ والزهرة وعطارد من اجرام الارض والمعادن والنبات والجهات ولغير ذلك ممّا يعين على فهمها ان شاء الله تعالى ۞ فصل وتدبّر[1] قولهم فى جميع كتبهم الكيان يمسك الكيان يعنون بذلك كيان لجسد يمسك كيان الروح للحيوانيّين[2] وقالوا الكيان تغلب الكيان يعنون بذلك كيان الروح الفاعل للحىّ يغلب كيان لجسد المتهيّئة لفعل الروح فيها ويحيلها ويردّها روحانيّة مثلها ۞ فصل وقالوا الكيان يقبل الكيان يعنون بذلك كيان لجسد الباقى فى اسفل الآلة يقبل كيان الروح اذا ردّت عليها بعد خروجها عن كيان لجسد وقالوا الروح يمسك الروح والروح الماسك هو لجسد الملطّف الذى قد صار فى لطف الروح ورقّته لحينئذ سمّوه روحًا وكذلك كان روحًا ومثل هذا الروح يحبس الروح ۞ فصل وقالوا الروح يغلب الروح يعنون انّ الروح يغلب لجسد الملطّف الذى سمّوه روحًا وهو يغلب الروح ايضًا فيردّه مقاتلاً للنار ۞ فصل وقالوا للحىّ يغلب الميّت فالحىّ هو الزيبق والميّت هو لجسد بغير روح وقد فسّرنا قبل هذا كيف يغلب كلّ واحد منهما صاحبه ويردّه الى طبعه وقالوا للحىّ يحبس الميّت يعنون بذلك كلّ واحد منهما يحبس صاحبه فلا يرجع الى طبيعته الاولى ابدًا ولا يرجع الروح الى النفار ابدًا بعد عقد لجسد ولا لجسد الى الغلظ بعد تلطيفه بالروح وهكذا يكون اذا امتزجا

وصارا شيئًا واحدًا٭ فصل ولا نمس[1] اجتماعهم على البيضة
وتفصيلها يعني بذلك بيضة للحكماء التي تفصّل بين روحها
وجسدها ثم يدبّران حتى يكونا شيئًا واحدًا لا يفارق بعضه
بعضًا ابدًا٭ فصل وقالوا الانسان لا يلد الّا انسانًا والطاير لا يلد
الّا الطاير وكذلك السباع والهوام وجميع للحيوان ليس منها
شيء يلد الّا شكله وكذلك الذهب لا يكون الّا من الذهب
والفضّة لا تكون الّا من الفضّة٭ فصل وقالوا العمل من شيء
واحد يعنون بذلك مركّبهم لانّه جوهر واحد فى اللون
وللحبر كامل تامّ فيه كلّا تحتاج اليه وقالوا العمل من اربعة
عبروا بذلك الطبايع الاربع التى فى مركّبهم من شيئين
روحانىّ وجسمانىّ فالروحانىّ حارّ رطب وللجسمانىّ بارد يابس وقيل
طبيعتان فى مركّبهم بالعين والصورة وهما الماء والارض وطبيعتان
فيه تظهران بالتدبير منه بالتدبير للحق وهما الهواء والنار
وقالوا العمل من سبعة اشياء وانّما عنوا بذلك انّ الروحانىّ من
مركّبهم ينسب الى الماء والهواء والنار وتلك سبعة اشياء وقيل
عنوا بذلك سبعة احجار وهى الزيبق والذهب والفضّة والانك
والاسرب والنحاس وللحديد٭ فصل وقالوا العمل من اثنى عشر
وفى اكثر وانّما عنوا انّ مركّبهم فيه طبايع البروج الاثنا عشر
وقواها وطبايع الكواكب السبعة يحتوى على سرّ طبايع .....[2]

[1] Probablement تنمس‚ تنمس. — [2] Partie rongée ayant contenu trois ou quatre
mots.

فيه بالقوة والفعل كلّ شيء في العالم لانّ الكواكب السبعة ......(١)
سبعة والافلاك السبعة اجسادها والارواح تدبّر(٢) الاجساد
والفعل للروح لا للجسد وهو معنى قولهم وفي اكثره فصل وقال
كلّ حكيم منهم على ما علمه والامر يرجع الى شيء واحد مرّكب
والى تدبير واحد والى آناء واحد وقد اكثر جميعهم القـول فى
هـذا المعنى ردّوا الارواح الى الاجساد واميتوا الارواح فى الاجساد
وتطهّر الارواح والاجـساد وغسلها وتنقيتها معًا وردّوا الارواح
الصاعدة على اجسادها التى خرجت منها لا على اجساد غيرها
يعنى ان تدبّر الاجساد بالارواح حتّى ......(٣) سل..... الاجساد والارواح
ثمّ يدام على الاجساد والارواح المدبّرة التدبير حتّى تـصيـر
شيئًا واحدًا صداميًّا(٤) لا جزؤ له ۞ فصل وقالوا فى رمزهم وهو من
مكنون سرّهم لا يقبل جسد روح غيرة ولا يـثـبـت الـروح فى
جسد غير جسده فيكونان مصطلحين ابـدًا كا انّ جسـد
الانسان لا يقبل روح طاير ولا بـهـيمة ولا غـيـرة من الحـيـوان ولا
يثبت ساير ارواح الحيوان فى جسد الانـسان ولا يـدخـل فـيـه
لانّ جسد الانسان قد هيّء على الاغلب من حاله لقبول الانـوار
التى فى اعلا العالم وفى ارواح الحيوان .....اصّة(٥) ولا تفنى ابـدًا
البتّة لانّها من عالم البقآء وساير الحيوان على الاغلب فى تـركيبه

(١) Partie rongée ayant contenu deux ou trois mots.

(٤) Lecture douteuse.

(٢) La moitié du mot a disparu rongée par les vers.

(٣) On pourrait à la rigueur lire صدائيًّا « analogue à la rouille »; la lecture de ce mot reste incertaine.

(٥) Le reste de ce mot et le mot qui précède ont été rongés par les vers.

مهيّا لقبول الارواح التى فى اسفل العالم وهى تفنـا لاتـها فى عالم
الفنآء وهو عالم الطبائع الاربع فروح للحيوان النـاطق غـيـر روح
للحيوان الصامت ولذلك لا يدخل روح هذا فى جسد هذا لبعد
ما بين الروحين والجسـديـن فى تركيبهما ۞ فصل وكـذلك هـذه
الصنعة لا يدخل الروح آلّا فى جسده الذى قد هيّىء له وقرب
منه على ان يبين[1] كلّ ما فى العالم الاعـلـى والاسفل تناسبًا كـتـب
يقرب ويبعد فالقريب اولى بما قرب منه وهذا يدلّ على انّ الروح
الذى هو الزيبق لا يدخل فى غير جسـده ولا يثبـت وغـيـر
اجساده الطلق والزجاج والمرقشيثا والتوتيا والاثمد والمغنيسيا
والملح وقشور البيض وما اشبه ذلك ممّا ليس فيه سبب للـمـزاج
واجساده الذهب والفضّة والرصاص والنحاس والحديد وقـيـل
اجساده اثفاله التى تبقى فى اسفل الآلة عند الـتـدبـيـر بـعـد
تركيبه باجساده وغير اجساده ايضًا الاجساد الغبيطة لحيّـة
فالاجساد وان كانت غبيطة فـهـى بـلا شـكّ اجسـاده والارواح
الترابيّة الكباريت والرزابيج واجسادها ما سوى .....[2] الروح
لحيّ كالمرقشيثا والتوتيا والطلق وما اشبه ذلك ۞ فصل وقالوا
اجعلوا للارواح .....[3] من شكلها وجنسها وذاتها وصورتها
فانّ الارواح تالف تلك الاجساد التى هى اجسادها التى خرجت
منها وتنعقد وتمتزج بها ولا تالف غيرها لاتـها تحـنّ الى تـلـك

[1] Ms. سس. — [2] Il manque un mot; le papier a été rongé par l'humidité. —
[3] Il manque deux ou trois mots rongés par l'humidité.

غير متجادلة يعنى اتها اذا مزجت لم يفارق بعضها بعضًا وعملت عملاً واحدًا متصادفة غير متضاددة يعنى لدخول بعضها فى بعض متكافية يعنى فى الطبع ومقدار الوزن الحكم غير مستغنية عن المادة من غيرها يعنى اتها تحتاج الى رطوبة متعلّقة ممازجة توكد عقدها وامتزاجها ويجعل لها تعلّقًا ومزاجًا بالاجساد التى تلقا عليها واذا تمت هذه القوى فى الاكسير كان القوى الذى لا يضعف وصارت هذه الاشياء طبيعةً واحدةً مستغنية عن المادة من غيرها ۞ فصل والدليل على اتها طبيعة مستغنية عن غيرها كتركيب الترياق لان العقاقير المتضاددة تجتمع فيه فتتعقّن وتتّفق وتختلط بعضها ببعض وتزول عنها التضادد اذا امتزجت وتعمل عملاً واحدًا ضرب بالترياق وتعفينه مثالاً لان الاكسير لا يتمّ الّا بالتعفين وهذا التعفين بعد امتزاجه وحلّه وعقده وقيل التعفين قبل لحلّ والعقد لان الاجزآء ان لم تتعقّن لم يتماس وان لم يتماس لم تنحلّ ولم تصر صدا وان لم تنحلّ لم تتبيّض وان لم تتبيّض لم تتمزج وان لم تتمزج لم تعمل عملاً تامًّا واحدًا ۞ فصل ثم من ذكر الاكسير فقال يسمّى منه المحموم من الحتا لحارة من الصفرا والدم والمحموم هاهنا النحاس الامحر والاصفر لان الامحر حاز يابس على طبيعة الصفرا والاصفر حاز رطب على طبيعة الدم ويسمّى منه المحموم من لحتا الباردة من السودا والبلغم والمحموم هاهنا الانك والزيبق لان الانك بارد يابس على طبيعة السوداء

الاجساد التى ﻫ اجسادها التى خرجت منها اوّل العمل ولا تحنّ
الى غيرها بل تهرب وتفرق ولا تصطلح ولا تتّفق معها ابدًا وقالـوا
تتّفق معها بجودة الراى واظنّ التدبير للحقّ واشاروا هاهنا انّ
الارواح تنعقد فى غير اجسادها كلّه شىء بعيد لانّ كلّ روح عقد
بغير جسد ممازج لا يخلو من احد امرين ان كان للجسد اكثر
من الروح من الغرض وان كان اقلّ منه لم يـعـقـده والـزيبـق
جوهرتّ كلّه والكبريت والزردج ترابيّان والتى تمتزج بمثله وينفر
عن ضدّه ۞ فصل وقد اكثروا ذكر الارواح والاجساد الـتى
تخرج من المعادن السبعة التى ﻫ معدن الـذهب والـفـضة
ومعدن النحاس ومعدن الالك ومعدن الاسرب ومعدن للحـديد
ومعدن الزيبق وسمّوها للحيوانيّة وكما ان لـيـس فى الـسـمـاء شىء
ارفع ولا اشرف من الافلاك السبعة وكواكبها فكذلك لـيـس فى
الارض شىء ارفع ولا اشرف من المعادن السبعة ولا من اجبارها التى
تخرج منها وذكروا الاشيآء التى تخرج من المعادن السبعة
وسمّوها الترابيّة ۞ فصل ...... (١) النظر ايّها العاقل فى هذه الاشيآء
علمت ان لج الامر الذى تطلبه فى اشيآء شتّى يعنى طبايع اربعـا
وقوى شتّى يعـنى روحانيّة وجسمانيّة متّفقة غير مختلفة يعـنى
فى الصورة واللون والروحانيّة والجسمانيّة متحاببة غير متباغضة
يعـنى فى الطبع لانّ بعضها يعين بعضًا متعاونة يعـنى لانّ بعضها
يستعين ببعض على تدبير لنفسه فبعضها يـدّبـر بـعـضًا

---

(١) Il faut sans doute combler cette lacune par ces mots : انّ امعنت

والانسان من الحيوان خاصّةً فهو لا يزال ما اعتدلت طبيعته على تضاددها محبجّا فاذا غلب شيء منها شيئًا مرض على قدر قوة الغالب عليه فاذا اشتدّت قوّته غلبت تلك الطبيعة التى غلبت كان ذلك سبب هلاكه وموته وانحلال روحه من جسده على ذلك خلقه الله عزّ وجلّ فلو شاء ان يجعله خالدًا باقيًا ابدًا يجعل ما فيه من الطبايع متّفقة غير مختلفة ولكن جعلها مختلفة لما اراد وقدّر من فناء خلقه وانه لا يبقى الّا هو عزّ وجلّ فابتلاه بتضادد طبايعه الاربع وجعل ذلك سببًا الى هلاكه وانحلال روحه من جسده ۞ فصل والاشياء التى ضعف التضادد فيها وقلّ فهى الذهب والفضّة والياقوت والدرّ والزمرد والى الفناء بعد طول البقاء مصيرها ۞ فصل وكذلك العالم الاكبر يعنى عالم الطبايع الاربع او عالم السموات والارضين اتّما يموثا وينحلّ اذا انا وقته وبلغ غايته من تضادد طبايعه الاربع التى ظهرت فيه وهى للحرارة والرطوبة والبرودة واليبوسة لانّ العالم متجاور لا ممتزج ولا امتزاج مع التضادد ۞ فصل وفى الانسان الصفرا والدم والبلغم والسوداء فتى غلب احد هذه الطبايع الاربع او كلّها مات الانسان وانحلّت روحه من جسده لانّهما لم يمتزجا فلو امتزجا لم ينحلّا وطبايع السنة الربيع والصيف والخريف والشتاء ...... [1] الطبايع الاربع فى جميع الاشياء بتقدير الله وحكمته سبحانه وتعالى ۞ فصل ...... [2] الفلاسفة ذوى العقول التامّة حاولوا ان

---

[1] Un mot rongé par les vers. — [2] Un mot rongé par les vers.

والزيبق بارد رطب على طبيعة البلغم وان شئت قلت الرصاص الاسود على طبيعة السوداء والانك على طبيعة البلغم فينتفع لجميع بهذا العلاج لانّ الاكسير يلقى على النحاسين فيبيضهما وِيحييهما ويلقى على الرصاصين فيقمهما ويلقى على الزيبق فيعقد جسدًا ينطرق او يتفتّت ويصبغ غيره ۞ فصل واكثر ......(١) اشدّها تضاددًا وهو اقلّ الاشياء بقآءً واسرعها انحلالاً والشىء يقهر ضدّه فيحتاج ......(٢) مادّة من غيره والى الامانة والتقوية والتعديل ومعنى هذا انّ الحارّ اذا غلب البارد قهره فيحتاج البارد الى تقوية وامانة وتعديل حتّى يرجع الى اعتداله وكذلك جميع الطبايع يقوى باشكالها ويقهر باضدادها وضرب هذا مثلاً ومعناه انّ الجسدانّ الروحانّ يقهره بالتدبير للحقّ حتّى يردّه روحانيًا والروحانّ يقهر للجسدانّ حتّى يردّه جسمانيًا وان كانا ليسا بضدّين على الحقيقة لانّ الضدّ هو المخالف من كلّ جهة والشكل هو الموافق من كلّ جهة والذى يوافق من جهة ويخالف من جهة اخرى يسمّى مرّة ضدًّا ومرّة اخرى شكلاً يسمّى ضدًّا من حيث خالف ويسمّى شكلاً من حيث وافق وشاكل ۞ فصل والاشياء التى ٯ اقلّ اتّه اقلّها تضاددًا وٯ احسن الاشياء اعتدالاً وتكافيًا وهو اكثر الاشياء بقآءً وابطاها انحلالاً واسلمها من الافات التى توجب افتراق روحانيّاتها من جسمانيّاتها والاشياء التى ٯ اشدّ تضاددًا للحيوان

---

التى لا تدرك بالحواسّ واتّما تدرك بالعقول كالحجر الذى يجذب
للحديد بالقوّة الروحانيّة التى لا تحسّ ولا ترى وفى تنفذ فى
الكثيف من الصفر والصفر بينها وبين الحديد الى نفسها وهذه
القوّة يقال لها الخاصّة ومعنى لخاصّة اتّفاق روحانيّة الاشيآء
وفعل بعضها فى بعض لاتّفاق جسمانيّاتها وهو اتّفاق ما فرق
الطبايع البسيطة والمركّبة وامتزاج القوّة الباطنة بالقوّة الباطنة ۞
فصل والسموم تفعل بقواها الروحانيّة ,وكذلك المسك والعنبر
وساير الطيب التى لا تعاين ولا تلمس وهذه الاشيآء تفعل
بقواها الروحانيّة افعالاً فى اوسع من اجسامها لانّ المسك
والعنبر وما اشبه ذلك تشمّ رايحته من مكان بعيد من جرمه
وجرمه يحسّ مكانًا صغيرًا وقد تتغيّر هذه القوى الروحانيّة
واوزان اجرامها على حالها كما كانت قبل تغيّر قواها۞ فصل قال
ابو موسى جابر بن حيّان رحمه الله ولقد كان.....(١) حجر من
المغنيطس يرفع من الحديد وزن مائة درهم ثمّ بقى عندنا زمائًا
ثمّ اتا امتحنّاه بعد ذلك فى حديدة اخرى فلم يرفعها فظننّا انّ
وزنها اكثر من مائة درهم الذى كان يرفعها اوّلاً فوزنّاها فاذا
وزنها اقلّ من ثمانين درهمًا فنقصت قوّته وبقى وزن جرمه على
حاله كما كان اوّلاً۞ فصل وافعال الاشيآء الجسمانيّة اتّما فى مستقرّ
وماوى لتلك الاشيآء الروحانيّة ولا قوّة لها ولا منفعة فيها اذا
زايلتها تلك القوّة العاملة يعنى لا قوّة لجسد الباقى اسفل الآلة

(١) Un mot rongé par les vers.

يجدوا طبيعة واحدة فيها قوى الارواح واجساد متّفقة غير مختلفة ظاهرة للطبائع الاربع المتضاددة محيلة لها عن طبايعها الى طبيعتها لم يجدوا فلمّا لم يجدوا تلك الطبيعة التى طلبوا فى هذا العالم كلّه احتاجوا عند ذلك الى تركيب الارواح فى الاجساد القريبة منها وتدبيرها فى واحد واظهار ما فيها باطنًا من مشاكلة الذهب والفضّة وخلافها ولى كلّ شىء لا يشاكل وتآلف كلّ شىء يوافق واصلاح الطبايع ومزاوجة الذكر منها بالانثى وتعديلها بالحرارة والبرودة والرطوبة واليبوسة باوزان معلومة معتدلة ۞ فصل وحاولوا ان يكون اكسيرهم بعد تدبيره وكماله سمًّا رقيقًا لطيفًا روحانيًّا جسدانيًّا فذا يكون جسده وروحه طبيعة واحدة غير متفرّقة كالسمّ النافذ فى الرقّة واللطافة والنفاذ وحاولوا ان يكون خروقًا عند ملاقاة النار كالسمّ الذى ينفذ فى اللحوم والدمآء وليست له قوّة على النار ولا صبر له عليها وحاولوا ان يكون سمّهم ناريًّا غذى بالنار ورتّى فيها فاكتسب ثباته وبقاءه وبهاه وحسنه وصبغه من النار لانّ اليها مصيره عند الالفا[1] فان لم تكن هى التى غذته ورتّبته قوّته واعطته الثبات والبقآء وان لا هوت عليه فتهلكه يعنى هذا كلّه التدبير لحقّ الذى ينفذ فيه المرّكب من نار الطبخ الى نار التعفين حتى يادس الى اقوى النيران ولا ينفر عنها۞ فصل واقوى ما فى هذا العالم الاشيآء الروحانيّة اللطيفة

[1] Lecture tout à fait incertaine.

الاشيآء اقـوى من كثيرها احال الكثير الى طبيعته كما يفعل قليل
لخمير بكثير العجين ۞ فصل والذى عليه حذّاق الـصـنـعـة انّ
الصنعة فى لحيوان والنبات بالـقـوّة لا بالفعل والـصـنـعـة فى الجر
بالقـوّة والفعل غير انّ لحيوان والنبات تستخرج منها ادهان ومياه
تعمل اعمالاً عجيبة فى الجر ولا يـتم الجـر الّا بالحـيـوان او الـنـبـات
او بهما جميعًا وقد يستغنى الجر عنهما فاعلم ذلك ۞ فصل وللحكمآء
طلبوا الـغـزارة وتنكّبوا الـنـزارة فـقـالـوا هـذا الـعـمـل من غزر
الاشيآء واكـثرها قوى روحانيّة رقيقة لطيفة من لحيوانيّة الـتى
ۀ المعادن السبعة ومن التـرابيّة الـتى ۀ غير المعادن السبعة فاذا
استقرّ عندك انّ هـذا العمل من اغزر الاشيآء واكـثـرهـا قـوى
روحانيّة رقيقة لطيفة من لحيوانيّة والـتـرابـيّـة فافـصـل مـا بـيـن
لحيوانيّة والترابيّة مثل الكلس[١] ۞ فصل والفرق ما بين لحيوانيّة
والترابيّة انّ لحيوانيّة الزيبق والذهب والـفـضّة والـرصـاص
والنحاس ولحديد والترابيّة تنقسم قسمين حيًّا وميّتًا فالحىّ منها
الكبريت والـزرنيخ والنوشادر وكلّ شىء يـذوب ويحـتـرق ويخرج
روحه بالنار والقسم الميّت كلّ شىء لا يذوب ولا يحترق ولا يدخن
كالكلس وما اشبهه وقد يستخرج من هذه الاشيآء الـتى لا تـذوب
مياه يستعان بها فى عمل لحيوانيّة والترابيّة وتـنـقـيـتـها وذلـك
ما لا ينكره احد من اهل هذه الصناعة ۞ فصل وقد ذهب قوم
انّ العمل لحيوانّ هو ما عمل من حجر يخرج من لحيوان كالـ....و[٢]

---

[١] Ces deux mots sont ajoutés en marge. — [٢] Mot rongé par les vers.

الذى هو مستقرّ وماوى لذلك الروح الــذى صعــد عنــد الّا
بالروح الذى خرج عنه فردّه عليه فاتّه يمتزج به بلا شكّ والصبغ
للروح وللجسد الامساك والتقييد فقط لا غيرهؤ فصــل واصــلب
الاشيآء اكثرها جسدًا وهو اقلّها روحًا كالذهب والفضّة وما
اشبه ذلك واقلّ الاشيآء جسدًا هو اكثرها روحًا كالــزيبــق
والكبريت والزرنيخ والاجساد فيها ارواح ولا ارواح فيها الاجساد
كلّتها سمّيت بالاغلب عليها والزيبق والكبريت والزرنيخ والذهب
والفضّة والرصاصان والنحاس والحديد ولحديد مختارة⁽¹⁾ من اجار العــالم
وجميع اجار الارض لها تابع ۞ فصل والعالم كلّه مــرتــب بـعضـه
من بعض لاتّك لا تجد نارًا الّا وفيها بــرودة ولا بــرودة الّا وفيهـا
حرارة ولا يبوسة الّا وفيها شىء من الرطوبة ولا رطوبة الّا وفيهـا
شىء من اليبوسة ولا تجد روحًا الّا وفيها شىء من لجــسم ولا تجــد
جسمًا الّا وفيه شىء من الروح الّا اتّه لا يستطاع تفصيل بـعضـه
من بعض لكثرة احدهما وقلّة الاخر ولاستحالة القليل الى الكثيــر
ولاستغراق القليل كا انّ البحر لو قطر فيه قطرات من عــســل لم
يقدر احد من المخلوقين على تـفصيــل تـلك لحلاوة مـنـه ابـدًا
ولا يقدر على ذلك الّا لخالق عزّ وجلّ وليس لقايل ان يقول فيه
حلاوة ومن اجل هذا انّ قايل العمل من كلّ شىء كان ذلك ممكنًا
كا اتّه لو قال الطبايع فى كلّ شىء لامكن ذلك ويكــون ذلـك عـلى
وجهين يكون الشىء من الشىء بالقوّة لا بالفعل فاذا كان قـلـيـل

مستعينًا على ذلك بالحكيم الاعلى على الحقيقة سبحانه ونحمده ٥

فصل واعلم انّ العزيز القوّى مدحوّه وذكرّوه وكتّموه ينبغى ان يكون كالعالم الصغير الذى هو الانسان وما اشبهه يعنى ان يكون العمل ذا نكاح وحبل وتـعـفـّن ومـدّة زمانيّة ويكون الذكر والانثى ويكون فيه التربية حتّى يتمّ الاكسير كما تكون هذه الاحوال للانسان سواء بسواء افهم هذا الفصل فانّه التدبير بعينه ٥ فصل والعالم عالمان اكبر واصغر فالاكبر لجسم العالى وما فوقه من الجواهر الروحانيّة وتدبيره يظهر افعالها فيه والاصغر ما تحت لجسم العالى الى الارض وقيل الاصغر الانسان وسمّى الاصغر بالاكبر لانّه مثله سواء ٥ فصل وقال افلاطن [1] للحكيم والصنعة عالم ثالث لانّه مثل احـد هذين العالمين واجتمعت قوى العالم الاكبر فى الاصغر ولم يـقـضـوا عليه انّه عالم صغير الّا بعلم يقين وعيان وتجربة لانّـهـم راوا كلّ شىء فى العالم الكبير نظيرًا فى العالم الصغير من القوى الباطنة والظاهرة وقيل انّ العالم الاكبر ممتزج غير منحلّ بوجـه من الوجوه و..... [2] متجاور منحلّ والعالم الاصغر متجاور منحلّ كذلك ٥ فصل فقد بان لذوى العقول انّ القوى الروحانيّة التى لا تدرك بالحواس انفذ فى الذى يريدون واقوى واكثر انبـسـاطًا من الاجساد وليس لشىء من الاجساد قـوّة الّا بالارواح وقـد تـرون للارواح قـوى قـويّة واعمالاً رفيعة بغير اجـسـاد فاذا كانـت لـها

---

[1] Sic. — [2] Deux mots rongés.

الدم والبول والبراز[1] والدماغ والمرار وهذا بعيد من الخروج الى
الفعل لانّ للحيوان بعيد من الحجر فاذا استحال جوهر فانّما يستحيل
الى ما قرب منه وكان فيه بالقوّة والفعل شىء منه ومن للحيوان
والحجر مترتبه[2] النبات اللهمّ الّا ان يستحيل للحيوان الى حجر ميّت
لا يمازج ولا يصبغ وهـذا غير مطلوب القـوم والـذى دعاهم الى
هـذا القول جهلهم بالمطلوب وبتكوين الاجناس الثلثة الـتى فى
الحجر والنبات والحيوان وجهلهم ايضًا مراتب استحالة بعض
للجواهر الى بعض مع تكوين الاحجار فى معادنها ولو علموا هذا على
حقيقة لـوجدوا مطلوبهم بايسر الطلب۞ فصل والذى دعا اهل[3]
هـذا القول بهذا الاشياء ما راوا من تلويحها على سطوح الاجساد
دون عرض بالغ فى اقعارها والـذى عليه للحـذّاق من اهل هـذه
الصناعة انّ العمل للحيوانّ عندهم ما لم يكن فيه كبريت ولا
زرنيج ولا ما اشبههما على انّ الكبريت والزرنيج حيّان كما قلنا قبل
هـذا وكلتهما حيّان باضافـتهـما الى ما هـو دونـها كالـتـوتـيـا
والمرقشيثا والطلق وما اشبهه وهـا ترابيّان ميّتان باضافتهما الى
الزيبق لحيّ۞ فصل وانا احمل قـول الاستاد ابى مـوسى جـابر بـن
حيّان رحمه الله الفاضل على ابناء جنسة فى هـذا .....[4] عـلى
اصله واصول الاوائل من قبله وارّد ما خرج عن ذلك الاصل من
القول الذى لا يشبه ان .....[5] له الى قانون الصنعة وحقيقتها

---

[1] Sic. — [2] Ou ٮٮه متن(?). — [3] Mot presque entièrement rongé par les vers. —
[4] Le mot est entièrement rongé. — [5] Mot rongé.

وذهبهم وفضتهم فوق فضة العامّة وذهبها۞ فصل وقيـل للاكسير اكسيرًا لكسره قوّة للجسد الذى يلقا عليـه واحالته ايّاه الى طبيعته وقيل اكسير لانّه ينكسر ويتفتّت وقيل اكسير لشرفه وفضله۞ فصل ويسمّون الدوآء فى كلّ درجة من التدبير باسمه الموافق له على نص الطبيعة فى المعدن فاذا اسودّ الدوآء قالـوا رصاص اسود ثمّ ينتقل الى سايـر درج الاجساد حتّى يبلغ الى درجة الذهب الذى ليس بعدها غاية۞ فصل وسمّوا الاكسير ذهبًا وفضةً لانّ فى القليـل من كلّ واحد منهما كثير من ذهب العامّة وفضّتهم وسمّوه سمًّا لنفاذه ورقته وسمّوه ناريًا لصبره على النار۞ فصل وقالـوا نعـم الشىء التحليل وهو قوام العمل وتمامه والروح لا يدخل فى جسد ولا يمازجه ويصير خالدًا معه الّا بتحليل للجسد معـه وتلطيفه انّ الفضّة لا يدخل فيها صبغ حتّى تحلّ بالنـار وباحلال للجسد ينحلّ الروح ويتعقد فى الجسد لانّ الجسد اوّلًا صار مآءً فى المآء ثمّ صيّر للجسد نفسه والمائين الذيـن معـه بالتدبير للحقّ هاهنا خالدًا ثابتًا لا سبيل للنار عليه وللحلّ للروح والعقد للجسد ۞ ...... [1] للحلّ نقض التركيب المعـدنىّ وتلطيف للجوهر وتبييضه لا التمويه على ما يظنّ من لا يفهم۞ فصل والبارد اليابس لا يحلّ شيئًا بل يعقد ولا يقوى شىء على الـفـعـل وعلى الهضم او للحلّ الّا بالحرارة والرطوبة لانّ الحرارة ﮤ الفاعلة

---

[1] Mot rongé par les vers.

اجساد حيّة مثلها فى الرقّة واللطافة والنفاذ وعقدت بـهـا حـتّى
تصبر على النار عملت عملاً قويًّا غايةً هو اقوى والـفـذ وامـزر من
عملها وهى وحدها بغير اجسادها لانّ الارواح اذا لم يـعـقـد
بالاجساد الذائبة التى هى اجسادها واجرامها وباجسادها التى
فيها وان كانت قليلة ومعها ايضًا افات ولكـن الافات تـزول عـنـها
بالتدبير للحقّ كانت خـروجـه عـلى النار وخـاصّـة اذا لم تـدبّر
بتدبيرها للحقّ النار على اكثر قواها العاملة لانّ القوى العاملة
للخروعة على النار قد انتقلت عن طبايعها فـصـارت لا تخرع من
النار﴿ فصل وحييت الارواح والبسطت فى اجسادها وعملت
اعمالها الكاملة واذا عقدت الارواح بغير اجسادها نقصت اعمالها
ولم تنتشر افعالها وانّما تنتشر افعال هـذه الارواح فى اجـسـادها
التى هى منها فافهم ايّها العاقل واعرف فضل نـعـمة الله عـلـيـك﴿
فصل والتمس ان يـكـون تاليفك للطبايع من الارواح والاجـسـاد
خاصّة واجعلها بالتدبير للحقّ المحكم طبيعةً واحدةً لا يـفـارق
الـروحانّ منها للجسمانّ ولا للجسمانّ منها الـروحانّ حـتّى يـكـون
الاكسير الاحمر على طبيعة الذهب والابيض عـلى طبيعـة
الفضّة وذلك قولهم لا يكون ذهب الّا من ذهب ولا فضّة الّا من
فضّة ولا ولـد الّا من والـد والاكسير الاحمر حـارّ يابس عـلى
طبيعة الذهب وهو الذهب عندهم والابيض بارد يابس عـلى
طبيعة الفضّة وهو الفضّة عندهم وهو معنى قـولـهـم ذهـبـنـا
لا ذهب العامّة وفضّتنا لا فضّتهم وفضّتهم المصبوغة باكسيرهم

واستحال الروح فصار جسدًا فى صبره على النار وثباته وخـلــوده
فيها ويولد منهما جوهر لطيف لا فى غلظ الجـسـد ولا فى رقتـه بـل
معتدل بين الامرين ۞ فصل وليس من احمر[1] شيئًا فقد عقد كعقدهم
وانّما عقدهم ان يعقدوا الروحانّى بجسده حتّى لا يطير من الـنـار
ولا يدع جسده وللجسد له رباط ووثاق وهو معنى المزاج لانّ المزاج
اتصال كلّىّ لا انفصال له ابدًا بوجه من الوجوه ۞ فصل واعلم انّ الحلّ
والعقد الذين وصفناهما فى عمل للحيوان هو الحقّ من تـدبـيـرهم
واذا انعقد للحيوانّى بجسده صبغ صبغًا لا يتغيّر ولا ينتقص ولا
ينسلخ ابدًا وهذا الاكسير الذى يقلّب اجسـاد الـطـبـايـع
والعناصر ويحيلها فلا ترجع الى ما كانت عليه ابدًا وى طريقـة
الانبياء والصالحين والفلاسفة اجمعين ۞ فصل وقالـوا فى الاعمـال
الترابيّة اعقدوا الكبريت والزرنيخ بالمرقشيثا والتوتيا والـطـلـق
وما اشبه ذلك والقوها باوفق هذه الاجساد لها حـتّى تقوم للنار
ولا تستعمل فيها فذلك عقدهم للترابيّة فاعلم ذلك ۞ فصل وقالـوا
ايّاكم والنيران المحرقة عنوا بذلك الكباريت الـتى فى اجـواف
العقاقير وى الادهان المحرقة لانّ الادهان يعنى[2] الكباريت ضربان
ضرب محرق كتحرق وضرب غير محرق ولا محترق ولـذلـك قالـوا من
احسن اخراج الدهن فهو طريق العمل عنوا بذلك الدهن المحترق
المحرق يريدون اخراجه من جوهره الذى هو حامله حتّى يتنقّى
ذلك للجوهر منه ويعود صافيًا نقيًّا وكلّ شىء ذكروا فى العـالـم من

[1]. Lecture incertaine. — [2] Mot rétabli par conjecture.

والبارد اليابس لا يفعل شيئًا ما خلا الامساك والبارد الرطب
يقوى على عجن الاجساد حتى تانى كارطب ما يكون من العجبين
ومعنى هذا ان الروح يحلّ الجسد ويدبّره ويفعل افعاله المحمودة
فيه وهو حارّ رطب يريد انّ البارد اليابس وهو للجسد
يعقد الروح البارد ...... بعجن الاجساد هو الروح قبل ان
يدبّر فاذا دبّر كان حارًا رطبًا وقيل كان حارًا يابسًا فى طبيعة النار ⊙
فصل وقالوا حلّوا الاجساد بالارواح واعقدوا الارواح بالاجساد
فيكون من ذلك ما تطلبون من الصبغ التامّ العاجل ⊙ فصل ولمّا
راوا الاجساد غلاظًا ثقالاً جافيةً لا ينفذ فى الاشيآء كما ينفذ
الروح الدقيقة اللطيفة قالوا حلّها برفق بكلّ شىء يوافقها من
الارواح ويحييها ويصلحها ويعينها ولا يميتها ولا يفسدها ولو
حلّوها بما لا يوافقها ولا يحييها لم يزدها ذلك التحليل الّا فسادًا
وموتًا ولكنّهم صيّروها فى طبيعة الارواح التى حلّلتها فى الحياة
والرقّة واللطافة والنفاذ فمنهم من استعمل الطاهرة ومنهم من
استعمل الوسخة فلمّا صار الجسد متغيّرًا على حاله وغلظه وجفائه
ورقّ ولطف وصار كالروحانىّ ينفذ فى الاشيآء وهو جسدىّ
الطبيعة لا يخرج من النار فعند ذلك امتزج بالروح لانّ الجسد
احلّ ولطف فعقد الروح وكان عقد الروح فى ذلك للجسد الذى
دبّره واستحال كلّ واحد منهما الى صاحبه واستحال للجسد فصار
روحًا فى رقّته ولطافته وانبساطه وصبغه ونفاذه وجميع احواله

بعضها على بعض ولا تاليف اوزانها ولا تنقيتها ولا تاليفها لخساب
وخسر ولم يكن له رفق فلا صبر على التجارب ولا تاييـد مـن الله
عزّ وجلّ ۞ فصل فالامـر صعب جـدًّا اصعب مـا رامـه المخلـوقـون
وابعده لدقتـه وغموضه على مـن لا يحسنه وهو اسهـل مـا رامـه
المخلوقون واقربه على من ابصر وجهه وطريقته وقالـوا من حـلّ
عقد ومن عقد حلّ يعنون بذلك انّ احـدًا لا يحسن عقد الروح
الّا احسن حلّ ..... ۞ لانّ الحلّ والعقد تـدبيـر واحـد ينحـلّ
للجسد وينعقد الروح فيه وقالوا الذى يحـلّ هو الذى يـعـقـد
والذى يعقد هو الذى يحـلّ يعنون بذلك النـار لانّهـا تحـلّ
للجسد ويعقد الروح فيه وقالـوا هذا حجر بكماله لانّه يحلّ نفسـه
ويعقدها ۞ فصل وانا اقول بحقّ غير كذب وبعيان وتجربة انّ
احدًا لا يعمل من هذه الصنعة تدبيرًا واحـدًا مستقيمًا على نـصّ
تدبيرهم للحقّ الّا انفتح له من العمل وجوة كثيرة على قـدر نـظـره
وعقله وتجاربه واستنباطه حتّى يكون العمل عنده ايسر من كلّ
صنعة فى العالم على صانعها ويكون العمل عليـه اهـون وعليـه
اقدر ۞ فصل واتمّا ۍ اربعة ابواب ولو قـلـت لـك اربـع كلمـات
لصدقت يكتفى العاقل المجرّب بها اذا جرّب وقد والله اوضحتهـا
لك وفسّرتها واخبرت ونطقت باعيانها بـلا حسـد ولا كتمان ولا
رمز بل باسمائها التى تسمّيها به العامّة وانا اكرّر عليك القـول
لتكون له حافظًا ۞ فصل وهذا هو الباب الاوّل طهّر اوصال عملك

---

(1) Un mot rongé par les vers, probablement le mot الجسد.

20.

السواد والظلم والفساد للجسد فاتما عنوا به الدهن الاسود المحرق المحترق الذى تسرع النار اليه ۞ فصل فلما نمر رايهم على عـقـد الروح للحيوانى بجسده القريب منه وبقى الرطوبة الفاسدة عنها مزجوهما ثم دبروهما معًا حتى صار للجسد والروح طبيعة واحدةً لا اختلاف فيها ولا اختلاف بين الجسد والروح وصارت طـبـيـعـة واحدةً لا اختلاف فيها ولا افتراق بين الروح والجسد مثـل مآء دجلة قد مزج بمآء الفرات فصار كلامها واحدًا لا فصل بيـنـهما ولا فرق فصبغوا الاحمر والابيض ونفذوا بجميع كل انـسـان يـتـبـلـغ علمه وحكمته وكثرة تجاربه وطول عمره ۞ فصل واعلم انّ من اهل هذه الصناعة منهم من قد رضى بالنزر من الاصباغ التـامـة الـتى تنفذه ومنهم من طلب فوق ذلك ومنهم من لم يرض الّا بالغزيـر من الحيوان الذى اذا عمله صاحبه مرّةً واحدةً فى طـول عـمـره لم يحتج الى العود اليه ثانيًا ابدًا ولو عاش الف الف سـنـة ولو عال الف الف نفس وذلك اذا احسن اخذ الخيرة من عمله للحيوانّ۞ فصل وهو هذا الذى وصفت لك اسراره واوضحت لك اخباره وهو العمل الذى من ظفر به ظفر بالغاية القصوى ممّا لبّـسـوا فيه ورمزوا وصعّبوا طريقته وكثّروا القول فيه والطريقة واحدة واليها ترجع الطرق كلّها لانّ التـدبـيـر واحد لجميع الاحجار الحيوانيّة والترابيّة فاعلم ذلك ۞ فصل وكثير من الجهال حين سمع بالحلّ والعقد اللذان ذكرناهما حلّ وعـقـد ولم يـربح وخـاب وخسر وكثير منهم عقد الارواح باجسادها ولم يحسن ادخال

تدخل فيها الحيوانيّة والترابيّة معًا فكثيرة وساذكر لك جملًا
من القول على، عمل لم يكن فيه من الزيبق زيبق السوق ثمّ
الكبريت كبريت السوق ثمّ الزرنيخ زرنيخ السوق ثمّ النشادر
نشادر السوق المصعّد وما لا يكون فيه شيء من هذة الثلثة ولا
يحلّ ولا يعقد فلا تعتدّ به ولا تصدّق بأنّه يكون منه خير
ينتفع به ذو دين او ورع او مروّة ما خلا الزيبق وحده فانّه
ان لم يكن فى عمل لم يلح ذلك العمل ابدًا نجاحًا تامًا كيح ما
يكون الزيبق وان كان فى العمل بعض هذه الاشيآء وكان له
جسد من الذهب او الفضّة او الرصاص او النحاس او الحديد
او المرقشيثا او الطلق او الزجاج او الملح والّف بتاليفهم الحسن
وتدبيرهم المحكم من الحلّ والعقد حتّى يصبر على النار ولا
يشتعل فيها وحتّى يذوب بمزاوجة حسنة فذلك ايضًا
عمل ووجه حسن من الحيوانّ والترابّ ومن الترابّ والحيوانّ
ممزوجين معًا وقد تصبغ هذه الاشيآء صبغًا لا يرضى به ذو دين
وورع لانّه يزول وذلك اذا دبّرت بغير تدبيرها الحقّ وهو تدبير
العامّة لها۞ فصل واما الاوزان والحيلة فى لطف التدبير والحلّ
والعقد فكلّ واحد من الحكمآء له فى ذلك راى ورفق فمقدّم
ومؤخّر ومطوّل ومقصّر الّا انّ الوجه واحد والطريقة واحدة
من اخطاها خاب وخسر ولم يظفر فلذلك سمّيت الغاية
القصوى ۞ فصل وشبّهوا الارواح والاجساد حين التقت وانقلبت
وصارت شيئًا واحدًا لا افتراق بينهما بعد ذلك كالملوق اذا

كلّها من الوبع والسواد والظلم والدهانات والرطوبات التى فى التضادد والفساد حتّى يكون لخلط الاحمر منها احمر فالابيض ابيض ۞ فصل وهذا الباب الثانى حلّل الاشقوربات الباقية فى اسفل الآلة وهى الاجساد حتّى يكون فى طبيعة الارواح النافرة على النار۞ فصل وهذا الباب الثالث اعقد الارواح التى ارتفعت بالتدبير لتحق عن الاجساد بالاجساد الباقية فى اسفل الاناء حتّى تكون الارواح فى طبيعة الاجساد فى الصبر على النار ولا يكون بينها وبين الاجساد خلاف البتة ۞ فصل وهذا الباب الرابع اعلم انّ جميع الاصباغ عامّةً وصبغ العصفر خاصّةً لا يدخل منها شىء فى الثياب وهو يابس حتّى يختلط بالرطوبة ويبقى الصبغ فى الثوب قد لزمه على قدر قوّته وكذلك صبغنا لا يدخل فى مصبوغه حتّى يختلط بالرطوبة المتعلّقة الممازجة الذهبيّة فتطير الرطوبة بالنار ويبقى الصبغ ۞ فصل وسأجمل لك فى العمل جملاً من القول انّها على تدبير الفلاسفة فلا بدّ ان تاخذ جرمهم المركّب فتفصل منه بالتدبير لتحق اربع طبايع ارضًا وماءً وهواءً ونارًا وتدبّر الجسمانيّ بالروحانيّ حتّى يمتزجا ويصيرا شيئًا واحدًا والغرض هاهنا اجتماع الروح والجسد وذوبهما معًا والماء يبيّضهما والهواء يرقّقهما ويلطّفهما والنار يجمّرها بعد البياض وهذا معنى تفصيل الطبايع الاربع من جرمهم فالارض منسوبة الى البرد واليبس والماء منسوب الى البرودة والرطوبة والهواء منسوب الى الحرارة والرطوبة والنار منسوبة الى الحرارة واليبوسة۞ فصل واما الاعمال الترابيّة والتى

قواء كلّها متّفقة غير مختلفة ناهرة للطباع المختلفة وكتّيلة لها عن
طبايعها الى طبيعته لاته لا يلقى جسدًا ضعيفًا فـد حلّلته النار
واوهنته مع انّ طبايعه مختلفة متجاذلة مريـضـة[1] وكلّ واحـد
منهم يريد ان يجيل الاكسير الى طبيعته دون احجابه فـلا
يقوى على ذلك ويقوى قليل الاكسير مـنـها عـلى الـكـثـير
فيجيلها طبيعة نفسه فان كان الاكسير احـر صبغها ذهـبًا وان
كان ابيض صبغها فضّة◦ فصل وان زعم بنقص عقله وغلظ
فهمه وقلّة تجاربه انّ هذه الارواح والاجساد والاحجار ليس لـها
اعمال ولا فيها حيـاة ولا تتعارف ولا تتفاكـر ولا تـتـوافـق ولا
تتخالف ولا تقبل بعضها بعضًا ولا تنفر بعضها من بعض فليـجرّب
ذلك فى النار فاته يرى هذا كلّه عيانًا والـنـار ئ الـتى تقضى عـلى
الاشيآء بما فى طبايعها فـاكـان فى طبيعة الامتزاج والـتـشـاكـل
امانته على الامتزاج ولحمته وما كان فى طبيعة الافتراق والتنافر
امانته على الافتراق .....[2]◦ فصل والاكسير احر مـشـاكـل
ممازج لحمرة الفضّة الباطنة فيها وكمـا لا تـقـدر بالخـلاص عـلى ان
تفرق بين حمرة الفضّة وبياضها فكذلك لا تقدر عـلى ازالة .....[3]
صبغها الاكسير واظهر حمرتها الباطنة وقواها حتى عادت ظاهـرة
فكذلك الاكسير الابيض مشاكـل ممازج لبيـاض الـنـحـاس
الكامن فيه فاذا انصبغ اسرع البياض الى الامتزاج بالاكسير

---

[1] Ms. مريضه. — [2] Le papier est rongé en cet endroit et on peut supposer qu'il manque un ou deux mots. — [3] Un mot rongé.

بعثهم الله من قبورهم يوم القيامة فانّه عزّوجلّ يردّ ارواحهم الى
اجسادهم اللطيفة ولا موت عليهم بـعـد ذلك لانّ ارواحـهـم
اللطيفة امتزجت باجسادهم اللطيفة فهم خالدون فى نعيم مقيم
يتجدّد او عذاب اليم تتنزّد ولا افتراق لارواحهم عـن اجـسـادهم
بعد ذلك كما كان فى الدنيا التى كان تركيب اجسادهم فيها على
الجاورة وغير الموافقة لانّها كانت فى الدنيا متجاورة لا ممتـزجـة
ويقال للمجاورة مزاج ..... (١) فهذا نعت العمل الذى من ظفر به
فقد ظفر بالغاية القصوى ممّا وصفوا ولبّسوا ورمـزوا ووضعوا
فيه الكتب المعمّاة والمقفلة ولبّسوا على العامّة جهدهم وقالوا هو
كنزون يفتحه الله عزّوجلّ لمن يشآء من خلقه وهو الـفـتـاح
العليم ۞ فصل ومثل الاكسير مثل قوم اقويا اصطحبوا كلمتهم
ورايهم واهواؤهم واحدة واخلاقهم وطباعهم متـفـقـة وسرّهم
وعلانيتهم شىء واحد قد نزع البغى من صدورهم والكـسـل
والخذلان من قلوبهم ممّتنهم التناصح فيما بينهم واسر من ظفروا به
من عدوّهم ان لقوا خيرًا لخير وان لقوا شرًّا فشرّ قد طبعوا عـلى
ذلك وجبلوا عليه وعدّوا به لا يقدرون على التحويل عـنـه الى
غيره فلقوا قومًا ضعفآء اخيارًا متعادين متجادلين همّة كـلّ واحـد
منهم اهلاك صاحبه لا يبالى اذا هلكوا جميعًا ان يهلك معهم قد
طبعوا على ذلك وعدّوا به لا يقدرون على التحويل عنه الى غيره
وظفر المتّفقون بالمتجادلين فهزموهم واسروهم وكذلك للاكسير

---

بسم الله الرحمن الرحيم
من كتاب التجميع لابي موسى جابر بن حيّان
الصوفى الطوسى الازدى رحمه الله قال

اعلم انّ كلّ شىء فى الدنيا اعنى عالم الكون والفساد لا يعدو فى كونه
سبعة عشر قوّة وهو امّا واحد من الحرارة وجبّا له[١] ثلثة من
البرودة وبالعكس امّا واحد من البرودة وثلثة من الحرارة وليس
غير ذلك فى الفاعلين وامّا خمسة من اليبوسة وثمانية من الرطوبة
وبالعكس امّا ثمانية من اليبوسة وخمسة من الرطوبة وليس غير
ذلك فى المنفعلين وانّ تركيب الاشياء كلّها على ذلك فاعرفه وقس
عليه تجد الصواب فيه باذن الله وقد كتّا تقدّمنا فقبلنا صورة جميع
اخماس انواع الاجناس كيف هى كاتها ..... [٢] ما حلّ من احد
الفاعلين المحيط فانّ الفاعل الآخر يحلّ الركن وكذلك ..... [٣]
ومثال ذلك دواء حارّ يابس او حجر او حيوان او ما كان فانّ المحيط
به حارّ يابس وباطنه بارد رطب وما احسن ما قال اصحاب صناعة
الحكمة فى انّ الاسرب ذهب الباطن والقلى فضّة فى باطنه لانّ
ظواهر هذين الحجرين امّا الاسرب فحيطه بارد يابس وباطنه لا

---

(1) Ms. وحمالله. — (2) Deux ou trois mots rongés par les vers. — (3) Trois mots rongés
par les vers.

الابيض ولا يستطيع احد ازالة الصبغ منه بوجه من وجوه
للخلاص لشدّة الممازجة والتشاكل۞ فصل فاذا عرفت ابتداءً
هذا العمل واخرة وعرفت ارواحه واجساده وانفاسه واصباغه
وتطهيره وتركيبه وحلّه وعقده وعرفت الطريق للحق الذى
اليد قصدوا فى التدبير لم يرد عليك شىء من علم للحيوان
التراىّ[1] الّا عرفت حقّه من باطله ولا تتقدم الّا على علم بيقين
وعمل محيج ولا غنا فيه بعد فهمك هذا الكتاب وان لم تفهم ولم
تفطن لكيفيّة معناه فانا عاذرك واعلم اّنك ان لم تعلمه ولا تعمله فلا
تنفق فيه شيئًا ولا تتمتّعا به وان كان لك ادنى فطنة وعقل فانّ
هذا الكتاب ترجمة[2] كلّ علم عمل وكلّ كتاب وانا اسال الله توفيقك
وتسديدك وارشادك الى فهمه اّنه على ما يشآء قدير وهو حسبى
ونعم الوكيل ۞

نتّ كتاب الرحمة لابى موسى جابر بن حيّان رحمه الله
والحمد لله ربّ العالمين وصلوته على سيّد المرسلين
وخاتم النبيّين وصفوته من ساير للخلق اجمعين سيّدنا
محّمد صلّى الله عليه وعلى آله الطاهرين

(1) Lecture incertaine. — (2) Ms. ‌ترجه.

صار فى ظاهر الاسرب ثلثة اجزآء من الحرارة وثمانية من الرطوبة
وبطلت البرودة واليبوسة لغلبة للحرارة والرطوبة فصار الاسرب
ذهبًا ضربةً واحدةً وفى كون واحد وكذلك القول فى القلــى
والفضّة واذ قد بان ذلك وانّ الاشيآء تـنـتـقـل من عـنـصـر الى
عنصر ..... [1] منها تحت جنس واحد كان اقرب ممّا نقل منها
من جنس الى جنس فاعلم ذلك ونقول انّ الطبايع وان تفرّقت فى
اشخاص انواع الاجناس فانّها كلّها واحدة فان لـيـس حـرارة
الانسان مثل حرارة النرجس ولا غـيـر حـرارة الـذهب لكن
للحرارة والبرودة والرطوبة واليبوسة فى الحيوان كلّه وفى انواعه
وفى اشخاص انواعه كلّها وفى الحجر وانواعه واشخاص انواعه كلّها وفى
النبات وانواعه واشخاص انواعه كلّها واحدة اذ كان لـيـس حـرارة
اطول من حرارة ولا برودة اقدم من برودة ولا رطوبة اقصـر من
رطوبة ولا يبوسة غير يبوسة لكن للخلف فيما بـيـنـها امّا هـو
بالكثرة والقلّة فانّ حرارة المرار اكثر من حرارة الدم والاكثر
هاهنا اقوى وحرارة الدم اقلّ واضعف وحرارة النحاس اقوى
من حرارة البلسان وكذلك برودة الطلق اقوى من برودة للخيار [2]
وبرودة اللقاح من برودة السورد وبسرودة السدماغ اقوى من بـرودة
العظام ورطوبة المآء اقوى من رطوبة العسل ورطوبة الزيـبـق
اقوى من رطوبة الكبريت ويبوسة الكبريت اقـوى من يـبـوسـة
الزيبق ولذلك وقع التغاير بين الاشيآء وللخلف واحـتـيـج الى

---

[1] Un ou deux mots rongés par les vers. — [2] Ms. الحمار.

شكّ حارّ رطب والذهب محيطه حارّ رطب وباطنه بارد يابس
فباطن الذهب مثل ظاهر الاسرب وظاهر الذهب مثل باطن
الاسرب وكذلك القلعى والفضّة فانّ القلعى حارّ رطب المحيط بارد
يابس الباطن وكذلك الفضّة حارّة رطبة الباطن باردة يابسة
الظاهر فاذا وجب ان يكون باطن شىء من الاشيآء مثل ظاهر شىء
آخر من جنسه كان ذلك الشىء او من غير جنسه على انّ الجنس
اقرب الى الجنس من غيره كان كهو قد وجب معا قدّمنا انّ
الاشيآء يجوز انتقالها من شىء الى شىء امّا من جنس الى جنس
وهو الاقرب وامّا من عين الى عين وهو الابعد ومعنى قولنا مع ما
قدّمنا من ذكرنا للسبع عشرة قوّة ومقدار بعضها من بعض فاتا
نقول اذا كان مثلًا ما فى ظاهر الاسرب ثلثة اجزآء من البرودة
وثمانية من اليبوسة فباطنه غير شكّ جزوٌ واحد من الحرارة
وخمسة من الرطوبة واتما غلبت البرودة فى هذا الكون على الحرارة
لكثرة جزئها لانّ من سبيل الغالب الظهور والمغلوب الاستبطان
ذلك من الاوائل فى العقل ومن شكّ انّ الذهب معا قدّمنا من
القول فيه انّ محيطه ثلثة اجزآء من الحرارة وثمانية اجزآء من
الرطوبة وباطنه جزوٌ واحد من البرودة وخمسة اجزآء من اليبوسة
فالخلف اتما هو واقع قطع من خلف هذه الاجزآء وهو انّ
الذهب يزيد جزوٌين من الحرارة على مقدار حرارة الاسرب فتى
اضيف الى الاسرب شىء يكون مقدار ما فى ظاهره من الحرارة
جزوٌين وثلثة اجزآء من الرطوبة حتى تمازج بينه وبين الاسرب

الموازين ومقداره فى كلّ شىء وسنقول كيف ايضًا هاهنا ومثاله
للحسّ كالقصب للقلم والذهب للسوار والحاتر والطين للكوز
والتخاليط التى فيه ﴾ الاعراض فاعلم ذلك ان شآء الله وامّا مقدار
للجوهر من كلّ شىء فقالت طائفة الكلّ والاعراض لا وزن لها وقالت
طائفة النصف جوهر والنصف اعراض واستدلّوا على ذلك اعنى
جميعهم بالتقطير لا غير وينبغى ان تعتقد انّ للجوهر اولى ان
يكون اكثر من الاعراض وهذا موجود للحسّ لانّ ما فى الحاتر
من الذهب اكثر من التخطيط والصناعة وكذلك فى السوار
وكذلك فى الكوز من الطين وفى السرير من الخشب وعلى مثل ذلك
ساير الموجودات واذ قد بان امر للجوهر فانا نحتاج ان نقول فى
الزمان ﴾ امّا الزمان فقد تقدّم لنا فى كتبنا هذه فيه كلام كثير
كثير واسع جميعه نافع والغرض فى هذا الزمان هو تنقيل
الاشيآء عليه وﮬ ﺛﻠﺜﺔ ماضٍ كالذاهب فى الزمان المتقدّم كأمسك
وكاين وهو الدابر الذى انت فيه كيومك وآتٍ وهو المستقبل
الذى يجىء ويتوقّع كذلك ليس يحتاج فى هذا الكتاب اكثر
من ذلك وللحاجة الى ذلك فى التدبير ماسّة لتوفية التعفين والقمام
والاتصال والسلم ، وامّا المكان فهو نسبة الى الممكن واستقرار
الاجسام فيه اذ لا يكون موجود الّا بزمان ومكان والمكان
ينقسم بحسب الكيفيّة والكميّة وسنقول فى حدّنا الكيفيّة
والكميّة ما ..... (١) لنا مكان بارد كذا وكذا يبوسًا ومكان حارّ

---

(١) Il y a à peu près trois mots qui ont été rongés par les vers.

الفصل المنطقى ولو لا ذلك كانت الاشيآء كلّها شيئًا واحدًا لا
يختلف فيها فسبحان المقدّر للامور كيف ما شآء اتّه حكيم
عليم ۞


## القول فى الجسم والجوهر والعرض


اعلم انّ اصول العالم بما فيه عشرة اشيآء وى جوهر واحد وتسعة
اعراض يعرف بالكيفيّات تارةً وبالاعراض وكلا الامريـن واحـد اذا
دقّق النظر فيها وهـذه العشرة وان كنّا قـد اعلمنـاك ايّاهـا فى
تاثوغورياس فلا باس ان نذكرها هاهنا ليكون القول فى الكتاب
تامًّا ان شآء الله وهذه العشرة وى الجوهر والكمّيّة والكيفيّة
والاضافة والزمان⁽¹⁾ والعينة والنصبة والفاعل والمنفعل فهـذه
جامعة ... ⁽²⁾ انا نفسّرها ليبيّح امرها المتعلّم وينكشف ويكون له
قياسًا فى وضع كتابنا هذا فيعلم ذلك على حقيقته ويجعل
ذلك بقول تليق بمعنى هذا الكتاب ان شآء الله ۞ امّا الجوهر فهو
الاصل القابر الحامل لهذه الاعراض كلّها وهو اصل لا بـدّ منـه
للاعراض امّا الكلّيّ وهو الجوهر الاوّل وامّا الجوزيى وهو الجوهر الثّانى
المركّب وهو تعنّر وجوده مفردًا للحسّ لكن العقل هـو مـدرك
ومثال ذلك الجسم فاتّه جوهر له طول وعرض وعمق وهو الخلط ثرّ
لنرفع عنده العرض فاتّه ضرورة يبقى الجوهر واذ قـد بان وجود
الجوهر فيبقى الان ان تعم الامر تقليدًا الى ان تعلمه فى كتسب

---

هذه الاشكال فى العالم موافقة لما يحتاج اليه منها وهى ايضًا
تنقسم قسمين طبيعى كما خرج الى العالم ومتهىء كما رتّب [1] وقصد
لك به فهذه حال النصبة فاعرفها، واتّما الاضافة فقياس الشىء
الى الشىء كاضافة البطيخة كبيرة الى الرمّانة وقياس الجوزة
صغيرة الى الرمّانة وهو ينقسم الى اربعة اقسام المماثل كالشىء
مثله كالانسان للانسان والحمار للحمار كما يقال فى التناسل العام ..... [2]
مقابله وهو التضادد والتكافوء كالحرارة للبرودة والحارّ للبارد [3]
والمسخن وامثاله ..... [4] السلب والايجاب كقولك فلان قائم
فلان ليس بقائم والعينة والعدم منه فى هذه لحال مشارك
كقولك ذو مال وفقير فاعرف ذلك وآبْن امرّك بحسبه بجدّه معينًا
فيما بعد ان شآء الله، وبعد ذلك الفاعل وهو ما ..... [5] لفظه
ايضا كقولك ضارب وكاتب وحاسب وقاطع وما اشبه ذلك وليس
له غير هذا الوجه الّا انّ فيه دليلاً لوجود مفعوله وهو الذى
سمّيناه المنفعل وقد يقال فيه ايضًا مضروب ومكتوب ومحسوب
ومقطوع وهما صواب فهذه العشرة مبنا العالم عليها واذ قد فرعنا
من حدودها على هذا الوجه اللائق بمعنى كتابنا فلنوزى صورة
الطبايع مفردة ومركّبة امّا مفردة فواحدة واحدة وامّا مركّبة
فاثنتان اثنتان وثلث ثلث وما هو اكثر من ذلك ثمّ لنخرج بعد
ذلك الى غرض كتابنا ان شآء الله ☙

ومكان رطب ومكان يابس ..... [1] عليه واذ قد بيّنا على ذلك
فلنعدل منه الى القول فى الكيفيّة، والكيفيّة حال الشىء واعطاء
علامة الشىء كقولنا ابيض واسود وحارّ وبارد وفيها بيان ثانٍ
اعنى الكيفيّة وى اكثر واقلّ واشدّ واضعف وليس يوصف
شىء من العشرة بذلك غير الكيفيّة لانك تقول هذا ابيض من
هذا وهذا اسود من هذا وهذا احرّ او ابرد من هذا وهذا
اشدّ من هذا وهذا اضعف من هذا جمرةً من هذا فاعرف ذلك
واعمل عليه ان شآء اللّه وبعد الكيفيّة الكميّة، والكميّة دليل على
العدد والوزن فانّك تقول كم كذا فيقال عشرة وخمسة اشبار
وعشرة اذرع ومائة رطل وامثال ذلك وى امّا ان تكون عدداً
متساويًا لعدد او عددًا مخالفًا لعدد فاعلم ذلك فقد بان الكثير
من شكوك القوم ووضع اصولهم، وامّا العينة فهى صفة تابعة
للشىء كقولك ذو مال وفلان ذو عدم وى التمليك فانّ للنار الاحراق
وللمآء التبريد وى تنقسم قسمين قنية لازمة وقنية مفارقة كما
يوصف العرض فالقنية اللازمة جذب حجر المغناطيس للحديد
وما اشبه ذلك وامّا المفارقة كفرار الحديد عن حجر المغناطيس وما
اشبه ذلك فاعرفه واعمل به ان شآء اللّه، وبعد ذلك النصبة
والنصبة شكل الشىء ووسمه الموضوع عليه فى العالم كالانسان
والطاير يمشى على رجلين وكالفرس والحمار يمشى على اربع وكالحيّة
على بطنها والسمك يسبح وكنصبة السرير والبباب واوضاع

## القول فى ايجاد الطبايع والجوهر مفردة ومركّبة بدليل برهانّ

اسمع كلامنا فى ايجاد للجوهر والطبايع مفردة ومركّبة فى نهاية
الكمال والاستيفآء لذلك على اصول الكون والفساد فاعمـل بـه
تصب الطريق فن غيره شىء لا يكون ۞ اقول انّ للجوهر جنـس
حامل للاعراض والكيفيّات اذا كانت الاعراض لا تقوم ببعضها ولا
تمل بعضها بعضًا ونحن الآن نأصدون لتبصيرك الطبايع اتّما
يمكن ان يدرك مفردةً عقلاً كما افردنا للجوهر لا غير لانّا اذا قلنا ان
هاهنا شىء حارّ يابس بارد رطب موجود فقولنا موجود تعطيـة
حدّ للجوهر وقولنا حارّ يابس تعطية حدّ للجسميّة وللجسم تتبعه
الاعراض والكيفيّات كالطول والعرض والعمق واللون وغـيـر ذلـك
لانّ كلّ موجود فى العالم من اشخاص انواع الاجناس الثلثة لا يخلو
من المقدمات العشر ان توجد فيه فاذا تمثّلنا[1] للجـسم قد عرى من
ان يكون مفعولاً بقى على تسعة ثمّ عرى ان يكون فاعلاً بقى على
ثمانية ثمّ عرى ان يكون على نصبة بقى على سبعة ثمّ عرى ان
يكون مضافًا بقى على ستّة ثمّ عرى ان يكون عينة بقى على خمسة
ثمّ عرى ..... [2] بقى على اربعة ثمّ سلبناه كمّيّته بقى على ثلثة ثمّ
سلبناه مكانه بقى على اثنتين ثمّ سلبناه مكانه بقى على جوهرًا واحدًا
فاعلم ذلك فقد رايت هذه الاصول ويحتاج ان نقول فى تركيبها
كلّ شىء كان محبّبًا فى تركيبه فهو صحيح فى تحليله والعلم والـعـمـل

---

(1) Ms. تمثلنا . — (2) Trois mots rongés par les vers.

لا يخلوان من ان يكونا تحليلاً او تركيبًا فالتحليل فيه كالنقص
والتركيب كالبنآء وعلى مثال ذلك ساير الاشيآء واذ قد حللت
الاشيآء حتّى رجعت الى الجوهر فكذلك التركيب فلننقل فيه
ان الجوهر اذا تركّب عليه شىء فاوّل مترکّب عليه الكيفيّة فيصير
ذا لون وذا حال معلومة فهو جوهر بكيفيّة امّا طول وامّا عرض
وامّا عمق وامّا لون وامّا شىء من الاشيآء ثمّ الكميّة وى التى
تعطى المقدار فيكون ذا عدد وذا مقدار ووزن وكيل وتحصل له
مادّة ويصير ذا زمان ومكان فاعلم ذلك وقس عليه ثمّ تتركّب
عليه بعد ذلك الطوابع الموجودة فى الطبايع ومعنى الموجود التى
تتبع الطبايع كالجرة والاحراق والمرارة وما اشبه ذلك تابعه
للحرارة وكالبياض والتبريد وما اشبه ذلك تابعة للبرودة وكالطول
تابع للحرارة والقصر تابع للبرودة وكالجافة تتبع اليبوسة وكالغلظ
يتبع[١] الى امثال ذلك من توابع الاشيآء وخواصّها وبذلك تتمّ
صورة الاعراض والجواهر ولست اعلم ان بعد ذلك زيادة فى القول
فاعلم ذلك وقس عليه ما يمكنك تصيب الطريق فيه والصواب ان
شآء الله واذ قد اتينا على ذكر الطبايع والجواهر مفردة ومركّبة
واوجدناها للعقل وامتناع[٢] ذلك القياس فيها واوجد رانك
الطبايع ايضًا مفردة للحسّ كقولنا ان الفضّة جوهر للخاتم والطين
جوهر الكوز والخشب جوهر الكرسى كذلك المقول فيما لا يدرك
بالحسّ لان هذه تجرى مجرى ذلك فى الايجاد ونقص التخطيط

---

[١] Il y a sans doute un mot omis ici, le mot الوطوبة. — [٢] Lecture peu certaine.

22      ALCHIMIE. — III, 1re partie.

وما يحمل عليها من الاعراض التى فى مقام توابع الاعراض وافعالها
فاعلم ذلك وقس عليه ان شآء الله ثمّ لناخذ فيما بدانا فيه من
اصل مقدّمات الكون ان شآء الله ۞

## القول فى مقدّمات الكون بالعمل

ان كون لحـ.....[1] لا يمكن ان يكون الّا من رطوبـة يمكـن ان
يكون منها الكون وهى الـتى تخـالطها للحـرارة كما انّ الجمـر.....[2] من
هذه الرطوبة لكن يكون من الرطوبة المخالطة للبـرودة الـتى قـد
لحقها النشف ودوام الطبخ حتّى انعقـدت وهـذه الـرطوبـة
ينبغى ان تعرف ايضًا بحـدّ آخـر خاصّـى انّ جمـيـع ما ياكلـه
للحيوان قد يستحيل اكثره الى الدم وهو الذى منه يمكن ان
يكون للحيوان ومنـه ما لا يستحيل الى الـدم ولا يـكـون مـنـه
للحيوان ومثال ذلك انّ اكل الباقلى والجرجير واللمص والبـورى
واللوبيا وما اشبه ذلك يولد له منيًّا لا يتكوّن منه الـولـد واذا
اكل الهرايس والسمـوك الطريّة والبصل والادهان للحارّة كان عنها
المنى الذى يكون مـنـه الـولـد وما اجـود ما اتى بـه صـاحـب
اقليدس فى المقالة للخامسة من كتابه حيث يقول الاشيـآء الـتى
بين بعضها وبين بعض نسبة فى الـتى اذا ضوعفت امكن ان تزيد
بعضها على بعض فانّ هذا كـلام فى نهايـة الصحّـة والبرهان لانّه
من الاوايل فى العقل وبيان ما فـيه هـو انّ الاعـراض لا تـزيـد

---

[1] Probablement الجمر. — [2] Un mot rongé.

بالاجسام والاجسام لا تزيد بالاعراض كالذهب فانه لا يزيد
بالفضّة ولا الفضّة تزيد بالذهب ومثال ذلك انّ الذهب جوهر
منطرق ومنسبك اصفر رزين فهذان الجوهران اتّما يزيدان
بالجوهريّة والانطراق والاسبباك واتّما ان يزيد الجوهر بالانطراق
والاسبباك فمحال ولذلك لا يزيد الانطراق والاسبباك بالجوهر
لانّه محال ان يزيد فى الشىء ما ليس من مادّته ومثال ذلك ايضًا
لو انّ جوهرًا منسبكًا وآخر غير منسبك الّا اتّهما يختلطان
اختلاطًا ما لما احدث فى المنسبك الامتناع من الاسبباك
ولا يحدث فى غير المنسبك الاسبباك فاعلم ذلك وقس عليه فهذا
معنى قول للحكمآء الاشيآء تمائل اشكالها وتخالف اضدادها
وينبغى ان تعلم انّ من المقدّمات الاوايل فى العقل ايضًا مما يحتاج
اليه فى هذا الكتاب انّ الكلّيّات تجتذب[١] للجزئيّات والجزئيّات
تسمّة بالكلّيّات فاذا عرفت ذلك قلنا حدّ فيما كنّا بدانا به من
ذكر الرطوبة المحدودة انّ الرطوبة اذا مدّتها البرودة لم تحلّلها
للحرارة لانّ الحرارة لا تحلّ فى مكان البرودة ولا البرودة فى مكان
للحرارة للعلل التى قدّمنا ذكرها فى صدر هذا الكتاب وفى
كثير من كتبنا هذه الموازين المابة والاربعة واربعين كتاب واذا
كانت الرطوبة مستمّة[٢] بالحرارة امكن حرّك للحرارة عليها وان
اولجت للحرارة فى الرطوبة الممازجة لها وللحرارة تطلب السعلو كا
انّ البرودة تطلب القعر وكا انّ الرطوبة تطلب محيط الشىء

كذلك اليبوسة تطلب مراكز الاشيآء وقد بيّنا ذلك فى كتاب
الميزان اذا توسّطت الحرارة فى تلك الرطوبة ودبّت فيها لانّ الحرارة
متحرّكة خرجت الرطوبة اذ كانت الحرارة تقدر على
الرطوبة وهـذا معنى لطيف فى علم الميزان وقـد ذكرنا ذلك
فى كتبنا هذه ونحن نوضحه هاهنا ان شآء الله وذلك ماخوذ من
السبعة عشر قوّة لانّ الجزء من الحرارة قـد يمكنه ان يتسّوا ويحرّك
ثمانية من الرطوبة وثمانية من اليبوسة ايّهما كان وتحريك
اليبوسة على الحرارة اهون من تحريك الرطوبة لانّ الرطوبة اثقل
وهى من جنس البرودة وان كان فى بعض الاوقات بينهما وبين
الحرارة ممازجة وتواصل وقد قلنا انّ السبع عشر قوّة انّما هى جزوٌ
من احد الفاعلين وثلثة من الآخر وثمانية من احد المنفعلين
وخمسة من الآخر واربعة وخمسة تسعة وثمانية سبعة عشر قوّة
فهذه هى اصل العالم فاعلم ذلك والميزان الطبيعى هو الذى نقصده
فى علم هـذه الاشيآء واخراجها الى الوجود فانّ الكبد حارّ رطب
والطحال بارد يابس وليس بينهما تناسب لانّهما فى ابعد الاقطار
وامكن المضارّ فلو اكل آكل طعامًا كان ذلك الطعام لا يخلو من ان
يكون فيه حارّ ورطب وبارد ويابس بل انّما يكون فيه بارد رطب
وبارد يابس وحارّ رطب وحارّ يابس فتاخذ الاعضآء حقّها من تلك
الاشيآء وتستمدّ كلّ عضو منها بطبعه ولكن ليس يـزيد فى الشىء
اذا جاوره وخالطه وان كان من جنسه لاسيّما من الاجسام الكثيفة
ولكن يزيد فيه اذا مازجته والمزاج لا يكون الّا بعد الاستحالة

والاستحالة عماد كتابنا هذا وكلامنا فيه، ومثال الاستحالة كجزوئين
من الذهب جمعنا بينهما فى كيس او صرّة او غير ذلك فانّ احدهما
لا يزيد بالآخر فاذا نحن حلّلناهما بالسبك ثمّ جمعنا ..... [۱] احدهما
فى الآخر وصارا شيئًا واحدًا كذلك الطعام الـذى يتغـذّا بـه
المتغذّى ..... [۲] ثمّ تأخذ الطبايع حقّها مـنه لانّه اذا آل
الى الاستحالة صار ماءً ودمًا وصفراء وسوداء مختلط واخذ كلّ شىء
من الاعضاء منه ما يوافقه واذ قد بلغنا الى هاهنا فلا باس ان
نصف كيف تكون صورة الاستحالة فى ابدان حيـوان ليـزيـد [۳]
المتعلّم يقينًا من امره ويصحّ له ما نذكره فيما بعد ان شآء الله ۞

## القول فى الاستحالة

انّ لحيوان اذا اكل الطعام ومادته اكله فاوّل امره يكسره باسناده
والرطوبة التى قد ملئت بها لهواته امّا لتليينه ليسهل انحلاله
وامّا لئلّا يصادم الطعام احد اللهوات وهى رقيقة بخشونـتـه
فيولمها وكلّ ما الطحن فى اللهوات وتكسّـر كان اسـرع ايضًا
لانحلاله واستحالته وكلّما كانت للحرارة فيه اكثرممّا ينسب
الى الاعتدال لا ما ينسب الى الـزيادة كان ايضًا اسرع لانحـلاله
واستحالته ومتى خرج عن الاعتدال الى حـدّة الـطرفين الـتى فى
الزيادة والنقصان كان نقصان الاستحالة وعسرها وفسادها لانّها

بالنقصان يتبلّد عن الاحلال والاستحالة ويطول زمانها وبالزيادة
يحترق ولا ينهضم ويــسمّى الطبيب الــذى بالزيادة الـشـهـوة
الكلبيّة والبقريّة وما اشبه ذلك ويسمّى ايضًا الاطبّاء الـذى
بالنقصان رخاوة المعدة وتخلّف الهضم وامثال ذلك اعنى هـذه
الاحوال واذ قد ذكرنا ذلك فلنستقم ما بـدانا بـه من ذكـر
الهضم فاذا صار الى المعدة وورد الى اوّلها وكانت المعدة سليمة
فباطن المعدة كالكرش خمليّة وبـذلك الحمل يـكـون الاحـلال
والاستحالة فاذا كان ذلك الحمل كثير الرطوبة حتّى نعره لم يمكنه
ان يستقصى طحن الطعام فامه[1] الانسان محبّا وربّما دافعـتـه
المعدة ونازعته عند وروده عليها فرما به الانسان من فم لـوقته
وعلى مقدار ما قد اشتمل على حمل المعدة من تلك الرطوبة واذا
اعتدلت فكان فى المعدة من الرطوبة بمقدار ما تندّى الـغـذآء
الوارد عليها ليدخله الى باب لحـلّ فهى سليمة وكان حملها ظاهـرًا
فاذا ورد الطعام على مثل هذه المعدة السليمة استدارت المعدة
عليه وطحنته الطبايع فيها واستعانت على ......[2] والمرارة لـئـلّا
يحلّ ايضًا ويستحيل فيكون لها يورث الاورام والاستسقآء وما
اشبهما من العلل وكلّ فساد يلحق المعدة فى تخلّف الهضم اتّما
سببه كثرة البرودة وقلّة للحرارة وكلّ فساد يلحق المعدة فى زيادة
الهضم اتّما هو كثرة للحرارة فاذا طحنت المعدة ذلك الغـذآء صار
كلّه شيئًا واحدًا بحاكى مآء الشعير فاذا صار كذلك فهو الذى

---

[1] Ms. ‏امه‏; peut-être ‏فرماه‏. — [2] Un ou deux mots rongés.

يسميه الاطبّآء الهضم الاوّل ثمّ اته يرسب الى اسفل المعـدة
وكلّ اثنين اختلطا فان من سبيل ارتقهما ان يعلو واغـلظهـما ان
يرسب فيصير هـذا المستحيل فى المعدة كذلك فالـراسب هـو
الثفل لخارج فى المعا والعالى هو الغذآء النافذ الى سايـر اقطـار
البدن وذلك انّ للكبـد الى المعدة فم يمتص به المآء الصافى
حتى يستنفذه فاذا اخـذته اليها ففيه عنصر جميع الطبـايـع
انقسم الى الكبد ايضًا قسمين رقيق مآءتى تنفذه الكبد الى الكلى
فيكون عنده البـول وما هو اغلظ منه يحـيـله الكـبد اليـها دمّا
بطبعها فاذا استحال دمّا استحال وفيه بقيّة الطبايع فللمرارة فـم
الى الكبد يمتصّ به منه المرار الاصفر وللطحال اليها فم يمتص به
منها المرار الاسود ويبقى صافى الدم فينفذه الكبد بالـعـروق الى
سايـر ما بقى من الاعضآء وهذا يسمّى الهضم الثانى وبين الـقـدمآء
فى ذلك خلف لاتها تقول طائفة منهم انّ امتصاص المرارة للمرار
الاصفر من الكبد قبل ان يحيل الكبد ذلك اليها دمّا امتصّته من
الغذآء وبعض يقول من بـعـد و قـول من قال قـبـل اجـسود وكـلا
الامرين غير بعيدين من لحقّ اذ من سبيل الطبايع ان لا تختلط
ولا ياخذ شىء منها ما ليس له الّا على سبيل العدل والفهم لكن
عـلى سبيل تنافر الطبايع وانّ الاشيآء تماثل اشكالها وتخـالـف
اضدادها واذا اخذت الاعضآء من بعد ذلك حقّها من الـغـذآء
احال كلّ عضو ما اخذه الى طبعه كالدماغ احال ما اكتسبه من
الغذآء الى البرد والرطوبة وكالقلب يحيل ما يتغذّاه الى الحرارة

واليبوسة وكذلك سايرها وهذا الغذآء سبب بقآئها ومادّة
.....[1] فاذا احاله اليد وقوى عليه لحينئذ يسمّى الهضم
الثالث وهو آخر الهضوم .....[2] الرئيسة المدبّرة للبدن اربعة
وهى الدماغ والقلب والكبد والانثيان فالدماغ يعطيه للحسّ
والقلب يعطيه للحركة والكبد يعطيه قوّة الهضم والشهوة
والانثيان مادّة النسل واخراج ما فيه من الغذآء بالبول والغائط
سبحان لخالق لحكيم ثمّ انّا نقول انّا قد قدّمنا جميع ما تحتاج
اليه فى علم الكون وكما انّا مثّلنا لك صورة الهضم فلا فرق بين
الهضم عندها والكون البتّة وعلى ذلك نمثّله ان شآء الله

## القول فى الرحم

انّ الرحم بيت فيه خمسة بيوت اثنان منها فى لجانب الايمن
واثنان منها فى لجانب الايسر ولخامس فى صدره واعلاه وهو
بيت حارّ رطب معتدل ليست حرارته مفرطة ولا رطوبته لكنّه
بمقدار ما يحتاج اليه كلّ واحد منهما من صاحبه ومتى زادت
حرارته احرقت المنى الواقع فيه ومتى زادت برودته اجمدت المنى
فيه وبطل ان يكون منه شىء لانّ المنى اذا اصابه الهوآء بطل
فعله وادنا شىء يفسده للطافة جوهر لحيوان واذا كان الرحم فى
نهاية من الصحّة معتدل للحرارة والرطوبة غير خارج عن الاعتدال
فهو الرحم الذى يمكن ان يتكوّن فيه لحيوان واذا زال عن ذلك

---

[1] Un mot rongé par les vers. — [2] Mot rongé, peut-être والاعضاء.

لم يتكوّن فيه شىء واذا سقط المنى فى الـبـيـت الاوّل الايمـن مـن الرحم كان المتولّد فيه انثى واذا سقط المنى فى الـثـانى الايمـن كـان المتولّد ذكـرًا واذا كان فى البيت الاوّل الايسر كان ذكـرًا واذا سقط فى الثانى الايسر كان المتولّد انثى واذا سقط فى المتصدّر وقـلّ ما يلج الذكـر اليه كان خنثى وهـذا الـذى تـبـطـل فـيـه آلة النسل سبحان المدبّر ما يشاء انّه عدل لطيف فافهم ذلك تجـده فيما تحتاج الـيـه سرًّا ان شآء الله، وقـد ينبغى ان تـعـتـقـد انّ الطبايع ان كانت اربعًا اعنى للحرارة والبرودة واليبوسة والرطوبة فانّ مراتبها ايضًا اربعة ومعنى مراتبها هـو عـلم مـقـدار مـا حـلّ منها فى الاجناس الثلثة لموضع التغاير ولو لا ذلك التغاير كـانـت الاشيآء واحـدًا وذلك انّ ما يكـون للحرارة فى الاشيـآء بـمـقـدار يسير كما يكون فى المآء المغـلـى وكما يـكـون فى سخـنـة الـبـدن من للحرارة وكا يكون فى مزاج الكبد واللحم من للحرارة سمى درجة اوّله [1] وما يكون بمقدار ما ينسب الى التوسّط بـيـن هـذا الاوّل الـذى ذكـرنا وبين الشىء للحارّ الـشـديـد للحرارة ...... [2] والـقـلـب والانسان المتغرّق فى الجمّام طويلاً والمآء الشديد الغليان وكحرارة الا ...... [3] هليون وما اشبه ذلك قيل له فى الدرجة الثانية وما كان فى المقدار العالى الذى ليس بعده زيادة فى للحرارة كالانسان الحموم الحمّى للحارّة وكالمآء الذى يهرّى وكحرارة الغربيون والبلسان

[1] Ms. الّوله، probablement pour اولى. — [2] Lacune d'un mot ou deux rongés par les vers. — [3] Lacune d'un ou de deux mots également rongés par les vers.

والفلفل وما اشبه ذلك قيل انه فى الدرجة الثالثة وليس
بعد ذلك زيادة فتى وجدت شى‍ء [١] زايد على هذا وليس يكون
ذلك الّا فى السموم فقط مثل دهشة الرتيلاء والمكس وكالنـار
وحرّها بنفسها وسموم الافاعى وما اشبه ذلك قيل انه فى المنزلة او
المرتبة الرابعة فاعلم ذلك، والمراتب الاربع تجرى على السـمـع
عشرة قوّة فى الوزن فالاولى واحد والثانية ثلثة لمثل ذلـك
الواحد والثالثة خمسة لمثل ذلك الواحد والمرتبة الرابعة ثمانية
مثل ذلك الواحد فاذا كانت المرتبة الاولى من طبع من الطبايع
مثلاً درهم ودانق فالثانية ثلث ونصف والمرتبة الثالثة خمسـة
دراهم ونصف وثلث والمرتبة الرابعة تسعة دراهم وثلث عـلـى
مثال ذلك ابدًا دايمًا فقس عليه تجده صوابًا فى كلّ شى‍ء تريده ان
شآء الله ۞

فـــصـــل

اعلم انّ الزجاج المعدنىّ غير موافق لما تحتاج اليه والزجاج المتّخذ
هو الزجاج الذى ترى [٢] منه العجايب فى الاعمال، ووجه اتّحـاد
الزجاج ان يوخذ جزوء من الراتينج وجزوء من النشادر فيسحـق
كلّ واحد منهما على حدّته ويخلطان جميعًا ويرشّ عليهما شى‍ء من
الحلّ الحرّ او الحلّ للجيّد الحوضة ويترك فى انآء ويغطّى من الغـبـار
ويتعاهده برشّ للحلّ عليه فى كلّ وقت [٣] لئلّا يجفّ وان شـئـت

(١) Il faudrait شيئًا زايدًا. — (٢) Mot rétabli par conjecture. — (٣) Le mot يوم est écrit
sur la ligne et le mot وقت qui lui sert de correction est dans l'interligne.

عمرته بالمحلّ فاذا صار زجاجًا داخله وخارجه وصلب فارفعه واعلم
انّ هذا الدواء الذى قد ارتفع لك وهو بالحقيقة الزنجار
وهو يذوب على النار ويصقّر الفضّة تصغيرًا خفيفًا وهو اكسير
فى هذه الدرجة واعلم اتك ان سحقته بمآء الزاج المقطّر بالكبريت
وارويته بالتسقية والسحق ثمّ شوّيته تشوية خفيفة واعدت
عليه العمل دايمًا الى ان يحمرّ صبغ الفضّة ذهبًا كاملاً لا علّة فيه
وهو من الابواب الكبار ووجد عمله ان تقطّر الزاج فاتّه يقطّر مآء
حادًا فتسحق به الكبريت الاصفر وتجعله فى قرعة وتقطّر فاتّه
يقطّر مآء احمر اللون وهو صبغ الكبريت فتسحق الزنجار بذلك
المآء وتشوى فاتّه يكون كا ذكرنا ان شآء الله فاذا احمر دواءك
فاعجنه بذلك المآء ايضًا وحبّبه مثل حبّ الحمص وتسبك الفضّة
وتطاعم من هذا الدواء ان شآء الله ووجد تسقيته ان تجيد
سحقه ونخله ثمّ تجعله فى صلابة مقعّرة وتصبّ عليه شىء من
مآء الزاج المقطّر وتسحقه بدستج زجاج دايمًا حتّى يجفّ
وتشويه تشوية يسيرة ثمّ تخرجه وتصبّ عليه مآء الزاج
وتسحقه به ايامًا حتّى يجفّ تفعل به كذلك حتّى يصير تربة
حمرآء ذائبة على النار فاستعمله فاتّه يكون منه ما ذكرنا فاحفظه
ان شآء الله


تمّ وكمل الكلام المختصر من كتاب التجميع ولله الحمد
وصلّى الله على سيدنا محمّد النبى وآله وسلّم


23.

الاعظم وكرموه وكنّموه وسمّوه حيوانّا لانّ للحيوان لا يكون نفسه
لغيره اتّى حيوان كان ولذلك قالوا اجعلوا للاجساد ارواحًا
منها لتالّفها وتسكن اليها وتثبيت فيها ولا تجعلوا لها ارواحًا
من غيرها فتنفر عنها واذا كان جر الفلاسفة واحدًا فيه جميع
الاركان على غير اعتدال ولا ائتلاف فيما يحتاج اليه ولو كان
فيه بالموازين الطبيعيّة وبحسب قدر للحاجة اليه كان اكسيرًا
تامّا ولم يحتج الى تدبيره فلّما كان امره على ما ذكرنا احتاجوا
الى تفصيل اركانه وتظهيرها وترتيبها بحسب ما يكون موافقًا
للاصباغ التى ارادوها منه وهي فيه ومنه بالذات لا بطريق
العرض ولّما كان الزيبق فيه زيبقان عند جميع الفلاسفة وها
اعظم اركانه احدها روح والاخر نفس واحد هذين الزيبقين
قد سمّوه شرقيًّا والاخر غربيًّا وكان الزيبق الاخر هو الصبع
وهو فى واحد سمّ آلّا ان يدبّر وينقل عنه الى الاخر ويبرد [1]
وكان ذلك له تدبير وفيه علم وله عرض مخالف لامر التدبير
الاخر فاعلم ذلك وما تركنا شيئًا من تدبيره ووجوهه اعراضًا آلّا
وقد اتينا عليه فى كتبنا مرموزًا ومحلولاً وضيقًا وموسعًا وقليلاً
وكثيرًا واشباه ذلك ممّا قصدنا به التطويل على من لم يكن غرضه
فى هذا الباب آلّا تعجيل نفعه لا فضيلة عله ولّما كانت تدابير
الباب الاعظم قد اخرتها الفلاسفة ...... [2] وجوه لا يكاد نفع
الناس بها من العلم على شىء من تلك للجهات لشدّة لغموض

---

(1) Ms. يبرد. — (2) C'est sans doute le mot على qu'il faut rétablir dans cette lacune.

## كتاب الزيبق الشرقيّ لجابر رحمه الله

لحمد لله الرزاق من يشاء لخير وهو على كلّ شيء قدير وصلّى الله
على محمّد وآله وسلّم تسليمًا اتّه من قرأ كتابيّ فى الاحجار والتدابير
علم ما نقول فى هذا الكتاب ناقا قد خصصناه باعظم الاركان اذ كان
الباب الاعظم اجلّها قدرًا وهو الركن الفاعل بالصورة والمعطى
لحياة لكلّ حتّ واشباه ذلك وهو تدبير الزيبق الشرقيّ الذى
كتمته الفلاسفة فابت ان تسمّيه باسمه وحوّلت عن علمه جميع
الناس فتامّل ما نقوله فيه بعقل حاضر وفهم ثاقب ولا تاخذه
بالهوينا فلا تخطا منه تطاول والله الموفّق للصواب وايّاه اسأل
الرزق لكان علم فيك خيرًا، اعلم انّ زيبق الحجر له اعمال لا بدّ منه
لا فرق بينه وبين زيبق المعدن المدبّر تدبيره الّا فى مناسبته له
فى بقيّة الاركان وذلك انّ زيبق المعدن وان دبّر اىّ التـدبـيـر
كان من تدبيره التبيض والتحمير فانّ مناسبته كيفيّة اركان
المعدن ليس بالذات بل ..... [1] الداخلة عليه للجامعة بـيـنـه
وبينها فلذلك احتيج الى العقاقير المختلفة بحسب اختلاطها
مع التدبير له واذا كانت المناسبة التى بها يقع المزاج الكلّى
عرضيًا لاتّه واقع بحسبها فلذلك فضّلت الـفـلاسـفـة الـبـاب

---

[1] Un mot rongé par les vers.

والبرودة والرطوبة واليبوسة فتحيّر الناظرون منها فلم يـدروا
كيف وقع ذلك من الفلاسفة فى معناها وكذلك قـد اختلفوا
فى اسمائها فسمّاها بعضهم زيبق الشرق وسمّاها بعضهم صورة
الكمال وبعضهم الصبغ وبعضهم للجوهر وبعضهم الكبريت الاجر
وبعضهم النحاس الذى لا ظلّ له الى غيـر ذلك من اختـلاف
الاسمآء والصفات فاذا كشفت عـن حقيقاتها فى هـذا الكتـاب
فاريناك للحال فى هـذا الاختلاف علمت كيف وقوعها وانّ القوم
متّفقون عليها وان اختلفوا عنه من لا علم له بـهـذه الامور واذا
كان جهورهم للخلاف بينهم على ثلث اضرب فيما يتعلّق بالطبايع
وفى فالاصول لجـيـع الفروع من اختلاف الاسمآء والصفات فيجـب
ان نقصد بالبيان ...... [١] اذ كان فى بيانها بيـان جـيـع البـاب
وهذه الاصول الثلثة وفى قول من قال اتها حارّة يابسة او حارّة
رطبة واتها لا حارّة ولا يابسة ولا رطبة واذا لم يكـن فيهم من
يقول اتها باردة فقد كتبنا الكلام على هـذا الـوجـه وكان الـذى
يجب بيان الكلام على هـذه الـوجـوه الثلثة لتعلم كيف قصد
القوم الى ما قصدوا اليه عن العبارة عنها، فاقول من سمّاها حارّة
يابسة فاتما سمّاها بذلك على احد وجهين احدهما انّ تكـوينـها
ممتزجة بحرارة غير خالية من الرطوبة وفى غـذآء لحرارتها بل فى
معينة لها على افعالها وما هـذه سبيله ......[٢]رارة محض وما كان

---

(1) Mot à demi rongé et illisible. — (2) Un mot et le commencement du second mot
sont rongés par les vers.

والكتمان وفساد النظر واختلاف الاسماء وصعوبة التدبير وكان
ذلك فى كلامنا وان كان بيّنًا ظاهرًا فانّه ايضًا من التبديـد له
والتفريق بين اجزائه وتباعده وتباين الرموز وحدّة عـلى حـال
لا يكاد يحصل الانتفاع به لكلّ احد لكن لحقتنا الرحمة على الناس
الطالبين لهذه الصناعة فراينا ان نعمل فى كلّ ركن من اركان الباب
الاعظم كتابًا نخصّه به وبانّى على جميع وجوهه باوجز لفظ واقربه
على فهم من كان من اهل العلم ليكون كافيًا للدرب الـيـحـريـر
واصلًا جامعًا للمحتاج الى التطويل والتكثير ولمّا كان الـزيـبـق
الشرقّ من اعظم اركان الجبر وكان مكتـوم التدبير والـعـلامات
فى الاثار والخواصّ عـلى الفلاسفة اتينا بشرح جـمـيـع مشكلاته فى
هذا الكتاب على الوجوه الاربعة من المطالب الـعـلـمـيّـة ولـذلـك
سلكنا فى هذه الكتب الاربعـة فى اركان الجبر الاعظم اثار ذلك
كاشفًا للغمّة وموضحًا للمشكلة ومفصحًا عن هذا الرمز بما لم يحسن
احد من الفلاسفة على الا.....[1] بـه فامّا السؤال عـن الـزيـبـق
الشرقّ فقد علم جميع من كان من اهل هذا الشان انّ اركان الجبر
الار.....[2] الزيبق الشرقّ احدها وامّا ما هو فهو النفس واعـلم
انّ النفس قد كثر فيها لخلاف بين اهل هـذه الصناعة فجعلها
بعضهم حارّة يابسة وجعلها بعضهم حارّة رطبـة ونـفى عـنـها
بعضهم الصفة فنسبها الى الطبايع وامتنع من وصفها بالحرارة

<hr>

[1] La fin du mot manque, la marge ayant été rongée.

[2] La fin du mot manque, la marge ayant été rongée.

وان كان بعض الادهان قد ينسب الى اليبس منع للحرارة فان
ظاهره رطب وانّما ينسبه فى اثره وفعله ولمّا كان الزيبق الشرقى
هو دهن الجمر قال فيه هذا القائل انّه حارّ رطب وامّا جملة
الفلاسفة فعلى انّه حارّ يابس لانّه بحسب طبيعته نسبوه الى
المشرق وهو عندهم حارّ يابس والغربىّ بالضدّ وامّا من لم يسمّه
بحرارة ولا برودة ولا رطوبة ولا يبوسة فللعلّتين كان فيه ذلك
احدهما انّه حارّ بالذات بارد الاثر وهذا ..... [1] اخر طبيعىّ وهو
مع ذلك رطب الاثر يابس الذات يظهر اليبس فى ظاهر ما تؤثّر
فيه الرطوبة وهذا من ..... [2] العظيمة وفى بيانه وحقّ سيّدى
كشف سرّه ومعرفة امره فالعلّة زوال .... [3] فى ذاته فربّما خرج
فى التدابير لمن يعانى هذه الامور ولا يعلم ما هو فاذا كان قد عرف
من حاله ما نذكره فى هذا الكتاب لم يخفَ عليه اذا شاهده وامّا
حرارة ذاته فمن اجل ان ..... [4] دلّت على خرارة المزاج
ويكون من زيادة طبيعة للحرارة اليابسة على الطبيعة للحارّة
الرطبة ..... [5] وامّا برد تاثيره فانّه يعقد النافر اذا مازجه
ثابتًا وهذا من فعل الشىء البارد وامّا يبس ذاته فانّه ينسحق
وهذا غاية اليبس وهو مع كونه منسحق بطىَ الانسباك وامّا
افادته اليبس والرطوبة معًا فانّه ينشف بلّه الزيبق والرصاص
وكلّ شىء رطب فاسد الرطوبة يفيد الزيبق بالرطوبة المفيدة

---

(1) Deux mots effacés par l'humidité. — (2) Peut-être الفضلات. — (3) Peut-être اليبس.
(4) Deux mots rongés. — (5) Un mot rongé.

كذلك كان متندّيًا[1] بالرطوبة ومستلذًّا لها وما كان سبيله
هذا السبيل فهو منسوب الى اليبس لاجل نشفه رطوبات
الاشيآء الرطبة فافهم يا اخى فانّه عظيم عظيم لو اردت بسطه فى
الوف اوراق ل.......[2] ولهذه العلّة قالوا فى زيبق الشرق انّه
يذهب بظلّ النحاس رطوبة.......[3] الابار[4] الانك واباق الزيبق
لانّه له المزاج بالذات لاجل الدهنيّة التى فى مزاج للحرارة
والرطوبة .....[5] والوجه الثانى ان من سمّاه بهذا الاسم انّما سمّاه
به قبل الفصال ......[6] منه .....[7] هو نار الحجر وكانت النار
حارّة يابسة وهى الغالبة على جميع الطبايع والفاعلة فى .....[8] وفى
مخالطة الدهن بعد ان لم يتميّز منه وجب تسميته بطبيعها
لانّ كلّ شىء انّما ينسب الى الظاهر .....[9] اذ كلّ شىء لا يخلو من
الطبايع الاربع لما يظهر فيه انّما كان منها طبيعتان فتغلب فيه
وتقوى فى ظاهرة ويمكن فيه الطبيعتان فيضعفان فيه ويصيران
قلوبين للظاهرين فينسب حينئذ الى الظاهر عليه دون المجتمع
فيه من الطبايع فهذا تفسير هذا الراى واما من قال انّه حازّ
رطب فانّما قال ذلك طلبًا للكشف ورغبة للتعليم واثباتًا الى
ظاهر للحال فى العقل والمثال وان كان الاوّل قد قصد الى مثل هذا
القصد من وجه ذلك انّ الدهن معلوم انّه حازّ رطب فى ظاهره

---

[1] Le manuscrit présente مسددا, sans points-voyelles.

[2] Deux mots rongés.

[3] Ce mot est rétabli par conjecture.

[4] Un mot à demi rongé.

[5] Quatre ou cinq mots rongés.

[6] Un ou deux mots rongés.

[7] Deux ou trois mots rongés.

[8] Un mot rongé.

[9] Un mot rongé.

# كتاب الزيبق الغربّي

بسم الله الرحمن الرحيم، الحمد لله للخالق العـليم ذى الـقـدرة
للحكيم وصلّى الله على سيّدنا محمّد خاتم النبيّين وآله الطاهرين،
اته من كانت له دريـة بكتبنا الصنعيّة الموازينيّد علـم انّ هـذه
الكتب الاربعة على قلّة اوراقها وصغر جمها عظيمة الفايدة جامعة
لما لم يجمعه كثير من كتبنا الطوال وكتب غيـرنا فى هـذا الـبـاب
..... [1] فقدّمنا وتكلّمنا فى اوّل كـتـاب من هـذه الاربـعـة عـلى
الزيبق الشرقىّ اذ كان اشرف اركان ..... [2] فى الشرف هو الزيبق
الغربّي فانّا نائـلون فيه فى هـذا الكتاب بحـسب طبيعـة من ..... [3]
هذه الكتب ..... [4] بحسب ما ذكرناه فى الـذى قـبـله، واعلم
انّ الزيبق الغربّي عند القو..... [5] الروح واحدًا فهم على قـسـمـين
احدهما اته بارد رطب والثانى اته بارد يابس وكلا القولين ..... [6]
الظاهر فامّا الامر فواحد وذلك انّ هـذا الـزيبق المنـسـوب الى
الغرب هو المآء الالـهىّ والمآء ..... [7] ..... بارد رطب لكن لما ..... [8]
اختلاف المياه بحسب مزاجها ومعادنها فقد جعلها اهل النظر

---

[1] Un ou deux mots rongés.

[2] Après un mot rongé il y a, ce semble, الجوانّ وكان, puis un ou deux mots rongés.

[3] Un mot rongé.

[4] Trois ou quatre mots rongés.

[5] La fin de ce mot et un autre mot rongés.

[6] Deux ou trois mots rongés.

[7] Deux ou trois mots rongés.

[8] Un mot rongé; il faut sans doute lire le mot كان.

المــمـــازجــة للدهنيّة المتعلّقة ،هو الذى بـه يكون الامـساك
وكذلك يفعل فى كلّ ما مازجه فاعلم ذلـك ممـا فى ….. (١) من هـذا
ولا ابين (٢) وليس يجهل قدر هذه الكتب الّا من لا حظّ له فى العلم
اصلاً بل هــو الى ….. (٣) واشـدّ مناسبة لـها مـنـه فاعلم ذلـك
واستعذ بالله ممّن يكون هذه صورته وامّا من لم ….. (٤) من ذلـك
ولم ينسبه الى حرارة ولا رطوبة ولا برودة ولا يبوسة فانّما ذلك
من اجل لجوهر الالهىّ الذى قد كان ما هو وى الصورة التى بها
تفعل ذلك يا اخى انّ هذا الزيبق ظريف الشكل وذلك انّه هو
النفس الّا انّه لم يخل من جسد هو الظاهر لحامل للطبايع وليس
الفعل فى التحقيق له ولا لما فيه من الطبايع بـل الفعل لجـوهـر
المحود وهو جوهر الصورة غير انّ هذه الطبايع بها تظهر افـعـالـه
ويكون بحسبها اثارة ولاتها فـهـى له العايلات (٥) عنـد مـزاجهـا
لما يوثره على خدّ ما ى الطبايع فى جسم الانسان لقبـول افـعـال
النفس بحسبها فلذلك قيل انّ اختلاف النفس واثارهـا تابعـة
لمزاج البدن فاعلم ذلـك فهو وحقّ سيّدى عليه السلام غاية ما فى
هذا العلم فاعرفه واذ قد انتهينا الى اخر هذا الركن فليكن اخر
هذا الكتاب والله اعلم بالصواب ❀

---

(²) Ms. ابىن; la dernière lettre est peut-être un ر.
(³) Trois ou quatre mots rongés.

(⁴) Peut-être يسمه avec un mot qui suit et qui est rongé.
(⁵) Lecture douteuse. Ms. العايلات ou العاىلات.

لهذه الكتب فايدة اذ كتا قد ذكرناه مرموزًا فى غيرها ولكنا
لمّا اوردناه من الكشف والتقريب لهذه الاركان خاصّةً علمنا هذه
الكتب الاربعة فيها فاعلم ذلك واعمل بما نرسمه لك فيها
ولا تخالف شىء منها وان خالفت تلحق الملامة بالمخالف لهم
فاعلم ان هذا المآء سمّى الاهيًّا لانّه تخرج الطبايع من طبايعها
ويحيى الموتى ولذلك سمّى مآء لحيوان وبه سمّى الحجر حيوانيًّا
وهو مآء لحياة الذى من شربه لم يمت ابدًا وذلك انّه بعد
استخراجه وكلاله ومزاجه وتمام امره لا يجعل للنار طريقًا على ما
مازجه ولا يفارق ما مازجه بل يقاتل عنها النار بعد ان كانت
محترقة بها فاعلم ذلك وتبيّنه وقف على الغرض فيه تصل الى علم
ما كتمته الفلاسفة الاوّلون من الصنعة الالهيّة والباب الاعظم
لحقّ الذى من غيره شىء لا يكون فاعلم انّ استخراج هذا المآء
من الحجر الذى هو ..... [١] انّما يكون بغيره وليس يكون بذاته
وذلك انّه متعلّك بجمره شديد المزاج له وما هذه ..... [٢] تفريقه
بشىء ممّا هو مازج به فاحيل له بما بينه مناسبة بالرطوبة لكن
للجنس ..... [٣] ولتدفع عنه حرارة النار فانّ النار اخذه من
الرطوبة الغير مازجة اكثر من اخذها من الرطوبة ..... [٤]
عند التلاق لهذا المآء فايدتان احداهما انّ اخذ النار منه
دون المآء الذى ..... [٥] والثانية انّه لمناسبته ما يمازجه لما يمازجه

---

(¹) Marge rongée sur une longueur d'un
centimètre.

(²) Un centimètre rongé.

(³) Un centimètre rongé.

(⁴) Un centimètre rongé.

(⁵) Un centimètre rongé.

(١)..... واليبس والحرارة والبرودة فاما هـذا المآء فانّ اضافته الى
ما كان لطيفًا فى الجـمر (٢)..... له ان فى لونه وان فى طبعه لاتـه فى
لونه ابيض وهو فى الغالب من امـزاج البـرودة ..... (٣) مآء بارد
رطب فاما فى اضافته فى يبوسته ورطوبته فليست كذلك وذلك
..... (٤) الى الصبغ رطب وبالاضافة الى الدهن يابس فلذلك وقع
لخلاف فى نسبته لانّ من قال ..... (٥) اراد بـه لا يفعل الانسباك
واتما يمنع الاجزآء ويمنع من احراق النار لما مازجه ولابسه ومن
قال اتّه رطب اراد بانّ الصبغ لا ينفذ الّا بان يحـلّ فيه ويمازجه
والاصباغ اتّما تنفذ بالاشيآء الرطبة فاعلم ذلك وتبيّنه فاتّه وحق
سيّدى عليه السلام غاية ما فى هـذه العلوم وفيه حـلّ لجـميـع
الرموز وكشفها لاستار علوم الصنعة التى لا تحصى اسرارهـا فـلا
تطمع فى كشفها الّا بتوفيق من الله عـزّ وجـلّ ورزق فايض فاعـلم
ذلك وتبيّنه تجده محيبًا واذ قد اتينا عـلى ما فى هـذا الـركـن
وعلاماته وطبايعه وشرح حاله فلـنـنـقـل ما مـوضـعـه وكـيـف
استخراجه فاتّه موضع الفايدة وذلك انّ ذكره فى جميع الكتب
على حال من الرمز بعيدة من كلّ منهم وقد ذكرناه فى السبعين
وقلنا اتّه يحتاج الى سبع ماية تقطيرة وذكـرنا نعت نقطيـره
وعن ما ذا يقطّر وكلّ ذلك رمز بعـيـد فاتّما ما نـذكـره فى هـذا
الكتاب فهو بخلاف ذلك فى الكشف ولو لا ذلك ما كان فى وضعنـا

---

(١) Environ deux centimètres de marge
rongés.

(٢) Trois centimètres de marge rongés.

(٣) Trois centimètres de marge rongés.

(٤) Un centimètre et demi rongé.

(٥) Un centimètre rongé.

(١)..... او فى رايجته او فى طمعه او ما جرى بجرى ذلك فالآس
الذى اردناه هو الآس الذى حددناه فى كتاب تـفـسـيـر
لخواص لخمسين بل فى شرحها وان حدّه هناك بيّن معروف غير
مشكل على من هو من اهل الصنعة فامّا من هـو من طبقة من
عملنا له هذه الاربعة فاتّه يشكل فلذلك بحتاج الى ان نكشفه
هاهنا كشفًا يبيّن فـيـه حاله من كان قصير الـعـلـم بـعـد ان
يكون من اهله لانّ هذه الكتب يا احى ما عملت لرعاع الناس بل
لفضلائهم فان انـقـص الـنـاس هـذه الـصـنـاعـة من يجوز ان
ينسب اليها هو اكبر من افضل الفضلاء فى جـمـيـع الـعـلـوم
سواها اذ كا.....(٢) عـلـم لا يستغنى صاحبه بالاشراف على شىء من
علم هذه الصناعة اناسًا(٣) وتجرّبه فهو فى غاية التقصير اذ كان
لا يحصل الّا تلفيق الالفاظ وترتيب عبارات وخيـالات .....(٤)
لا وج.....(٥) فى ذواتها وهو يظنّ اتّها موجودة من خارج ويظنّ به
ذلك من سمع عباراته .....(٦) ممّن لا خبرة له بـهـذه الامـور واذا
كان الامر على ما قلناه فليقل فى الآس .....(٧) فضيـبـه اعلـم انّ
الآس هو الورق والقضيب هو الاصل وليس باصل فلذلك اتّه
بالاضافة اصل وفرع معًا امّا اتّه اصل فهو اصـل لا محـالـة لـلـورق
والثمر وامّا اتّه فرع القاعدة والعروق الراسخة اذ كان الامر فـيـه

(¹) Un mot illisible.
(²) Un mot ou deux rongés.
(³) Mot restitué par conjecture.
(⁴) Deux mots rongés.

(⁵) Peut-être وجدها qui semble indiqué par le sens.
(⁶) Trois ou quatre mots rongés.
(⁷) Deux mots rongés.

ويخالطه فتعظم رطوبة الحجر بعد ان كانت ...... [1] فاذا تسلّطت

النار على اجزائه وهي محلّلة قوته عليها فعملت فيها العمل الـذى

هو فعل النار ...... [2] جميع الشبهات وتـفـريـق المختلفات فـبـلـغ

التفصيل على ابلغ وجوهه وذلك بانّ التفصيل ..... [3] النـوع مـن

التدبير بجميع وجوهها وفوايد كثيرة احداها انّه يسلم معـه

مآء الحجر من ...... [4] شىء من اجزائه فيخرج باسره غيـر ناقـص عـن

قدر للحاجة عند ردّه اليه بعد التطهير لجميع اركان الحجر وثانية انّ

النار تعمل فيه عمـلاً يغيّر كيفيّته بما الـضـاف الـيـه من المآء

الاخر الدافع عند حرارة النار يبذل [5] نفسه لها دونه فـيـكـون

تغييرها واخـذهـا من المآء الـفـادى له بنفسه والـثـالـثـة انّـه

يستفيد من المآء الداخل عليه لتقويته فضل رطوبة نافعة فى

الحلّ وذلك انّ رطوبته فى نفسه انّـمـا نفعها فى المزاج والمداخلة

فاّما فى لحلّ للاجزآء اللطاف فما اقلّ فى العشرة المضافة لجاريـة

للسبعين بجرى الاعراض والنفس والتفسير وحلّ الرموز فاقـول

انّما قلنا هناك قطّره بقضيب الآس حتى يصفر او يكون خالصًا

وليـس الآس مافاك الله هو الآس الـذى تنطـتـه اذ كان مادتنا

خلع الاسمآء على ما ......[6] وبـيـن المعـروف بـهـا من اركان الحجر

وعقاقير صناعتنا مناسبة امّا فى اثره وامّا فى طبيعتـه او فى

---

[1] Un centimètre rongé.

[2] Un centimètre rongé.

[3] Un centimètre rongé.

[4] Probablement احذ النار.

[5] Ou يبدل. Ms. سدل. Les nombreuses lacunes ne permettent pas de suivre aisément le sens du texte.

[6] Un mot illisible.

على ما ذكرناه وكانت التسمية له بالآس اتماكان لاجل ورقه
الذى هو فرعه الكاين عنه وكان هذا الفرع هو المعروف بهـذا
القضيب الذى اصله فيجب ان نقول فى هـذا الـفـرع قـولاً
ينكشف به حاله فانّ حاله اذا انكشف انكشف حال ما يعرف به
انكشافاً وفى ذلك وفى ذلك[1] وحقّ سيّدى ايضاح امر الآس الذى
سمته مارية سلاليم الذهب وسمّاه سقراط الطاير الاخضر وسمّاه
الناس من لحكمآء بكلّ اسم وكلّ لقب ضنّا به وصيانةً له عن اهله
فضلاً عمّن ليس له باهل فاعلم ذلك وتبيّنه تجده حقًّا واذا كانت
هذه منزلة هذا الشيء فلذ[؟] اوّلاً لم سمّوه آسًا فاقول لهم سمّوه
بذلك لحضرته وطول مكثهم مع اختلاف الازمان من لحرّ والبرد
عليه سوا الآس فيحقّ ما سمّوه ..... [2] هذا الـشـىء الاخـضـر
المسمّى آسًا متلوّنًا من اصل هو الـذى سمّى بـه قـضـيـب الآس
فيجب تقطير مآء الحجر عن قضيب الـذى مـنـه تكـوّن وهـو
القضيب الاخـضـر الـذى ذكـرناه فى كتـاب لحـواتـى لحـمـسـيـن
القضيب ..... ضيب[3] خلطه الحجر الذى تريد تقطير لبـاتـه
عنه بهذا القضيب ..... [4] اِنّ فايدة هذا القضيب غـيـر
فايدة المآء المضاف الى الحجر وانّ ذلك المآء قـد عـرّفـنـاك فايـدتـه
والغرض به وهذا القضيب فهو الذى يحرق لـفـسـه ويحـرق

---

(1) Cette répétition est sans doute vo-
lontaire.

(2) Peut-être الا اسا.

(3) Ce second mot, vraisemblablement

القضيب, qui est reproduit au commencement de la page, est sans doute la répétition inutile du mot précédent.

(4) Un mot rongé.

اوساخ الحجر التى من شانها الاحتراق وليخلص جميع اركانه عمّا
يفسدها ويصير جميعه ميّتا لا سلطان للنار عليها وذلك انّ المآء
اوّل دافع عن المآء ..... [1] وحال الاغراض وتخلّص لما فيها
يتسلّط النار على صغار اجزآئها المنحلّة به واما هذا القضيب
فانّه مناسب للاوساخ المحرقة لما فيه من وجع وذلك انّه غليظ
ليس كورقه وقد علمت انّ ورقه اخضر وانّ للحضرة متلوّنة
من الالوان بين السواد والصفرة بشبه وليس السواد وانّ
السواد من الاحتراق الرطوب ..... [2] كانت هذه شان الورق
الذى هو فرع فا ظنّك بموضع القضيب الذى هو اصل لم
يلطف ..... [3] كانت هذه حاله وهذه الفايدة فيه فقد بان
امره وانشكف ستره و..... [4] واذ قد انتهينا الى هذا الحدّ من
هذا الركن فليكن اخر الكتاب، تمّ كتاب الزيبق الغربى والحمد لله
ربّ العالمين [5]

## كتاب نار الحجر

بسم الله الرحمن الرحيم الحمد لله الغالب على كلّ شىء السعال
بكلّ شىء الفعّال لما يشآء كما يشآء وصلّى الله على سيّدنا محمّد
بيّده وآله وسلّم، انّه قد تقدّم لنا قبل كتابنا هذا كتابان فى
ركنين عظيمين وهما الزيبق الشرقى والزيبق الغربى وهذا الكتاب

---

. [1] Deux mots rongés. — [2] La fin du mot et le mot suivant sont rongés. — [3] Un
centimètre environ a été rongé. — [4] Deux centimètres rongés.

ثاليًا لهما فى ركن ثالث هو ايضًا من اعظم الاركان وهو نار الحجر
التى هى ذات الصبغ فيجب يا اخى ان تتاءمل ما نذكره فيها
وتعلمه على حقّه وصدقه ليكون عملك بحسبه فتصـل الى
افضل التدابير لباب الفلاسفة ...... (١) وانّ الصبغ قـد سمّتها
الفلاسفة كبريت وكباريت ونار محرقة وبرق خـاطـف وحجر
المقلاع الذى يثجّ ويزول الحجر ويبقى اثر الشجّة الى الابـد وما
اشبه هذه الامور ولم يعلم الناس كيف تدبيره ولا كيـف
استخراجه من معدنه وما هو ملتبس بـه من الدهن وكيف
يكون نقله الى المآء وحلّه منه ليقع بذلك الصبغ التامّ والمـزاج
الكامل وهذا الكتاب هو مخصوص بهذه الامور التى لم يجسر احد
من الفلاسفة على ذكرها ولا على التعريض لها فامّا نحن فـقد
ذكرنا هـذه التدابير فى الكتب الحيوانيّة فذكـرنا التفصيل
والتطهير لاركان تلك الابواب واتّما تلك امثلة ورمـوز بـعـيـدة
وقريبة ومتوسّطة فامّا ما نذكره فى الكتب الاربعة وخاصّته فى
هذا الكتاب فاتّه شرح الشرح وتفسير التـفسير وحلّ كلّ شىء
رمز وتصريح بغير تعريض فاعلم ذلك ولا تشكّ فيه فتضلّ عـن
الطريق ولا تصل وحقق سيّدى عليه السلام اليه بوجه فاعلم ما
نقوله اعلم انّ نار الحجر كما قلنا فى كتبنا كلّها التى على طريق الامثلة
فى التدابير اتّما تخرج مع الدهن وذلك لاجل تناسبه بالحرارة
لانّ النار اشبه بالنار من كلّ ما ليس هو بنار ولا مشبه لهـا فى

---

(١) Une ligne du renvoi qui est en marge manque.

طبعه ولا معنى ولما ..... [١] مقاتلاً للنار اشة من قتال المآء لـها
لانّ فى طبعه جـزوٌ من طبيعتها ولـو لا انّ مـنـه غـذآء ..... [٢]
كان مثلها ولما اثرت فيه وكانت بذلك اولا منه بان يوثر فيها [٣]
فاعلم ذلك وفيه قطعة ..... [١] عـلى طريـق الـبـرهـان وجـزوٌ من
الطبايع واذا كان الامر على ما قلناه فن البين انّ نار ..... [٥] حارّة
يابسة وى كذلك وكذلك تشبه النار، واعلم انّ لونها صفرآء
كدرّة ..... [٦] تميزه من الدهن فامّا اذا كانت مع الدهن فاتـه
مختلطة به وناقصة من حمرة الدهن ومرتبة ..... ش [٧] لما تراه من
مخالفة ما تراه فى هذا الكتاب فى النار خاصّة لما تجده لـنـا فى
ساير كتبنا ..... [٥] الطريق الذى نسلكه هاهنا ئى الطريق التى
نسلكها فى تلك واتّما نسلك فى هـذه الكتب طريق للحق والتصريح
والاقتصاد واعلم اتّى ما صنّفت بعد هـذه الكتب الاربـعـة الّا
كتابًا واحدًا جامعًا لتدبير الباب الاعظم وكتبنا الجـنس مايـة
التى على راى سيّدى صلوات الله عليه وتلك فليس شىء منها
لى اتّما انا فيه بمنزلة الورّاق النائح وذلـك اتى لمّا اكثرت كتبى
واطلتها ومددت الفوايد علمت انّ احدًا لا يصل الى الحقّ منها
الّا بعد فنآء العمر والتناى فى الفضيلة والكمال وتعب الـدرس
وسهر الليل والنهار والانقطاع اليها عن كلّ محبوب والـسعـادة

---

[١] Un centimètre rongé.
[٢] Deux centimètres rongés.
[٣] Ms. لها.
[٤] Trois centimètres rongés.
[٥] Deux centimètres rongés.
[٦] Un centimètre rongé.
[٧] Un centimètre rongé.
[٥] Deux mots rongés.

التامّة المضافة الى جميع ذلك وقد كنت وقعت فى محن وشدايد
ونكبات الزمان فنذرت لله عزّ وجلّ ان خلّصنى منها ان اقرب
الباب الاعظم فى كتابين احدهما مسمّى باركانه الاربعة ليكون ذلك
كافيًا للفاضل ان اقتصر عليه ومعينًا له على طلب كتبنا كلّها اذ
لا بدّ وحقّ سيّدى عليه السلام من وجوده وخروجه الى
العلم وبلوغه غاية ما كتب له وانّ جميع علومى فى كتب
قليلة لحشو مصرحة بالاصول لتكون له عدّة وعمدة ايضًا فلمّا
خلّصنى الله عزّ وجلّ من ذلك ابتدات بهذه الكتب الاربعة التى
فى الاركان الاربعة وذاكرت بها سيّدى وعرّفته نذرى فقال انّ
اخانا الذى نذرت له هذا النذر وايّاه[1] رفهت بهذه النيّة
نحن اولى به منك ولكن لك فيه حظّ لا يجب ان نغلبك عليه
فاعمل انت ما انت ما يخصّ الباب الاعظم من هذين الكتابين
على رايك وارفع الينا فيما اردته من الكتب للجامعة لجميع العلوم
وحرّم على نفسك التاليف بعد هذه فلا تاليف بعدها
لفعلت ذلك وبدات بهذه الاربعة فان كنت اخانا ف[2].....
ولست نحتاج .....[3] صدقنا عندك وان لم تكن ايّها القارى
اخانا فكلّ ما يتجلى منها وحقّ سيّدى باطل الّا ان يكون لك
فى الغيب ما قد غاب عنّى وعن سيّدى، ولنرجع الى ذكر
ما ..... [4] واستخراجها من الدهن فاعلم انّ طعمها مرًّا فى غاية

(١) Ms. انا. — (٢) Deux mots rongés. — (٣) Un mot rongé. — (٤) Deux centimètres
rongés.

المرارة فلا تظنّ ...... [١] وحـق سيّدى عليه السـلام الآ طعـم
الذى يذاق من كل ذى طعم باللـهـوات وفى مـع ذلـك ...... [٢]
خلصت من الارض لم يمكن تتخينها مع حرارة النار وذلك اتـهـا
تمتدّ فى الآء وتتّسع فيه اذا اصابها الـتـزويج [٣] فان لم تـلـطف
عنها كسرته وذهب منها روحًا لطيفًا تشاهد فى تمـدده [٤] فى
الآء عند شدّة النار وليس ذاهبًا ذات الروح فى لحقيقة منـهـا
لانه لو ذهب منها كانت اذا ردّت الى الآء اخر وشدّ عليها النار
لم تفعل مثل فعلها كلّتها لمّا سخنت ولحقها الوهيج [٥] كان مـنـهـا
ما كان اوّلاً فكذلك الروح غير مغارق لها فامّا ئ فاتـها لا تـطيـر الّا
بنار السبك فاعلم ذلك واذ قد انتهينا الى هذا لحـدّ من ذكرها
فلننقل فى استخراجها من الدهن بالطريق القريب واقرب الطرق
لذلك فى الوجوه المثالية هـو ما ذكرناه فى كثير من كتبنا فى
خلط الآء بالدهن وضربه [٦] وتصفيته عنه وقد قـبـل الـصـبـغ
فيقطّر الآء من الصبغ فيبقى الصبغ جيّدًا خالصًا مفردًا فيركّب
على الاوزان فيها فهذا وان كان طريقاً قريبًا مختيّلاً فانّه مثـل
وليس بالحقّ وذلك انّ الآء يجـوز خلطه بالدهن والصبغ فيه فى
هذه التدابير المخصوصة ...... [٧] الكتب خاصّة وذلك انّ هـذا
الآء اذا خلط بالدهن وفيه الصبغ وهو غير نقى من الاوساخ ...... [٨]

(¹) Deux centimètres rongés.

(²) Un mot rongé.

(³) Lecture incertaine; le ms. semble
donner السروهيج.

(⁴) Lecture incertaine.

(⁵) Lecture douteuse.

(⁶) Ou ضربه.

(⁷) Un mot rongé.

(⁸) Trois centimètres à demi rongés et
illisibles.

التى حلّلها المآء من الدهن فلم يتنقّع بالصبغ وفيه كباريته
واوساخه ونجوسته المحترقة المفسدة لكلّ ما خالطه وجاوره واذا
فى سبب فقد فايدة الجبر الكبير فاعلم ذلك ولكن وجه التدبير
المعروف لا على طريق المثال هو ما اصفه لك فى هـذا الكتاب فايّاك
والخلاف فيه وترك العمل به على وجهه فانّ كثيرًا من الامور يظنّ
بها غير ما فى عليه وذلك انّ من الامور صعبة عسرة قد يعمل
بعضها واحدًا ..... [١] الطريق المعتاد فيها بلا عسر فلا يجى امّا
كالاوّل واجوده او دون بقليل او اكثر فان تفاوت ..... [٢] الهريس
والسكباج وانواع الطبيخ فانّ كثيرًا منه يحصل فى خير ما لا
يستحقّ بان يوكل ..... ثم [٣] او يزاد وجعل بعضه من خير ما اكله
لطيبه ونظافته وجعل بعضه متوسّطًا ..... [٤] عن ذلك الالوان
لانّ جميعه جيّدة ورديّة ومتوسّطة البس اسم السكباج او ..... [٥]
ايضًا كثيرة الاختلاف والتضادّ وكذلك عمل الزجاج وغير من
الاعمال ..... [٦] نخالف الطريق الصعب فيها او شيئًا منه فامّا ان
لا يكون اصلاً او يكون شيئًا ..... [٧] وبعيد من الاوّل او شىء اخر
من الاشياء ما يسهل طريقه فيظنّ لسهولته انّ الاحلال
تبعضه ..... [٨] معه حصول الفايدة او بعضها فلا يكون شيئًا
من ذلك وذلك كنكتين [٩] الزربيج فانّه ان تمودى عليه فى اخراج

<hr>

[١] Un mot rongé.
[٢] Un centimètre rongé.
[٣] Deux centimètres rongés.
[٤] Deux centimètres rongés.
[٥] Trois centimètres rongés.

[٦] Un centimètre et demi rongé.
[٧] Un centimètre rongé.
[٨] Un mot rongé.
[٩] Le ms. donne كنكسى avec quatre points diacritiques au-dessus.

رطوبته بطل بالجملة لا بان تدبيره خطا او انه سيكون شيئًا اخر
او لا يكون اصلاً لكن لانّه يكسر الانية برطوبته فيضيع جميع
التعب به وامثال ذلك من الاعمال كثير ولذلك قلنا فى كثير
من كتبنا لا يهولنّك عظيم ولا تتهاون بصغير واتّما اردنا هذه
المواضع واتّما قلنا هذا للعالم بها لا للجاهل فانّ العالم قد يعدل
عن الطريق الى غيرها طلبًا للاختصار والسهولة ولعلمه بانّ
ذلك لا يضرّه ولا يبعد فايدة ما يطلبه وقد يلزم للحقير ويحفظه
علمًا منه بانّ ذلك العظيم لا يتمّ الّا بمراعاة هذا الصغير واتّما من
كان جاهلاً لخير الاشياء له ان لا يتعرّض لما هو جاهل به فان
تعرّض فلا يجب له ان يخالف قليلاً ولا كثيرًا من قول العالم
برايه ويظنّ ذلك ربّما وصل معه الى الغرض لانّ العالم اتّما يورد ما
يورده من العلم ومكانه وللحاجة اليه والجاهل لذلك لا يعلم موقع
ما ...... [١] من قول العالم الّا عند الغاية الّتى وعده [٢] بها العالم
وان كان الامر كذلك ...... [٣] فى هذا الكتاب ان كنت محتاجًا الى
النظر فيه لقصور علم عن تدبير بانّ الحبر ان تخالف ...... [١]
لذكره فيه وان لم تكن محتاجًا الى ذلك كنت مالمًّا ممّا يضرّك
للحلاف علينا اذ كنت تعلم محلّة للحلاف وكيف اختلاف الطرق
والى ما يودى كلّ واحد منها واذ قد اوصينا بما يجب الوصاة به
فلننقل فى اخراج الصبغ من الدهن فنقول انّه اذا خرج من

---

[١] Quatre mots à demi effacés. — [٢] Ms. وهدوها. — [٣] Deux centimètres rongés. —
[١] Deux mots rongés.

الدهن ..... (1) للجر وفيه الصبغ وطر..... (2) اخراجه منه
خالصًا بغير وسخ هو ما نقوله وذلك ان تتّخذ للدهن بعض
المياه..... (3) فى كتبنا وذكرها الناس غيرنا واجودها الخلّ ..... (4)
القلى ..... (5) النشاذر..... (6) فانّه ..... (7) الصبغ بقوّته
ويحلّ ..... (8) فاذا اتّخذته فاطرح منه ثلثة اجزآء على جزء من
الدهن واضربه ضربًا جيّدًا شديدًا ..... (9) ويثخن على هيئة ما
يغلظ الزيت بمآء القلى اذا طبخ فيه ولذلك قالوا ..... (10) اصحاب
الصابون فاعلم ذلك ولا تشكّ فيه ولا فى شىء منه وان عقد..... (11)
كلّها مع النار فاذا الدهن تميّز وغلظ وجمد وصار كالزبل سوآء فانّه
يصير كذلك وحقّ سيّدى فى قوامه وبياضه هذا بعض
استخراج الدهن من حجارة الجزيرة (12) ويستعمل لها خلًّا للملح ملح
البحر الاحمر وحدّه فحينئذ يسمّى لبن العذراء البتول ثمّ يتميّز
المآء وفيه الصبغ واوساخ الدهن فاعمله كما يعمل دردى الصابون
واجمعه كلّه وقرّه فى موضع كنين ثلثة ايّام فانّ النار كلّها تجتمع
على راس المآء اصفر خالصًا من كلّ دنس وترسّبت الوسخ كلّه تحت
المآء فى اسفل الاناء واحفظه ما كان بين المآء والنار فاجمع النار من
راس المآء فانّه يحصل عليه كما تحصل القشور من الزجاج على راس

(1) Un ou deux mots rongés.
(2) La fin du mot est rongée.
(3) Un centimètre rongé.
(4) La moitié de la ligne illisible.
(5) Un mot à demi rongé.
(6) Deux mots illisibles.
(7) Un mot rongé.
(8) Deux centimètres rongés.
(9) Deux centimètres rongés.
(10) Deux centimètres rongés.
(11) Deux centimètres rongés.
(12) Ms. الحريرة.

لِحَلّ المحلول به الزِنجار وقد ذكرناه فى اخراج ما فى الـقـوّة الى
الفعل واتّما اردنا به المثال لهذا التدبير وهذا هاهنا مكشوف
مـتـرج [١] فاعرف قدره فاذا اخرجته فاعزله فلا حاجـة بـك الى المآء
ولا الى ما فيه من وعٍ لانّ ذلك ..... [٢] وايّاك ان تـظـهـر فى هـذا
الكتاب من لا يستحقّ هذه المنزلة فتعاتب وحقّ سيّدى علـيـه
السلام ..... [٣] ممّا ذكرت هـذا ولا ذكرهُ احد مِن النـاس قبلى
ولا يذكرهٍ بعدى على هذا الكشف لـئَلّا ..... [١] واذ قد اتـيـنـا
الى هـذا المكان فليكن اخرَ الكتاب نِرّ ..... [٥] الاربعة مِن الرسائل
الخمس مائة والحـمـد لله ربّ العالمين وصلّى الله عـلـى سـيّـدنـا
محمّد ..... [٦]

## كتاب ارض الحجر

بسم الله الرحمن الرحيم الحمد لله ربّ العالمين ربّ السموات والارض
وما بينهما ..... [٧] خير خلقه محمّد نبيّه وآله وسلّمٍ تسلـيـمًا اتّـه
قد تقدّم كتابنا ..... [٨] وكلّها محتاجة الى هـذا الكتـاب اذ كان
كالقاعدة والاساس الذى لا يثبت بناؤه ..... [٩] وكـذلك حـال

---

[١] Ms. محترج.
[٢] Un mot rongé.
[٣] Un mot rongé.
[٤] Il manque une ligne entière de cette page, et, à partir de cet endroit, le manuscrit présente de nombreuses lacunes dues à l'érosion des marges. Chacune des trois dernières pages du manuscrit n'a

plus guère que la moitié du texte qu'elle devait contenir.
[٥] Deux centimètres rongés.
[٦] Deux centimètres rongés.
[٧] Un mot manque à la fin de cette ligne; puis commence la lacune marginale.
[٨-٩] Lacune de trois centimètres dans la marge.

الارض عند الثلثة اركان اذا كانت ..... [١] ثابتة فيه ..... [٢]
وقد اكثرنا فى كتبنا للحيوانيّة ذكر تدبير الارض وتبيض
المغنيسيا ..... [٣] من الرموز واجود ما فيها يا اخى هذا التدبير
للحق بغير رمز ولا لغز ..... [٤] رحل اذ قوله للحق المبين والسراط
المستقيم فلا يعدوه ولا يحتاج معه ..... [٥] تصل الى تبيض
المغنيسيا الذى اعنى جميع الفلاسفة اذا عملت كيف يستعمله
قوله عزّ وجلّ فى محكم كتابه فيها واستعد من هذا كلّه فى هذا
الكتاب فتبيّن ما نقوله ولا تعدوه واتّما هو تفسير لمن لر يعلم
معنى قوله فاعلم ذلك فمن قوله جلّ اسمه وترى الارض هامدة فاذا
انزلنا عليها المآء اهنزّت وربت وانبتت من كلّ زوج بهيج فهذا
هو جميع تدبيرها وفى جميع علاماتها الدالّة على جميع مراتبها
الظهار بها فلا تشكّ فى شىء من ذلك ولكن من لك به لو كان بيّنًا
بفهمه واثقًا بعرفه مع اتّه ابين واوظح واحضر وافصح من كلّ قول
يقال فيها لمن كان عالمًا بالامر واتّما يحتاج الى تفسيره من لا يكون
له خبرة بصنعة الفلاسفة المحكمة وتدبيرهم البديع وحن نريك
ذلك وكيف يكون هذه العلامات فى هذه الارض على البيان
والاحكام الذى لا يحتاج البليد معه الى غيره فضلاً عن الذكىّ
التحرير اعلم انّ تدبيرها بالمآء له طريقان احدهما بالتشوية
لها ..... [٦] اهتزازها وصورها كما قال ..... [٧] منها من المآء وذلك

<hr>

(١) Ms. لامصى. — (٢-٥) Lacune de trois centimètres dans la marge. — (٦) Il manque deux lignes entières à cette page, et le commencement de la page suivante est rongé dans la plus grande partie de sa première moitié. — (٧) Marge rongée.

ان المآء يطير ولا ..... [١] هـذا الـوزن اذا ربت والتـخـت ان
كـمـتـها ..... [٢] وتزيد فى كمّيتها وذلك بالـسـخـونـة كما تـراه فى كل
حى فاتّه ..... [٣] الكمّيّة فاتّها تزيد بالاطلاق والكـلّ لا بالـتـنـفـيـذ
والجـزؤ ..... [٤] بعضهم فى زيادتها وقال اخرون اهـل هـذا الـراى
غلطوا وذلك انّ ..... [٥] فى الاقطار فال ..... [٦] غير زايـدة واتّما تزيد
فى ابعادها فـقط ولا سيّمـا اذا كان الـتـمـديـد ..... [٧] قالوا فاتّما
الـوزن فـهـو الى النقصان اقرب وعليه الثقـل والـبـرد والـتـلـزّز
والاجتماع والحركة الى المركز ..... [٨] وعلّة للخفيف عكس هـذه كلّها
وما عملت فيه للحرارة فبعيد ان يزيد وزنه وان زاد جرمه ..... [٩]
يزيد مساحته وينقص وزنه لفقده التلزّز والتحليل الذى هـو
من علّة للخفيف فقـد بـطل ان تـكـون زيادة وزن هـذه الارض
بتمديد لحرارة لها وتخونتها قالوا والعلّة فى زيادة وزنها هـو عكس
هـذا بعينه وذلك اقها اذا دترت بالنار فانّ النـار تحـلّ بالحرارة
منها وتجذبها الى نفسها وتفرق بينها وبين اجزآء البرودة اذ من
شان النار التفرقة بـين الاجزآء المختـلـفة والجمع بـين الاجزآء
المتشابهة فاذا فرقه ..... [١٠] بحرارة واللطف الذى هـو علّة للخفّة
بقى منها للحرّ والـبـارد الذى هو علّة الـثـقـل مزاد الـوزن قالوا
وان انتشار اجزائها اتّما هو لاجل الـتـهـى واجزاؤها وان كانت
منتشرة زايدة المساحة فاتّها ثقيلة بالطبع لاتّها الاجزاء البـاردة

[١٠] Marge rongée. — [٩] Ms. فالمولى. — [٦٠] Marge rongée. — [٩] Un mot manque.
— [١٠] Manque la fin du mot.

التى ٯ معنى الثقل وعلّته وقال اخرون هـذا غـلـط مـن وجـه
وصواب من وجه فالصواب والراى لحـق مـن جمـيـع الـوجـوه بـين
هذين الاثنين قالوا وذلك انّ النـار وان فـرقـت اجـزآء لـلحـرارة
واجتذبها اليها فانها لا تـقـدر على اجتذاب لـلحـرارة الـعـرضيّة
وفى الارض حرارة غزيريّة ٯ علّة ...... [١] هـذيـن الضدّين ...... [٢]
اجتماعها عـلى وجـه ان ...... [٣] صـاحـبـه ٯ محـلّه وفى الـزمـان
الذى ...... [٤] الارض لوكان صارا فيها لم يكن مخـلّـلاً ٯ ..... [٥]
او على وجهين مختلفين لشىء ..... [٦] ولا يميّز لجـنـس اخـتـلاط
اجزآئه السرد منه باجزآئه ..... [٧] والفعل انّ هـذه الارض قـد
ثبت اتها من الطبايع الاربع وفيها ...... [٨] النار جمع المتشابهة
وتفريق المختلفة وفى الارض حرارة عرضيّة وحرارة ... . [٩] وليس
تزيل النار حرارتها ...... [١٠] الفلاسفة تدبير صلاح لا تدبير فساد
واتّما تزيد اذًا حرارتها العرضيّة التى فى الاجزآء العرضيّة ...... [١١]
كيانها ويكون ذلك سببًا لمحـلّاى الهوآء لتلك الاجـزآء الـزايلة
وذلك سبب لمحقّتها احقّ من الاجزآء التى ازالتها النار لكنّها وان
فعلت ذلك تعلّك اجزاؤها الباردة باجزايها لـلحـارة الطبيعيّة غير
العرضيّة وبحكم مزاجها ويظهر برد الارض عليها بالمدافعة حرارة
النار عن حرارتها الغزيريّة وتبطن حرارتها الغزيريّة ٯ عـمـقـهـا

.[١] Le mot qui termine cette ligne est illisible. Il est possible qu'il manque une ou plusieurs lignes à la fin de cette page, comme il en manque certainement au commencement de la page suivante.

[2-11] Les lacunes qui sont dans la marge vont en décroissant de longueur; de la première à la dernière ligne, elles présentent dans leur ensemble la forme d'un triangle qui occupe un tiers de la page.

ولو انّ ذلك كذلك لما جاز انباتها النبات وخروجه من باطنها
بالتعفين والنداوة فاعلم ذلك فاذا ظهرت البرودة الممازجة
للطبيعة ظهر التلزّز فى الاجزآء المتشابهة وبسط…….(١) لا يخالف
لاجزائها المحلّلة سطح للجسم فزادت المساحة ببسط الهوآء لتلك
الاجزآء وزاد الوزن بظهور البرد والتلزّز على للجسم الارضى فلمّا
قال اححاب هذا القول ما قالوا لم يكن عند الاخرين جواب
والعلامة بـ……(٢) فيها اتها يبتدى فى اجزآئها البياض الـ……(٣)
وذلك هو الذى …… (٤) الفلاسفة زهرًا فاذا رايت شىء ……….(٥)

. . . . . . . . . . . . . . . . . . . . . . . . . . . . . . . . . . . . . . . . . . . . . . . . . . . . . . . . . . . . . . . . . .

(1) Un mot illisible. — (2-5) Un mot illisible à chacun de ces endroits. La fin du manuscrit manque.

# فـهـرسـة
## ما تضمّنه هذا المجموع من الرسائل
## وابـوابـهـا

صحيفة

| | | |
|---|---|---|
| ١ | كتاب قراطس للحكيم ............................ | ١ |
| ٢ | كتاب لحبيب ............................ | ٣٤ |
| ٣ | من كتاب اسطانس للحكيم ٥ النخبة الاولى ............ | ٧٩ |
| | النخبة الثانية ............................ | ٨٣ |
| ٤ | من نسخة كتاب لم يذكر مؤلّفه ................ | ٨٩ |
| ٥ | كتاب الملك لجابر بن حيّان ................ | ٩١ |
| ٦ | كتاب الرحمة الصغير لجابر بن حيّان ............ | ٩٩ |
| ٧ | كتاب الموازين الصغير تاليف جابر بن حيّان الازدى الطوسى الصوفى رحمه الله ............ | ١٠٥ |
| ٨ | كتاب الرحمة لابى موسى جابر بن حيّان الاموى الازدى الصوفى رحمه الله ............ | ١٣٢ |

٩  من كتاب التجميع لابي موسى جابر بن حيّان الصوفيّ

الطوسيّ الازديّ رحمه الله .................... ١٩١

القول في الجسم والجوهر والعرض .................... ١٩٤

القول في ايجاد الطبايع والجوهر مفردة ومرّكبة بدليل

برهان .................... ١٩٨

القول في مقدّمات الكون بالعمل .................... ١٧٠

القول في الاستحالة .................... ١٧٣

القول في الرتم .................... ١٧٤

فصل .................... ١٧٨

١٠ كتاب الزيبق الشرقيّ لجابر رحمه الله .................... ١٨٠

١١ كتاب الزيبق الغربيّ .................... ١٨٧

١٢ كتاب نار الحجر .................... ١٩٣

١٣ كتاب ارض الحجر .................... ٢٠١

www.ingramcontent.com/pod-product-compliance
Lightning Source LLC
Chambersburg PA
CBHW031622210326
41599CB00021B/3262